普通高等教育"十一五"国家级规划教材
21世纪高等教育计算机规划教材

软件工程实用教程
（第3版）

Software Engineering Practical
Tutorial

郭宁 闫俊伢 主编
樊东燕 赵怡 董妍汝 副主编

U0390284

人民邮电出版社
北 京

图书在版编目（CIP）数据

软件工程实用教程 / 郭宁，闫俊伢主编. -- 3版
. -- 北京：人民邮电出版社，2015.8
21世纪高等教育计算机规划教材
ISBN 978-7-115-39332-6

Ⅰ. ①软… Ⅱ. ①郭… ②闫… Ⅲ. ①软件工程—高
等学校—教材 Ⅳ. ①TP311.5

中国版本图书馆CIP数据核字(2015)第150010号

内 容 提 要

　　本书根据软件工程的最新发展，结合目前软件工程教学的需要，围绕软件工程的三大要素——过程、方法和工具，遵循软件开发"工程化"思想，结合大量的应用案例，系统地介绍软件工程的理论、方法以及应用技术。本书内容包括：软件工程引论、软件开发过程模型、需求工程、软件分析与设计、软件测试、软件维护、质量管理、文档技术、软件项目管理、软件开发工具与环境、软件工程课程设计等。

　　本书强调软件工程的理论与实践相结合，技术与管理相结合，方法与工具相结合。全书语言简练、通俗易懂，采用案例教学方法，注重培养实际开发能力和文档的写作能力，具有很强的实用性和可操作性。书中例题与习题丰富，便于教学和自学。

　　本书可作为高等院校计算机专业或信息类相关专业高年级本科生或研究生教材，也可作为软件开发人员的参考用书。

◆ 主　　编　郭　宁　闫俊伢
　　副 主 编　樊东燕　赵　怡　董妍汝
　　责任编辑　邹文波
　　责任印制　沈　蓉　彭志环

◆ 人民邮电出版社出版发行　　北京市丰台区成寿寺路 11 号
　　邮编　100164　　电子邮件　315@ptpress.com.cn
　　网址　http://www.ptpress.com.cn
　　北京九天鸿程印刷有限责任公司印刷

◆ 开本：787×1092　1/16
　　印张：21　　　　　　　　　　　　2015 年 8 月第 3 版
　　字数：554 千字　　　　　　　　　2024 年 8 月北京第 9 次印刷

定价：45.00 元

读者服务热线：(010)81055256　印装质量热线：(010)81055316
反盗版热线：(010)81055315
广告经营许可证：京东市监广登字 20170147 号

第 3 版前言

在信息时代，开发软件系统需要掌握大规模软件开发的专业知识。软件工程的主要目标是开发系统模型以及按时并在有限预算下生产出高质量的软件。软件工程是将系统性的、规范化的、可定量的方法应用于软件的开发、运行和维护，它涉及技术、方法、管理等诸多方面。该课程对学生开发能力和管理素质的培养起着重要的作用，因此，它是计算机科学与技术、计算机工程、软件工程以及信息技术相关专业的核心基础课程之一。为适应计算机应用发展的需要，根据教育部高等学校计算机科学与技术教育指导委员会提出的《高等学校计算机科学与技术专业公共核心知识体系与课程》的要求，结合软件工程学科的发展，在分析了国内外多种同类教材的基础上，我们精心编写了本书。

2006 年编者曾经编写出版了《软件工程实用教程》，该书作为国家级"十一五"规划教材正式出版并投入使用。在 2011 年完成了第 2 版的修订，经过 3 年的实际使用，在征求教师和学生意见的基础上，我们对第 2 版进行了适当的修改，现已完成第 3 版的修订任务。《软件工程实用教程（第 3 版）》在第 2 版的基础上做了如下补充与修改。

1. 第 3 章将"数据流程图"及"数据字典"部分重新修订，增加了"结构化分析建模"一节，增强读者对结构化分析方法的理解。

2. 第 5 章改写了面向对象分析中的部分案例；修订了部分概念的定义。

3. 第 6 章在介绍软件逻辑架构设计建模之前增加了"常用软件架构风格"方面的内容，使读者对软件架构和不同类型软件的架构风格有一定的了解和认识。

4. 第 7 章修订了"黑盒测试方法"中"因果图方法"的内容，补充了因果图的基本符号、因果关系、约束关系等内容，并重新改写了对应案例，补充了"错误推测法"测试用例的相关内容，使读者对该方法有一个更直观的理解和认识。根据软件测试流程的工程实践对本节结构进行了重新编排，对本节内容进行了精练和补充。

5. 第 9 章增加了"软件质量管理"的内容，使读者全面了解软件质量的知识；第 10 章对软件工程国家标准进行了更新。

6. 第 11 章补充了"软件项目时间管理"中"前导图法和箭线图法"的相关内容，增加了"软件项目成本管理"中成本预算和控制的相关例题，便于读者对该方法的理解和掌握。

7. 第 12 章增加了"软件开发环境的概念""软件开发工具的概念""软件开发工具的功能""常见工具的使用"等内容，使读者对软件开发环境和工具的基本知识有一个全面的认识和了解；同时增加了对 PowerBuilder 开发工具的介绍以及NetBeans 集成开发环境、Rational Rose 建模工具、Microsoft Project 软件项目管理工具使用方法的介绍，加深读者在后续学习中对软件工具使用的理解和掌握。

8. 第 13 章增加了"网上书店系统开发案例""手机购物网站 APP 开发案例"，

按照软件工程的基本流程，从需求分析、系统分析与设计到系统的实现、系统测试进行了详细的介绍，力求使读者能够从整体上对软件开发有个全面的认识和了解，加深读者对软件工程的理解。

9. 根据软件工程应用实践重新编排了练习题，方便学生对整章内容进行整体性的把握，使学生在学习、消化和运用知识的过程中能够获得更多的启示。

本书具有以下特色。

1. 每章重新设计了练习题。题型有判断题、选择题、简答题和应用题，使读者在理解知识的基础上，熟练掌握课程所要求的基本能力和基本知识。练习题设计力求做到针对性强、内容全面、考查细致。

2. 本书对软件工程的基本理论进行了系统的介绍，在案例选取和内容组织时注重实践性和可操作性。对具体知识点配有丰富的例题，极大地方便了读者对抽象、枯燥的软件工程理论的理解和掌握。

3. 理论联系实际，案例丰富，启发性强。在各章中，针对每个知识点都有形象具体的举例，同时，配合软件工程相关核心理论的方法的阐述，每章中一般都配有一到两个贯穿整个章节的完整案例。本书的第5章和第6章以"网上计算机销售系统"为例详细阐述了采用面向对象方法进行软件系统开发的分析、设计和实现过程；第12章介绍了常用的软件开发环境和工具的基本知识及使用方法；第13章介绍了"嵌入式软件系统应用实例""网上书店系统开发案例""手机购物网站 APP 开发案例" 3 个软件系统开发实例，详细阐述了分析和设计的重要过程，可以启发读者思考，从中学会发现问题并解决问题的方法。

4. 结合目前软件工程领域的新发展，对书中的案例、软件工程方法、软件工程标准等进行了更新，使教材的组织结构更加合理，内容更加完整。

本书由郭宁、闫俊伢任主编，樊东燕、赵怡、董妍汝任副主编。其中，首都经济贸易大学的郭宁编写第4章，山西大学商务学院的闫俊伢编写第2章、第3章，樊东燕编写第9章，赵怡编写第5章、第6章，董妍汝编写第8章、第10章，马晓慧编写第7章、第11章，杨森编写第12章、第13章，郑文娟编写第1章和附录。全书由郭宁、闫俊伢统稿。

本书既可作为高等院校计算机科学与技术、计算机工程、软件工程以及信息技术相关专业的教材，也可供企事业单位和信息系统相关人员参考使用。

在本书的编写、修订过程中得到了首都经济贸易大学信息学院、山西大学商务学院信息学院的领导和同事们的支持与帮助，在此一并表示感谢。

由于编者水平有限，书中难免存在不妥与疏漏之处，敬请广大读者批评指正。

编　者
2015 年 4 月

目 录

第1章
软件工程引论

21世纪是高度依赖计算机信息系统的时代，面对大量的计算机应用需求，怎样才能更有效地开发出各种不同类型的软件，是软件开发技术与软件工程所要解决的问题。软件工程是应用计算机科学、管理学、数学、项目管理、质量管理、软件人类工程学及系统工程的原则和方法来创建软件的学科，它对指导软件开发、质量控制以及开发过程的管理起着重要的作用。本章将概括地介绍软件的基本概念与特点，软件工程学科的诞生背景与形成，软件工程学研究的内容与对象等，使读者对软件工程与软件开发技术有所认识。

本章学习目标：

1. 掌握软件的定义与特点
2. 了解软件危机以及软件危机产生的原因
3. 掌握软件工程的定义、目标和原则
4. 了解软件工程的研究内容与对象
5. 了解软件工程的知识体系
6. 明确学习软件工程的意义

1.1 软件及软件危机

随着计算机应用领域的扩大，软件规模也越来越大，复杂程度不断增加，使得软件生产的质量、周期、成本难以预测和控制，从而出现了软件危机。软件工程正是为了解决软件危机而提出的，其目的是改善软件生产的质量，提高软件的生产效率。经过几十年的实践与探索，软件工程正在逐步发展成为一门成熟的专业学科，在软件产业的发展中起到重要的技术保障和促进作用。

1.1.1 软件及其特性

软件是计算机系统的思维中枢，是软件产业的核心。作为信息技术的灵魂，计算机软件在现代社会中起着极其重要的作用。

1. 软件

计算机软件是由计算机程序的发展而形成的一个概念。它是与计算机系统操作有关的程序、规程、规则及其文档和数据的统称。软件由两部分组成：一是机器可执行的程序和有关的数据；二是与软件开发、运行、维护、使用和培训有关的文档。

程序是按事先设计的功能和性能要求执行的语句序列。数据是程序所处理信息的数据和数据结构。文档则是与程序开发、维护和使用相关的各种图文资料，如各种规格说明书、设计说明书、用户手册等。在文档中记录着软件开发的活动和阶段成果。

2. 软件的特点

软件是一种逻辑产品而不是实物产品，软件功能的发挥依赖于硬件和软件的运行环境，没有计算机硬件的支持，软件毫无实用价值。若要对软件有一个全面而正确的理解，我们应从软件的本质、软件的生产等方面剖析软件的特征。

（1）软件固有的特性

① 复杂性。软件是一个庞大的逻辑系统。一方面在软件中要客观地体现人类社会的事务，反映业务流程的自然规律；另一方面在软件中还要集成多种多样的功能，以满足用户在激烈的竞争中对大量信息及时处理、传输、存储等方面的需求，这就使得软件变得十分复杂。

② 抽象性。软件是人们经过大脑思维后加工出来的产品，一般寄生在内存、磁盘、光盘等载体上，我们无法观察到它的具体形态，这就导致了软件开发不仅工作量难以估计，进度难以控制，而且质量也难以把握。

③ 依赖性。软件必须和运行软件的机器（硬件）保持一致，软件的开发和运行往往受到计算机硬件的限制，对计算机系统有着不同程度的依赖性。软件与计算机硬件的这种密切相关性与依赖性，是一般产品所没有的特性。为了减少这种依赖性，有关人员在软件开发中提出了软件的可移植性问题。

④ 软件使用特性。软件的价值在于应用。软件产品不会因多次反复使用而磨损老化，一个久经考验的优质软件可以长期使用。由于用户在选择新机型时，通常会提出兼容性要求，所以一个成熟的软件可以在不同型号的计算机上运行。

（2）软件的生产特性

① 软件开发特性。由于软件固有的特性，使得软件的开发不仅具有技术复杂性，还有管理复杂性。技术复杂性体现在软件提供的功能比一般硬件产品提供的功能多，而且功能的实现具有多样性，需要在各种实现中做出选择，更有实现算法上的优化带来的不同，而实现上的差异会带来使用上的差别。管理上的复杂性表现在：第一，软件产品的能见度低（包括如何使用文档表示的概念能见度），要看到软件开发进度比看到有形产品的进度困难得多；第二，软件结构的合理性差，结构不合理使软件管理复杂性随软件规模增大而呈指数增长。因此，领导一个人数众多的项目组织进行规模化生产并非易事，软件开发比硬件开发更依赖于开发人员的团队精神、智力，以及对开发人员的组织与管理。

② 软件产品形式的特性。软件产品在设计阶段成本高昂，而在生产阶段成本极低。硬件产品试制成功之后，批量生产需要建设生产线，投入大量的人力、物力和资金，生产过程中还要对产品进行质量控制，对每件产品进行严格的检验。然而，软件是把人的知识与技术转化为信息的逻辑产品，开发成功之后，只需对原版软件进行复制即可；大量人力、物力、资金的投入，以及质量控制，软件产品检验都是在软件开发中进行的。由于软件的复制非常容易，软件的知识产权保护就显得极为重要。

③ 软件维护特性。软件在运行过程中的维护工作比硬件复杂得多。首先，软件投入运行后，总会存在缺陷甚至暴露出潜伏的错误，需要进行“纠错性维护”。其次，用户可能要求完善软件性能，对软件产品进行修改，进行“完善性维护”。当支撑软件产品运行的硬件或软件环境改变时，也需要对软件产品进行修改，进行“适应性维护”。软件的缺陷或错误属于逻辑性的，因此不需要更换某种备件，而是修改程序，纠正逻辑缺陷，改正错误，提高性能，增加适应性。当软件产品规模庞大、内部的逻辑关系复杂时，经常会发生纠正一个错误而产生新错误的情况，因此，软件产品的维护要比硬件产品的维护工作量大而且复杂。

1.1.2　软件危机

20 世纪 60～70 年代，由于软件规模的扩大、功能的增强和复杂性的增加，使得在一定时间内仅依靠少数人开发一个软件变得越来越困难。在软件开发中经常会出现时间延迟、预算超支、质量得不到保证、移植性差等问题，甚至有的项目在耗费了大量人力、财力后，由于实际产品离目标相差甚远而宣布失败。这种情况使人们认识到"软件危机"的存在。

1. 软件危机的表现

（1）软件生产率低。软件生产率提高的速度远远跟不上计算机应用迅速普及和深入的趋势。落后的生产方式与开发人员的匮乏，使得软件产品的供需差距不断扩大。由于缺乏系统有效的方法，现有的开发知识、经验和相关数据难以积累与复用。另外，低水平的重复开发过程浪费了大量的人力、物力、财力和时间。人们为不能充分发挥计算机硬件提供的巨大潜力而苦恼。

（2）软件产品常常与用户要求不一致。开发人员与用户之间的信息交流往往存在障碍，除了知识背景的差异，缺少合适的交流方法及需求描述工具也是一个重要原因。这使得获取的需求经常存在二义性、遗漏，甚至是错误。由于开发人员对用户需求的理解与用户的本意有所差异，以致造成开发中后期需求与现实之间的矛盾集中暴露。

（3）软件规模的增长，带来了复杂度的增加。由于缺乏有效的软件开发方法和工具的支持，过分依靠程序设计人员在软件开发过程中的技巧和创造性，所以，软件的可靠性往往随着软件规模的增长而下降，质量保障越来越困难。

（4）不可维护性突出。软件的局限性和欠灵活性，不仅使错误非常难改正，而且不能适应新的硬件环境，也很难根据需要增加一些新的功能。整个软件维护过程除了程序之外，没有适当的文档资料可供参考。

（5）软件文档不完整、不一致。软件文档是计算机软件的重要组成部分，在开发过程中，管理人员需要使用这些文档资料来管理软件项目；技术人员则需要利用文档资料进行信息交流；用户也需要通过文档来认识软件，对软件进行验收。但是，由于软件项目管理工作的不规范，软件文档往往不完整、不一致，这给软件的开发、交流、管理、维护等都带来了困难。

2. 产生软件危机的原因

软件危机是指计算机软件的开发和维护过程中所遇到的一系列严重问题。这些问题不仅局限于那些"不能正确完成功能"的软件，还包括我们如何开发软件，如何维护大量已有软件，如何使软件开发速度与对软件需求增长相适应等问题。产生软件危机的原因主要有以下几点。

（1）软件独有的特点给开发和维护带来困难。由于软件的抽象性、复杂性与不可预见性，使得软件在运行之前，开发过程的进展情况较难衡量，软件的错误发现较晚，软件的质量也较难评价，因此，管理和控制软件开发过程相当困难。此外，软件错误具有隐蔽性，往往在很长时间里软件仍可能需要改错。这在客观上使得软件维护较为困难。

（2）软件人员的错误认识。相当多的软件专业人员对软件开发和维护还有不少的错误观念。例如，认为软件开发就是编写程序，忽视软件需求分析的重要性，轻视文档的作用，轻视软件维护等。这些错误认识加重了软件危机的影响。

（3）软件开发工具自动化程度低。尽管软件开发工具比 30 年前已经有了很大的进步，但直到今天，软件开发仍然离不开工程人员的个人创造与手工操作，软件生产仍不可能向硬件设备的生产那样，达到高度自动化。这样不仅浪费了大量的财力、物力和宝贵的人力资源，无法避免低水平的重复性劳动，而且软件的质量也难以保证。此外，软件生产工程化管理程度低，致使软件项目管理混乱，难以保障软件项目成本、开发进度按计划执行。

1.2 软件工程的形成与概念

为了克服"软件危机"，1968 年在北大西洋公约组织（NATO）召开的计算机科学会议上，Fritz Bauer 首先提出了"软件工程"的概念，试图用工程的方法和管理手段将软件开发纳入工程化的轨道，以便开发出成本低、功能强、可靠性高的软件产品。几十年来，人们一直在努力探索克服软件危机的途径。

1.2.1 软件工程的形成与发展

自 1968 年 NATO 会议上提出软件工程这一概念以来，人们一直在寻求更先进的软件开发的方法与技术。当出现一种先进的方法与技术时，就会使软件危机得到一定程度的缓解。然而，这种进步又促使人们把更多、更复杂的问题交给计算机去解决，于是又需要探索更先进的方法与技术。几十年来，软件工程研究的范围和内容也随着软件技术的发展不断变化和拓展。软件工程的发展经历了以下 3 个阶段。

第一阶段：20 世纪 70 年代，为了解决软件项目失败率高、错误率高以及软件维护任务重等问题，人们提出了软件生产工程化的思想，希望使软件生产走上正规化的道路，并努力克服软件危机。人们发现将传统工程学的原理、技术和方法应用于软件开发，可以起到使软件生产规范化的作用。它有利于组织软件生产，提高开发质量，降低成本和控制进度。随后，人们又提出了软件生命周期的概念，将软件开发过程划分为不同阶段（需求分析、概要与详细设计、编程、测试、维护等），以适应更加复杂的应用。人们还将计算机科学和数学用于构造模型与算法上，围绕软件项目开展了有关开发模型、方法以及支持工具的研究，并提出了多种开发模型、方法与多种软件开发工具（编辑、编译、跟踪、排错、源程序分析、反汇编、反编译等），并围绕项目管理提出了费用估算、文档评审等一些管理方法和工具，基本形成了软件工程的概念、框架、方法和手段，成为软件工程的第一代——传统软件工程时代。

第二阶段：20 世纪 80 年代，面向对象的方法与技术受到了广泛的重视，Smalltalk-80 的出现标志着面向对象的程序设计进入了实用和成熟阶段。20 世纪 80 年代末逐步发展起来的面向对象的分析与设计方法，形成了完整的面向对象技术体系，使系统的生命周期更长，适应更大规模、更广泛的应用。这时，进一步提高软件生产率、保证软件质量就成为软件工程追求的更高目标。软件生产开始进入以过程为中心的第二阶段。这个时期人们认识到，应从软件生命周期的总费用及总价值来决定软件开发方案。在重视发展软件开发技术的同时，人们提出软件能力成熟度模型、个体软件过程、群组软件过程等概念。在软件定量研究方面提出了软件工作量估计 COCOMO 模型等。软件开发过程从目标管理转向过程管理，形成了软件工程的第二代——过程软件工程时代。

第三阶段：进入 20 世纪 90 年代以后，软件开发技术的主要处理对象为网络计算和支持多媒体信息的 WWW。为了适合超企业规模、资源共享、群组协同工作的需要，企业需要开发大量的分布式处理系统。这一时期软件工程的目的在于不仅提高个人生产率，而且通过支持跨地区、跨部门、跨时空的群组共享信息，协同工作来提高群组、集团的整体生产效率。因整体性软件系统难以更改、难以适应变化，所以提倡基于构件的开发方法——即部件互连及集成。同时人们认识到计算机软件开发领域的特殊性，不仅要重视软件开发方法和技术的研究，更要重视总结和发展包括软件体系结构、软件设计模式、互操作性、标准化、协议等领域的复用经验。软件复用和软件构件技术正逐步成为主流软件技术，软件工程也由此进入了新的发展阶段——构件软件工程时代。

1.2.2　软件工程的基本概念

软件工程这一概念已提出 40 多年，人们对软件工程的理解是不断深入的。作为一门新兴的交叉性学科，它所研究的对象、适用范围和所包含的内容都在不断发展和变化。

1. 软件工程的定义

在 NATO 会议上，软件工程被定义为："为了经济地获得可靠的和能在实际机器上高效运行的软件，而建立和使用的健全的工程原则"。这个定义虽然没有提到软件质量的技术层面，也没有直接谈到用户满意程度或要求按时交付产品等问题，但人们已经认识到借鉴和吸收人类对各种工程项目开发的经验无疑对软件的开发是有益的。

软件工程是指导计算机软件开发和维护的工程学科。它强调按照软件产品的生产特性，采用工程的概念、原理、技术和方法来开发与维护软件，把经过时间考验而证明正确的管理技术和当前最好的技术结合起来，以便经济地开发出高质量的软件并有效地维护它。

由于引入了软件工程的思想，其他工程技术研究和开发领域中行之有效的知识和方法被运用到软件开发工作中来，人们又提出了按工程化的原则和方法组织软件开发工作的解决思路和具体方法，这在一定程度上缓解了"软件危机"。

2. 软件工程的目标

软件工程的目标是基于软件项目目标的成功实现而提出的，主要体现在以下几方面。

① 软件开发成本较低。

② 软件功能能够满足用户的需求。

③ 软件性能较好。

④ 软件可靠性高。

⑤ 软件易于使用、维护和移植。

⑥ 能按时完成开发任务，并及时交付使用。

在实际开发中，试图让以上几个质量目标同时达到理想的程度往往是不现实的。软件工程目标之间存在的相互关系如图 1.1 所示。从图 1.1 中可以看出，有些目标之间是相互补充的，如易于维护和高可靠性之间、功能强与可用性之间；有些目标是彼此相互冲突的，如若只考虑降低开发成本，很可能同时也降低了软件的可靠性，如果一味追求提高软件的性能，可能造成开发出的软件对硬件的依赖性较强，从而影响到软件的可移植性；不同的应用对软件质量的要求不同，如对实时系统来说，其可靠性和效率比较重要，对生命周期较长的软件来说，其可移植性、可维护性比较重要。

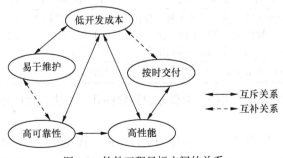

图 1.1　软件工程目标之间的关系

软件工程的首要问题是软件质量。软件工程的目的就是在以上目标的冲突之间取得一定程度的平衡。因此，在涉及平衡软件工程目标这个问题的时候，软件的质量应该摆在最重要的位置加以考虑。软件质量可用功能性、可靠性、可用性、效率、可维护性和可移植性等特性来评价。功能性是指软件所实现的功能能够达到它的设计规范和满足用户需求的程度；可靠性是指在规定的时间和条件下，软件能够正常维持其工作的能力；可用性是指为了使用该软件所需要的能力；效率是指在规定的条件下用软件实现某种功能所需要的计算机资源的有效性；可维护性是指当环境改变或软件运行发生故障时，为了使其恢复正常运行所做努力的程度；可移植性是指软件从某一环境转移到另一环境时所做努力的程度。在不同类型的应用系统中对软件的质量要求是不同的。

3. 软件工程知识体系及知识域

软件工程作为一门学科，在取得对其核心的知识体系的共识方面已经达到了一个重要的里程碑。2005 年 9 月，ISO/IEC JTC1/SC7 正式发布为国际标准，即 ISO/IEC 19759—2005 软件工程知识体系指南（SWEBOK）。SWEBOK 将软件工程知识体系划分为 10 个知识域，包含在两类过程中。一类过程是开发与维护过程，包括软件需求、软件设计、软件构造、软件测试和软件维护；另一类过程是支持过程，包括软件配置管理、软件工程管理、软件工程过程、软件工程工具与方法、软件质量。每个知识域还可进一步分解为若干个论题，在论题描述中引用有关知识的参考文献，形成一个多级层次结构，以此确定软件工程知识体系的内容和边界。每个知识域的具体内容如表 1.1 所示。有关知识的参考文献涉及相关学科，包括计算机工程、计算机科学、管理学、数学、项目管理、质量管理、软件人类工程学、系统工程等。

表 1.1　　　　　　　　　　软件工程知识体系指南的内容

知　识　域	子　知　识　域
软件需求	软件需求基础、需求过程、需求获取、需求分析、需求规格说明、需求确认、实践考虑
软件设计	软件设计基础、软件设计关键问题、软件结构与体系结构、软件设计质量的分析与评价、软件设计记法、软件设计的策略与方法
软件构造	软件构造基础、管理构造、实际考虑
软件测试	软件测试基础、测试级别、测试技术、与测试相关的度量、测试过程
软件维护	软件维护基础、软件维护关键问题、维护过程、维护技术
软件配置管理	软件配置过程管理、软件配置标识、软件配置控制、软件配置状态报告、软件配置审计、软件发行管理和交付
软件工程管理	项目启动和范围定义、软件项目计划、软件项目实施、评审与评价、项目收尾、软件工程度量
软件工程过程	过程定义、过程实践与变更、过程评估、过程和产品度量
软件工程工具与方法	软件工具（软件需求工具、软件设计工具、软件构造工具、软件测试工具、软件维护工具、软件配置管理工具、软件工程过程工具、软件质量工具和其他工具问题）、软件工程方法（启发式方法、形式化方法、原型方法）
软件质量	软件质量基础、软件质量过程、实践考虑

软件工程知识体系中涉及的主要技术要素包括软件开发方法、软件开发工具和软件过程。

（1）软件开发方法

软件开发方法是在工作步骤、软件描述的文件格式及软件的评价标准等方面做出规定。它主要解决什么时候做什么以及怎样做的问题，是软件工程最核心的研究内容。实践表明，在开发的早期阶段多做努力，就会使后来的测试和维护阶段缩短，从而大大缩减费用。因此，针对分析和设计阶段的软件开发方法特别受到重视。目前，人们提出了结构化方法、面向数据结构方法、原型化方法、面向对象的方法、形式化方法等多种实用有效的软件开发方法，利用这些方法确实也开发出不少成功的系统，但各种开发方法具有一定的适用范围，所以选择正确的开发方法是非常重要的。

针对软件开发方法的评价一般通过以下 4 个方面来进行。

① 技术特征：支持各种技术概念的方法特征，如层次性、抽象性（包括数据抽象和过程抽象）、并行性、安全性、正确性等。

② 使用特征：具体开发时的有关特征，如易理解性、易转移性、易复用性、工具的支持、使用的广度、活动过渡的可行性、易修改性、对正确性的支持等。

③ 管理特征：对软件开发活动管理的能力方面的特征，如易管理性、支持协同工作的程度、中间阶段的确定、工作产物、配置管理、阶段结束准则和代价等。

④ 经济特征：对软件机构产生的质量和生产力方面的可见效益，如分析活动的局部效益、整个生命周期效益、获得该开发方法的代价、使用它和管理它的代价等。

下面重点介绍一些常用的软件开发方法。

① 结构化方法。结构化方法是传统的基于软件生命周期的软件工程方法，自 20 世纪 70 年代产生以来，获得了极有成效的软件项目应用。结构化方法是以软件功能为目标来进行软件构建的，包括结构化分析、结构化设计、结构化实现、结构化维护等内容。这种方法主要通过数据流模型来描述软件的数据加工过程，并可以通过数据流模型，由对软件的分析过渡到对软件的结构设计。

② JSD 方法。JSD 方法主要用在软件设计上，于 1983 年由法国学者 Jackson 提出。它以软件中的数据结构为基本依据来进行软件结构与程序算法设计，是对结构化软件设计方法的有效补充。在以数据处理为主要内容的软件系统开发中，JSD 方法具有比较突出的设计建模优势。

③ 面向对象方法。面向对象方法是从现实世界中客观存在的事物出发来构造软件，包括面向对象分析、面向对象设计、面向对象实现、面向对象维护等内容。一个软件是为了解决某些问题，这些问题所涉及的业务范围被称作该软件的问题域。面向对象强调以问题域中的事物为中心来思考问题、认识问题，并根据这些事物的本质特征，把它抽象地表示为系统中的对象，作为系统的基本构成单位。确定问题域中的对象成分及其关系，建立软件系统对象模型，是面向对象分析与设计过程中的核心内容。自 20 世纪 80 年代以来，人们提出了许多有关面向对象的方法，其中，由 Booch、Rumbaugh、Jacobson 等人提出的一系列面向对象方法成为了主流方法，并被结合为统一建模语言（UML），成为了面向对象方法中的公认标准。

（2）软件开发工具

软件开发工具是指用来辅助软件开发、维护和管理的软件。现代软件工程方法得以实施的重要保证是软件开发工具和环境。软件开发工具使软件在开发效率、工程质量，以及减少软件开发对人的依赖性等多方面得到改善。软件开发工具与软件开发方法有着密切的关系，软件开发工具是软件方法在计算机上的具体实现。

软件开发环境是方法与工具的结合以及配套软件的有机组合。该环境旨在通过环境信息库和消息通信机制实现工具的集成，从而为软件生命周期中某些过程的自动化提供更有效的支持。集成机制主要实现工具的集成，使之能够系统、有效地支持软件开发。

（3）软件过程

尽管有软件开发工具与工程化方法，但这并不能使软件产品生产完全自动化，它们还需要合适的软件过程才能真正发挥作用。软件过程是指生产满足需求且达到工程目标的软件产品所涉及的一系列相关活动，它覆盖了需求分析、系统设计、实施以及支持维护等各个阶段。这一系列活动就是软件开发中开发机构需要制订的工作步骤。

软件过程有各种分类方法。按性质划分软件过程可概括为基本过程、支持过程类和组织过程。按特征划分有管理过程、开发过程与综合过程。按人员的工作内容来分类有获取过程、供应过程、开发过程、运作过程、维护过程、管理过程与支持过程。软件过程研究的对象涉及从事软件活动的所有人。提高软件的生产率和质量，其关键在于管理和支持能力。所以，软件过程特别重视管理活动和支持活动。

1.3 软件工程的基本原则

为了保证在软件项目中能够有效地贯彻与正确地使用软件工程规程，需要有一定的原则来对软件项目加以约束。经过长期的实践，著名软件工程专家 B.W.Boehm 提出了以下 7 条软件工程的基本原则。

1. 采用分阶段的生命周期计划，以实现对项目的严格管理

软件项目的开展，需要计划在先，实施在后。统计资料表明，有 50%以上的失败项目是由于计划不周而造成的。在软件开发与维护的漫长生命周期中，需要完成许多性质各异的工作，这意味着，应该把软件生命周期划分为若干个阶段，并相应地制订出切实可行的计划，然后严格按照计划对软件的开发与维护进行管理。

2. 坚持进行阶段评审，以确保软件产品质量

软件的质量保证工作贯穿软件开发的各个阶段。实践表明，软件的大部分错误是编程之前造成的。根据 B.W.Boehm 的统计，设计错误占软件错误的 63%，编码错误仅占 37%。软件中的错误发现与纠正得越晚，所需要付出的代价也越高。因此，在每个阶段都要进行严格的评审，尽早地发现软件中的错误，通过对软件质量实施过程监控，以确保软件在每个阶段都能够具有较高的质量。

3. 实行严格的产品控制，以适应软件规格的变更

在软件开发过程中不应随意改变需求，因为改变一项需求需要付出较高的代价。但在软件开发过程中改变需求又是难免的，只能依靠科学的产品控制技术来顺应这种要求。也就是说，当改变需求时，为了保持软件各个配置成分的一致性，必须实现严格的产品控制，其中主要是实行基准配置管理。所谓基准配置是指经过阶段评审后的软件配置成分（各个阶段产生的文档或程序代码）。基准配置管理也称为变动控制，是指一切有关修改软件的建议，特别是涉及对基准配置的修改建议，都必须按照严格的规程进行评审，获得批准以后，才能实施修改，绝对不能随意修改软件。实行严格的产品控制，能够对软件的规格进行跟踪记录，使软件产品的各项配置成分保持一致性，由此来适应软件的需求变更。

4. 采用现代程序设计技术

采用先进的软件开发和维护技术，不仅能够提高软件开发和维护效率，而且可以提高软件产品的质量，降低开发成本，缩短开发时间，增加软件的使用寿命。例如，构件架构系统的特点是通过创建比"类"更加抽象、更具有通用性的基本构件，使软件开发如同可插入的零件一样装配，这样的软件不仅开发容易，维护方便，而且可以根据用户的特定需求方便地进行改装。

5. 软件成果能清楚地审查

软件成果是指软件开发各个阶段产生的一系列文档、代码、资源数据等，是对软件开发给出评价的基本依据。由于软件产品的生产过程可见性差，没有明显的生产过程，工作进展难以准确度量和控制，从而使软件产品的开发过程比其他产品的开发过程更难于评价和管理。为了提高软件开发过程的可见性，更好地进行管理，就要根据软件开发项目的总目标及完成期限，规定开发组织的责任和产品标准，从而使得所得到的结果能够清楚地审查。

6. 开发小组人员应该少而精

开发小组人员的素质和数量是影响软件产品质量和开发效率的重要因素。高素质人员的开发效率和质量是低素质人员的几倍甚至几十倍。此外，随着开发小组人员数目的增加，因为交流讨论而造成的通信开销也会急剧增加。如果小组中有 N 个成员，可能的通信路径就有 $N(N-1)/2$ 条，这势必影响人员之间的相互协作与工作质量。因此，组成少而精的开发小组非常重要。

7. 承认不断改进软件工程实践的必要性

在遵循上述 6 条基本原理的基础上，还应该注意不断改进软件工程实践的必要性。这说明软件工程在实际应用中，不仅要积极主动地采纳新的软件技术，而且要注意不断地总结经验。例如，收集进度和资源消耗数据，收集软件出错类型和问题报告数据等，这些数据不仅可以用来评价新的软件技术的效果，而且可以用来指明必须着重开发的软件开发工具和应该优先研究的技术。

本章练习题

1. 判断题

（1）软件工程学出现的主要原因是软件危机的出现。　　　　　　　　　　　　（　　　）

（2）文档是软件产品的一部分，没有文档的软件就不能称为软件。　　　　　　（　　　）

（3）软件危机的主要表现是软件的需求量迅速增加，软件价格上升。　　　　　（　　　）

（4）一个成功的项目唯一应该提交的就是运行程序。　　　　　　　　　　　　（　　　）

（5）与计算机科学的理论研究不同，软件工程是一门原理性学科。　　　　　　（　　　）

2. 选择题

（1）在下列选项中，（　　　）不是软件的特征。

  A. 系统性与复制性　　　　　　　　　　B. 可靠性与一致性

  C. 抽象性与智能型　　　　　　　　　　D. 有形性与可控性

（2）软件是一种（　　　）产品。

  A. 有形　　　　　　B. 逻辑　　　　　　C. 物质　　　　　　D. 消耗

（3）软件工程是一种（　　　）分阶段实现的软件程序开发方法。

  A. 自顶向下　　　　B. 自底向上　　　　C. 逐步求精　　　　D. 面向数据流

（4）与计算机科学的理论研究不同，软件工程是一门（　　　）学科。

  A. 理论性　　　　　B. 工程性　　　　　C. 原理性　　　　　D. 心理性

（4）软件工程与计算机科学性质不同，软件工程着重于（　　　）。

  A. 原理探讨　　　　B. 理论研究　　　　C. 建造软件系统　D. 原理的理论

（5）下列说法正确的是（　　　）。

  A. 软件工程的概念于 20 世纪 50 年代提出

  B. 软件工程的概念于 20 世纪 60 年代提出

  C. 20 世纪 70 年代出现了客户机/服务器技术

  D. 20 世纪 80 年代软件工程学科达到成熟

（6）软件工程方法学中的软件工程管理是其中的一个重要内容，它包括软件管理学和软件工程经济学，它要达到的目标是（ ）。

  A. 管理开发人员，以开发良好的软件

  B. 采用先进的软件开发工具，开发优秀的软件

  C. 消除软件危机，达到软件生产的规模效益

  D. 以基本的社会经济效益为基础，工程化生产软件

3. 简答题

（1）什么是软件危机？它和软件工程有什么关系？

（2）简述软件和软件工程的定义以及软件工程的形成过程。

（3）软件工程的目标是什么？如何解决多目标之间的矛盾？

（4）在软件开发中软件开发工具有什么作用？

（5）什么是软件支持过程？它与软件工程方法学有何关系？

（6）在软件工程知识体系中，将软件工程划分为哪些知识域？

（7）B.W.Boehm 提出的软件工程基本原则的作用是什么？

（8）除本书中提到的资源外，你还知道哪些图书和网络资源与软件工程有关？

4. 应用题

（1）以一个具体的软件工程为例，说明该工程经历的阶段。

（2）分别列举一两个失败或成功的软件项目的实例，试说明其失败或成功的原因。

第2章
软件生命周期及开发模型

同任何事物一样，软件也有一个孕育、诞生、成长、成熟和衰亡的生存过程，我们把这个过程称为软件的生命周期。为了使软件生命周期的各项任务能够有序地按照规程进行，需要一定的工作模式对各项任务给以规程约束，这样的工作模式被称为软件过程模型或软件生命周期模型。本章主要介绍软件生命周期的概念，并介绍瀑布模型、原型模型、螺旋模型、构件复用模型、敏捷软件开发过程模型等。

本章学习目标：
1. 掌握软件的生命周期的概念
2. 明确学习软件过程模型的意义
3. 掌握各种过程模型的特点与适用范围
4. 掌握面向对象软件过程模型的内容与过程
5. 了解敏捷开发软件过程模型的内容与过程

2.1 软件过程概述

为了指导软件的开发，需要用不同的方式将软件生命周期中的所有开发活动组织起来，形成不同的软件过程模型。对于不同的软件系统，可以选用不同的软件过程模型。

2.1.1 软件生命周期

作为工程化的一般特征，软件产品和其他工业产品一样，也包括设计、生产、使用和消亡几个阶段，并称之为软件的生命周期，即指软件产品从功能确定、设计、开发成功、投入使用，并在使用中不断修改、完善，直至被新的软件所替代，而停止该软件使用的全过程。软件生命周期是人们在研究软件生产时所发现的一种规律性的事实。在整个软件开发过程中，为了要从宏观上管理软件的开发和维护，就必须对软件的开发过程有总体的认识和描述，即要建立软件生命周期过程模型。

为了使软件开发各个阶段的任务相对独立且比较简单，便于人员的分工合作，从而降低整个软件的开发难度，软件生命周期的概念起到了重要的作用。这是因为它从时间的角度对软件开发和维护的复杂过程进行了有效的划分，把整个生命周期划分为若干个互相区别而又彼此联系的阶段，给每个阶段赋予确定而有限的任务，便于每个阶段都采用经过验证、行之有效的管理技术和开发方法，从技术和管理的角度进行严格审查，以达到保证软件质量、降低成本、合理使用资源，进而提高软件开发生产率的目的。

2.1.2 软件生命周期各阶段的任务

不同的软件生命周期划分方法，会形成不同的软件生命周期模型。国家标准 GB8566—1988 《计算机软件开发规范》将软件生命周期划分为以下几个阶段：可行性研究、项目计划、需求分析、总体设计、详细设计、编码实现（包括单元测试、集成测试、确认测试）、系统运行和维护。这几个阶段又可以归纳为 3 个阶段，即软件定义阶段、软件开发阶段和软件运行维护阶段。下面简要介绍软件生命周期各个阶段的基本任务。

1. 软件定义阶段

软件定义阶段必须回答的问题是：需要软件解决的问题是什么？如果不知道问题是什么就试图解决这个问题，只会白白浪费时间和金钱，最终得出的结果很可能是毫无意义的。软件定义阶段是软件项目的早期阶段，主要是由软件分析人员和用户合作，针对有待开发的软件系统进行分析规划和规格描述，确定软件做什么，为今后的软件开发做好准备。软件定义时期的任务是了解用户的需求，确定项目的总体目标，考察和分析项目的可行性，导出实现项目目标应该采取的策略，以及系统必须完成的功能，并估计项目需要的资源和成本，制定工程进度表等。这个时期需要分阶段地进行以下工作。

（1）软件任务立项。软件项目一般始于任务立项，并需要以"立项报告"的形式针对项目的名称、性质、目标、意义和规模做出回答，以此获得对准备着手开发的软件系统的概括性描述。

（2）可行性研究。在软件任务立项报告被批准后，接着需要进行项目可行性分析。这个阶段要回答的关键问题是："对于上一个阶段所确定的目标有行得通的解决办法吗？"为了回答这个问题，系统分析员需要在较抽象的高层次上进行分析和设计，对任务立项阶段所确定的目标进行可行性和必要性研究。可行性研究主要从技术可行性、经济可行性、操作可行性等方面进行分析，寻求一种或多种在技术、经济、操作和法律诸方面可行的解决方案，对各种可能方案做出必要的成本/效益分析，据此提出可行性分析报告，作为是否继续进行该项工程的依据。

（3）软件需求分析。这个阶段的任务仍然不是具体地解决问题，而是准确地确定"为了解决这个问题，目标系统必须做什么"，主要是确定目标系统必须具备哪些功能。需求分析要求以用户需求为依据，从功能、性能、数据、操作等多个方面，对软件系统给出完整、准确、具体的描述，用于确定软件规格。其结果将以"软件需求规格说明书"的形式提交。软件需求分析是从软件定义到软件开发的关键步骤，其结论不仅是今后软件开发的基本依据，同时也是今后用户对软件产品进行验收的基本依据。

（4）制定项目计划。在确定项目可以进行以后，就需要针对项目的开展，从人员、组织、进度、资金、设备等多方面进行合理的规划，并以"项目开发计划书"的形式提交书面报告。项目开发计划涉及实施项目的各个环节，计划的合理性和准确性将关系着项目的成败。

2. 软件开发阶段

软件开发阶段的任务是设计实现已定义的、并经过需求分析的软件系统。通常将软件开发阶段划分为软件设计、软件实现和软件测试 3 个阶段。其中软件设计又可分为总体设计和详细设计；软件实现是通过编码完成的；软件测试又可分为单元测试、集成测试、确认测试和系统测试。将设计和实现分开的目的是在开发初期集中精力搞好软件结构设计，避免过早地为实现细节分散精力。

① 总体设计。总体设计是建立系统的总体结构，从总体上对软件的结构、接口、全局数据结

构、数据环境等给出设计说明，并以"概要设计说明书"的形式提交书面报告，其结果将成为详细设计与软件实现的基本依据。模块是总体设计时的基本元素，因此，总体设计的工作主要体现在模块的构成与模块接口等方面。结构化设计中的函数、过程，面向对象设计中的类、对象，它们都是模块。总体设计时并不需要说明模块的内部细节，但是需要进行全部的有关它们构造的定义，包括功能特性、数据特征、接口等。模块的独立性是一个有关质量的重要技术指标，可以使用模块的内聚性、耦合度等定性参数对模块的独立性进行度量。

② 详细设计。详细设计以总体设计为依据，主要是确定软件结构中每个模块的内部细节，为编写程序提供最直接的依据。详细设计需要设计人员从实现每个模块功能的程序算法和模块内部的局部数据结构等细节内容上给出设计说明，并以"详细设计说明书"的形式提交书面报告。

③ 编码。编码是对软件的实现，以获得源程序基本模块为目标。编码必须按照"详细设计说明书"的要求逐个实现每个模块的功能。在基于软件工程的软件开发过程中，编码往往只是语言转译工作，即把详细设计中的算法描述语言转换成某种适当的程序设计语言。

④ 单元测试。为了方便调试，针对基本模块的单元测试也往往和编码结合在一起进行。单元测试也以"详细设计说明书"为依据，用于检查每个基本模块在功能、算法与数据结构上是否符合设计要求。

⑤ 集成测试。集成测试是根据总体设计中的软件结构，把经过单元测试的模块按照某种选定的集成策略系统组装起来，在组装过程中对程序进行必要的测试。

⑥ 确认测试。确认测试是以用户为主体，以需求规格说明书中对软件的定义为依据，由此对软件的各项规格进行逐项的确认，以确保已经完成的软件系统与需求规格的一致性。在完成对软件的验收后，软件系统就可以交付使用，开发人员需要以"项目开发总结报告"的形式对项目进行总结。

⑦ 系统测试。系统测试是将已经确认的软件、硬件等其他元素结合在一起，进行系统的各种集成测试和技术测试。其目的是通过与系统的需求相比较，发现所开发的软件与用户需求不符或矛盾的地方。系统测试根据需求规格说明书来设计测试用例。

3. 运行与维护阶段

运行阶段的任务是保障软件的正常运行以及对软件进行维护。为了排除软件系统中可能隐含的错误，适应用户需求及系统操作环境的变化，需要继续对系统进行修改或扩充。为了使系统具有较长的生命力，对于每一项维护活动都应准确地记录下来，作为正式的文档资料加以保存。在适当的时候要对软件进行评价，如果经过修改或补充，软件仍不能适应新的需求，则该软件就应被新的软件所替代。

软件生命周期方法学把软件开发人员分为三个层次，最高层是高级开发人员，也就是系统分析员，其次是软件工程师，最后是程序员，他们在不同的开发时期担负不同的角色。系统分析员在软件定义时期起主要作用，软件工程师和程序员是软件开发和维护时期的核心力量。

2.2　传统的软件过程模型

软件过程模型是一种软件过程的抽象表示。为了能高效地开发出高质量的软件产品，通常把软件生命周期中各项开发活动的流程用一个合理的框架——开发模型来规范描述，这就是软件过程模型，或者称为软件生命周期模型。"建模"是软件开发过程中最常使用的技术手段之一。模型能够清晰、直观地表达软件开发的全过程，明确规定了要完成的主要活动和任务，是软件项目工作的基础。

多年来，软件工程领域先后出现了多种不同的软件过程模型，它们各具特色，分别适用于不同特征的软件项目的开发应用。早期的软件过程模型的特征是"线性思维"，即把软件的开发活动分解成一系列线性的或主要是线性的描述、开发、有效性验证和软件进化等基本活动过程，并且在单独的过程阶段，如需求分析、软件设计、实现和测试等阶段表现这些活动。这类软件过程模型主要有瀑布模型和快速原型模型。目前，大部分大型软件项目的开发是采用渐增式或迭代式的过程模型。这类模型的理念是：需求分析、软件开发、有效性验证等主要开发活动交替进行，所开发的软件在迭代过程中逐步完成和完善。于是，被称为演化式模型、增量模型和螺旋模型的软件过程模型应运而生。

2.2.1　瀑布模型

1970 年 W.Royce 最早提出了瀑布模型。该模型的本质是每个阶段的活动只做一次。模型规定开发各阶段的活动是：提出软件需求、需求分析、设计、编码、测试和运行维护。W.Royce认为软件生命周期各个阶段之间的关系是按固定顺序连接的，各个阶段的活动从上一阶段向下一阶段逐级过渡，如同瀑布流水，逐级下落，最终得到所开发的软件产品，如图 2.1 所示。

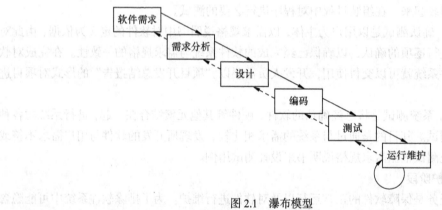

图 2.1　瀑布模型

瀑布模型是一种基于里程碑的阶段过程模型，它所提供的里程碑式的工作流程，为软件项目按规程管理提供了便利。例如，按阶段制订项目计划，分阶段进行成本核算，进行阶段性的评审等。这为提高软件产品质量提供了有效保证。依据瀑布模型的理论，各项开发活动具有以下特点。

① 阶段性。前一阶段工作完成以后，后一阶段工作才能开始，前一阶段的输出文档是后一阶段的输入文档。

② 阶段评审。在每一阶段工作完成后都要进行评审，以便尽早发现问题，避免后期的返工，如果评审不合格，则不开始下一阶段的工作。

③ 文档管理。在每阶段都规定了要完成的文档，没有完成文档，就认为没有完成该阶段的任务。

瀑布模型为软件开发与维护提供了一种有效的管理模式，根据这一模式制订开发计划、进行成本预算、组织开发人员，以阶段评审和文档控制为手段有效地对整个开发过程进行指导，从而保证了软件产品的质量。瀑布模型在支持开发结构化软件、控制软件的开发复杂度、促进软件工程化方面起着显著的作用。

瀑布模型适用于具有以下特征的一类系统。

① 在开发时期内没有或很少有需求变化。

② 开发者对应用领域很熟悉。

③ 低风险项目,如开发者对目标和开发环境很熟悉。

④ 除了在早期阶段,用户对开发工作参与很少。

⑤ 系统编程要求使用面向过程的程序设计语言。

这类系统的需求比较稳定,而且能够预先确定。例如,工业生产过程的控制系统、空中交通管理系统、操作系统、数据库管理系统等。

但实践表明,各阶段间的关系并非是简单的线性关系。由于阶段评审可能出现向前阶段的反馈,致使在各阶段间产生环路,瀑布流水出现"上流"现象,如图 2.1 中虚线所示。另外,瀑布模型在大量软件开发实践中也逐渐暴露出以下缺点。

① 阶段与阶段划分固定,阶段间产生大量的文档,极大地增加了工作量。

② 由于开发模型呈线性,当开发成果尚未经过测试时,用户无法看到软件的效果,这些问题往往会导致开发出来的软件不是用户真正需要的软件。

③ 无法通过开发活动澄清本来不够确切的软件需求,因此需要返工或者不得不在维护中纠正需求的偏差。

④ 由于顺序固定,前期工作中造成的差错越到后期阶段所造成的损失越大,为了纠正偏差,需要付出高昂的代价。

2.2.2 原型模型

为了克服瀑布模型的缺点,可以在需求阶段或设计阶段平行地进行几次快速建立原型的工作,如图 2.2 所示。原型开发后,可以获得更为清晰的需求反馈信息,既可以消除风险或减少不确定性,又可以采用平行瀑布模型方式。在瀑布模型的各阶段间转换时,可以适当并行扩展各阶段的开发工作。例如,在需求分析完成 60% 时,就可以开始进行这 60% 已完成分析部分的设计工作,同时并行进行其余 40% 的需求分析。

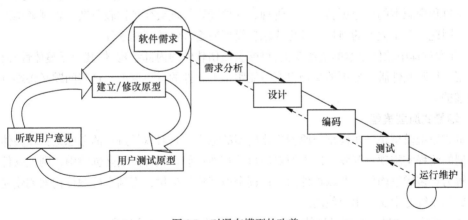

图 2.2 对瀑布模型的改善

原型可以分为 3 类。

① 抛弃式原型:这种原型在目的达到后即被抛弃,原型不作为最终产品。

② 进化式原型:这类原型的形成和发展是逐步完成的,它是高度动态迭代和高度动态循环,每次迭代都要对系统重新进行需求规格说明、重新设计、重新实现和重新评价,所以是对付变化

最为有效的方式。

③ 增量式模型：系统是一次一段地增量构造，与演化式原型的最大区别在于增量式开发是在软件总体设计基础上进行的。

1. 进化式原型模型

原型进化对开发过程的考虑是，针对有待开发的软件系统，先开发一个原型系统让用户使用，然后根据用户使用情况的意见反馈，对原型系统不断修改，使它逐步接近并最终达到开发目标。跟快速原型不同的是，快速原型在完成需求定义后将被抛弃，而原型进化所要创建的原型则是一个今后要投入应用的系统，只是所创建的原型系统在功能、性能等方面还有许多不足，还没有达到最终的开发目标，需要不断改进。

进化式原型模型的工作流程如图 2.3 所示。从图中可以看出它具有以下两个特点。

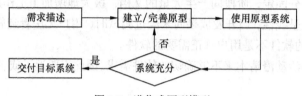

图 2.3　进化式原型模型

① 进化式原型模型将软件的需求细节定义、产品开发和有效性验证放在同一个工作进程中交替或并行运作。因此，在获得了软件需求框架以后，如软件的基本功能被确定以后，就可以直接进入到对软件的开发中。

② 进化式原型模型是通过不断发布新的软件版本而使软件逐步完善的，因此，这种开发模式特别适合于那些用户急需的软件产品开发。它能够快速地向用户交付可以投入实际运行的软件成果，并能够很好地适应软件用户对需求规格的变更。

进化式原型模型能够适应软件需求的中途变更，但在应用时，需要重视以下问题。

① 进化式原型模型虽然可以加快开发进程，但不能像瀑布模型那样提供明确的里程碑管理，随着开发过程中版本的快速更新，项目管理、软件配置管理会变得比较复杂，管理者难以把握开发进度。因此，对于大型的项目，进化式原型模型缺乏有效的管理规程。

② 开发过程中软件版本的快速变更，可能会损伤软件的内部结构，使其缺乏整体性和稳定性。另外，用于反映软件版本变更的文档也有可能跟不上软件的变更速度。这些问题必将影响到今后软件的维护。

2. 增量式原型模型

增量式原型模型是瀑布模型与原型进化模型的综合，它对软件过程的考虑是：在整体上按照瀑布模型的流程实施项目开发，以方便对项目的管理；但在软件的实际创建中，则把软件系统按功能分解为许多增量构件，并以构件为单位逐个地创建与交付，直到全部增量构架创建完毕，并都被集成到系统之中交付用户使用。

图 2.4 所示为增量式原型模型的工作流程，它被分为以下 3 个阶段。

① 在系统开发的前期阶段，为了确保所建系统具有优良的结构，仍需要针对整个系统进行需求分析和总体设计，需要启动系统的基于增量构件的需求框架，并以需求框架中构件的组成及关系为依据，完成对软件系统的体系结构设计。

② 在完成软件体系结构设计之后，可以进行增量构件的开发。这时需要对构件进行需求细化，

然后进行设计、编码测试和有效性验证。

③ 在完成了对某个构件的开发之后，需要将该构件集成到系统中去，并对已经发生了改变的系统重新进行有效性验证，然后再继续下一个增量构件的开发。

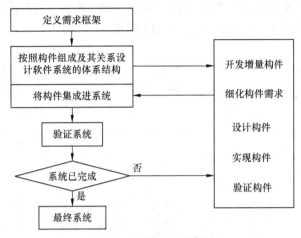

图 2.4　增量式原型模型

3. 增量式原型模型的作用

① 开发初期的需求定义只是用来确定软件的基本结构，这使得开发初期，用户只需要对软件需求进行大致的描述，而对于需求的细节描述，则可以延迟到增量构件开发时进行，以增量构件为单位逐个地进行需求补充。这个方式有利于用户需求的逐渐明确，能够有效地适应用户需求的变更。

② 软件系统可以按照增量构件的功能安排开发的优先顺序，并逐个实现和交付使用。这不仅有利于用户尽早地使用系统，能够更好地适应新的软件环境，而且用户在以增量方式使用系统的过程中，还能够获得对软件系统后续构件的需求经验。这样能使软件需求定义越往后越顺利。

③ 软件系统是逐渐开展的。因此，开发者可以通过对诸多构件的开发，逐步积累开发经验。实际上增量式开发还有利于技术复用，前面构件中的设计算法、采用的技术策略、编写的代码等都可以应用到后面将要创建的增量构件中。

④ 增量式开发还有利于从总体上降低软件项目的技术风险。个别的构件或许不能使用，但这一般不会影响到整个系统的正常工作。

虽然增量模型具有非常显著的优越性，但是其对软件设计有更高的技术要求，特别是对软件体系结构，要求它具有很好的开放性与稳定性，才能顺利地实现构件的集成。在把每个新的构件集成到已建软件系统结构中的时候，一般要求这个新增的构件应该尽量少地改变原来的已建软件系统的结构。因此，这里构件要求具有相当好的功能独立性，其接口应该简单，以方便集成时与系统连接。

2.2.3　螺旋模型

螺旋模型是瀑布模型与原型进化模型相结合，并增加了风险分析而建立的一种软件过程模型。该模型适合于指导大型软件项目的开发，它将软件项目开发划分为制订计划、风险分析、实施开发以及客户评估 4 类活动。软件风险是任何软件开发项目中普遍存在的问题，不同项目只是风险大小不同而已。在制订项目开发计划时，系统分析员需要回答项目的需求是什么、投入多少资源、如何安排开发进度等问题后才能制订计划。而仅凭经验或初步设想来回答这些问题，难免会带来一定风险。项目规模越大、问题越复杂，资源、成本、进度等因素的不确定性就越大，承担项目所冒的风险也越大。人们进行风险分析与管理的目的就是在造成危害之前及时对风险进行识别、分析、采取对策，从而消除或减少风险所造成的损失。图 2.5 所示为螺旋模型，项目进程沿着螺旋线旋转，在笛卡儿坐标的 4 个象限上分别表达如下活动。

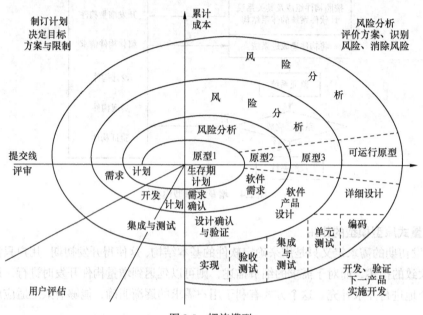

图 2.5　螺旋模型

① 制订计划：确定软件目标，选定实施方案，弄清项目开发限制条件。
② 风险分析：分析所选方案，考虑如何识别和消除风险。
③ 实施开发：实施软件开发。
④ 用户评估：评价开发工作，提出修正建议。

项目进程沿着螺旋线每旋转一圈，表示开发出一个较前一个版本更为完善的新软件版本。例如，在第一圈确定了初步的目标、方案和限制条件后，转入右上象限，对风险进行识别和分析。如果开发风险过大，开发者和用户无法承受，项目有可能因此而终止。多数情况下会沿着螺旋线继续下去，由内向外逐步延伸，最终得到满意的软件。如果对所开发项目的需求已有了较好的理解或需求基本确定，无需开发原型，便可采用普通的瀑布模型。这在螺旋模型中被认为是单圈螺线。与此相反，则需要开发原型，甚至需要不止一个原型的帮助，那就要经历多圈螺线。在这种情况下，外圈的开发包含了更多的活动。

螺旋模型的优越性在于它吸收了"进化"的概念，使得开发人员和用户对每一个演化层出现的风险均有所了解，并对此做出反应。但使用该模型需要丰富的风险评估经验和专门知识，如果项目风险较大又未及时发现，势必造成重大损失。实际上，对软件项目进行风险分析也需要费用，假如项目风险分析费用过高，甚至超过了项目的开发费用，显然就不合适了。一般大型项目才有较高的风险，才有进行详细风险分析的必要。因此，这种模型比较适合大型的软件项目。

2.3 面向对象的软件过程模型

面向对象的软件开发的重点是在软件生命周期的分析阶段。这是因为，面向对象方法在开发的早期就定义了一系列面向问题域的对象，即建立了一个对象模型。整个开发过程统一使用了这些对象，并不断地充实和扩充对象模型。不仅如此，所有其他概念，如属性、关系、事件、操作等也都是围绕对象模型组成的。分析阶段得到的对象模型也适用于设计阶段和实现阶段。为了保证从分析阶段中得到的对象信息不会在以后的开发阶段被丢失或改变，并且不断地充实和扩充这些信息的方便，面向对象开发过程的各个阶段使用统一的概念和描述符号。那么，对软件生命周期各个阶段的区分自然就不重要、不明显了。因此，整个开发过程是"无缝"连接的。这自然很容易实现各个开发步骤的多次反复迭代，达到对问题从认识到实现的逐步深化。

面向对象的软件开发过程的特点是：开发阶段界限模糊，开发过程逐步求精，开发活动反复迭代。通常，开发活动是在分析、设计和实现阶段之间的反复迭代。每次迭代都会增加或者明确一些目标系统的性质，但却不是对前期工作结构的本质性改动，这样就减少了不一致性，降低了出错的可能性。

2.3.1 软件统一开发过程

软件统一开发过程（Rational Unified Process，RUP）是基于面向对象统一建模语言（UML）的一种面向对象的软件过程模型。RUP 是一个通用的过程框架，可以用于各种不同类型的软件系统、各种不同的应用领域和不同规模的项目。RUP 的突出特点是由用例驱动，以构架为中心，采用迭代和增量的开发策略。

用例描述了用户对系统功能的需求，用例驱动的目的是为了使开发过程中的每个阶段都可以回溯到用户的需求。以系统架构为中心是指必须关注体系结构模型的开发，保证开发的系统能平滑（无缝）演进。每次迭代的核心工作流程是指迭代计划、迭代评价和一些具体的迭代活动，迭代的核心工作流程包括需求、分析、设计、实现、测试等活动。每个阶段又分成若干次迭代，并终结于良好定义的里程碑，如图 2.6 所示。

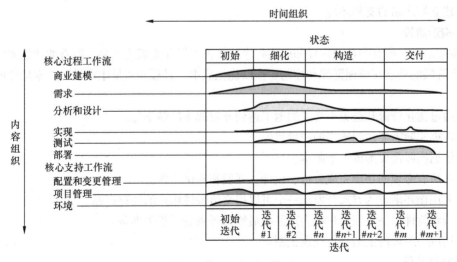

图 2.6 统一开发过程模型

初始迭代包括大部分的需求分析、局部分析和用于开发初步原型的设计和实现工作。风险承担者通过这个原型来对项目进行讨论。细化迭代主要是针对需求分析，同时也包括一些设计和实现的工作。构造迭代则主要是设计和代码实现工作。而交付迭代就主要是实现和测试内容了。

1. 初始阶段

初始阶段的目标是为系统建立业务用例和确定项目的边界。为了达到该目的必须识别所有与系统交互的外部实体，在较高层次上定义交互的特性，需要识别所有用例和描述一些重要的用例，包括验收规范、风险评估、所需资源估计、体现主要里程碑日期的阶段计划等。本阶段的具体目标如下。

① 明确软件系统的范围和边界条件，包括从功能角度的前景分析、产品验收标准和哪些做与哪些不做的相关决定。

② 明确区分系统的关键用例和主要的功能场景。

③ 展现或者演示至少一种符合主要场景要求的候选软件体系结构。

④ 对整个项目做最初的项目成本和日程估计。

⑤ 估计出潜在的风险（主要指各种不确定因素造成的潜在风险）。

⑥ 准备好项目的支持环境。

2. 细化阶段

细化阶段的目标是分析问题域，建立健全体系结构基础，编制项目计划，淘汰项目中风险最高的元素。细化阶段包括所有用例均被识别、大多数用例描述被开发、补充捕获非功能性要求和非关联与特定用例要求的需求、描述软件体系结构、建立可执行的软件原型、进行风险分析、制订总体项目的开发计划、显示迭代过程和对应的审核标准等。本阶段的目标如下。

① 确保软件结构、需求、计划足够稳定，确保项目风险已经降低到能够预计完成整个项目的成本和日程的程度。

② 针对项目的软件结构上的主要风险已经解决或处理完成。

③ 通过完成软件结构上的主要场景建立软件体系结构的基线。

④ 建立一个包含高质量构件的可演化的产品原型。

⑤ 说明基线化的软件体系结构可保障需求控制在合理的成本和时间范围内。

⑥ 建立好产品的支持环境。

3. 构造阶段

在构造阶段，所有剩余的构件和应用程序功能被开发并集成为产品，所有的功能被详尽地测试。这个阶段的重点在管理资源和控制运作以优化成本、日程和质量生产过程。本阶段的主要目标如下。

① 通过优化资源和避免不必要的返工达到开发成本的最小化。

② 根据实际需要达到适当的质量目标。

③ 根据实际需要形成各个版本。

④ 对所有必须的功能完成分析、设计、开发和测试工作。

⑤ 采用循环渐进的方式开发出一个可以提交给最终用户的完整产品。

⑥ 确定软件、站点和用户都为产品的最终部署做好了相关准备。

⑦ 达成一定程度上的并行开发机制。

4. 交付阶段

交付阶段完成最后的软件产品和产品验收测试，并编制用户文档，进行用户培训等，将软件产品交付给用户群体。本阶段的目标是确保软件产品可以提交给最终用户，具体目标如下。

① 进行 Beta 测试以达到最终用户的需要。

② 进行 Beta 测试和旧系统的并轨。

③ 转换功能数据库。

④ 对最终用户和产品支持人员进行培训。

⑤ 具体部署相关的工程活动。

⑥ 协调 Bug 修订、改进性能、可用性等工作。

⑦ 基于完整的版本和产品验收标准对最终部署做出评估。

⑧ 达到用户要求的满意度。

⑨ 达成各风险承担人对产品部署基线已经完成的共识。

2.3.2 构件复用模型

对象技术将事物实体封装成包含数据和数据处理方法的对象，并抽象为类。经过适当的设计和实现的类也可称为构件。由于构件具有一定的通用性，可以在不同的软件系统中被复用。在基于构件复用的软件开发中，软件由构件装配而成，这就如同用标准零件装配汽车一样。构件复用技术能带来更好的复用效果，并且具有工程特性，更能适应软件按照工业流程生产的需要。

图 2.7 所示为构件复用模型的工作流程，它以构件复用为驱动。构件复用模型主要包含以下几个阶段的任务。

（1）需求框架描述。描述软件系统功能构成，并将各项功能以设定的构件为单位进行区域划分。

（2）构件复用分析。按照需求框架中的构件成分，分析哪些构件是现成的，哪些构件可以买到，哪些构件需要自己开发。

（3）需求修改与细化。以提高对现有构件的复用和降低新构件开发为目的，调整需求框架，并对已经确定的需求框架进行细化，由此获得对软件系统的详细需求定义。

（4）系统设计。基于构件技术设计系统框架，设计需要开发的新构件。

（5）构件开发。开发不能获得复用的新构件。

（6）系统集成。根据设计要求，将诸多构件整合在一起构成一个系统。

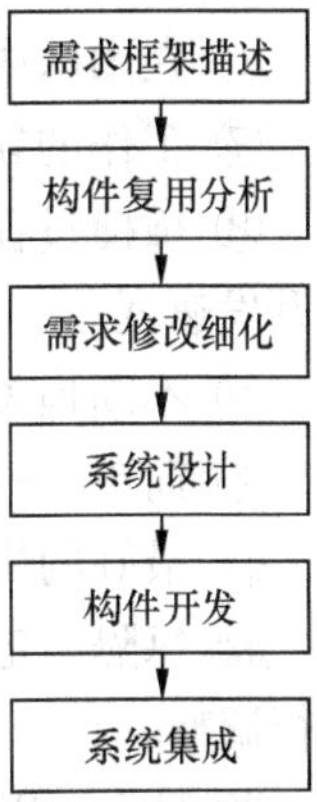

图 2.7 构件复用模型

构件复用模型最明显的优势是减少了需要开发的软件数量，缩短了软件交付周期，提高了软件的质量，降低了开发风险。它的成功主要依赖于有可以使用的、可复用的构件，以及集成这些构件的系统框架。

2.4 敏捷软件开发过程模型

为了应对软件开发人员所面临的挑战，提升应对快速变化需求的软件开发能力，2001 年 2 月，17 位方法学家发起并成立了敏捷软件开发联盟。他们所倡导的敏捷不是一个过程，而是一类过程的统称。它们有一个共性，就是符合敏捷价值观，遵循敏捷的原则。敏捷的价值观如下。

① 个体和交互胜过过程和工具。

② 可以工作的软件胜过面面俱到的文档。

③ 客户合作胜过合同谈判。

④ 响应变化胜过遵循计划。

相对于"非敏捷"，敏捷不仅体现在能有效地响应变化，它还包括鼓励程序员团队与业务专家之间的紧密协作、面对面地沟通（认为比书面的文档更有效），强调可运行软件的快速交付而不是中间产品。敏捷过程提倡可持续开发。建立紧凑而自我组织型的团队，能够很好地适应需求变化的代码编写和团队组织方法，也更注重软件开发中人的作用。每隔一定时间，团队都要总结如何更有效率，然后相应地调整自己的行为。

从产品角度看，敏捷方法适用于需求萌动并且快速改变的情况，如系统有比较高的关键性、可靠性、安全性方面的要求，则可能不完全适合；从组织结构的角度看，组织结构的文化、人员、沟通则决定了敏捷方法是否适用。

敏捷联盟为希望达到敏捷的人们定义了 12 条原则。

① 最优先要做的是通过尽早地、持续地交付有价值的软件来使客户满意。

② 即使到了开发的后期，也欢迎改变需求。敏捷过程利用变化来为客户创造竞争优势。

③ 经常性地交付可以工作的软件，交付的时间间隔可以从几个星期到几个月，时间间隔越短越好。

④ 在整个项目开发期间，业务人员和开发人员必须天天都在一起工作。

⑤ 围绕被激励起来的个体来构建项目。给他们提供所需的环境和支持，并且信任他们能够完成工作。

⑥ 在团队内部，最具有效果并且富有效率的传递信息的方法，就是面对面地交谈。

⑦ 工作的软件是首要的进度度量标准。

⑧ 敏捷过程提倡可持续的开发速度。责任人、开发者和用户应该能够保持一个长期的和恒定的开发速度。

⑨ 不断地关注优秀的技能和好的设计会增强敏捷能力。

⑩ 简单——使未完成的工作最大化的艺术——是根本。

⑪ 最好的构架、需求和设计出自于自组织的团队。

⑫ 每隔一定时间，团队要在如何才能更有效地工作方面进行反省，然后相应地对自己的行为进行调整。

"敏捷"可用于任何软件过程，实现要点是将软件过程设计为：允许项目团队调整并合理安排任务，理解敏捷开发方法的易变性并制订计划，精简并维持最基本的工作产品，强调增量交付策略，快速向客户提供适应产品类型和运行环境的可运行软件。

下面以极限编程（eXtreme Programming，XP）为例，介绍敏捷过程模型。

XP 使用面向对象方法作为推荐的开发范型包含了策划、设计、编码和测试 4 个框架活动的规则和实践。图 2.8 所示描述了 XP 过程，并指出与各框架活动相关的关键概念和任务。

1. 策划

策划活动开始于建立一系列描述待开发软件的必要特征与功能的"故事"。每个故事由客户书写并置于一张索引卡上，客户根据对应特征或功能的全局业务价值标明权值（即优先级）。XP 团队成员评估每一个故事并给出以开发周数为度量单位的成本。如果某个故事的成本超过了 3 个开发周，将请客户把该故事进一步细分，重新赋予权值并计算成本。新故事可以在任何时刻书写。客户和 XP 团队共同决定如何把故事分组，并置于 XP 团队将要开发的下一个发行版本中。一旦形成关于一个发布版本的基本承诺，XP 团队将按以下 3 种方式之一对待开发的故事进行排序。

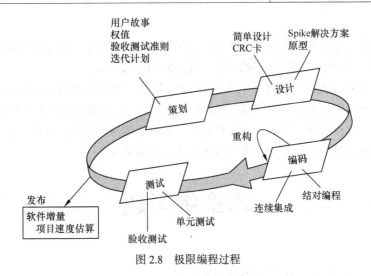

图 2.8　极限编程过程

① 所有选定故事将在几周之内尽快实现。

② 具有最高权值的故事将移到进度表的前面并首先实现。

③ 高风险故事将首先实现。

项目的第一个发行版本发布之后，XP 团队计算项目的速度。简而言之，项目速度是第一个发行版本中实现的用户故事个数。项目速度将用于帮助建立后续发行版本的发布日期和进度安排，确定是否对整个开发项目中的所有故事有过分承诺。一旦发生过分承诺，则调整软件发行版本的内容或者改变最终交付日期。在开发过程中，客户可以增加故事、改变故事的权值、分解或者去掉故事。接下来由 XP 团队重新考虑所有剩余的发行版本，并相应修改计划。

2．设计

XP 设计严格遵循"保持简洁（Keep It Simple，KIS）"原则，使用简单而不是复杂的表述。另外，设计为故事提供不多也不少的实现原则，不鼓励额外功能性设计。

XP 鼓励使用类—责任—协作者（CRC）卡作为有效机制，在面向对象语境中考虑软件、CRC卡的确定，组织和当前软件增量相关的对象和类。CRC 卡也是作为 XP 过程一部分的唯一的设计工作产品。如果在某个故事设计中碰到困难，XP 推荐立即建立这部分设计的可执行原型，实现并评估设计原型，目的是在真正的实现开始时降低风险，对可能存在设计问题的故事确认最初的估计。

3．编码

在故事开发和基本设计完成之后，团队不应直接开始编码，而是开发一系列用于检测本次（软件增量）发布的包括所有故事的单元测试。一旦建立起单元测试，开发者就可以更集中精力于必须实现的内容以通过单元测试，不需要加任何额外的东西。一旦编码完成，就可以立即完成单元测试，向开发者提供即时的反馈。

XP 编码活动中的关键概念之一是结对编程。XP 推荐两个人面对同一台计算机共同为一个故事开发代码。这一方案提供实时解决问题和实时质量保证的机制，同时也使开发者能集中精力解决手头的问题。实施中不同成员担任的角色略有不同。例如，一名成员考虑特定设计的详细编码实现，而另一名成员确保编码遵循特定的标准，生成的代码符合该故事的接口设计。结对的两人完成所开发代码和其他工作集成。在有些情况下，这种集成工作由集成团队按日实施。在另外一些情况下，结对者自己负责集成，这种"连续集成"策略有助于避免兼容性和接口问题，建立能及早发现错误的"冒烟测试"环境。

4. 测试

在编码开始之前建立单元测试是 XP 方法的关键因素。所建立的单元测试应当使用一个可以自动实施的框架，这种方式支持代码修改之后及时回归测试策略。

一旦将个人的单元测试组织到一个"通用测试集"，每天都可以进行系统的集成测试和确认测试。这可以为 XP 团队提供连续的进展指示，也可在一旦发生问题的时候及早提出预警。

XP 验收测试也称为客户测试，由客户确定，着眼于客户可见的、可评审的系统级的特征和功能。验收测试根据本次软件发布中所实现的用户故事而确定。

本章练习题

1. 判断题

（1）瀑布模型和增量模型都属于整体开发模型。　　　　　　　　　　　　　　（　　）

（2）原型模型可以有效地适应用户需求的动态变化。　　　　　　　　　　　　（　　）

（3）螺旋模型在瀑布模型和增量模型的基础上增加了风险分析活动。　　　　　（　　）

（4）软件过程改进也是软件工程的范畴。　　　　　　　　　　　　　　　　　（　　）

（5）在软件开发中采用原型系统策略的主要困难是成本问题。　　　　　　　　（　　）

2. 选择题

（1）软件生命周期包括可行性分析和项目开发计划、需求分析、总体设计、详细设计、编码、（　　）、维护等活动。

  A. 应用　　　　　　　　　　　　　B. 测试

  C. 检测　　　　　　　　　　　　　D. 以上答案都不正确

（2）软件生命周期模型有多种，下列选项中，（　　）不是软件生命周期模型。

  A. 螺旋模型　　　　　　　　　　　B. 增量模型

  C. 功能模型　　　　　　　　　　　D. 瀑布模型

（3）软件生命周期中时间最长的阶段是（　　）。

  A. 需求分析阶段　　　　　　　　　B. 总体设计阶段

  C. 测试阶段　　　　　　　　　　　D. 维护阶段

（4）瀑布模型是一种（　　）。

  A. 软件开发方法　　　　　　　　　B. 软件生存周期

  C. 程序设计方法学　　　　　　　　D. 软件生存周期模型

（5）软件开发中常采用的结构化生命周期方法，由于其特征而一般称其为（　　）。

  A. 瀑布模型　　　　　　　　　　　B. 对象模型

  C. 螺旋模型　　　　　　　　　　　D. 层次模型

（6）在结构性的瀑布模型中，（　　）阶段定义的标准将成为软件测试中系统测试阶段的目标。

  A. 详细设计阶段　　　　　　　　　B. 总体设计阶段

  C. 可行性研究阶段　　　　　　　　D. 需求分析

（7）增量模型是一种（　　）的模型。

  A. 整体开发　　　　　　　　　　　B. 非整体开发

  C. 灵活性差　　　　　　　　　　　D. 较晚产生工作软件

（8）（　　　）是指模拟某种产品的原始模型。

　　　A. 模型　　　　　　B. 最初模型　　　　　C. 原型　　　　　　D. 进化模型

（9）建立原型的目的不同，实现原型的途径也有所不同，下列不正确的类型是（　　　）。

　　　A. 用于验证软件需求的原型　　　　　　B. 垂直原型

　　　C. 用于验证设计方案的原型　　　　　　D. 用于演化出目标系统的原型

（10）原型化方法是一种（　　　）型的设计过程。

　　　A. 自外向内　　　B. 自顶向下　　　C. 自内向外　　　D. 自底向上

（11）对于原型的使用建议，以下说法不正确的是（　　　）。

　　　A. 开发周期很长的项目，能够使用原型

　　　B. 在系统的使用可能变化较大、不能相对稳定时，能够使用原型

　　　C. 缺乏开发工具，或对原型的可用工具不了解的时候，能够使用原型

　　　D. 开发者对系统的某种设计方案的实现无信心或无十分的把握时，能够使用原型

（12）原型模型的主要特点之一是（　　　）。

　　　A. 开发完毕才见到产品　　　　　　　　B. 及早提供工作软件

　　　C. 及早提供全部完整软件　　　　　　　D. 开发完毕才见到工作软件

3. 简答题

（1）简述什么是软件生命周期。根据国家标准《计算机软件开发规范》，软件生命周期主要包括哪几个阶段？

（2）瀑布模型有哪些特点？对于里程碑，你有哪些认识？

（3）试说明原型模型的两种实现方案各有什么特点，各适用于哪些情况。

（4）一般认为，只有大型项目才采用螺旋模型，其原因是什么？

（5）为什么说构件复用模型是一种有利于软件按工业流程生产的过程模型？

（6）敏捷方法的价值观和原则与传统的方法有哪些联系和区别？

（7）在什么情况下会建议不用敏捷方法来开发软件系统？

（8）具有原型化的瀑布模型具有什么特点？它与瀑布模型最大的不同是什么？

4. 应用题

（1）某企业计划开发一个"综合信息管理系统"，该系统涉及销售、供应、财务、生产、人力资源等多个部门的信息管理。该企业的设想是按部门的优先级别逐个实现，边开发边应用。对此需要采用一种比较合适的软件过程模型，请对这个过程模型做出符合应用需求的选择，并说明选择理由。

（2）假设你要开发一个软件，它的功能是把 73 624.938 5 这个数开平方，所得到的结果应该精确到小数点后 4 位。一旦实现并测试完之后，该产品将被抛弃。你打算采用哪种软件过程模型，为什么？

（3）假设你被任命为一家软件公司的项目负责人，你的工作是管理该公司已被广泛应用的字处理软件的新版本开发。由于市场竞争激烈，公司规定了严格的完成期限并且已对外公布。你打算采用哪种软件过程模型，为什么？

（4）公司计划采用新技术开发一款新的手机软件产品，希望尽快占领市场，假设你是项目经理，你会选择哪种软件过程模型？为什么？

第3章
结构化需求分析

　　需求分析处于软件开发的前期，它的基本任务是准确定义未来系统的目标，确定为了满足用户的需求系统必须"做什么"。在需求分析过程中，软件分析人员通过研究用户在软件问题上的需求意愿，分析出软件系统的功能、性能、数据等诸方面应该达到的目标，从而获得有关软件的需求规格定义。本章主要介绍需求分析的任务、需求获取的过程和方法，并重点介绍结构化分析方法，以使读者掌握结构化需求分析的方法与技术。

本章学习目标：
1. 掌握需求分析的基本概念
2. 明确需求分析应遵循的原则
3. 掌握如何使用需求获取技术来进行数据采集
4. 掌握结构化分析的思想与过程
5. 掌握数据流建模技术

3.1　需求工程概述

　　软件工程所要解决的问题往往十分复杂，尤其是当建立一个全新的软件系统时，了解问题的本质是一个非常困难的过程。一般情况是开发软件的技术人员精通计算机技术，但并不熟悉用户的业务领域，而用户清楚自己的业务，却又不太懂计算机技术。对同一个问题，技术人员和用户之间可能存在认识上的差异。因此，在着手设计软件之前，需要由既精通计算机技术，又熟悉用户应用领域的系统分析人员，对软件问题进行细致的需求分析。

　　在规定软件需求时，软件人员与用户同样起着至关重要的作用。用户必须对软件功能和性能提出初步要求，并澄清一些模糊概念。而软件人员则要认真了解用户的要求，细致地进行调查分析，把用户"需要"什么软件认识清楚，最终转换成一个完全的、准确的、清楚的软件逻辑模型，并写出软件的需求规格说明，准确地表达用户的需求。

3.1.1　软件需求

　　软件需求（Software Requirement）是为了解决用户的问题和实现用户的目标，用户所需的软件必须满足的能力和条件，即软件系统必须满足的所有功能、性质和限制。需求分析需要实现的是将用户对软件的一系列要求、想法转变为软件开发人员所需要的有关软件的技术规格说明，它涉及面向用户的用户需求和面向开发者的系统需求两个方面的工作内容。

软件需求包括 3 个不同的层次：业务需求、用户需求和系统需求（包括功能需求、非功能需求及数据需求）。

1．业务需求

业务需求反映了组织机构或客户对系统、产品高层次的目标要求，它们在项目视图与范围文档中予以说明。

2．用户需求

用户需求是关于软件的一系列想法的集中体现，涉及软件的功能、操作方式、界面风格，用户机构的业务范围、工作流程，用户对软件应用的展望等。因此，用户需求也就是关于软件的外界特征的规格表述。用户需求具有以下特点。

① 用户需求直接来源于用户。需求可以由用户主动提出，也可以通过与用户沟通、交流或者进行问卷调查等方式获得。由于用户对计算机系统认识上的不足，分析人员有义务帮助用户挖掘需求，如可以使用启发的方式激发用户的需求想法。

② 用户需求需要以文档的形式提供给用户审查。因此，需要使用流畅的自然语言和简洁清晰的直观图表来表述，以方便用户的理解与确认。

③ 可以把用户需求理解为用户对软件的合理请求。这意味着，必须全面理解用户的各项要求，但又不能全盘接受所有的要求。因为并非所有用户提出的全部要求都是合理的。对其中模糊的要求还需要澄清，然后才能决定是否可以采纳。对于那些无法实现的要求应向用户做充分的解释，以求得到理解。

④ 用户需求主要是为用户方管理层撰写的，但是用户方的技术代表、软件系统今后的操作者以及开发方的高层技术人员，也有必要认真阅读用户需求文档。

3．系统需求

系统需求是比用户需求更具有技术特性的需求陈述。它是提供给开发者或用户方技术人员阅读的，并将作为软件开发人员设计系统的起点与基本依据。系统需求需要对系统的功能、性能、数据等方面进行规格定义。系统需求往往要求用更加严格的形式化语言进行表述，以保证系统需求表述具有一致性。系统需求是综合的、多方面的，下面重点介绍功能、非功能、数据等方面的需求特征。

（1）功能需求

功能需求是软件系统最基本的需求表述，包括对系统应该提供的服务，如何对输入做出反应，以及系统在特定条件下行为的描述。在某些情况下，功能需求还必须明确系统不应该做什么，这取决于开发的软件类型、软件未来的用户，以及开发的系统类型。所以，功能性的系统需求，需要详细地描述系统功能特征、输入和输出接口、异常处理方法等。

软件系统的功能需求可以有许多不同的描述方式。软件工程中的许多问题都源自对需求描述的不严格，自然语言对需求分析最大的弊病就是它的二义性。所以，我们不得不对需求分析中采用的语言做某些限制。例如，尽量采用主语+动词的表达方式。

理论上，系统的功能需求描述应该具有全面性和一致性。全面性意味着对用户所需的所有功能都应该给出描述。一致性意味着需求描述不能前后矛盾。在实际过程中，对于大型复杂的系统而言，要完全满足这两方面的要求几乎是不可能的，因此，需要由质量保证小组进行评审。

（2）非功能性需求

非功能性需求包括对系统提出的性能需求、可靠性和可用性需求、系统安全以及系统对开发过程、时间、资源等方面的约束及标准等。例如，软件系统的特性可以是可用性、健壮性、可移植性、效率等，软件系统的约束可以是开发人员构造软件系统时必须遵循的技术规范、开发周期、开发成本等。

（3）数据需求

大多数软件系统本质上都是信息处理系统。系统处理的信息和系统产生的信息在很大程度上决定了系统的面貌，对软件设计具有深远的影响。因此，必须分析系统的数据需求，这也是软件需求分析的一个任务。数据需求包括输入数据、输出数据、加工中的数据、保存在存储设备上的数据等。在结构化方法中，可以使用数据字典对数据进行全面准确的定义，如数据的名称、组成元素、出现的位置、出现的频率、存储的周期等。当所要开发的软件系统涉及对数据库的操作时，可以使用数据关系模型图，对数据库中的数据实体、数据实体之间的关系进行描述。

4. 软件需求举例——银行 ATM 系统

业务需求：系统为用户提供自助存取款服务。

用户需求：用户可以随时安全、快捷地进行存款和取款。

功能需求：系统允许用户从银行账户中取款、系统允许用户向银行账户中存款、系统允许用户查询银行账户的现存余额、系统使用数字密码检验用户存取的合法性。

非功能需求：系统在 20 秒之内响应所有的请求；除了每天 30 分钟的维护外，系统每周 7 天、每天 24 小时都可使用。

3.1.2 需求工程

需求工程指应用工程化方法、技术和规格来开发和管理软件的需求。需求工程的目标是获取高质量的软件需求。需求工程突出了工程化原则，强调以系统化、条理化和重复化的方法进行软件需求的相关活动，从而增强管理性和降低需求开发的成本。需求工程由需求开发活动和需求管理过程组成。

需求开发活动包括以下几个方面。

① 确定产品所期望的用户类。

② 获取每个用户类的需求。

③ 了解实际用户任务和目标以及这些任务所支持的业务需求。

④ 分析源于用户的信息以区别用户任务需求、功能需求、业务规则、质量属性、建议解决方法和附加信息。

⑤ 将系统级的需求分为几个子系统，并将需求中的一部分分配给软件组件。

⑥ 了解相关质量属性的重要性。

⑦ 商讨实施优先级的划分。

⑧ 将所收集的用户需求编写成规格说明和模型。

⑨ 评审需求规格说明，确保对用户需求达到共同的理解与认识，并在整个开发小组接受说明之前将问题都弄清楚。

需求管理的任务是：管理软件系统的需求规格说明，评估需求变更带来的影响及成本费用，跟踪软件需求的状态，管理需求规格说明的版本等。即需要"建立并维护在软件工程中同客户达成的契约"。通常的需求管理活动包括以下内容。

① 定义需求基线（迅速制定需求文档的主体）。

② 评审提出的需求变更，评估每项变更的可能影响，从而决定是否实施它。

③ 以一种可控制的方式将需求变更融入到项目中。

④ 使当前的项目计划与需求一致。

⑤ 估计变更需求所产生影响并在此基础上协商新的承诺（约定）。

⑥ 让每项需求都能与其对应的设计、源代码和测试用例联系起来以实现跟踪。

⑦ 在整个项目过程中跟踪需求状态及其变更情况。

3.1.3　需求分析的过程

需求分析阶段研究的对象是软件项目的用户要求，需求分析的关键是正确地理解需求和准确地表达需求，只有经过确切描述的软件需求才能成为软件设计的基础。需求分析的任务是借助当前系统的逻辑模型导出目标系统的逻辑模型。在理解当前系统"怎么做"的基础上，抽取其"做什么"的本质，从而从当前系统的物理模型中抽象出当前系统的逻辑模型。在去掉非本质的因素后，根据用户提出的对目标系统的需求，分析当前系统与目标系统的差别，明确目标系统的范围、功能、处理步骤和数据结构，建立目标系统的逻辑模型，如图 3.1 所示。

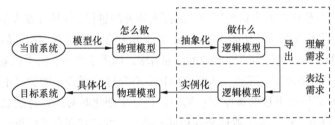

图 3.1　参考当前系统建立目标系统模型

需求分析过程是一个包括创建和维护系统需求文档所必需的一切活动的过程，包括系统可行性研究、分析用户需求、需求框架描述、建立需求原型并导出系统需求、需求规格说明书编写、需求有效性验证等需求过程活动，这些活动之间的关系以及每个需求过程活动产生的文档如图 3.2 所示。

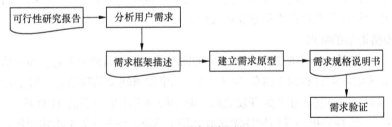

图 3.2　需求分析过程

1. 调查与可行性研究

需求分析阶段要作充分的调查研究。通过调查分析对目标系统的运行环境、功能要求、非功能性要求与用户达成共识，以可行性分析中软件系统的高层模型为前提，用最小的代价，在尽可能短的时间内确定问题是否能够解决。可行性研究主要集中在以下 4 个方面。

① 经济可行性：进行开发成本的估及可能取得效益的评估，确定目标系统是否值得投资开发。

② 技术可行性：对目标系统进行功能、性能和限制条件的分析，确定在现有资源的条件下，技术风险有多大，系统是否能实现。这里，资源包括已有的或可以提供的硬件、软件资源，现有技术人员的技术水平与已有的工作基础。

③ 操作可行性：系统的操作方式能否在用户的组织内行得通，以及对目标系统可能会涉及的政策、责任等问题做出决定。

④ 社会可行性：主要分析项目对社会的影响，从方针政策、经济结构、法律和制度等社会因素方面考虑项目开发的合理性和意义。

总之，可行性研究最根本的任务是对以后的行动方针提出建议。如果问题没有可行的解，分析员应该建议停止这项开发工程，以避免时间、资源、人力和金钱的浪费；如果问题值得解，分析员应该推荐一个较好的解决方案，并且为工程制订一个初步的计划。其实质是进行一次大大压缩简化了的系统分析和设计过程，是在较高层次上以较抽象的方式进行的系统分析和设计的过程。

可行性研究需要的时间长短取决于工程的规模，一般来说可行性研究的成本约占预期工程总成本的 5%～10%。

可行性研究报告，从技术、经济、操作、社会等方面论证可行性，以确认软件开发的目标是否可行。

2. 分析与综合用户需求

需求导出和分析是软件开发人员与用户一起深入研究的过程。软件开发人员必须从信息流和信息结构出发，逐步细化软件的所有功能，找出系统各个元素之间的联系、接口特性和对设计的限制，判断是否存在因片面性或短期行为而导致的不合理需求，如需求冲突、需求遗漏等。判断是否有用户尚未提出的确实有价值的潜在需求，从而去掉其中不合理的部分，增加真正需要的部分。

在分析与综合时应注意下述两条原则：第一，在分层细化时必须保持信息的连续性，也就是说细化需求后对应功能的输入/输出数据必须相同；第二，当双方都有把握正确地制订该软件的规格说明时，这阶段的工作就可以结束了。

3.1.4 需求规格说明

软件需求规格说明（Software Requirement Specification，SRS）是需求工程最终产生的结果，必须用一种统一的方式将它们编写成可视文档，包含了软件的功能需求和非功能需求。需求规格说明是项目相关人员对要开发的软件系统达成的共识，是进行系统设计、实现、测试和验收的基本依据，也是整个软件开发过程中最重要的文件。

1. 需求规格说明的特点

① 完整性。完整性是指不能遗漏任何必要的需求信息，遗漏的需求将很难被查出。注重用户的任务而不是系统的功能将有助于避免不完整性。如果知道缺少某项信息，用 TBD（待确定）作为标准标识来标明这项缺漏。在开始开发之前，必须解决需求中所有的 TBD 项。

② 一致性。一致性是指与其他软件需求或高层（系统，业务）需求不相矛盾。在开发前必须解决所有需求间的不一致部分。只有进行一番调查研究，才能知道某一项需求是否确实正确。

③ 可修改性。在必要时或为维护每一需求变更历史记录时，应该修订 SRS。这就要求每项需求要独立标出，并与其他需求区别开来，从而无二义性。每项需求只应在 SRS 中出现一次。这样更改时易于保持一致性。另外，使用目录表、索引和相互参照列表方法将使软件需求规格说明更容易修改。

④ 可跟踪性。应能在每项软件需求与它的根源和设计元素、源代码、测试用例之间建立起链接链，这种可跟踪性要求每项需求以一种结构化的，粒度好的方式编写并单独标明，而不是大段大段地叙述。

2. 需求规格说明的模板

依据 IEEE 830 标准改写并扩充的软件需求规格说明的模板如表 3.1 所示。

表 3.1　　　　　　　　　　　　　软件需求规格说明的模板

1. 引言	4. 系统特性
1.1 目的	4.1 说明和优先级
1.2 文档约定	4.2 激励/响应序列
1.3 预期的读者和阅读建议	4.3 功能需求
1.4 产品范围	5. 其他非功能需求
1.5 参考文献	5.1 性能需求
2. 综合描述	5.2 安全设施需求
2.1 产品前景	5.3 安全性需求
2.2 产品功能	5.4 软件质量属性
2.3 用户类和特征	5.5 业务规则
2.4 运行环境	5.6 用户文档
2.5 设计和实现上的限制	6. 其他需求
2.6 假设和依赖	
3. 外部接口需求附录	A：词汇表
3.1 用户界面	B：分析模型
3.2 硬件接口	C：待确定问题的列表
3.3 软件接口	
3.4 通信接口	

3. 需求规格说明的特征

① 正确性。每一项需求都必须准确地陈述其要开发的功能。做出正确判断的参考是需求的来源，如用户或高层的系统需求规格说明。若软件需求与对应的系统需求相抵触则是不正确的。即需求规格说明对系统功能、行为、性能等的描述必须与用户的期望相吻合，这是软件系统真正需要完成和达到的。

② 完整性。需求规格说明应该包括软件要完成的全部任务（包括任何有关软件系统的功能需求和非功能需求），每一项需求都必须是在已知系统和环境的权能和限制范围内可以实施的，不能遗漏任何必要的需求信息。

③ 必要性。每一项需求都应把客户真正所需要的和最终系统所需遵从的标准记录下来。"必要性"也可以理解为每项需求都是用来授权你编写文档的"根源"。要使每项需求都能回溯至某项客户的输入，如使用实例或别的来源。

④ 划分优先级。给每项需求、特性或使用实例分配一个实施优先级以指明它在特定产品中所占的分量。如果把所有的需求都看作同样重要，那么项目管理者在开发、节省预算或调度中就丧失了控制自由度。

⑤ 无二义性。对所有需求说明的读者都只能有一个明确统一的解释，由于自然语言极易导致二义性，所以尽量把每项需求用简洁明了的语言表达出来。避免二义性的有效方法包括对需求文档的正规审查、编写测试用例、开发原型以及设计特定的方案脚本。

⑥ 可验证性。需求规格说明中描述的需求都可以运用一些可行的手段对其进行验证和确认。检查一下每项需求是否能通过设计测试用例或其他的验证方法。如果需求不可验证，则确定其实

施是否正确就成为主观臆断，而非客观分析了。一份前后矛盾、不可行或有二义性的需求也是不可验证的。

3.1.5 需求验证

需求验证的目的是检验需求能否反映用户的意愿。它和分析有很多共性，都是要发现需求中的问题，但它们的出发点是不同的。有效性验证关心的是需求规格说明书完整的描述，而分析关心的是一个个相对独立的"不完整"的需求。验证是为了确保需求说明准确、完整地表达必要的质量特点。当你阅读软件需求规格说明时，可能觉得需求是对的，但实现时却很可能会出现问题。当以需求说明为依据编写测试用例时，你可能会发现说明中的二义性。而所有这些都必须改善，因为需求说明要作为设计和最终系统验证的依据。客户的参与在需求验证中占有重要的位置。在需求有效性检验的过程中，对需求规格说明书可以执行以下类型的检验。

① 有效性检查：通过与用户协商，找出遗漏或者不需要的功能。

② 一致性检查：在文档中，需求不应该冲突，即对同一个系统功能不应出现不同的描述或者相互矛盾的约束。

③ 完备性检查：需求规格说明书中应包括所有系统用户想要的功能和约束。

④ 现实性检查：分析一个功能，保证其能利用现有技术实现。若能实现，还要考虑系统开发的预算和进度安排。

⑤ 可检验性检查：保证描述的需求应该是可以检验的，以减少用户和开发商之间可能的争议，即能设计出一套检查方法来检验交付的系统是否满足需求。

需求有效性检验主要采用以下技术。

① 对需求文档进行正式审查是保证软件质量的很有效的方法。可组织一个由不同代表（如分析人员、客户、设计人员、测试人员）组成的小组，对 SRS 及相关模型进行仔细的检查。另外，在需求开发期间所做的非正式评审也是有所裨益的。

② 以需求为依据编写测试用例。根据用户需求所要求的产品特性写出黑盒功能测试用例。客户通过使用测试用例，以确认是否达到了期望的要求。还要从测试用例追溯回功能需求以确保没有需求被疏忽，并且确保所有测试结果与测试用例相一致。同时，要使用测试用例来验证需求模型的正确性，如对话框图、原型等。

③ 编写用户手册。在需求开发早期即可起草一份用户手册，用它作为需求规格说明的参考并辅助需求分析。优秀的用户手册要用浅显易懂的语言描述出所有对用户可见的功能。而辅助需求，如质量属性、性能需求，及对用户不可见的功能则在 SRS 中予以说明。

④ 确定合格的标准。让用户描述什么样的产品才算满足他们的要求和适合他们使用的。将合格的测试建立在使用情景描述或使用实例的基础之上。

3.1.6 需求变更控制

在完成需求说明之后，不可避免地还会遇到项目需求的变更。有效的变更管理需要对变更带来的潜在影响及可能的成本费用进行评估。同时，无论是在开发阶段还是在系统测试阶段，还应跟踪每项需求的状态。

建立起良好的配置管理方法是进行有效需求管理的先决条件。许多开发组织使用版本控制和其他管理配置技术来管理代码，所以也可以采用这些方法来管理需求文档，需求管理的改进也是将全新的管理配置方法引入项目组织中的一种方法。

① 确定需求变更控制过程是确定一个选择、分析和决策需求变更的过程。所有的需求变更都需遵循此过程，商业化的问题跟踪工具都能支持变更控制过程。

② 建立变更控制委员会，由他们来确定进行哪些需求变更，此变更是否在项目范围内，对它们进行估价，并对此评估做出决策以确定选择哪些，放弃哪些，并设置实现的优先顺序，制定目标版本。

③ 进行需求变更影响分析，应评估每项选择的需求变更，以确定它对项目计划安排和其他需求的影响。明确与变更相关的任务并评估完成这些任务需要的工作量。通过这些分析将有助于变更控制委员会做出更好的决策。

④ 跟踪所有受需求变更影响的工作产品。当进行某项需求变更时，参照需求跟踪能力矩阵找到相关的其他需求、设计模板、源代码和测试用例，这些相关部分可能也需要修改。这样能减少因疏忽而不得不变更产品的机会，这种变更在变更需求的情况下是必须进行的。

⑤ 建立需求基准版本和需求控制文档。这是一致性需求在特定时刻的快照。之后的需求变更遵循变更控制过程即可。每个版本的需求规格说明都必须是独立说明，以避免将底稿和基准或新旧版本相混淆。最好的办法是使用合适的配置管理工具在版本控制下为需求文档定位。

⑥ 维护需求变更的历史记录。记录变更需求文档版本的日期以及所做的变更、原因，还包括由谁负责更新和更新的新版本号等。版本控制工具能自动完成这些任务。

⑦ 跟踪每项需求的状态，建立一个数据库，其中每一条记录保存一项功能需求。保存每项功能需求的重要属性，它包括状态（如已推荐的、已通过的、已实施的、已验证的），这样在任何时候都能得到每个状态类的需求数量。

⑧ 衡量需求稳定性，记录基准需求的数量和每周或每月的变更（添加、修改、删除）数量。过多的需求变更"是一个报警信号"，意味着问题并未真正弄清楚，项目范围并未很好地确定下来，或是政策变化较大。

⑨ 使用需求管理工具。需求管理工具能帮助你在数据库中存储不同类型的需求，为每项需求确定属性，可跟踪其状态，并在需求与其他软件开发工作产品间建立跟踪能力联系链。

3.2　需　求　获　取

软件开发人员通过与用户交流，学习和熟悉用户业务领域的知识，并获得用户对待建立系统需求的过程称为需求获取。需求获取的目的是清楚地理解所要解决的问题，完整地获取用户需求。

3.2.1　需求获取的内容

在获取需求时，人们普遍关注功能性需求，而忽略对非功能性需求的分析。实践表明，非功能性需求并不是无关紧要的，它们涉及的面多而且广，因而容易被忽略。任何一个系统的需求都要根据系统目标和工作环境来确定。

1.　物理环境

① 操作设备的地点在何处？

② 位置是集中的还是分散的？

③ 有无对环境的限制，诸如温度、湿度或电磁干扰？

2. 界面

① 有来自其他系统的输入吗？

② 有到其他系统的输出吗？

③ 对数据格式有规定吗？

④ 对数据存储介质有规定吗？

3. 用户或人的因素

① 谁将使用该系统？

② 存在多种类型的用户吗？

③ 每种类型的用户的职责、权限是什么？

④ 每种类型的用户需要接受什么样的培训？

⑤ 用户错误操作系统的可能性有多大？

4. 功能

① 系统将做什么？

② 系统何时做什么？

③ 系统何时需要修改或维护、升级？

④ 对于执行速度、响应时间或吞吐量有无限制？

5. 文档

① 需要哪些文档？

② 文档针对什么样的读者？

6. 数据

① 输入和输出数据的格式是什么？

② 接收和发送数据的频率是多少？

③ 对数据的准确性有什么要求？

④ 计算必须达到的精度是多少？

⑤ 系统处理的数据流量是多少？

⑥ 数据必须保持一段时间吗？

7. 安全性

① 必须对访问系统或系统信息加以控制吗？

② 一个用户的数据如何同其他用户的数据隔离开来？

③ 用户程序如何同其他程序和操作系统隔离开来？

④ 多长时间需要对系统做一次备份？

⑤ 备份的数据必须放到另外的地方吗？

⑥ 需要防火或防盗吗？

8. 资源

① 建造、使用、维护系统需要什么设备、人员或其他资源？

② 开发者必须具备什么样的技能？

③ 系统将占用多大的物理空间？

④ 对电力、暖气或空调有什么要求？

⑤ 开发有规定的时间表吗？

⑥ 用于开发的软硬件投资有无限制？

9. 质量保证

① 对系统的可靠性要求如何？

② 系统必须监测和隔离错误吗？

③ 规定的系统平均出错时间是多少？

④ 发生错误后，重启系统允许的最大时间是多少？

⑤ 系统变化将如何反映到设计中？

⑥ 维护只是包括修改错误，还是也包括对系统的改进？

⑦ 在资源使用和时间响应上采取了哪些行之有效的方法？

⑧ 系统的可移植性如何？

3.2.2　需求获取的方法

获取需求是需求分析的基础，在获得详实调查资料的基础之上才能进行需求分析。需求获取包括了一系列的方法和活动，如研究资料法、问卷调查法、用户访谈和实地观察法等。需求分析人员可以使用这些方法、技术进行收集和确认用户的需求。

1. 研究资料法

任何组织或单位中都存有大量的计划、报表、文件和资料。收集资料时一定要明确目的，必须收集和选择符合目的的资料来阅读。这些资料可分为两类：一类是企业外部的资料，如各项法规、市场信息等；另一类是企业内部的各种资料，如企业的有关计划、指标、经营分析报告、合同、账单、统计报表等。通过研究分析这些资料，可以了解生产经营情况和正常的操作程序，理解信息的处理方式，有助于弄清需求。但这些资料只反映静态和历史的情况，无法反映企业动态活动和过程，因此还必须借助于其他方法获取更复杂、更全面的需求。

2. 问卷调查法

问卷调查法是通过调查问卷的方式进行调查的一种收集需求的方法。调查问卷可以大量发送，因此，这种方法可以从许多不同的人员处得到相应的数据。一般调查问卷分为两种类型：自由格式和固定格式。自由格式的调查问卷为回答者提供了灵活回答问题的方式。例如，"每天收到哪些报表和数据，如何使用或处理这些数据和报表？"、"这些数据是否适用？数据是否及时、准确？格式是否合理？"；固定格式的调查问卷则需要事先设定选项或几种答案供用户选择。这种形式的问卷便于信息的归纳与整理，结论比较清晰、明确。使用问卷调查法的步骤如下。

① 确定必须收集哪些事实和从哪些人中收集数据，如果对象的数量过于庞大，那么可以采取随机样本的方式。

② 基于所需的事实数据，确定采用自由格式还是固定格式的调查问卷，也可以将两种形式综合起来。

③ 设计调查问题，确保问题明确，没有歧义或遗漏，编辑调查问卷。

④ 复制和分发调查问卷，组织调查，注意回收。

调查问卷的优点和缺点如下。

① 多数调查问卷可以被快速地回答。人们可以在方便的时候完成和返回调查问卷。

② 如果希望从许多人处获取信息，调查问卷是一种低成本的数据采集技术。

③ 调查问卷形式允许保护个人的隐私，并便于整理和归纳。

④ 由于是背对背地进行调查，对回答问题的质量难以把握。

⑤ 对于模糊的问题、隐含的问题不便于采用问卷的方法。

3. 用户访谈

用户访谈就是面对面地与用户交谈。开发人员对业务人员和管理人员等个人、部门的访谈是非常重要的。一般可以把用户访谈分成结构化访谈和非结构化访谈两种类型。在非结构化访谈中，没有事先确定的一系列问题，开发者只是向访谈对象提出访谈的主题或问题，只有一个谈话的框架。而在结构化访谈中，开发者向访谈对象提问一系列事先确定好的问题，问题可以是开放性的或封闭式的问题。开放式问题允许访谈对象按照某种合适的方式来回答问题。例如，"为什么不满意当前的统计报表？"。封闭式的问题则限制回答者只能按照指定的选择或简短、直接地回答问题。访谈是否成功在很大程度上取决于开发者的访谈能力。访谈的步骤如下。

① 选择访谈对象。在访谈前应选择那些将要使用待开发系统的终端用户、对企业组织管理或业务非常熟悉的人员，并了解访谈对象的背景。

② 准备访谈资料，包括访谈内容、进度安排等。

③ 进行访谈，并注意做好访谈记录。访谈内容要经过被访者的认可和确认。

④ 整理访谈记录。

访谈方法的优点和缺点如下。

① 访谈为分析人员提供了与访谈对象自由沟通的机会。通过建立良好的人际关系，有利于让访谈对象愿意为该项目的开发做出努力。

② 通过访谈可以挖掘更深层次的用户需求。

③ 访谈允许开发人员使用一些个性化的问题。

④ 成功的访谈在很大程度上取决于分析人员的经验与技巧。

⑤ 访谈占用的时间较多，访谈后的资料整理也需要花费较多的时间。

4. 实地观察法

为了深入了解系统需求，有时需要通过实地观察辅助开发者挖掘需求。这种方法一般用来验证通过其他方法调查得到的信息。当系统特别复杂时，应该采用这种方法。实地观察法应遵循以下原则。

① 明确需要观察的内容、地点以及观察的周期，并明确如何进行观察。

② 从用户那里得到去现场观察的许可。

③ 事先通知将要被观察的用户，告诉他们观察的目的。

④ 禁止打断别人的工作，边观察，边记录。

⑤ 不要事先进行假设。

实地观察方法的优点和缺点如下。

① 通过观察得到的数据准确、真实。

② 通过观察有利于弄清复杂的工作流程和业务处理过程，而这些有时是很难用文字描述清楚的。

③ 在特定的时间进行观察，并不能保证得到平时的工作状态，有些任务不可能总是按照观察人员观察时看到的方式执行。

④ 这种方法比较花费时间，数据整理比较麻烦。

3.3　结构化分析方法概述

结构化分析（Structured Analysis，SA）是由美国 Yourdon 公司提出的，适用于分析典型数据处理系统的，以结构化的方式进行系统定义的分析方法。这个方法通常与 L.Constantine 提出的结构化设计（Structured Design，SD）方法衔接起来使用，即所谓的 SASD 方法，也可称为面向功能的软件开发方法或面向数据流的软件开发方法。Yourdon 方法首先用结构化分析（SA）对软件进行需求分析，然后用结构化设计（SD）方法进行总体设计，最后是进行结构化编程（Structured Programming，SP）。

3.3.1　结构化分析思想

结构化分析方法要求软件系统的开发工作按照规定步骤，使用一定的图表工具，在结构化和模块化的基础上进行。结构化是把软件系统功能当作一个大模块，根据分析与设计的不同要求，进行模块分解或者组合。在软件工程技术中，控制复杂性的两个基本手段是"分解"和"抽象"。对于复杂的问题，由于人的理解力、记忆力均有限，所以不可能触及到问题的所有方面以及全部细节。为了将复杂性降低到人可以掌握的程度，可以把大问题分割成若干个小问题，然后分别解决，这就是"分解"。分解也可以分层进行，即先考虑问题最本质的属性，暂时把细节忽略，以后再逐步添加细节，直至涉及最详细的内容，这就是"抽象"。

结构化方法的基本思路如图 3.3 所示。对于一个复杂的系统 X，如何理解和表达它的功能呢？结构化方法使用了"自顶向下，逐步求精"的方式，X 系统被分解成 3 个子系统：1、2、3。如果子系统仍然复杂，就继续分解为 1.1、1.2、1.3 等子系统，如此继续下去，直到子系统（或模块）足够简单，能够清楚地被理解和表达为止。在图 3.3 中体现了分解和抽象的原则，它使人们不至于一下子陷入细节，而是有控制地逐步地了解更多的细节，这有助于理解问题。图中顶层抽象地描述了整个系统，底层具体地画出了软件的每一个细部，中间层则是从抽象到具体的逐步过渡。按照这样的方法，无论问题多么复杂，分析工作都可以有计划、有步骤、有条不紊地进行。

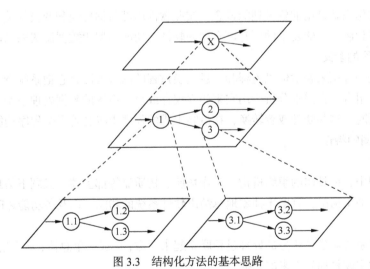

图 3.3　结构化方法的基本思路

3.3.2　结构化分析方法

结构化需求分析方法一般采用以下一些指导性原则。

① 在开始建立分析模型之前先理解问题，而不应急于求成，甚至在问题未被很好地理解之前，

就产生了一个解决错误问题的软件。

② 开发模型，使用户能够了解将如何进行人机交互。

③ 记录每个需求的起源和原因，这样能有效地保证需求的可追踪性和可回溯性。

④ 使用多个需求分析视图，建立数据模型、功能模型和行为模型。

⑤ 给需求赋予优先级，优先开发重要的功能，提高开发生产效率。

⑥ 努力删除含糊性。

结构化分析方法是一种建模技术，其导出的分析模型包括数据模型、功能模型和行为模型。该模型以"数据字典（Data Dictionary，DD）"为核心，描述了软件使用的所有数据对象，围绕这个核心有三种图：数据流图（Data Flow Diagram，DFD）描述数据在系统中如何被传送和变换，以及描述如何对数据流进行变换的功能，用于功能建模；实体—联系图（Entity-Relationship Diagram，ER）描述数据对象及数据对象之间的关系，用于数据建模；状态转换图（State Transition Diagram，STD）描述系统对外部事件如何响应、如何动作，用于行为建模。

结构化分析方法有如下一些局限性。

① 不提供对非功能需求的建模。

② 往往产生大量文档，系统需求的要素被隐藏在一大堆具体细节的描述中。

③ 用户总觉得难以理解，因而很难验证模型的真实性。

3.4 结构化分析建模

3.4.1 功能建模

功能建模的思想就是用抽象模型的概念，按照软件内部数据传递和变换的关系，自顶向下逐层分解，直到找到满足功能要求的所有可实现的软件。功能模型用数据流图来描述。

1. 数据流图的含义

数据流图是一种用来表示信息流程和信息变换过程的图解方法，它把系统看成是由数据流联系的各种功能的组合。在需求分析中用它来建立现存或目标系统的数据处理模型，当数据流图用于软件需求分析时，这些处理或者转换，在最终生成的程序中将是若干个程序功能模块。

2. 数据流图的特性

（1）抽象性

在数据流图中，把具体的组织机构、工作场所、物质流等都去掉，只剩下信息、数据存储、流动、使用以及加工情况，有助于抽象地总结出软件系统的功能，以及各功能之间的关系。

（2）概括性

数据流图把系统对各种业务的处理过程联系起来考虑，形成一个总体，从而给出系统的全貌。数据流图描述的主题是抽象出来的数据。

（3）层次性

数据流图具有层次性，一个系统将有许多层次的流程图。

3. 数据流图的基本成分

数据流图具有4个基本符号，分别代表了不同的数据元素，如图3.4所示。

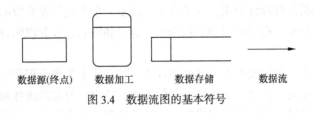

图 3.4　数据流图的基本符号

会计账务处理系统的数据流图中，数据流有原始凭证、会计报表、记账凭证、账簿信息等。数据存储包括记账凭证和账簿信息。加工处理有编制记账凭证、登账处理和编制报表。而源点和终点则是往来单位、企业职工和上级部门，如图 3.5 所示。

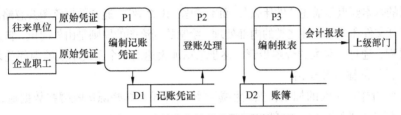

图 3.5　会计账务处理系统的数据流图

（1）数据流

数据流是沿箭头方向传送数据的通道，是描绘数据流图中各种成分的接口。数据流的方向可以从加工流向加工、从加工流向数据存储、从数据存储流向加工、从源点流向加工或从加工流向终点。数据流的含义如下。

● 数据流是一组成分已知的信息包，信息包中可以有一个或多个已知信息。

● 两个加工间可以有多个数据流，当数据流之间毫无关系，也不是同时流出时，如果强制合成一个数据流，则会使问题更为含糊不清。

● 数据流应有良好的名字，一个好的名字不仅是作为数据的标识，而且有利于深化对系统的认识，便于进一步地了解系统。

● 同一数据流可以流向不同的加工，不同加工可以流出相同的流（合并与分解）。

● 流入或流出到存储的数据流不需要命名，因为数据存储的名字已经有足够的信息来表达数据流的意义。

● 数据流不代表控制流。数据流反映了处理的对象，控制流是一种选择或用来影响加工的性质，而不是对它进行加工的对象。

（2）加工

加工是对数据执行某种操作或变换，它以数据结构或数据内容作为加工对象的。每个加工应有一个名字来概括、代表它的意义。

（3）数据存储

数据存储在数据流中起保存数据的作用，可以是数据库文件或任何形式的数据组织，可以表示文件、文件的一部分、数据库的元素或记录的一部分等。在数据流图中要注意指向数据文件的箭头的方向，读数据的箭头是指向加工处理的，写数据的箭头是指向数据存储的，如果既有读又有写，则是双向箭头。

（4）源点和终点

源点和终点是代表系统之外的人、物或组织。它们发出或接收系统的数据，其作用是提供系统和外界环境之间关系的注释性说明。一般来说，表示一个系统只要有数据流、加工和文件就够了。但是为了有助于理解，有时可以加上数据流的源点和终点，以此说明数据的来龙去脉，使数据流图更加清晰。

应该指出，在需求分析阶段中的数据处理并不一定是一个程序或程序模块，而是反映了系统的功能。如何实现，就要考虑在一定的约束条件下的软件设计方案的选择和编程问题。另外，它除了代表由计算机处理的过程，也可以代表人工处理过程，如由专业人员对输入的数据进行正确性检查等。与此类似，一个数据的存储也不一定代表一个实际的文件，实际的数据可以存储在包括人脑在内的任何介质上。

1. 数据流图的绘制步骤

数据流图的基本要点是描述"做什么"，而不考虑"怎么做"。通常数据流图要忽略出错处理，也不包括诸如打开文件和关闭文件之类的内部处理。绘制数据流图的原则是由外向里，自顶向下去描述问题的处理过程，通过一系列的分解步骤，逐步求精地表达出整个系统功能的内部关系。

（1）找出系统的输入和输出

把整个系统看作一个大的加工，然后根据系统从外界的哪些源接收哪些数据流，以及系统的哪些数据流送到外界的哪些终点，就可以画出软件系统顶层数据流图。例如，在会计的"账务处理"中，与账务处理有关的源点有"往来单位""企业职工"，终点则是"上级部门"。所以其顶层数据流图如图 3.6 所示。

图 3.6　账务处理系统顶层数据流图

（2）画数据流图的内部

将顶层数据流图中的加工分解成若干个加工，并用数据流将这些加工连接起来，使得图中的输入数据流经一连串的加工处理后变换成顶层的输出数据流，这张图称为中图。从一个加工画出一张数据流图的过程，实际上就是对这个加工的分解过程。图 3.5 所示就是图 3.6 的中图。

可以用下述方法确定加工：在数据流的组成或值发生变化的地方画一个加工，这个加工的功能就反映这一变化；也可根据系统的功能确定加工。

确定数据流的方法是：当用户把若干数据看作一个整体来处理（这些数据一起到达，一起加工）时，可把这些数据看成一个数据流。通常可以把实际工作中的单据作为一个数据流。

对于以后某个时间要使用的数据，可以组织成一个数据存储。

（3）为每一个数据流命名

数据流命名的好坏与数据流图的可理解性密切相关。命名时应注意避免使用空洞的名字，如"输入信息""输出数据"等，因为这些名字并没有反映出任何实质性的内容。如果发现数据流难以命名，不妨考虑重新分解数据流或加工，很可能原来的组成不合适。名字要反映整个数据流的含义，而不是其中的一部分。

（4）为加工命名

一般先命名数据流，再命名加工，这个次序反映了 SA 方法的自顶向下的特性。例如，在图 3.5 中，当数据流"原始凭证"已经命名后，加工的命名可以自然地给予"编制记账凭证"。在为加工命名时应注意名字要反映整个加工，而不是它的一部分；名字应当是一种"动词+宾语"的形式；遇到不能适当命名的加工，要考虑重新分解。另外，名字中只用一个动词就足够了，如果一定要用两个以上的动词，则应将它分成几个加工。

需要强调的是：数据流图一般只画出稳定状态，先不考虑如何开始、如何终止；数据流图中强调的是数据流，而不是控制流，只反映整个业务活动的情况，而不要描述控制逻辑。另外，要随时准备反复和重画。理解一个问题总要经过从不正确到正确，从不恰当到恰当的过程，对复杂问题尤其如此。在分析阶段重画几张图是很小的代价，只要能获得更正确清晰的需求规格说明书，使得设计、编程等阶段节省大量的劳动力，这样做就是完全值得的。

2. 分层的数据流图的绘制

对于一个大型的软件系统，如果只用一张数据流图表示所有的数据流、加工和数据存储，那么这张图必然会十分复杂、庞大，而且难于理解。层次结构的数据流图可以很好地解决这个问题。

为了有效地控制复杂度，可以在产生数据流图时采用分层技术，提供一系列分层的数据流图，来逐级地降低数据流图的复杂性。绘制分层数据流图的过程也就是逐步求精的过程。由于高层次的数据流图不体现低层次数据流程的细节，可以暂时掩盖低层次数据处理的功能和它们之间的关系。高层次的数据流图是其相应的低层次图的抽象表示，而低层次的数据流图表现了它相应的高层次图中的有关数据处理的细节。

（1）组成

一般可以把一个系统的分层数据流图划分为顶层数据流图、中间层数据流图和底层数据流图几个层次。

顶层数据流图描述了整个软件系统的作用范围，对系统的总体功能、输入和输出进行了抽象和概括，反映了系统和环境的关系。在软件系统中，只有一张顶层数据流图。中间层次的数据流图是通过分解高层数据流和加工得到的，其具有几个可分解的加工，就可分解几张对应的低层次数据流图。中间层通常有很多，甚至可达到 9 层。这种分解可以不断重复，直到新的数据流图中每个数据加工的功能明确、相关的数据流被严格定义为止。

（2）分层原则。

建立分层的数据流图时应掌握以下几个原则。

① 父图与子图的关系。对任一层数据流图来说，称其上层图为它的父图，其下层图为它的子图。要注意平衡相邻两层数据流图之间的父子关系。如果父图有 5 个加工处理，就有可能存在≤5 个子图。子图代表了父图中某个加工的细节，父图表示了子图之间的接口，两者代表了同一个东西。

② 平衡规则。进入子图的数据流与父图上相应加工的数据流本质上是一致的，所以子图的输入/输出数据流和父图的相应加工上的输入/输出数据流必须一致，这一特点称为"平衡"规则。比如图 3.7 所示的数据流图是平衡的，而图 3.8 所示的是不平衡的。在图 3.8 所示的子图中没有一个输入数据流与父图中的加工 3 的输入 F 对应，父图中也没有数据流与子图中的输入数据流 S 相对应。

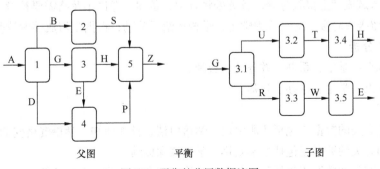

图 3.7　平衡的分层数据流图

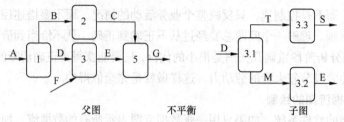

图 3.8　不平衡的分层数据流图

③ 分层程度（即底层数据流图的确定）。如果一张图中有很多加工处理，会影响理解；反之如果每张图中只有两三个加工处理，有十几层，也不容易管理和理解。因此，一般一张数据流图中加工最多不要超过 7±2 个，这样才不会因为加工过多而使人眼花缭乱。但分解应力求自然，保证分解后各界面清晰，意义明确。当底层加工的小说明能在一页纸上写下时，分解细化即可停止。

3. 数据流图的用途

由于数据流图能够为有待开发的系统提供一种简洁的逻辑图形说明，能够有助于用户理解需求分析，因此，它也被用作开发者与用户之间的信息交流工具。可以依靠数据流图来实现从用户需求到系统需求的过渡。例如，可以将用户需求陈述中的关键名词与动词提取出来，其中的名词可以作为数据流图中的数据源或数据存储，而动词则可以作为数据流图中数据加工处理。数据流图可以按照功能将系统分解为许多子系统，各子系统又可以再分解为更小的功能模块，由此可以不断深入地了解软件系统的功能细节。由于数据流图使用抽象的图形符号，因此，它不仅能够描述系统对数据的加工步骤，也能够依靠对其图形符号的逻辑细化，而方便地实现对系统中数据加工步骤的有效分解。

数据流图的作用主要如下。

① 系统分析员用这种工具自顶向下分析系统信息流程。

② 可在图上画出需要计算机处理的部分。

③ 根据数据存储，进一步做数据分析，向数据库设计过渡。

④ 根据数据流向，定出存取方式。

⑤ 对应一个处理过程，用相应的语言、判定表等工具表达处理方法。

【例 3-1】　通过"高校教学管理系统"的例子说明数据流图的具体建模方法。

某高校教学管理的工作过程如下：在每个学期开学时，学生需要注册登记，只有注册成功后才能成为该学校的正式学生。学校实行校级、系级两级管理，学生如果因健康或学习跟不上等原因要求休学、退学时，需要先向系里提出申请，系里核实情况后再提交学校教务处审批，然后将审批结果通知学生。每学期学生都可以进行选课，在得到确认后就可以听课并参加考试。在期末教师要将学生的考试成绩上报教务处，教务处将登记、备案。考试不及格需要补考，如果超过 3 门不及格，则要留级或降级。对于优秀学生，学校还给予奖励，根据学习成绩发放奖学金。

1. 数据流分析

① 数据源点：学生、系办、教务处、教师。

② 数据终点：学生、系办、教师。

③ 数据流。

- 与学生有关的数据流包括注册申请、学籍申请、补考通知、学籍资格变动通知。
- 与教师有关的数据流包括教学安排、学生修课成绩。
- 与系办有关的数据流包括新生名单、学籍审理意见、奖学金统计等。

- 与教务处有关的数据流包括成绩统计、学籍审理意见。

2. 画出系统顶层数据流图

任何系统的基本模型都由若干个数据源点、终点和一个代表系统对数据加工变换的基本功能的处理组成。图 3.9 所示为教学管理系统的顶层数据流图。

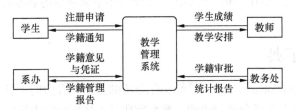

图 3.9　教学管理系统顶层数据流图

3. 第一步分解

基本系统模型的数据流图非常抽象，因此，需要把基本功能细化，描绘系统的主要功能。我们采用从外向里的方法对教学管理系统进行分解。按功能细化后可分为"注册管理""成绩管理"、"学籍管理"和"奖励管理"4 个主要功能，同时增加"学生名册"和"成绩档案"两个数据存储，并绘制了细化的数据流，如图 3.10 所示。

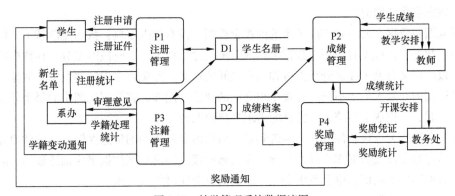

图 3.10　教学管理系统数据流图

4. 第二步细化

对描绘系统的各个功能进行细化，可得到进一步的数据流程描述。例如，对"学籍管理"细化得出底层数据流图，如图 3.11 所示。

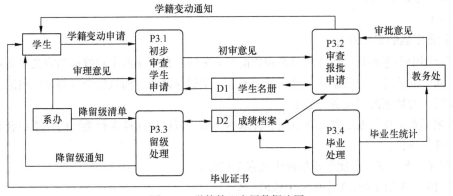

图 3.11　学籍管理底层数据流图

学籍管理包括"学籍变动处理"、"留级处理"和"毕业处理"。而"学籍变动处理"又细分为"初步审查学生申请"与"审查报批申请"。学籍变动需要经过两级审批处理，系里先要进行初步审查，核实学生申请报告，了解学习成绩或身体状况等情况，提出初审意见上报教务处，教务处综合考虑学生的情况后做出最后审批，并将结果通知学生本人。"留级处理"则是直接由系办根据学生考试情况做出决定。"毕业处理"则是由教务处每年根据学生的学习情况统一处理，负责发放毕业证书。

3.4.2　数据字典

数据字典（Data Dictionary，DD）是结构化分析的另一个有力的工具。数据流图描述了系统的分解，但没有对图中各个成分进行说明。数据字典是为数据流图中的每个数据流、文件、加工以及组成数据流或文件的数据项做出说明。其中对加工的描述称为"加工逻辑说明"，又称为"小说明"。

1. 数据字典的定义与用途

（1）数据字典的定义

数据字典是关于数据信息的集合，是数据流图中所有元素的定义的集合（每个元素对应数据字典中的一个条目）。数据字典中的条目应按一定次序排列，以方便人们查阅。

（2）数据字典的用途

数据流图和数据字典一起构成了系统的逻辑模型。没有数据字典，数据流图就不严格；没有数据流图，数据字典也没有作用。数据字典的重要用途是作为分析阶段的工具。在数据字典中建立严密一致的定义有助于改进分析人员和用户之间的通信，避免许多误解的发生。数据字典也有助于改进不同的开发人员或不同的开发小组之间的通信。同样，将数据流图中的每个元素的精确定义放在一起，就构成了系统的、完整的需求规格说明的主体。

数据字典还作为连接软件设计、实现和进化阶段的开发机构的信息存储。在软件设计阶段，数据字典是存储文件或数据库设计的基础。在实施阶段，还可参照数据字典描述数据。随着系统的改进，数据字典中的信息也会发生变化，新的信息会随时加入进来。

（3）数据字典的种类

数据字典对下列4类元素进行定义。

① 数据项。

② 数据流。

③ 数据存储（文件）。

④ 加工。

2. 数据字典的定义方法

数据流图中表现的是对系统的功能和数据流的分解。数据字典中对数据的定义也表现为对数据的自顶向下的分解。当数据被分解到不需要进一步解释说明，而且每个参与该项目的人员都清楚其含义时，对数据的定义就完成了。

由数据元素组成数据的方式有下列3种基本类型。可以使用这3种类型的任意组合定义数据字典中的任何条目。

① 顺序：即以确定的次序连接两个或多个成分。

② 选择：即从两个或多个成分中选取一个。

③ 重复：把特定的成分重复零次或多次。

数据字典的定义可使用如表 3.2 所示的符号。

表 3.2　　　　　　　　　　　　　　　　数据字典的定义可使用的符号

符　号	含　义
=	由……组成（定义为……）
+	和（顺序关系的连接）　例如：x=a+b　表示 x 由 a 与 b 组成
{}	重复　例如：x={a+b}　表示 x 是由零次或多次重复的 a 与 b 组成
[/]	可选择（选一个）　例如：x=（a/b）　表示 x 由 a 或 b 中选择一个
（）	可选（也可不选）　例如：x=（a）表示 a 是任选的，可在 x 中出现 0 次或 1 次
**	注释

例如，课程表={星期几+第几节+教室+课程名}

购物订单=订单编号+顾客姓名+送货地址+[家庭电话/移动电话/办公室电话]+{商品名称+商品数量+单价+（折扣）}+订购日期

【例 3-2】 图 3.12、图 3.13 和图 3.14 所示是对"高校教学管理系统"中数据字典的部分数据条目定义。

数据流条目：

```
数据流名：注册申请
简述：每学期开学需要学生注册登记
别名：无
组成：注册申请=学号+姓名+入学日期+注册日期
数据量：2000次/开学一周
峰值：第一周每天下午1:00到5:00有300次
注释：到2006年还将增加到3000人
```

图 3.12　注册申请数据流条目

存储条目：

```
文件名：成绩档案
简述：包括所有在册学生各门课程的考试成绩和学分信息
别名：无
组成：成绩档案=学号+姓名+课程名称+考试成绩+学分
数据量：2000×6次/考试结束一周内
峰值：学期最后一周每天下午1:00到5:00有2000×6次
注释：到2006年还将增加到3000人
```

图 3.13　成绩档案文件条目

数据项条目：

文件名：学号
简述：每个在校学生的学生编号
别名：无
组成：学号＝XX＋XX＋XXX
　　　　　年级 专业 序号
值类型：7位数字
取值范围：

图 3.14　学号数据项条目

实现数据字典的常见方法有 3 种：全人工过程、全自动过程和混合过程。全自动过程一般依赖于数据字典处理软件。混合过程是指利用已有的实用程序（例如，正文编辑程序或报告生成程序等）来辅助人工过程。无论用哪种方法来实现，数据字典应具有以下特点。

- 通过名字能方便地查阅数据定义。
- 没有冗余，尽量不重复在规格说明的其他组成部分中已出现的信息。
- 容易修改和更新。
- 能单独处理描述每个数据元素的信息。
- 定义的书写方法简便而严格。

3.4.3　数据建模

在结构化分析方法中，使用实体—联系图（Entity Relationship Diagram，E-R）建模技术建立数据模型，E-R 图用于描述数据流图中数据存储及其之间的关系，它是描述应用系统概念结构的数据模型，是进行需求分析，并归纳、整理、表达和优化现实世界中数据及其联系的重要工具。

在 E-R 图中，有实体、联系和属性 3 个基本成分，如图 3.15 所示。

图 3.15　E-R 图的基本成分

（1）实体

实体是指客观存在并相互区别的事物，实体可以是具体的，也可以是抽象的。例如，学生与课程等。凡是可以互相区别，又可以被人们识别的事、物、概念等都可以被抽象为实体。"数据流图"中的数据存储就是一种实体。

（2）联系

实体之间可能会有各种关系。例如，"学生"与"课程"之间有"选课"关系。这种实体和实体之间的关系被抽象为联系。在实体联系图中，联系用联结有关实体的菱形框表示。联系可以是一对一（1：1）、一对多（1：N）或多对多（M：N）的，这一点在实体联系图中也应说明。例如"学生"与"课程"是多对多的"选课"联系。

（3）属性

实体一般具有若干个特征，这些特征就称为实体的属性。联系也可以有属性，如学生选修某门课程，"学期"既不是学生的属性，也不是课程的属性，因为它依赖于某个特定的学生，又依赖于某门特定的课程，所以它是学生与课程之间的联系"选课"的属性。联系具有属性这一概念对于理解数据的语义是非常重要的。

3.4.4　行为建模

状态转换图（State-Transition Diagram，STD）作为行为建模的基础，通过描绘系统的各种行为状态以及状态间的转换方式，来表示系统的行为。状态转换图用带标记的圆圈或矩形表示状态，用箭头表示从一种状态到另一种状态的变换，箭头上的文本标记表示引起变换的条件。主要符号如图 3.16 所示。

创建行为模型的步骤如下。

① 分析外部事件，所谓外部事件是指外部实体与系统的一次交互。

② 分析事件的响应者，该响应者为了响应该事件要进行怎样的活动，这种活动又会激发哪些事件等，这样构成了系统行为的脚本。

③ 根据事件和活动划分实体的状态，也可根据其他知识划分实体状态，考虑发生怎样的事件使该实体进入这个状态，怎样的事件使该实体从这个状态转换到另一状态等。

【例 3-3】　在"学生成绩管理"系统中，学生成绩信息需要采取安全措施，可以采取登录方法避免非法使用系统。这样，该系统存在"登录""正常"和"出错"等状态的转换。例 3-3 的状态转换图如图 3.17 所示。

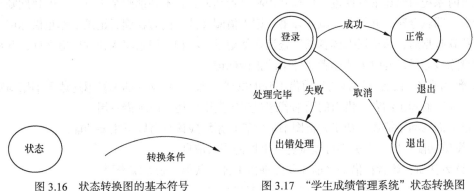

图 3.16　状态转换图的基本符号　　　　图 3.17　"学生成绩管理系统"状态转换图

3.5　应　用　举　例

下面以图书借阅管理系统为例，介绍结构化分析方法的应用以及需求规格说明书的编写。

3.5.1　结构化分析过程

1. 问题描述

某高校的图书馆藏有图书和期刊杂志两大类书籍，每种图书或杂志可以有多册，以便于外借。图书馆有职工 10 名。图书馆开架借书、还书过程如下。

① 读者注册管理。对于新读者，在借书前先要办理借书手续，登记本人的基本信息，由管理员确认后，发给读者借阅卡与登录系统的密码。一旦建立了读者记录，读者就可以利用借书卡借书，并可以登录到系统进行借阅图书查询与续借，还可以修改密码等自身的基本信息。对于调离单位的读者，管理员负责注销该读者的有效身份。

② 借书过程。读者从架上选到所需图书后，将图书和借书卡交给管理员，管理员用条码阅读器将图书和借书卡上的读者条码信息、图书信息读入处理系统。系统根据读者条码从读者文件和借阅文件中找到相应的记录；根据图书上的条码从图书文件中找到相应记录。读者如果有下列情况之一将不予办理借书手续。

- 读者所借阅图书已超过该读者容许的最多借书数目（注：每位读者最多借书数目为 10 本）。
- 该读者记录中有止借标志。
- 该读者有已超过归还日期，而仍未归还的图书。
- 该图书暂停外借。

若读者符合所有借书条件时，予以借出。系统在借阅文件中增加一条记录，记入读者条码、图书条码、借阅日期等内容。

读者身份信息包括：读者编号、姓名、身份证号、系别、联系电话、密码。

图书信息有：图书编码、书名、作者、出版社、出版日期、库存量和借阅状态等。

借阅信息有：读者编号、图书编码、借出日期、归还日期、已经借书数和续借项等。

③ 还书过程。还书时，读者只要将书交给管理员，管理员将书上的图书条码读入系统，系统从借阅文件上找到相应的记录，填上还书日期后写入借阅历史文件，并从借阅文件上删去相应记录。还书时系统对借还书日期进行计算并判断是否超期，若不超期则结束过程，若超期则计算出超期天数、罚款金额，并打印罚款通知书，记入借阅文件。同时在读者记录上作止借标记。当读者交来罚款收据后，系统根据读者条码查询罚款记录，将相应记录写入罚款历史文件，并从罚款文件中删除该记录，同时去掉读者文件中的止借标记。

④ 预约服务。读者可以预约目前借不到的书或杂志。一旦预约的书被返还或图书馆新购买的书到达，立即通知预约者。借出的图书若超过规定期限，还可以续借一周。

通过上面的问题描述，初步分析图书借阅管理系统应该具有以下主要功能。

- 浏览功能：所有人员都可以浏览图书馆的图书信息。
- 读者注册：读者在借书之前需要办理借书证，获得登录系统密码。
- 借还功能：合法借书者可以借、还图书和杂志。
- 借书管理功能：管理员可以进行注册、更改、注销借书者信息等维护工作。
- 读者可登录系统，通过系统完成续借和预约图书及杂志的功能。

2. 画分层的数据流图

首先分析图书借阅管理系统有哪些外部用户或数据源点、数据终点。

① 读者：能浏览图书馆提供的图书介绍和查询信息。通过登录到系统，可以完成续借和预约功能。还可以查询自己的信息，包括借书情况、有无超期图书、有无罚款等。

② 管理员：协助读者完成借书、还书等功能。

③ 系统管理员：负责借书前用户注册、注销、信息更新、罚款处理等。

根据上述分析，建立图书借阅管理系统的数据流图（即顶层数据流图）如图 3.18 所示。

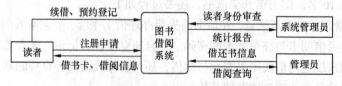

图 3.18　图书借阅管理系统顶层数据流图

对顶层数据流图进行细化，从而描述系统的主要功能。图书借阅管理系统中，读者可以通过登录系统，自行完成续借处理和预约处理。而借书、还书处理则要由管理员协助完成。读者注册处理涉及到读者和系统管理员。为了进一步细化中图，对中图中 5 个处理分别进行分解求精得到如图 3.19～图 3.24 所示的数据流图。

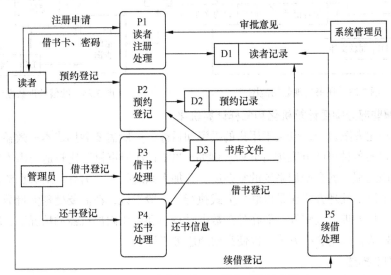

图 3.19 图书借阅管理系统中层数据流图

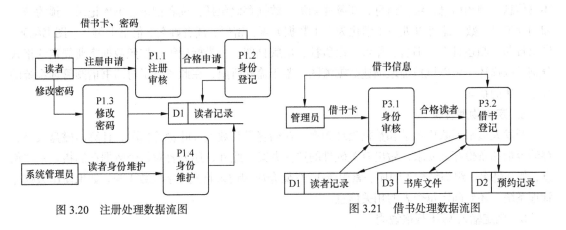

图 3.20 注册处理数据流图　　　　　图 3.21 借书处理数据流图

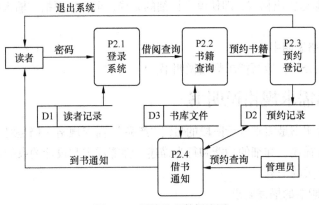

图 3.22 预约处理数据流图

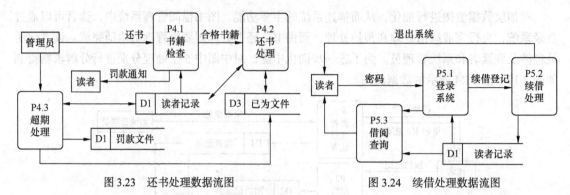

图 3.23　还书处理数据流图　　　　　　　　图 3.24　续借处理数据流图

3. 决定哪些部分需要计算机化和怎样计算机化

系统的自动化方案选择，取决于用户的投资和目标。一般需要利用成本—效益分析对实现各个部分计算机化的各种可能方案进行分析。例如，"P1.1 注册审核"比较适合由人来处理，如果让计算机完成该处理，就会增加系统的复杂度，并加大系统投入。另外，对数据流图各个部分的操作，必须决定以批处理方式还是以联机方式执行。一般来说，在需要处理大批数据和需要严格控制的情况下，批处理方式较好；而在处理数据量较小和使用内部机器的情况下，联机方式应该更好。本例比较适合采用联机方式，以便高效地服务于读者。

4. 数据细节描述

数据字典详细描述了数据流图中的所有元素。本例的主要数据流有：读者注册申请、借书或还书信息、预约信息、续借信息、罚款通知等。数据存储包括：读者记录、书库记录、预约信息和罚款记录。数据流可以进一步细化为以下数据元素：密码、读者姓名、借书卡编号、图书编码、借出日期、归还日期、书名、作者、出版社、出版日期、止借标记等。按照数据字典规定的格式分别予以描述，可以更精确地描述数据流图。鉴于篇幅所限，在此省略了对图书借阅管理系统的数据字典的描述。

5. 定义物理资源

开发人员根据联机需求和数据处理频率、存储容量和数据吞吐量等情况，计算出磁盘大小、存储容量和备份存储要求，做出有关硬件的选择方案。此外，还需要对每个数据存储指定一些信息，如文件名、组织结构（顺序、索引等）、存储介质和记录格式（字段数）等。如果使用数据库管理系统，还要确定每个表的相关信息。

6. 确定输入/输出规格说明

必须指定数据输入/输出格式，即使没有详细的布局，至少也要指定输入哪些内容，并确定输出屏幕和打印格式。

7. 编写系统规格说明书

根据以上结构化分析，编写需求规格说明书。

3.5.2　编写需求规格说明书

软件需求规格说明书是需求分析阶段的最终"产品"。需求规格文档是对待开发软件的功能和性能进行的完整数据描述、详细的功能和行为描述、性能需求和设计约束的说明、合适的校验标准以及其他与需求相关的信息。

1. 需求规格说明书的描述要求

需求规格说明书是软件工程项目的重要文档。它相当于用户和开发商之间的一项合同。它精确地描述了软件产品做什么，以及产品的约束条件等。它还给软件设计提供了一个蓝图，给系统验收提供了一个验收标准集。所以，需求规格说明书应该满足以下各个方面的描述要求。

- 应该只叙述系统的外部行为。
- 定义实现上的约束。
- 应该是容易改变的。
- 应该成为维护人员的参考工具。
- 应该对未预料到的事件给出可以接受的反应。

2. 需求规格说明书写作范例

某高校图书借阅管理系统的需求规格说明书如下。

（1）引言

随着信息社会的到来，人们对精神产品、图书、杂志等方面的需求越来越多。为了适应现代社会人们高度强烈的时间观念以及校园网络化建设，建立一个通过人机结合方式进行图书借阅，并可实现网上续借、预约图书等功能的网络应用系统，可为图书管理部门、学生和教师带来极大的方便。该软件以 SQL Server 数据库为基础，通过 Java 作为实现语言，可以高效、简洁地满足师生的借书需求。读者只需进行简单的鼠标和键盘操作，即可达到自己的目的。

① 编写目的。本系统的开发目的在于研究网上图书借阅管理系统软件的开发途径和应用方法。本文档的预期读者是与图书借阅管理系统软件开发有关的决策人、开发人员、辅助开发人员和软件验证者等相关人员。

② 背景。

本项目的名称：图书借阅管理系统

随着学校规模的日益扩大，学生、教师人数迅速增多，人工完成图书借阅的工作方式显得非常烦琐、低效，而且经常会出现差错，给时间观念很强的读者带来诸多不便。图书管理部门缺少一种完善的多功能图书借阅管理软件。为了方便图书管理，更好地为读者服务，我们组织开发了本软件。

本项目的任务提出者及开发者是图书借阅管理系统软件开发小组，用户是图书馆的工作人员和学校师生。

本软件能提供借阅图书和杂志的基本功能，是图书馆与读者的联系桥梁，可方便读者查询图书信息，实现了网上自动续借、预约服务等。

③ 定义。图书借阅管理系统软件是帮助图书馆工作人员对图书借阅进行管理的软件。

④ 参考资料。

郑人杰，殷人昆. 软件工程概论.北京：清华大学出版社.

宣小平，但正刚.ASP 数据库系统开发实例导航.北京：人民邮电出版社.

（2）任务概述

① 目标。该软件的开发意图如下。

- 为了使图书馆的工作人员对读者借阅图书的管理更方便、高效。
- 为了减少读者借阅图书花费的时间，方便图书交流。
- 适应网络发展的需要，使校园网充分发挥作用。

该软件的应用目标：通过本软件，能够帮助图书馆的工作人员利用计算机、网络系统快速方便地对读者的借阅图书进行管理和服务，使图书借阅工作更科学、更有序。

该软件的作用及范围：本软件适用于具备校园网络系统的学校，它是比较完善的图书借阅管理软件，读者使用简单方便、迅速快捷。

② 用户特点。本软件的使用对象是图书管理人员和广大读者，只要懂得一般计算机的基本操作就可以操作该软件。

③ 假设与约束。本项目的约束包括：项目的开发经费不超过 5 万元；项目开发时间不超过半年；主要负责人 1 人，开发小组共 4 人；对并行操作、信息安全和保密等方面暂无约束。

假设：假设开发经费不到位，管理不完善，设计时系统功能未能得到全面考虑，本项目的开发都将受到很大的影响。

（3）需求规定

① 对功能的规定。

● 外部功能：网上图书借阅管理系统应具有图书借阅、预约、续借、读者注册管理、系统维护等功能，并提供多种查询功能。其中预约、续借是通过网络由读者自行完成；其他功能则需要借助图书管理员辅助实现。

● 内部功能：该软件集命令、编程、编辑于一体，完成过滤、定位显示。

② 对性能的规定。

● 精度：在精度需求上，根据使用需要，在各项数据的输入、输出及传输过程中，可以满足各种精度的需求。

● 时间特性要求：在软件响应时间、更新处理时间等方面都应比较迅速，完全满足用户要求。

● 灵活性：当用户需求，如操作方式、运行环境、结果精度和数据结构与其他软件接口等发生变化时，设计的软件应能做适当的调整，具有一定的适应性。

③ 输入/输出要求（略）。

④ 数据管理能力要求（略）。

⑤ 故障处理要求。

● 内部故障：在开发阶段可以立即修改数据库里的相应内容。

● 外部故障：通过联机帮助系统，辅助用户解决操作等问题。

⑥ 其他要求。

● 保密性：本软件作为图书管理的辅助工具，它的规模比较小，可限定在某些区域中使用。对不同的模块通过分配不同的权限，增加系统的保密性。

● 可维护性：系统结构设计要合理、清晰；文档要齐备，并具有较强的可维护性。

（4）运行环境规定

① 设备。运行该软件所适用的具体设备必须是具有 Pentium Ⅲ 及以上级别的 CPU、128MB 以上内存的计算机，硬盘容量在 20GB 以上。

② 支持软件。支持 Windows 操作系统，SQL Server 的软件环境。

③ 接口。

● 用户接口：用户通过终端进行操作，进入主界面进行身份确认后，即可进入相应的窗口。

● 软件接口：在服务器端需要安装 Windows 和 SQL Server 服务器版软件，本软件目前没有与其他软件系统对接。用户需要安装 Windows 操作系统和浏览器。

④ 控制。本软件通过用户权限控制软件运行。

（5）需求分析

详细内容见 3.5.1 小节。

本章练习题

1. 判断题

（1）需求分析的主要目的是制定软件开发的具体方案。 （ ）

（2）用户对软件需求的描述不精确，往往是产生软件危机的原因之一。 （ ）

（3）分层的 DFD 图可以用于可行性分析阶段，描述系统的物理结构。 （ ）

（4）在用户需求分析时观察用户手工操作过程不是为了模拟手工操作过程，而是为了获取第一手资料，并从中提取出有价值的需求。 （ ）

（5）需求规格说明书描述了系统每个功能的实现。 （ ）

2. 选择题

（1）需求工程的主要目的是（ ）。

A. 制定系统开发的具体方案　　　　B. 进一步确定系统的需求

C. 解决系统是"做什么的问题"　　D. 解决系统是"如何做的问题"

（2）需求分析的任务不包括（ ）。

A. 问题分析　　B. 系统设计　　C. 需求描述　　D. 需求评审

（3）软件分析的第一步要做的工作是（ ）。

A. 定义系统的目标　　　　　　B. 定义系统的功能模块

C. 分析用户需求　　　　　　　D. 分析系统开发的可行性

（4）可行性研究的目的是用最小的代价在尽可能短的时间内确定问题的（ ）。

A. 能否可解　　B. 工程进度　　C. 开发计划　　D. 人员配置

（5）需求分析最终结果是产生（ ）。

A. 项目开发计划　　　　　　　B. 需求规格说明书

C. 设计说明书　　　　　　　　D. 可行性分析报告

（6）在结构化分析方法中，（ ）是表达系统内部数据运动的图形化技术。

A. 数据字典　　B. 实体关系图　　C. 数据流图　　D. 状态转换图

（7）DFD 中的每个加工至少需要（ ）。

A. 一个输入流　　　　　　　　B. 一个输出流

C. 一个输入或输出流　　　　　D. 一个输入流和一个输出流

（8）需求分析的主要方法有（ ）。

A. 形式化分析方法　　　　　　B. PAD 图描述

C. 结构化分析方法　　　　　　D. 程序流程图

（9）SA 法的主要描述手段有（ ）。

A. 系统流程图和模块图　　　　B. DFD 图、数据字典、加工说明

C. 软件结构图、加工说明　　　D. 功能结构图、加工说明

（10）软件需求分析阶段的工作，可以分为以下 4 个方面：对问题的识别、分析与综合、编写需求分析文档以及（ ）。

A. 总结　　　　　　　　　　　B. 编写阶段性报告

C. 进行需求分析评审　　　　　D. 以上答案都不正确

3. 简答题

（1）什么是需求分析？需求分析的任务是什么？

（2）在进行可行性研究时，向用户推荐的方案中应清楚地表明什么？

（3）需求工程包含哪些内容？如何写好需求规格说明？

（4）用户需求调查主要有哪些方法？

（5）数据字典的作用是什么？它有哪些基本条目？

（6）需求规格说明书的主要内容是什么？它的作用是什么？

（7）什么是结构化分析方法？结构化分析方法的结果是什么？

4. 应用题

（1）某银行储蓄系统的工作过程大致如下。

① 由储户填写存款单或取款单，然后交由银行工作人员输入系统。

② 如果是存款，系统将记录存款账号、存款人姓名、身份证号码、存款类型、存款日期、到期日期、利率等信息，并会提示储户键入密码。在此之后，系统会打印一张存款凭据给储户。

③ 如果是取款，则系统首先会根据存款账号核对储户密码。若密码正确，则系统会计算利息，并打印出利息清单给储户。

请使用数据流图分层描述该系统的逻辑加工流程。

（2）请用结构化分析方法进行火车票订票系统的需求工程，给出数据流图、数据字典描述。

（3）某企业的销售管理系统的功能如下。

① 接受顾客的订单，检查订单，若库存有货，进行供货处理，即修改库存，给仓库开备货单，并且将订货单留底；若库存量不足，将缺货订单登入缺货记录。

② 根据缺货记录进行缺货统计，将缺货通知单发给采购部门，以便采购。

③ 根据采购部门发来的进货通知单处理进货，即修改库存，并从缺货记录中取出缺货订单进行供货处理。

④ 根据留底的订单进行销售统计，打印统计表给经理。

运用结构化分析方法进行功能分析，画出系统的分层数据流图，写出主要的数据条目和加工说明。

（4）一个考务处理系统的功能要求如下。

① 对考生送来的报名表进行检查。

② 对合格的报名表编好准考证号码后将准考证送给考生，并将汇总后的考生名单送给阅卷站。

③ 对阅卷站送来的成绩表进行检查，并根据考试中心指定的合格标准审定合格者。

④ 填写考生通知单（内容包含考试成绩及合格/不合格标志），送给考生。

⑤ 按地区、年龄、文化程度、职业、考试级别等进行成绩分类统计及试题难度分析，产生统计分析表。

运用结构化分析方法进行功能分析，画出系统的分层数据流图。

第4章
结构化软件设计

软件设计就是要把需求规格说明书里归纳的需求转换为可行的解决方案，并把解决方案反映到设计说明书里。通俗地讲，需求分析解决软件系统"做什么"的问题，而软件设计解决"怎么做"的问题。本章将对结构化软件设计进行介绍。

本章学习目标：

1. 了解软件设计的任务与过程
2. 理解软件体系结构的相关概念和内容
3. 掌握面向数据流分析的设计方法
4. 了解面向数据结构的设计方法
5. 掌握数据库设计的原则和步骤
6. 掌握详细设计的内容与技术
7. 了解软件设计说明书的基本内容

4.1 软件设计的基本概念

软件设计在软件开发中处于核心地位，它是保证质量的关键步骤。软件设计可以从技术观点和管理观点对其进行分类。

从技术观点来看，软件设计是对软件需求进行数据设计、体系结构设计、接口设计、构件设计和部署设计。数据设计创建在较高抽象级别上表示的数据模型和信息模型，即基于计算机的系统能够处理的表示。体系结构设计则提供软件的整体视图，定义了软件系统各主要成分之间的关系。接口设计则确定信息如何流入和流出系统以及被定义为体系结构一部分的构件之间是如何通信的。接口设计有 3 个重要元素：用户界面，和其他系统、设备、网络或者其他信息生产者或使用者的外部接口，各种设计构件之间的内部接口。构件设计完整地描述了每个软件构件的内部细节，为所有本地数据对象定义数据结构，为所有在构件内发生的处理定义算法细节，并定义允许访问所有构件操作的接口。部署设计则指明软件功能和子系统如何在支持软件的物理计算环境内分布。

从工程管理角度划分，软件设计分成两个阶段进行。首先是概要设计（总体设计），用于取得软件系统的基本框架；然后是详细设计，用于确定软件系统的内部细节。结构化软件设计有两种基本方法，分别是面向行为的设计和面向数据的设计。面向行为的设计主要是基于系统行为方式的设计，如面向数据流分析的设计方法是基于数据处理过程的软件设计，也称为结构化设计

（Structured Design，SD）方法；面向数据的设计则是基于数据结构的设计，如 Jackson 方法和逻辑构造程序方法，根据确定的输入/输出数据结构进行软件设计。

4.1.1　概要设计的任务

概要设计的任务就是根据需求分析阶段所产生的软件需求规格说明书，建立目标系统的总体结构。概要设计的目标是概要地说明软件应该怎样实现，即解决软件系统总体结构设计的问题，包括软件系统的结构、模块划分、模块功能、模块间的联系等。

① 建立目标系统的总体架构。概要设计首先要设计系统的总体结构，对目标系统进行功能分解，然后确定系统的实施方案。对不同规模的系统，可有不同的处理层次。对于大型系统，可按主要的软件需求划分成子系统，然后为每个子系统定义功能模块及各功能模块间的关系，并描述各子系统的接口界面。对于一般系统，可根据软件需求，直接定义目标系统的功能模块及各功能模块间的关系。

② 给出每个功能模块的功能描述、数据接口描述和调用关系，规定设计限制、外部文件及全局数据定义。

③ 设计数据库及数据结构。许多软件系统都需要处理大量数据，因而对其中的数据库和数据结构要进行认真设计。开发人员应在需求分析的基础上，进一步设计系统的数据库和数据结构。

④ 编写文档。编写概要设计说明书、详细设计说明书、用户手册等。一般选用相关的软件开发工具来描述软件结构，结构图是经常使用的软件描述工具。

4.1.2　概要设计的过程

概要设计的过程，就是使设计者能够通过设计模型，描述将要构造软件的所有侧面。因此，设计模型要描述所设计的软件的整体，然后逐步求精设计，以提供构造每个细节的指南。概要设计过程主要包括以下几方面。

1. 制定规范

为了适应团队式开发的需要，应该制定共同遵守的规范，以便协调与规范团队内各成员的工作。概要设计需要制定的规范或标准包括以下内容。

* 需要采用的管理规则：包括操作流程、交流方式、工作纪律等。
* 设计文档的编制标准：包括文档体系、文档格式、图表样式等。
* 信息编码形式，硬件、操作系统的接口规约，命名规则等。
* 设计目标、设计原则。

2. 体系结构设计

软件体系结构为软件系统提供了一个结构、行为和属性的高级抽象，由构成系统的元素的描述、这些元素的相互作用、指导元素集成的模式以及这些模式的约束组成。系统架构设计就是根据系统的需求框架，确定系统的基本结构，以获得有关系统创建的总体方案。

3. 软件结构设计

通常软件是由模块组成的。软件中的每个模块完成一个适当的功能，应该把模块组织成良好的层次系统，顶层模块调用它的下层模块以实现系统的完整功能，每个下层模块再调用更下层的模块，从而完成系统的一个子功能，最下层模块完成具体的功能。如果数据流图已经细化到了适当的层次，则可以直接从数据流图中映射出软件结构。

4. 公共数据结构设计

在概要设计阶段还要确定那些将被许多模块共同使用的公共数据的构造。例如，公共变量、数据文件和数据库中的数据等。对公共数据的设计包括以下内容。

- 公共数据变量的数据结构与作用范围。
- 输入、输出文件的结构。
- 数据库中的表结构、视图结构以及数据完整性等。

5. 安全性设计

系统安全性设计包括操作权限管理设计、操作日志管理设计、文件与数据加密设计、特定功能的操作校验设计等。概要设计需要对这些方面的问题做出专门的说明，并制定出相应的处理规则。

6. 故障处理设计

在概要设计时，需要对各种可能出现的、来自于软件、硬件以及网络通信方面的故障做出专门考虑。例如，提供备用设备、设置出错处理模块、设置数据备份模块等。

7. 编写文档

应该用正式文档记录概要设计的结果，在这个阶段应该完成的文档通常包括概要设计说明书、详细设计说明书、用户手册、测试计划、详细的实现计划等。

8. 概要设计评审

最后需要对概要设计的结果进行严格的技术审查，在技术审查通过之后再由使用部门的负责人从使用、管理的角度进行评审。概要设计评审内容主要包括以下几项。

- 需求确认：确认所设计的软件是否覆盖了所有已确定的软件需求。
- 接口确认：确认该软件的内部接口与外部接口是否已经明确定义。
- 模块确认：确认所设计的模块是否满足高内聚性、低耦合度的要求，模块的作用范围是否在其控制范围之内。
- 风险性：该设计在现有技术条件下和预算范围内是否能按时实现。
- 实用性：该设计对于需求的解决是否实用。
- 可维护性：该设计是否考虑了今后的可维护性。
- 质量：该设计是否表现出了良好的质量特征。

4.2 软件的体系结构

软件体系架构是由结构和功能各异、相互作用的部件集合按照一定的关系构成的。它包含了系统的基础构成单元、它们之间的作用关系、在构成系统时它们的集成方法以及对集成约束的描述等方面。软件体系架构表示了一个软件系统的逻辑结构，它是一个高层次上的抽象，并不涉及具体的实现方式。正确的软件体系架构设计是软件系统成功的关键。在设计软件体系架构时，必须考虑系统的动态行为，考虑现有系统的兼容性、安全性、可靠性、扩展性和伸缩性。

4.2.1 现代体系结构模型的基本概念

软件体系架构不仅指定了系统的组织结构和拓扑结构，并且显示了系统需求和构成系统的元素之间的对应关系，提供了一些设计决策的基本原理。与体系结构有关的概念包括模式、风格和框架。

1. 模式

模式是针对特定问题的成功解决方案，是指形成了一种趋于固定的结构形式。人们可以无数次地使用这种完善的、成功的解决方案，无须再做重复的探索和开发工作。在软件系统中常见的模式有结构模式、设计模式。结构模式表达了软件系统的基本结构组织形式或结构方案，包含了一组预定义的子系统，规定了这些子系统的责任，同时还提供了用于组织和管理这些子系统的规则和向导。MFC 是结构模式的例子。设计模式为软件系统的子系统、构件或者构件之间的关系提供了一个精练后的解决方案，描述了特定环境下，用于解决通用软件设计问题的构件以及这些构件相互通信时的可重现结构。

2. 风格

风格是带有一种倾向性的模式。同一个问题可以有不同的解决方案和模式，但人们根据经验通常会强烈倾向于采用特定的模式，这就是风格。软件风格是在模式中带有明显指向性的，对软件构成具有整体性、普遍性、一般性的结构和结构关系的方法，因此，软件风格是一种特定的基本结构，表达了部件之间的特定关系和应用约束。

3. 框架

随着应用的发展和完善，某些带有整体性的应用模式被逐步"固定"下来，形成特定的框架，包括基本构成单元和关系。从内容上看，框架更多地关注于特定应用领域，其解决方案已经建立了一个比较成熟的体系结构，所以也称为应用框架。从组成形式上看，框架是一个待实例化的完整系统，它定义了软件系统的元素和关系，创建了基本构建模块，定义了涉及功能更改和扩充的插件的位置。例如，Struts 就是典型的基于 Web 应用的开发框架。

模式、风格和框架从纯软件结构定义的角度看，没有什么本质的区别，但从设计目的、背景角度来看还是有一定区别的。从设计模式看框架，框架是某个应用领域中软件行业性设计模式，它解决软件上层、全局的结构问题，也提供对中层和下层的支持。从框架看设计模式，设计模式是构建框架的建筑构件，模式解决的是软件系统局部的更细节化的东西，更加关注部件之间的构成关系。风格更倾向于抽象的"喜好和习惯"、"约定俗成"这样的概念，它独立于实际设计情形，来自于主观地表现设计技巧，而模式和框架更多地面向解决具体问题。软件体系设计的一个中心问题是能否使用重复的架构模式，或者采用某种软件体系架构风格。例如，采用通用的基于层次或数据流的软件系统体系架构是一些常见的作法。

4.2.2　常见的体系结构风格

软件体系架构风格是描述某一特定应用领域中系统组织方式的惯用模式。它反映了领域中众多系统所共有的结构和语义特性，并指导如何将各个模块和子系统有效地组织成一个完整的系统。按这种方式理解，软件体系架构风格定义了用于描述系统的术语表和一组指导构件系统的规则。下面介绍几种典型的软件体系结构风格。需要注意的是，任何一种架构风格都会有优缺点，每种架构都有它存在的现实价值。

1. 数据流风格

在数据流风格的体系架构中，我们可以找到非常明显的数据流，处理过程通常在数据流的路线上"自顶向下、逐步求精"，并且处理过程依赖于执行过程，而不是数据到来的顺序。比较有代表性的子风格有批作业序列风格、管道/过滤器风格等。

在管道/过滤器风格的软件体系架构中，每个模块都有一组输入和输出，每个模块从它的输入端接收输入数据流，在其内部经过处理后，按照标准的顺序，将结果数据流送达到输出端，以达到传递一组完整的计算结果实例的目的。这个过程通常通过对输入流的变换及增量计算来完成，所以在输入被完全消费之前，输出便产生了。因此，这里的模块被称为过滤器。这种风格的连接件就像是数据流传输的管道，将一个过滤器的输出传到另一个过滤器的输入。

图 4.1 是管道/过滤器风格的示意图。一个典型的管道/过滤器体系架构的例子是以 Unix Shell 编写的程序。Unix 既提供一种符号，以连接各组成部分（Unix 的进程），又提供某种进程运行机制以实现管道。另一个例子是传统的编译器。传统的编译器一直被认为是一种管道系统，在该系统中，一个阶段（包括词法分析、语法分析、语义分析和代码生成）的输出是另一个阶段的输入。

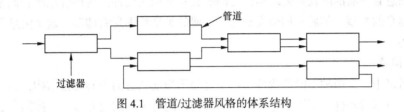

图 4.1　管道/过滤器风格的体系结构

2. 层次系统风格

层次系统采用层次化的组织方法，每一层为上层服务，并作为下层的客户。在层次系统中，除了一些精心挑选的输出函数外，内部的层只对相邻的层可见。这样的系统中构件在一些层实现了虚拟机（在另一些层次系统中层是部分不透明的）。连接件通过决定层间如何交互的协议来定义，拓扑约束包括对相邻层间交互的约束。这种风格支持基于可增加抽象层的设计。这样，允许将一个复杂问题分解成一个增量步骤序列的实现。由于每一层最多只影响两层，同时只要给相邻层提供相同的接口，允许每层用不同的方法实现，同样为软件重用提供了强大的支持。

图 4.2 是层次系统风格的示意图。层次系统最广泛的应用是分层通信协议。在这一应用领域中，每一层提供一个抽象的功能，作为上层通信的基础。较低的层次定义低层的交互，最低层通常只定义硬件物理连接。

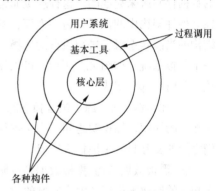

图 4.2　层次系统风格的体系结构

3. 虚拟机风格

虚拟机风格的体系架构设计的初衷主要是考虑体系架构的可移植性。这种体系架构力图模拟它运行于其上的软件或者硬件的功能。它可以被用于模拟或者测试尚未构建成的软硬件系统。虚拟机的例子有：解释器、基于规则的系统和通用语言处理程序。

以解释器为例，通过虚拟机特定模块的解释步骤如下。

① 解释引擎从被解释的模块中选择一条指令。

② 基于这条指令，引擎更新虚拟机内部的状态。

③ 上述过程反复执行。

由于对程序的中断、查询和在运行时的修改能力，通过虚拟机来执行模块大大提高了其稳定性，但是由于在执行过程中附加了额外的计算量，性能方面必然会受到影响。在虚拟机结构中，构件是被模拟的机器和实际的机器，而连接器则是一组转换规则，这组转换规则能够在保持被模拟的机器中的虚拟状态和逻辑不变的前提下，将操作转换为实际的机器中能够被理解的操作。

4. 独立构件风格

独立构件风格的体系架构是由很多独立的、通过消息交互的过程或者对象组成的。这种软件体系架构通过对各自部分计算的解耦操作来达到易更改的目的。它们之间可以相互传输数据，但是不直接控制双方。消息可能传递给指定的参与项（交互过程风格）或未指定的参与项。通信处理风格是独立构件风格的一个子风格。这是一个多处理系统。

事件系统风格也是独立构件风格的一个子风格。其中的每一个独立构件在它们的相关环境中声明它们希望共享的数据，这个环境便是未指定的参与项。事件系统会充分利用消息管理器，在消息传递到消息管理器的时候来管理构件之间的交互和调用构件。构件会注册它们希望提供或者希望收到的信息的类型。随后它们会发送这个注册的类型给消息管理器，这个消息管理器可能是一个对象引用。

5. 仓库风格

在仓库风格中，有两种不同的构件，一个是表示当前状态的中心数据结构；另一个是相互独立的处理中心数据的构件。不同的仓库系统与外构件间有不同的交互方式。控制方法的选择决定了仓库系统的类别。

控制原则的选取产生两个主要的子类。若输入流中某类事务处理的类型决定触发哪个进程的执行，则仓库是一个传统型数据库；系统中的构件通常包括数据存储区，以及与这些存储区进行交流的进程或处理单元，而连接器则是对于存储区的访问。这类系统中，数据处理进程往往并不直接发生联系，它们之间的联系主要是通过共享的数据存储区来完成的。这种现象非常类似于在独立构件架构中的情况。另一方面，若中央数据结构的当前状态触发进程执行的选择，则仓库是一个黑板系统。如图 4.3 所示，可以发现黑板系统主要由 3 部分组成。

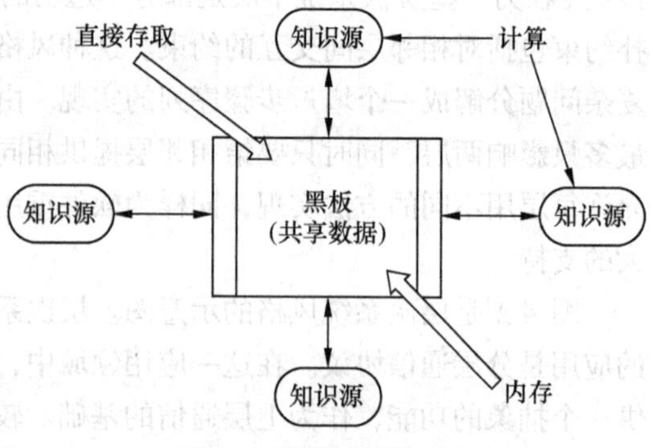

图4.3　黑板系统的组成

① 知识源。知识源中包含独立的、与应用程序相关的知识，知识源之间不直接进行通信，它们之间的交互只通过黑板来完成。

② 黑板数据结构。黑板数据是按照与应用程序相关的层次来组织的解决问题的数据，知识源通过不断地改变黑板数据来解决问题。

③ 控制。控制完全由黑板的状态驱动，黑板状态的改变决定使用的特定知识。

4.2.3　软件体系结构建模

针对某一具体的软件系统，需要以某种可视化/形式化的形式将软件体系结构的设计结果显式地表达出来。

① 支持用户、软件架构师、开发者等各方人员之间的交流。

② 分析、验证软件体系结构设计的优劣。

③ 指导软件开发组织进行系统研发。

④ 为日后的软件维护提供基本文件。

根据建模的侧重点不同，可以将软件体系结构模型分为结构模型、框架模型、动态模型、过程模型、功能模型等。软件体系结构建模可分为 4 个层次。

① 软件体系结构核心元模型：软件体系结构的模型由哪些元素组成，这些组成元素之间按照

何种原则组织。

② 软件体系结构模型的多视图表示：从不同的视角描述特定系统的体系结构，从而得到多个视图，并将这些视图组织起来以描述整体的软件体系结构模型。

③ 软件体系结构描述语言：在软件体系结构基本概念的基础上，选取适当的形式化或半形式化的方法来描述一个特定的体系结构。

④ 软件体系结构文档化：记录和整理上述 3 个层次的描述内容。

4.3　软件结构设计

软件结构设计是对组成系统的各个子系统的进一步分解与规划，主要包括确定构造子系统的模块元素；定义每个模块的功能；定义模块接口，设计接口的数据结构；确定模块间的调用与返回关系；评估软件结构质量，进行结构优化等。

4.3.1　模块化概念

模块化是软件设计和开发的基本原则和方法，是概要设计主要的工作之一。模块是指一个独立命名的，拥有明确定义的输入/输出和特性的程序实体。它可通过名字访问，可单独编译。把软件系统的全部功能按照一定的原则合理地划分为若干个模块，每个模块完成一个特定子功能，所有这些模块以某种结构形式组成一个整体，这就是软件模块化的设计。软件模块化设计可以简化软件的设计和实现，提高软件的可理解性和可测试性，并使软件更容易维护。

1. 软件模块化

分解是人们认识和处理复杂问题常用的策略，也是软件模块化设计最重要的依据之一。人们通过将大规模的复杂问题划分为若干个较小的问题，通过对各个较小问题的求解，实现对复杂问题的解决。模块化降低问题的复杂程度可从下边的说明中得到论证。

假设函数 $C(x)$ 表示问题的复杂程度，函数 $E(x)$ 表示求解问题所需的工作量，若有两个问题 $P1$ 和 $P2$，

如果有：$C(P1)>C(P2)$

则显然有：$E(P1)>E(P2)$

同时，我们还有另外一条规律，若一个问题 P 可被分解为两个子问题 $P1$ 和 $P2$，即

$$P=P1+P2$$

则

$$C(P)>C(P1)+C(P2)$$

因而

$$E(P)>E(P1)+E(P2)$$

以上规律充分说明，模块化降低了问题的复杂程度，减少了求解问题的工作量。

但是，人们并不可由此得出结论，在软件开发时，模块划分得越多越好，问题分解得越细越好，当模块被划分成最基本的操作，问题就自然而然地得到解决了。事实上，模块化要掌握适当的程度。因为模块划分降低了问题的复杂程度，但也增加了模块间相互协调的工作量，即配合完成任务的接口复杂度。因此，在模块划分时，存在着一个最佳模块数。最佳的模块划分应符合模块独立性原则。图 4.4 所示为最佳模块划分的范围。模块化分解从软件成本角度来看，有一个最小成本模块数范围。若分解低于这个最小成本模块数范围，则可继续分解，以降低软件开发成本；但若分解程度已经达到这个最小成本模块数范围，则就没必要再分解了。

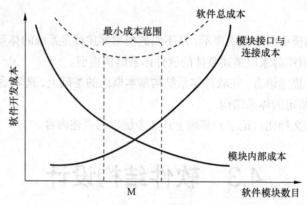

图 4.4　模块化与软件成本的关系

2. 抽象化

抽象是人类认识问题和解决问题的基本工具和方法。在解决复杂的具体问题时，人们往往先忽略其细节和非本质的方面，而集中注意力去分析问题的本质和主要方面，搞清所要解决的问题的本质。同时，人们在总结认识和实验规律时，也往往突出各类问题的共性，找出各种客观事物、状态和过程间的联系和相似性，加以概括和提取，即抽象。

复杂软件系统的构造就是一个运用抽象的过程。抽象被运用在软件开发过程中，就是自顶向下、逐步求精。其中顶是抽象的，而细化则是这个抽象的顶具体化的结果。通过对所要解决问题的抽象，进行需求分析。然后借助较低层次上的抽象，采用更加过程化、形式化的方法，进行系统设计。最后，在最低的抽象层次上，用可以直接实现的方法，叙述问题的解法。因此，在本质上，抽象的过程是一个逐步求精的过程。

概要设计是对需求分析的具体化，但对于软件内部构造而言则仍是抽象的。概要设计中的功能模块往往被看成一个抽象化的功能黑盒子，虽然它已是一个与软件实现直接相关的实体单元，可以看到它清晰的外观，但是却看不到它内部更加具体的实现细节。

3. 信息隐蔽

信息隐蔽和信息局部化是软件设计中另外两项重要原则。信息隐蔽是指在设计和确定模块时，应使一个模块内包含的信息（过程和数据）对于不需要这些信息的模块来说是不可访问的。为了尽量避免某个模块的行为去干扰同一系统中的其他模块，在设计模块时就应该让模块仅仅公开必须要让外界知道的内容，而隐藏其他一切内容。信息隐蔽使得模块间尽可能的彼此独立，有利于过程和数据的保护，避免了错误的传递，提高了系统的可靠性。信息隐蔽尤其为软件系统的维护提供了良好的基础。

模块的信息隐蔽可以通过接口设计来实现。一个模块仅提供有限个接口，执行模块的功能或与模块交流信息必须且只须通过调用公有接口来实现。如果模块是一个 C++ 对象，那么该模块的公有接口就对应于对象的公有函数；如果模块是一个 COM 对象，那么该模块的公有接口就是COM 对象的接口。一个 COM 对象可以有多个接口，而每个接口实质上是一些函数的集合。

信息局部化指将一些关系密切的成分在设计时放得彼此靠近。局部化有利于模块的单独开发和调试，因而简化了整个系统的设计和实现。同时，局部化也是信息隐蔽的手段。

4.3.2　模块的独立性

模块的独立性是指不同模块之间的相互联系应尽可能的少，应尽可能减少公共的变量和数据结构；一个模块应尽可能在逻辑上独立，有完整单一的功能。具有良好独立性的模块，其功能更完整、数据接口简单、程序易于理解和维护。独立性限制了错误的作用范围，使错误易于排除，因而可使软件开发速度快，质量高。

可以从两个方面来定性地度量模块独立的程度，模块之间的联系称为模块的耦合度；一个模块内部各成分的联系称为模块的内聚性。显然，模块之间的联系多，则模块的相对独立性就差，系统结构就比较混乱；相反，模块间的联系少，各个模块相对独立性就强，系统结构就比较理想。同时，一个模块内部各成分联系越紧密，该模块越易理解和维护。内聚性和耦合度是密切相关的，与其他模块存在强耦合的模块通常意味着弱内聚性，而强内聚性的模块通常意味着与其他模块之间存在弱耦合。良好的模块设计追求强内聚性，弱耦合度。

1. 耦合度

模块间的联系多的耦合度强，少的耦合度弱。模块的耦合度依赖以下几个因素。

- 耦合内容的数量，即模块间发生联系的数据和代码的多少。
- 一个模块施加到另一个模块的控制的多少。
- 模块的调用方式，即模块间代码的共享方式，可分为用 Call 语句调用方式和用 Goto 语句直接访问方式。
- 模块之间接口的复杂程度。

耦合度按从强到弱的顺序可分为以下几种类型。

（1）内容耦合

内容耦合是耦合程度最高的一种形式。当一个模块直接修改或操作另一个模块的数据或者直接转入另一个模块时，就发生了内容耦合。此时，被修改的模块完全依赖于修改它的模块。内容耦合的存在严重破坏了模块的独立性和系统的结构化，代码互相纠缠，运行错综复杂，程序的静态结构和动态结构很不一致，其恶劣结果往往不可预测。内容耦合往往表现为以下几种形式。

- 一个模块访问另一模块的内部代码或数据。
- 一个模块不通过正常入口而转到另一个模块的内部（如使用 Goto 语句或 Jmp 指令直接进入另一模块内部）。
- 两个模块有一部分代码重叠（可能出现在汇编程序中，在一些非结构化的高级语言中也可能出现）。
- 一个模块有多个入口（这意味着一个模块有多种功能）。

（2）公共耦合

公共耦合又称为公共环境耦合或数据区耦合。两个以上的模块共同引用一个全局数据项就称为公共耦合。公共数据区可以是全程变量、共享的数据区、内存的公共覆盖区、外存上的文件和物理设备等。当两个模块共享的数据很多，通过参数传递可能不方便时，可以使用公共耦合。公共耦合共享数据区的模块越多，数据区的规模越大，则耦合程度越强。公共耦合最弱的一种形式是：两个模块共享一个数据变量，一个模块只向里写数据，另一个模块只从里读数据。当公共耦合程度很强时，会造成关系错综复杂、难以控制、错误传递机会增加、系统可靠性降低、可理解和可维护性差。

（3）控制耦合

一个模块在界面上传递一个信号（如开关值、标志量等）控制另一个模块，接收信号的模块的动作根据信号值进行调整，称为控制耦合。控制耦合属于中等程度的耦合，较之数据耦合模块间的联系更为紧密，但控制耦合不是一种必须存在的耦合。当被调用模块接收到控制信息作为输入参数时，说明该模块内部存在多个并列的逻辑路径，即有多个功能。控制变量用以从多个功能中选择所要执行的部分，因而控制耦合是完全可以避免的。排除控制耦合可按如下步骤进行。

① 找出模块调用时所用的一个或多个控制变量。

② 在被调模块中根据控制变量找出所有的流程。

③ 将每一个流程分解为一个独立的模块。

④ 将原被调模块中的流程选择部分移到上层模块，变为调用判断。

通过以上变换，可以将控制耦合变为数据耦合。由于控制耦合增加了设计和理解的复杂程度，因此，在模块设计时要尽量避免使用。当然，如果模块内每一个控制流程规模相对较小，彼此共性较多，使用控制耦合还是可以的。

（4）数据耦合

数据耦合是指两个模块彼此交换数据。如一个模块的输出数据是另一个模块的输入数据，或一个模块带参数调用另一个模块，下层模块又返回参数。系统中至少必须存在这种耦合，只有当某些模块的输出数据作为另一些模块的输入数据时，系统才能完成有价值的功能。因为任何功能的实现都离不开数据的产生、表示和传递。数据耦合的联系程度也较低。

（5）独立耦合

模块间没有信息传递时，属于非直接耦合。它们之间的唯一联系仅仅在于它们同属于一个软件系统或同有一个上层模块。这是耦合程度最低的一种。当然，系统中只可能有一部分模块属于此种联系，因为一个软件系统中不可能所有的模块都完全没有联系。

耦合是影响软件复杂程度的一个重要因素，在软件设计过程中，如果模块间必须存在耦合，就尽量使用数据耦合，少用控制耦合，限制公共耦合的范围，完全不用内容耦合。表4.1所示为各类耦合性与模块各种属性的关系。

表4.1　　　　　　　　　　耦合性与模块属性的关系

耦 合 形 式	对修改的敏感性	可 重 用 性	可 修 改 性	可 理 解 性
内容耦合	很强	很差	很差	很差
公共耦合	强	很差	中	很差
控制耦合	一般	差	差	差
数据耦合	不一定	好	好	好

2. 内聚性

内聚性是模块内部各成分（语句或语句段）之间的联系。显然，模块内部各成分联系越紧，即其内聚性越大，模块独立性就越强，系统越易理解和维护。具有良好内聚性的模块应能较好地满足信息局部化的原则，功能完整单一。同时，模块的高内聚性必然导致模块的低耦合度。理想的情况是：一个模块只使用局部数据变量，完成一个功能。

内聚性按强度从低到高有以下几种类型。

（1）偶然内聚

模块内的各个任务（通过语句或指令来实现的）没有什么有意义的联系，它们之所以能构成一个模块完全是偶然的原因。例如，为了节省空间，将几个模块中共同的语句抽出来放在一起组成一个模块，该模块就具有偶然内聚。偶然内聚的模块有很多缺点，由于模块内没有实质性的联系，很可能在某种情况下一个调用模块需要对它修改，而别的模块不需要，这时就很难处理。同时，这种模块的含义也不易理解，甚至难以为它取一个合适的名字。

（2）逻辑内聚

几个逻辑上相关的功能被放在同一模块中，则称为逻辑内聚。例如，一个模块读取各种不同类型外设的输入；一个模块专门负责输出出错信息、用户账单和统计报表等各类数据的模块具有逻辑内聚。逻辑内聚存在以下问题。

● 修改困难，调用模块中有一个要对其改动，还要考虑到其他调用模块。

● 模块内需要增加开关，以判别是谁调用，因而增加了块间联系。

● 实际上每次调用只执行模块中的一部分，而其他部分也一同被装入内存，因而效率不高。

（3）时间内聚

如果一些模块完成的功能必须在同一时间内执行（如系统初始化），但这些功能只是因为时间因素而被划分为一个模块，则称为时间内聚。例如，负责紧急事故处理的模块，必须在同一时间内完成关闭文件、接通警铃、发出出错信息、保护各检测点的数据和进入故障处理程序等项任务，这种模块就具有时间内聚。与偶然内聚和逻辑内聚相比，这种内聚程度要稍好些，因为至少在时间上，这些任务可以一起完成。但时间内聚和偶然内聚、逻辑内聚一样，都属低内聚性类型模块。

（4）过程内聚

如果一个模块内部的处理成分是相关的，而这些处理必须以特定的次序执行，则称为过程内聚。过程内聚的各模块内往往体现为有次序的流程。如果通过流程图确定模块划分，把流程图中的某一部分划出组成模块，就得到过程内聚模块。例如，把流程图中的循环部分、判定部分、计算部分分成 3 个模块，这 3 个模块都是过程内聚模块。因为过程内聚模块仅包括完整功能的一部分，所以它的内聚程度中等。

（5）通信内聚。

如果一个模块的所有成分都操作同一数据集或生成同一数据集，则称为通信内聚。通信内聚的各部分间是借助共同使用的数据联系在一起的，故有较好的可理解性。例如，利用同一数据生成各种不同形式报表的模块具有通信内聚。通信内聚和过程内聚都属中内聚类型模块。

（6）顺序内聚

如果一个模块的各个成分和同一个功能密切相关，而且一个成分的输出作为另一个成分的输入，则称为顺序内聚。在顺序内聚的模块内，后执行的语句或语句段往往依赖先执行的语句或语句段，以先执行的部分为条件。例如，由构造系数矩阵、求矩阵逆、解未知数等成分构成的求线性方程解的模块具有顺序内聚。顺序内聚往往是多个功能内聚的组合，各个功能都在同一数据结构上操作，由于模块内各处理元素间存在着这种逻辑联系，所以顺序内聚模块的可理解性很强，属于高内聚类型模块。

（7）功能内聚

模块内的所有成分对于完成单一的功能都是必须的。如果模块仅完成一个单一的功能，且该模块的所有部分是实现这一功能所必须的，没有多余的语句，则该模块为功能内聚。例如，如果将上述求解线性方程的模块中的求矩阵逆的部分单独做成一个模块，则该模块具有功能内聚。功能内聚模块的结构紧凑、界面清晰，易于理解和维护，因而可靠性强；又由于其功能单一，故复用率高。所以它是模块划分时应注意追求的一种模块类型。

在模块设计时应力争做到高内聚性，并且能够辨别出低内聚性的模块，加以修改使之内聚性提高，并降低模块间的耦合度。具体设计时应注意以下几方面。

● 设计功能独立单一的模块。

- 控制使用全局数据。
- 模块间尽量传递数据型信息。

表 4.2 所示为各类内聚与模块各种属性的关系。

表 4.2　　　　　　　　　　　　　内聚与模块属性的关系

内 聚 形 式	内 部 联 系	清 晰 性	可 复 用 性	可 修 改 性	可 理 解 性
偶然内聚	很差	差	很差	很差	很差
逻辑内聚	很差	很差	很差	很差	差
时间内聚	差	中	很差	中	中
过程内聚	中	好	差	中	中
通信内聚	中	好	差	中	中
顺序内聚	好	好	中	好	好
功能内聚	好	好	好	好	好

4.3.3　结构化设计建模

结构化设计涉及模块功能、模块接口与模块调用关系等问题，为了使这些问题能够集中清晰地表达出来，软件结构设计需要借助于一定的图形工具来建立设计模型，如模块结构图或 HIPO 图等。

1. 模块结构图

模块结构图是结构化设计的主要工具，它被广泛地使用在概要设计之中。模块结构图用来描述软件系统的组成结构及相互关系。它既反映了整个系统的结构，即模块划分，也反映了模块间的联系。

（1）模块结构图的基本图形符号

① 模块。使用矩形来表示软件系统中的一个模块，框中写模块名。名字要恰当地反映模块的功能，而功能在某种程度上反映了块内各成分间的联系。

② 调用。使用带箭头的线段表示模块间的调用关系。它联结调用和被调用模块，箭头指向被调模块，箭头发出模块为调用模块，如图 4.5 所示。根据调用关系，模块可相对地分为上层模块和下层模块。具有直接调用关系的模块之间相互称为直接上层模块和直接下层模块。调用是模块间唯一的联系方式。通过调用，各个模块有机地组织在一起，协调完成系统功能。一般只允许上层模块调用下层模块，而不允许下层模块调用上层模块。在图 4.5 中模块 A 调用模块 B 和模块 C。

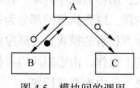

图 4.5　模块间的调用

③ 模块间的通信。用小箭头表示模块间在调用过程中相互传递的信息。小箭头的方向和名字分别表示调用模块和被调用模块之间信息的传递方向和内容。如图 4.5 所示，B 模块中的数据传递到 A 模块，同时有一个控制信息传递到 A 模块；A 模块中的数据传递到 C 模块。

模块间传递的信息可分为两类：作数据用的信息和作控制用的信息。若需要进一步区分，可在小箭头的尾部使用不同的标记表示，具体可分为以下两种箭头。

- 尾部有小空心圆圈标记，表示作数据用的信息；
- 尾部有小实心圆圈标记，表示作控制用的信息。

④ 辅助符号。为了表示模块间复杂的调用关系，模块结构图使用了两种辅助符号表示不同的

调用，它们分别如下。

● 选择调用（或称条件调用）：在调用箭头的发出端用一个小菱形框表示。选择调用为上层模块根据条件调用它的多个下层模块中的某一个。如图 4.6 所示，若条件 1 成立，则调用 B；若条件 2 成立，则调用 C；若条件 3 成立，则调用 D。

● 循环调用：在调用箭头的发出端用一带箭头的圆弧表示。循环调用为上层模块反复调用它的一个或若干个模块，如图 4.7 所示。

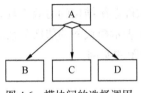

图 4.6　模块间的选择调用

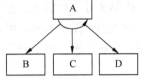

图 4.7　模块间的循环调用

（2）对结构图的说明

图 4.8 所示为高校教务管理系统中学生注册和选课系统的模块结构图。教务管理系统的总控模块为顶层模块，它调用审查接收申请、注册登记、选课登记这 3 个模块，以进行身份、注册、选课控制。

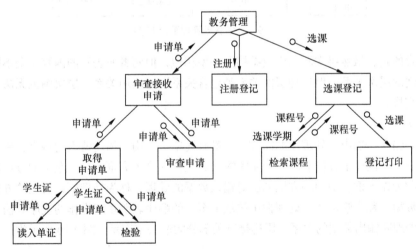

图 4.8　高校教务管理系统结构图

值得注意的是，结构图着重反映的是模块间的隶属关系，即模块间的调用关系和层次关系。它和程序流程图有着本质的差别。程序流程图着重表达的是程序执行的顺序以及执行顺序所依赖的条件。结构图则着眼于软件系统的总体结构，它并不涉及模块内部的细节，只考虑模块的作用，以及它和上、下级模块的关系。而程序流程图则用来表达执行程序的具体算法。

模块结构图的最后形态是多种多样的，有树形的，也有清真寺形的（上下部分窄，中间部分宽）。不同的形态对应不同的结构划分。结构图并不严格地表明调用次序，虽然多数人习惯按调用次序由左向右画，但模块结构图无此规定。模块结构图也不指明什么时候调用下层模块。通常模块中除了调用语句之外，还有其他语句，但模块内究竟还有其他什么内容，执行顺序如何，结构图没有说明。

2. HIPO 图

HIPO（Hierachy Input Process Output）图是一个同模块结构图等价的结构化设计图形工具，它也被广泛地使用在概要设计阶段。HIPO 图，即层次化的输入—处理—输出图。它是美国 IBM 公司于 20 世纪 70 年代中期提出的。HIPO 图实际上是层次图（H 图）和 IPO 图的组合。两者结合后在功能上相当于模块结构图。下面简要介绍一下 H 图和 IPO 图。

（1）H 图

H 图也叫层次图，用于描述软件结构上的分层调用关系，作用类似于模块结构图，但不涉及调用时的数据流、控制流等附加信息。它是一个表示软件系统结构的有效工具。层次图用一个方框表示一个模块，方框内写模块名称。用方框间的连线表示模块间的层次关系。层次图非常自然地表达了自顶向下的分析思想。图 4.9 所示为一个层次图的实例。

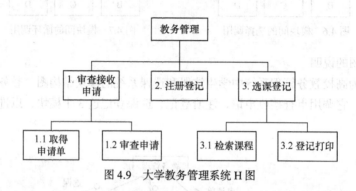

图 4.9 大学教务管理系统 H 图

需要注意的是，虽然层次图和模块结构图外型相似，但两者所表示的内容完全不同。层次图说明模块之间的层次关系，但这种层次关系是包含关系而非调用关系，层次图也无法表达调用过程中的数据交换。

（2）IPO 图

IPO 图是输入—输出—处理图的简称。它具有简单、易用、描述清晰的特点，用来表示一个加工比较直观，对设计很有帮助。一个完整的 IPO 图由 3 个大方框组成。左边的方框内写有关的输入数据，称为输入框；中间的方框列出对输入数据的处理，称为处理框；右边的方框写处理所产生的输出数据，称为输出框。处理框中按从上至下的顺序表明系统操作的次序。输入数据同处理的关系，处理同输出数据的关系，用连接有关部分的箭头来表示。图 4.10 所示为一个主文件更新的例子。

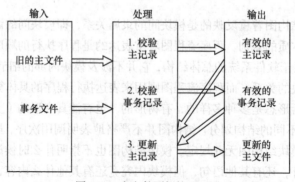

图 4.10 主文件更新的 IPO 图

（3）HIPO 图

HIPO 图是在 IPO 图和 H 图基础上发展起来的，它是两图的有机结合。HIPO 图首先用一个层次图描述软件系统的结构，对于层次图中的每一个模块，都附加一个 IPO 图，用以说明具体的输入/输出数据和处理过程，即在 HIPO 图中，每一个层次图都对应一套 IPO 图。为了能使 H 图中的模块具有可追踪性，由此可以与它所对应的 IPO 图联系起来，图中除顶部以外，其他的模块都需要按照一定的规则编号，以方便检索。图 4.11 所示为图 4.9 中"3.选课登记"模块的 IPO 图描述。

```
系统名称：教务管理系统　模块名称：选课处理　模块编号：3
输入数据：有效申请单数据
输出数据：选课表

处理步骤：
1．根据选课课程号与选课学期，检索课程
2．确定所选的课程号
3．根据课程号输出打印选课表
```

图 4.11　"3.选课登记"模块的 IPO 图描述

从上面的 IPO 图举例可以看出，IPO 图提供了有关模块的更加完整的定义和说明。显然，这将有利于由概要设计向详细设计的过渡。

4.3.4　软件设计准则

在长期的软件开发实践中，为了提高软件的开发质量，人们总结出了一些软件开发的基本准则，结构化设计最为直接地体现了这些准则的应用。下面具体说明这些准则的基本内容。

1．模块规模应该适中

模块的大小，可以用模块中所含的语句的数量多少来衡量。究竟划分多大的模块最为合理，很难给出绝对的标准。但一般认为，程序最好能够写在一页纸内，或者说程序行数在 50～100 的范围内是比较合适的。同一个问题，如果把模块划得很小，势必增加模块的数量，增加了模块接口的复杂性，也增加了花在调用和返回上的时间开销，降低了效率。如果模块虽小但功能内聚性好，或者它为多个模块所共享，又或者调用它的上层模块很复杂，则不要贸然将小模块与其他模块合并，而是需要做更细致的分析。如果把模块划得过大，将会造成测试和维护工作的困难。

2．改进软件结构提高模块独立性

根据上述内聚性指标和耦合度指标，可以对利用结构化设计方法获得的初始模块结构图进行分析评价。为了提高模块的独立性，可能要对模块重新进行分解或合并，以便改善模块的内聚性和耦合度。例如，如图 4.12 所示，多个模块共有的一个子功能可以独立成一个模块，供其他模块调用；通过合并具有较高耦合度的模块，既可降低耦合度，又可以减少接口的复杂性。

3．深度、宽度、扇入和扇出都应适当

在具有多个层次的软件结构中，模块的层次数称为结构图的深度。如图 4.13 所示，其深度为

5 层。它表示出了控制的层数，在一定意义上也能反映出软件物理结构的规模和复杂程度。如果深度过大，则应考虑结构中的某些模块是否过分简单了。结构图中同一层次模块的最大模块个数称为结构的宽度（或跨度）。如图 4.13 所示，第 4 层的宽度为 8。它表示控制的总分布。一般来说，宽度越大系统越复杂。对宽度影响最大的因素是模块的扇出数。

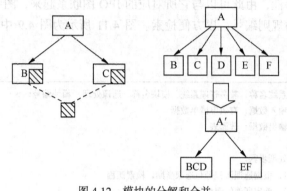

图 4.12 模块的分解和合并

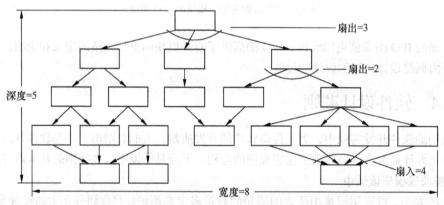

图 4.13 结构图的形态特性

一个模块直接控制的下属模块的个数称为该模块的扇出数。好的系统的平均扇出数通常是 3~4，最多是 5~9。扇出数过大时可以适当增加中间层次的控制模块；扇出数过小时可以把下级模块进一步分解成若干个子功能模块，或者合并到上级模块中去。当然这种分解或合并不应影响模块的独立性。多个模块可以有同一个下属模块，该下属模块的上级模块的个数称为扇入数。如果一个模块的扇入数太大，而它又不是公用模块，则说明该模块可能具有多项功能，因此应当对它做进一步的分析，并将其功能做进一步的分解。设计良好的软件结构应具有清真寺型结构形态，如图 4.14 所示。在这种结构中，顶层扇出数比较高，中层扇出数比较少，底层（共用模块）扇入数比较高。

4. 模块的作用域应在控制域之内

模块的作用域是指受其判定影响的所有模块的集合；模块的控制域是指其本身以及所有直接或间接从属于它的模块的集合。例如，在图 4.15 中模块 X 的控制域是 X、Y、Z、Z1、Z2、Z3 模块的集合。在一个设计良好的软件结构中，所有受判定影响的模块都从属于作出判定的那个模块，最好局限于作出判定的那个模块本身及其直属下级模块。例如，如果图 4.15 中模块 X 做出的判定只影响 Y 模块，那么符合这条规则。但是，如果 X 做出的判定同时还影响 T 模块，则这样的结构会有以下问题：一是使得软件难于理解；二是为了使得 X 中的判定能影响 T 中的处理过程，通常需要在 X 中给一个标记设置状态，以指示判定的结果，并且应把这个标记传递给 X 和 T 的公共上级模块 M，再由 M 把它传递给 T。这个标记是控制信息而不是数据，因此，将使模块间出现控制耦合。

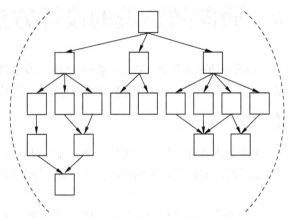

图 4.14　清真寺型结构图

在设计过程中，如果发现模块的作用域不在控制域内时，可以采用以下办法进行结构调整，把模块的作用域移到其控制域之内。

● 将判定所在的模块合并到它的父模块中去，或上移到层次较高的位置上去，由此可使判定处于一个较高的位置，以达到有效的控制。

● 将受判定影响的模块下移到控制域以内。

这样可以明显地降低模块间的耦合性，提高可维护性和可靠性。

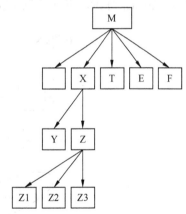

图 4.15　模块的作用域和控制域

5. 力争降低模块接口的复杂程度

模块接口的复杂性是程序出错的一个主要原因，较复杂的接口往往会带来较高的耦合度，因此接口的设计应尽量使信息传递简单，并与模块功能一致。为此，可以从以下两方面考虑。

● 接口参数尽量采用简单数据类型，以使接口容易理解。例如，尽量使用基本字符、整数类型，而不是数组、指针、结合体类型。

● 限制接口参数的个数。接口参数个数太多，往往是由于模块功能混杂，不得不依靠参数进行调控。因此，过多的参数往往意味着模块还有进一步分解的必要。

6. 设计单入口、单出口的模块

当从顶部进入模块并且从底部退出来时，软件是比较容易理解的，也是比较容易维护的，因此不要使模块间出现内容耦合，设计单入口、单出口的模块。

7. 模块功能应该可以预测

可验证性是软件开发要遵循的基本原则之一，因此模块必须设计成功能可预测的。可以把一个模块看作一个黑盒，当不管其内部的处理细节如何，都会产生同样的外部数据时，这种模块是

可以预测的。例如，在模块中使用了静态变量。因为静态变量会在模块内部产生较难预见的存储，而如果这个静态变量由被用为多项功能的选择标记，则可能会使得模块的功能难以被调用者预知。由于这个原因，设计者要特别慎重地使用静态变量。模块功能可预测还意味着，模块的功能必须明确清晰地定义，应该使模块具有很好的内聚性。

4.4 面向数据流的设计方法

面向数据流的设计方法是以数据流图为基础，通过一系列系统的步骤，将数据流图转换为模块结构图。面向数据流的设计方法是需求分析阶段结构化分析方法的延续，是结构化设计的主要方法。

4.4.1 基本概念

为了方便从数据流模型中映射出软件结构来，需要对数据流图进行合理的分类。例如，将数据流分为变换流或事务流，然后按照它们各自不同的特点来分别采取不同的映射方法。

1. 变换流

在数据处理问题中，我们通常会遇到这样一类问题，即从"外部世界"取得数据（例如，从键盘、磁盘文件等），对取得的数据进行某种变换，然后再将变换得到的数据传回给"外部世界"。其中取得数据这一过程称为传入信息（数据）流程，变换数据的过程称为变换信息（数据）流，传回数据的过程称为传出信息（数据）流，如图4.16所示。

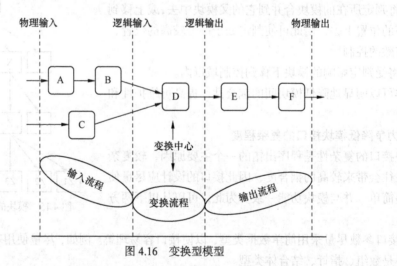

图 4.16 变换型模型

① 输入流。由一个或多个数据加工组成。其作用是将最初接收到的系统外部输入的数据，由其外部形式变成内部形式，即将系统得到的物理输入变为系统可用的形式。一般来说，输入流的处理工作是对数据格式进行转换，即对数据进行分类、排序、编辑、整理、有效性检验等。

② 变换流。是指将输入流转换为输出流的数据变换过程和机制。变换流接收的数据是系统可处理的，处理后以系统的内部形式送给输出流。

③ 输出流。将变换流发来的内部形式的数据经过加工处理变为外部系统可接收的形式并输出。

2. 事务流

在实际中，我们还会遇到另一类问题，即通常在接受某一项事务后，根据事务的特点和性质，选择分派给一个适当的处理单元，然后给出结果，如图 4.17 所示。

这类问题就是事务型问题。它的特点是，数据沿着接收分支把外部信息（数据）转换成一个事务项，然后计算该事务项的值，并根据它的值从多条数据流中选择其中的某一条数据流。发出多条数据流的处理单元叫做事务中心，在这里，称输入数据为事务；称根据事务做出判断，并选择多个处理路径中的一条来执行的加工为事务中心。事务中心的作用如下。

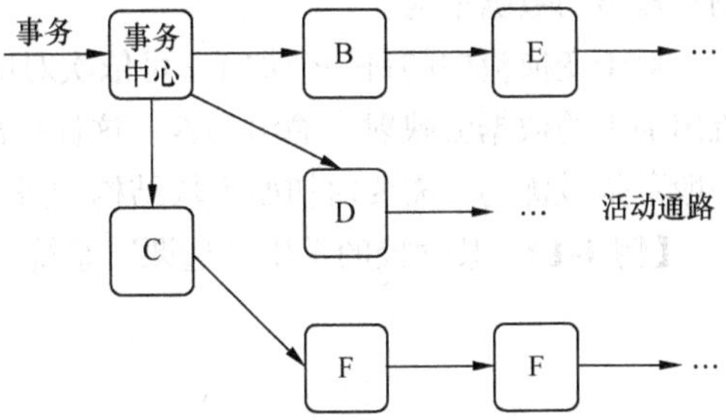

图 4.17　事务型模型

- 接收输入数据（事务源）。
- 根据事务做出判断，并选择处理路径。
- 沿处理路径执行。

需要指出的是，在一个大型系统的数据流图中，变换流和事务流可能会同时出现。例如，在一个事务型的数据流图中，分支动作路径上的信息流也可能会体现变换流的特征。

4.4.2　变换流分析与设计

变换流分析设计的要点是分析数据流图，确定输入流、输出流边界，根据输入、变换、输出 3 个数据流分支，按一定的规则将它直接映射为结构图，具体步骤如下。

① 确定变换流、输入流和输出流部分。一般来说，只要对系统流程比较熟悉，找出变换流和输入流、输出流的边界不是很难。几个数据流汇集的地方，常常是加工的开始。可以用下述方法先区分出输入流部分和输出流部分，这样变换流自然也就明确了。

从最外层的输入（物理的）出发，逐步向里，直到一个加工的流入数据流不能看做输入，则它以前（或左边）的数据流就是输入流。

同样，从最外层的输出（物理的）逐步向里，直到一个加工的流出数据流不能看做输出，则它以后（或右边）的数据流就是输出流。输入流和输出流之间就是变换流。

也有这样的情况，即输入流和输出流是连在一起的，物理输入的结束就是物理输出的开始，这样的系统没有变换流。

② 设计模块结构的顶层和第一层。将数据流程图的输入、输出和变换部分分别转换为输入模块、输出模块和加工模块。它们分别对应系统结构的第一层模块。

增加总控模块，用于调度输入、加工、输出模块，协调完成任务。在映射过程中需要注意的是，模块之间的数据交换应当和数据流图中的数据流一致。转换完成的软件结构如图 4.18 所示。

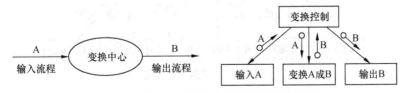

图 4.18　变换型问题数据流程图及其模块结构图

③ 设计中下各层。一般说来，输入流中的每个加工可以对应成两个模块，即接收输入数据模块和将输入数据变换成其调用模块所需数据类型的模块，然后再如此逐层细分。每个输出部分也

可以按输入部分作相似的处理。这两部分的转换可以自上而下地对应，直到物理输入的数据源和物理输出的数据宿为止。

对于变换流中的每一个加工，可依次对应一个模块，流入加工的数据映射为模块的输入参数，流出加工的数据流映射为输出参数。这样得出的模块结构图是和数据流图严格对应的初始结构，一般不是最优的。需要对初始模块结构图进一步修改，才能得到较理想的结果。

【例4-1】 某学校的学生"选课"系统的数据流图如图4.19所示。

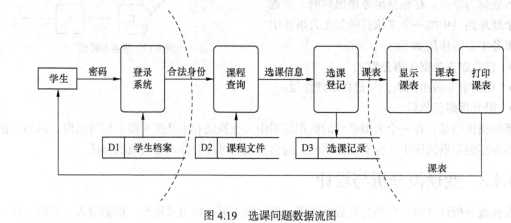

图 4.19　选课问题数据流图

这是一个简单、具有明显变换流特征的数据流图。首先登录到系统，输入密码，经过验证合格后，即可进行选课处理。先查询相关课程信息，再进行选课登记，选课完成后，显示所选课程表，并打印输出课表。

（1）确定变换流、输入流和输出流部分

根据图 4.19，从左向右分析数据流图，确定"登录系统"为输入部分；从右向左分析数据流图，确定"打印课表"、"显示课表"为输出部分；分别用虚线加以标示，则得到虚线内部分为变换流，包括"课程查询"和"选课登记"两个加工。虚线外的两部分为输入流和输出流。

（2）将数据流图映射为模块结构图

根据图 4.19 表示的基本映射关系得到如图 4.20 所示的变换型结构图。

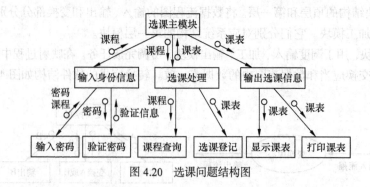

图 4.20　选课问题结构图

4.4.3　事务流分析与设计

对于事务型数据流图，通过事务分析，可以导出它所对应的标准形式的模块结构图。事务分析也是采用"自顶向下，逐步求精"的分析方法，具体步骤如下。

① 根据事务功能设计一个顶层总控模块。

② 将事务中心的输入数据流对应为一个第一层的接收模块及该模块的下层模块。

③ 将事务中心对应为一个第一层的调度模块。

④ 对每一种类型的事务处理，在调度模块下设计一个事务处理模块，然后为每个事务处理模块设计下面的操作模块及操作模块的细节模块，每一个处理的对应设计可使用变换分析方法。

图 4.21 所示为事务控制模块按所取得事务的类型，选择调用某一事务处理模块。

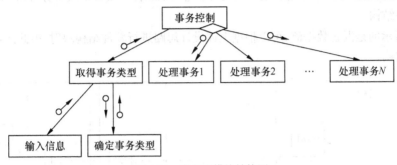

图 4.21　事务型模块结构图

【例 4-2】 某火车售票系统的数据流图如图 4.22 所示。

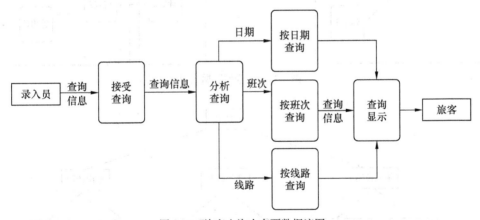

图 4.22　旅客查询火车票数据流图

这是一个具有明显事务中心特征的数据流图。首先输入查询信息，经过查询分析，确定查询方式后，即可按指定方式（按班次、按日期、按线路查询）进行查询处理，然后将查询结果输出给旅客。按照事务中心的分析方法，图 4.22 包括 3 种查询事务，根据事务功能设计一个顶层总控模块，将事务中心的输入数据流对应为一个第一层的接收模块，得到如图 4.23 所示的模块结构图。

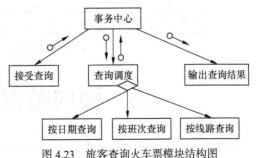

图 4.23　旅客查询火车票模块结构图

4.4.4 混合流分析与设计

在实际中，一些大型问题往往既不是单纯的变换型问题，也不是单纯的事务型问题，而是两种混合在一起的混合型问题。图 4.24 所示为一个混合型问题的数据流图。对于这样的系统，通常采用变换分析为主、事务分析为辅的方式进行软件结构设计。其基本思路如下。

① 首先利用变换分析方法把软件系统分为输入、变换和输出 3 部分，由此设计出软件系统的上层构架，如顶层模块和第一层模块。

② 然后根据数据流图各个部分的结构特点，适当地选择变换分析或事务分析，由此映射出软件系统的下层结构。

图 4.24 所示的是混合数据流，可以根据上述设计思路进行软件结构映射，由此产生出如图 4.25 所示的软件结构。

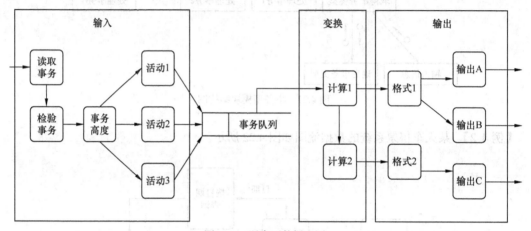

图 4.24 混合型数据流图

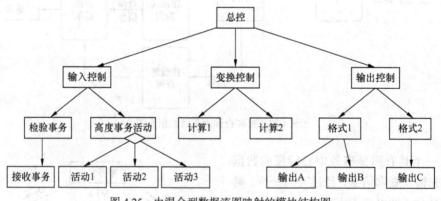

图 4.25 由混合型数据流图映射的模块结构图

4.5 面向数据结构的设计方法

大多数软件本质上都是数据信息处理系统，而数据信息都有清楚的层次结构，即输入数据、内部存储信息、输出数据都可能有独特的数据结构。因此，可以基于软件所处理的数据信息来设计软件。面向数据结构的设计原理是根据软件的数据结构设计软件。由于这种方法淡化了软件结构的概念，主要是借助一组有条不紊的步骤，确订单个模块或小规模（子）系统程序结构和处理过程的描述。因此，这种方法适合于概要设计和详细设计"合二为一"的软件设计。最常用的有 Jackson 方法和 Warnier 方法。

4.5.1　Jackson（JSD）方法

1975 年，M.A.Jackson 提出了 Jackson（Jackson Structured Design，JSD）方法。这种方法从目标系统的输入、输出数据结构入手，导出程序框架结构，再补充其他细节，就可得到完整的程序结构图。这种方法对输入、输出数据结构明确的中小型系统特别有效，如商业应用中的文件表格处理。该方法也可与其他方法结合，用于模块的详细设计。

1. Jackson 图

Jackson 图是 Jackson 方法分析和设计最有效的表达手段，用它既可以描述问题的数据结构，也可以描述软件的程序结构。图 4.26 所示为 Jackson 图的顺序、选择和重复 3 种逻辑结构的表示方法示例。其中 S(i) 表示选择条件；I(i) 表示重复条件；带上标符号 "°" 的模块为选择模块；带上标符号 "*" 的模块为重复模块；用符号 "—°" 表示选择了空模块（即不选）。可选结构是选择结构的一个特例。

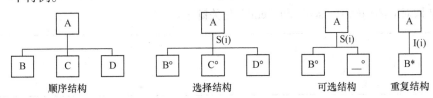

图 4.26　Jackson 图 3 种结构

Jackson 图中的方框通常代表几个语句。Jackson 图表现的是组成关系，即一个方框中包括的操作仅仅由它下层框中的那些操作组成。

Jackson 图的优点是便于表示层次结构，有利于结构自顶向下分解，形象直观、可读性好。Jackson 方法用某种形式的伪码给出程序的过程性描述。伪码一般采用结构化语言描述，如用 "select" 语句描述选择结构，用 "until" 或 "while" 语句描述重复结构。

2. JSD 方法设计步骤

图 4.27 所示为将 JSD 方法的设计步骤与面向数据流分析的设计步骤用对比图解的形式画在一起，由此可以明确地揭示出这两种设计技术的不同之处。面向数据流的方法注重概要设计，而 JSD 方法却有"一竿子到底"的风格，直到给出程序的过程性描述。

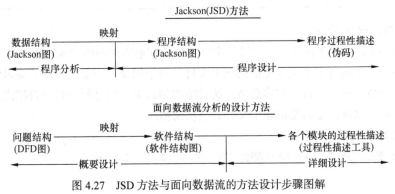

图 4.27　JSD 方法与面向数据流的方法设计步骤图解

JSP 方法一般通过以下 5 个步骤来完成设计。

① 分析并确定输入数据和输出数据的逻辑结构，并用 Jackson 结构图表示这些数据结构。

② 找出输入数据结构和输出数据结构中有对应关系的数据单元。"对应关系"指这些数据单元在数据内容上、数量上和顺序上有直接的因果关系，对于重复的数据单元，重复的次序和次数都相同才有对应关系。

③ 按一定的规则由输入数据结构和输出数据结构导出程序结构。

● 为每个有对应关系的数据单元,按照它们在数据结构图中的层次在程序结构图的相应层次画一个处理框。如果对应数据单元在输入数据结构和输出数据结构中所处的层次不同，则它们对应的处理框在程序结构图中所处的层次与它们在数据结构图中的低层次对应。

● 根据输入数据结构中剩余的每个数据单元所处的层次，在程序结构图的相应层次分别为它们画上对应的处理框。

● 根据输出数据结构中剩余的每个数据单元所处的层次，在程序结构图的相应层次分别为它们画上对应的处理框。

④ 列出基本操作与条件，并把它们分配到程序结构图的适当位置。

⑤ 用伪码写出程序。

Jackson 方法中使用的伪码和 Jackson 图是完全对应的，下面是 3 种基本结构对应的伪码。

顺序结构对应的伪码中 "seq" 和 "end" 是关键字。

```
A seq
  B
  C
A end
```

选择结构对应的伪码中 "select"、"or" 和 "end" 是关键字，"cond1"、"cond2" 分别为执行 B、C 的条件。

```
A select cond1
  B
A or cond2
  C
A end
```

重复结构对应的伪码中 "iter"、"until" 和 "while"、"end" 是关键字，"cond" 为条件。

```
A iter until(或while) cond
  B
A end
```

3. JSD 方法设计举例

【例 4-3】 用 JSD 方法设计一个"统计文件空格数和输出空格统计表"程序。

问题描述：一个由若干个记录组成的正文文件，每个记录是一个字符串，要求统计每个记录中空格字符的个数和整个文件的空格总数。统计输出格式为：每复制一行字符串之后，另起一行输出该字符串的空格数，最后输出整个文件的空格总数。

（1）绘制 Jackson 数据结构图

用 Jackson 图描述正文文件和输出表格的数据结构，如图 4.28 所示。

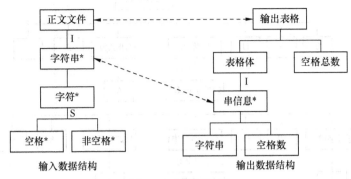

图 4.28　数据结构图

（2）找出对应关系

显然，"正文文件"和"输出表格"有对应关系。输入结构中每一行"字符串"在输出中要打印出来，因此，与输出结构中的串信息有对应关系，而且它们的循环次数都一致。这样就找出了它们的对应数据单元，并用一条虚线箭头为它们建立关联。

（3）导出程序结构

根据上述分析，用 Jackson 图描述统计文件空格数的程序结构如图 4.29 所示。为具有对应关系的数据单元绘制处理框。程序结构图的最顶层为"统计空格"处理框，它与数据结构的"正文文件"和"输出表格"单元对应。同理，"处理字符串"处理框与数据结构的"串信息"和"字符串"单元对应。

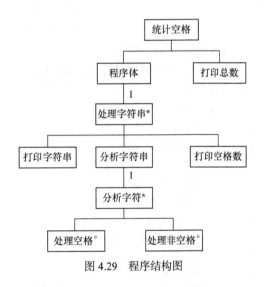

图 4.29　程序结构图

输出数据结构的"串信息"单元上面还有"表格体"和"空格总数"，所以应给它们画出相应的处理框——"处理正文"和"空格总数"。结构图第 4 层的"打印字符串"、"分析字符串"和"打印空格数"处理框应该分别与数据结构的"字符串"、"字符"和"空格数"单元对应。这里加的"分析字符串"重复处理框与下面的"分析字符"单元是重复处理相对应。最后是对应"空格"和"非空格"单元的两个处理框"处理空格"和"处理非空格"。

（4）列出基本操作与条件

统计文件空格数程序的所有操作如下。

①打开文件；②关闭文件；③停止；④打印字符串；⑤打印行空格数；⑥打印空格总数；⑦totalsum=0；⑧totalsum=totalsum+sum；⑨读字符串；⑩sum=0；⑪sum=sum+1；⑫pointer=1；⑬pointer=pointer+1。其中，sum 单元统计每行字符串的空格数，totalsum 单元统计文件全部空格数，pointer 是指示当前分析的字符在字符串中的位置指针变量。

I(1)文件结束条件；I(2)字符串结束条件；S(3)空格字符条件。把以上所有操作和条件分配到程序结构图的合适位置，得到最终的程序处理结构 Jackson 图，如图 4.30 所示。

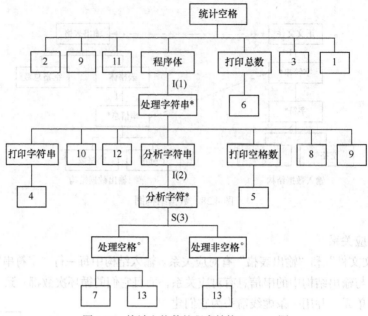

图 4.30　统计空格数的程序结构 Jackson 图

（5）用伪码写出程序

根据图 4.30 的结构特征给出用伪码描述的程序处理过程。

```
统计空格 seq
  打开文件
  读入字符串
  totalsum:=0
  程序体 iter until 文件结束
    处理字符串 seq
      打印字符串  seq
      打印出字符串
      打印字符串 end
    sum:=0
    pointer:=1
    分析字符串 iter until 文件结束
      分析字符 select 字符是空格
        处理空格 seq
          sum:=sum+1
          pointer:=pointer+1
        处理空格 end
      分析字符 or 字符不是空格
        处理非空格 seq
          pointer:=pointer+1
        处理非空格 end
      分析字符 end
    分析字符串 end
    打印空格数 seq
      打印出空格数目
```

```
        打印空格数 end
          totalsum:=totalsum+sum
            读入字符串
        处理字符串 end
      程序体   end
      打印总数 seq
          打印出空格总数
      打印总数 end
      关闭文件
      停止
      统计空格 end
```

4.5.2　Warnier（LCP）方法

J.D.Warnier 于 1974 年提出的软件开发方法与 Jackson 方法类似。差别有 3 点：一是它们使用的图形工具不同，分别使用 Warnier 图和 Jackson 图；另一个差别是使用的伪码不同；最主要的差别是在构造程序框架时，Warnier 方法仅考虑输入数据结构，而 Jackson 方法不仅考虑输入数据结构，而且还考虑输出数据结构。

1. Warnier 图

Warnier 图又称为 Warnier-Orr 图，是用花括号、伪代码、少量说明和符号组成的层次"树"的形式来描述数据或者程序信息的逻辑结构（可以表示重复、条件、或、非等逻辑）。Warnier 图用花括号区分数据结构的层次，花括号内的所有名字都属于同一类信息；名字下面或右边带圆括号的数字，指明该名字重复出现的次数；用"⊕"和"—"（上画线）符号分别表示"或"和"非"逻辑。

图 4.28 中正文文件的输入数据结构用 Warnier 图描述，如图 4.31 所示。

2. Warnier（LCP）方法设计步骤

Warnier 方法的程序设计由以下 5 个步骤组成。

① 分析和确定输入数据和输出数据的逻辑结构，用 Warnier 图描绘这些数据结构。

② 依据输入数据结构导出程序结构，并用 Warnier 图描绘程序的处理层次。

③ 将程序结构图改成程序流程图，并自上而下依次给流程图的每个处理框编排序号。

④ 列出每个处理框的操作细节，分类写出伪代码。

⑤ 得到的程序伪代码序列即为所设计程序的过程性描述。

其中，步骤③～⑤的过程称为"详细组织"过程，这使得 LCP 方法成为比其他方法逻辑上更严密的设计方法。

由图 4.31 所示的输入数据结构的 Warnier 图，导出程序处理层次的 Warnier 图，如图 4.32 所示。

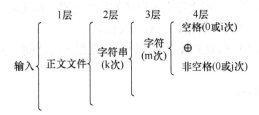

图 4.31　正文文件输入数据结构的 Warnier 图

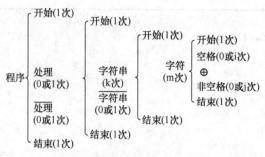

图 4.32　程序处理层次的 Warnier 图

4.6　数 据 设 计

数据是软件系统中的重要组成部分，在设计阶段必须对要存储的数据及其结构进行设计。数据设计的合理，往往能够获得很好的软件体系结构，使软件具有很强的模块独立性、可理解性和可维护性。

4.6.1　数据结构设计

选择合适的数据结构会使程序的控制结构简单，占用的系统资源少，程序运行效率高。但现代软件工程更强调软件的可理解性、可维护性或高质量。进行数据结构设计时应注意以下几点。

① 尽量使用简单的数据结构。简单的数据结构通常伴随着简单的操作。

② 在设计数据结构时要注意数据之间的关系，特别是要平衡数据冗余与数据关联的矛盾。

③ 为了实现可复用性，应该针对常用的数据结构和复杂的数据结构设计抽象类型，并将数据结构与操纵数据结构的操作封装在一起。同时，要清楚地描述这个抽象数据结构的接口。

④ 尽量使用经典的数据结构，因为它被人们所熟知，更容易理解和获得支持。

⑤ 在确定数据结构时，一般先考虑静态结构，如果不能满足要求再考虑动态结构。

⑥ 对于复杂结构应给出图形和文字描述，以便于理解。

4.6.2　文件设计

文件设计是指对数据存储文件的设计，主要工作是根据使用要求、处理方式、存储信息量、数据的使用频率和文件的物理介质等因素，来确定文件的类别和组织方式，设计文件记录的格式，估计文件的容量。文件设计包括逻辑设计和物理设计两个阶段，逻辑设计在概要设计阶段进行，物理设计在详细阶段进行。

1. 逻辑设计

① 整理必需的数据元素。分析文件中要存储的数据元素，确定每个数据元素的类型、长度，并且给每个数据元素定义一个容易理解的、有意义的名字。

② 分析数据间的关系。根据业务处理的逻辑确定数据元素之间的关系，有时一个文件记录中可能包含多个子数据结构。

③ 确定文件记录的内容。

2. 物理设计

① 理解文件的特性。进一步从业务的观点检查对逻辑文件的要求，包括文件的使用率、追加

率、删除率，保护和保密要求。

② 确定文件物理组织结构、组织方式。文件的组织方式有顺序文件、直接文件、索引文件、分区文件、虚拟存储文件。

● 顺序文件中记录的逻辑顺序与物理顺序相同，它适合于所有的文件存储介质。顺序文件中，记录的排列方式通常可以是按记录的先后次序排列、按记录的关键字次序排列、按记录的使用频率排列等。

● 直接文件中，记录的逻辑顺序与物理顺序不一定相同，记录的存储地址一般由关键字的函数确定。通常设计一个函数来计算关键字的地址，这个函数叫做哈希函数。直接文件的优点是存取速度快，记录的插入和删除操作简单，但如果哈希函数设计不好，会出现严重的地址冲突，导致存取效率下降。直接文件只适用于磁盘类的存储介质。

● 索引文件结构中的基本数据记录按顺序方式组织，但要求记录排列的顺序必须按关键字值升序或降序排列，并且为关键字建立文件的索引。在查找记录时，先在索引表中按关键字查找索引项，然后按索引项找到记录的存储位置，访问记录。现在通常将索引表组织成树形结构。

③ 确定文件的存储介质。选择介质时主要考虑的因素包括：数据量、处理方式、存储时间、数据结构、处理时间、操作要求、费用要求等。常见的介质有磁盘、磁带、光盘、可移动快速闪存等。

④ 确定文件的记录格式。记录格式分为无格式的字符流和用户定义的记录格式两种，并且还可分为定长记录与不定长记录

⑤ 估算记录的存取时间。根据文件的存储介质和类型，计算平均访问时间和最坏情况下的访问时间。

⑥ 估算文件的存储量。根据一条记录的大小估算整个文件的存储量，然后考虑文件的增长速度，确定文件存储介质的规格型号。

4.6.3　数据库设计

数据库设计是指在一个给定的应用环境下，确定一个最优数据模型和处理模式，构建既能满足多个用户的数据需求与处理要求，又能被某个 DBMS 所接受，还能安全、有效、可靠地存取数据的数据库。

1. 概念结构设计

在概念结构设计中采用绘制实体—联系（Entity Relationship Diagram，E-R）图的方法。E-R 图是数据库概念设计的最常用的工具。

如果实体的某一属性或某几个属性组成的属性组的值能唯一地决定该实体其他所有属性的值，即能唯一地标识该实体，而其任何真子集无此性质，则这个属性或属性组称为实体键。如果一个实体有多个实体键存在，则可从其中选一个最常用的作为实体的主键。例如，实体"学生"的主键是学号，一个学生的学号确定了，那么他的姓名、性别、系别等属性也就确定了。在 E-R 图中，常在作为主键的属性或属性组与相应实体的联线上加一条下画线表示。

2. 逻辑结构设计

概要设计中需要建立的有关数据库的逻辑结构，是一种与计算机技术更加接近的数据模型，它提供了有关数据库内部构造的更加接近于实际存储的逻辑描述，因此，能够为在某种特定的数据库管理系统上进行数据库物理创建提供便利。

（1）设计数据表

在关系型数据库中，数据是以数据表为单位实现存储的。因此，数据库逻辑结构设计首先

应确定数据库中的诸多数据表。可以按以下规则从数据关系模型中映射出数据库中的数据表。

- 数据关系模型中的每一个实体应该映射为数据库逻辑结构中的一个数据表。另外，实体的属性对应于数据表的字段，实体的主关键字作为数据表的主键。
- 数据关系模型中的每一个 n:m 关系也应映射为数据库逻辑结构中的一个数据表。另外，与该关系相连的各实体的关键字以及关系本身的属性，应该映射为数据表的字段；而与该关系相连的各个实体的主关键字，则需要组合起来作为关系数据表的主键。
- 数据关系模型中的每一个 1:n 关系也可映射为一个独立的数据表。但在更多的情况下，这 1:n 关系则是与它的 n 端对应的实体组合起来映射为一个数据表。当 1:n 关系是与 n 端对应的实体合并组成一个数据表时，组合数据表的字段中需要含有 1 端实体的主关键字。
- 数据关系模型中的每一个 1:1 关系可映射为一个独立的数据表，也可以与跟它相连的任意一端或两端的实体合并组成数据表。实际上，两个依靠 1:1 关系联系的数据表可以设置相同的主键，为了减少数据库中数据表的个数，可以合并为一个数据表。合并方法是将其中的一个数据表的全部字段加入到另一个数据表中，然后去掉其中意义相同的字段。

按照上述规则对图 4.33 进行映射，可以产生出以下数据表结构。

学生（学号，姓名，性别，系别）

课程（课程号，课程名，学时）

选课（课程号，学号，开课学期，成绩）

（2）规范数据表

为了使数据库逻辑结构更加科学合理，设计过程中，一般还需要按照关系数据规范化的原理对数据表进行规范化处理，由此可以消除或减少数据表中存在的不合理现象，如数据冗余和数据更新异常。通常按照属性间的依赖情况区分规范化的程度。满足最低要求的是第一范式，在第一范式中再进一步满足一些要求的为第二范式，其余依次类推。下面给出第一范式、第二范式、第三范式的定义。

- 第一范式：每个属性值都必须是原子值，即仅仅是一个简单值而不含内部结构。
- 第二范式：满足第一范式条件，而且每个非关键字属性都由整个关键字决定。
- 第三范式：符合第二范式的条件，每个非关键字属性的进一步描述，即一个非关键字属性值不依赖于另一个非关键字属性值。

显然通过提高数据表范式级别可以降低数据表中的数据冗余，并可减少由于数据冗余造成的数据更新异常。但是，为了提高数据表的范式级别，需要清除数据表内部的多余联系，这需要对数据表进行分解。随着范式级别的提高，数据的存储结构与基于问题域的结构间的匹配程度也随之下降，因此，在需求变化时数据的稳定性较差。另外，范式级别提高则需要访问的表也会增多，因此性能将下降。

（3）关联数据表

关联数据表就是将数据关系模型中数据实体之间的关系在数据库逻辑结构中明确体现出来，它们将作为建立数据表之间参照完整性规则的依据。图 4.33 所示为数据库的逻辑模型，其中的连线表示了数据库表之间的关联，连线带箭头一端为主表，另一端为从表。其中，标记 PK 表示主表中的主键，标记

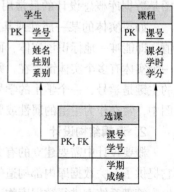

图 4.33　数据库逻辑结构

FK 表示从表中的外键。主表与从表的关联就建立在主表的主键字段集和从表的外键字段集之间。

（4）设计数据视图

数据视图也称为虚表，原因在于数据视图与数据表一样，都可以将数据以记录集合的形式表现出来。但是，数据视图是面向系统前端应用的不同用户的局部逻辑层，因此，它与面向系统后台全局数据存储的数据表有许多不同之处。数据视图的作用是能够使数据表现与数据存储之间进行有效的逻辑隔离，可以使数据库中的数据具有更高的安全性，可以简化前端程序员对数据库的复杂编程等。

3. 物理结构设计

数据库在物理设备上的存储结构与存取方法称为数据库的物理结构。为一个给定的逻辑数据模型选取一个最适合于应用的物理结构的过程，就是数据库的物理设计。数据库的物理设计依赖于所选的数据库管理系统的特点和需要开发的软件系统对处理频率、响应时间的要求等。

（1）数据存储结构

在确定数据库中数据存储结构时，需要综合考虑数据存取时间、存储空间利用率、维护代价等方面的因素。往往这些影响因素之间是相互矛盾的，例如，消除一切冗余数据虽然能够节约存储空间，但往往会导致检索代价增加，因此必须进行权衡，选择一个折中方案。为了提高系统性能，有必要根据数据应用情况，将易变部分与稳定部分、经常存取部分和存取频率较低部分分开存放。例如，数据库的数据备份、日志文件备份等，由于只在故障恢复时才使用，而且数据量很大，可以考虑存放在磁带上。数据库必须支持多个用户的多种应用，因而必须提供对数据库的多个存取入口，也就是对同一数据存储要提供多条存取路径。

（2）数据索引与聚集

为了提高对数据表中数据的查询速度，可以在数据表的字段或字段集上建立索引。需要注意的是，索引虽然可以提高查询速度，但却需要占用磁盘空间，并且会降低数据更新速度。因此，对于是否设置索引，往往需要根据实际应用进行权衡。如果数据需要频繁更新或磁盘空间有限，则不得不限制索引个数。许多关系型数据库还提供了聚集索引功能，与一般索引比较，它能带来更高的查询效率。但必须注意聚集索引只能提高对某些特定字段的查询功能，而且会带来更大的维护开销和存储空间消耗，因此只有在聚集字段是最主要的查询字段时，才有建立聚集的必要。

（3）数据完整性

为了使数据库中的数据更加便于维护，还需要在数据库中建立数据完整性规则，包括实体完整性和参照完整性。实体完整性是指数据库对数据表中记录的唯一性约束。为了使数据表具有实体完整性，需要在数据表中设置主键，由此可确保数据表中的每一条记录都是唯一的，不会出现重复记录。数据库参照完整性则是指建有关联的数据表之间存在的"主表"对"从表"的一致性约束。由此可使从表中外键字段的取值能够受到主表中主键字段取值的限制。例如，只有当主表的主键字段中存在该值后，从表的外键字段才能取用该值；并可使得当主表字段值更改时，从表中对应的外键字段值可以自动同步更新，或使得当主表中有记录删除时，从表中外键字段值和主表中主键字段值相同的相关记录也被一起删除。

4.7 软件详细设计

软件详细设计阶段的任务并不是具体地编写程序，而是要设计出程序的"蓝图"。软件详细设计就是定义模块的算法细节，并用某种形式描述出来。结构化程序设计技术是软件详细设计的基础，而一个良好的描述工具是表现其结构化程序设计的载体。详细设计的目标是确定应该怎样实现所要求的系统，得出对目标系统的精确描述，从而在编码阶段可以把这个描述直接翻译成用某种程序设计语言书写的程序。

4.7.1 结构化程序设计

结构化程序设计是 20 世纪 60 年代产生的一种程序设计理论和方法，它是目前使用最为广泛且为实践所证明行之有效的程序设计方法。结构化的程序一般只用"顺序"、"选择"和"循环"3种结构来实现应用逻辑。结构化程序设计的基本原则如下。

① 采用自顶向下，逐步求精的设计方法。

② 用顺序、选择和循环 3 种基本控制结构实现单入口和单出口的程序。

一个不含 Goto 语句，并仅由以上 3 种控制结构形成的具有单入口和单出口的结构化程序有以下几方面的优点。

① 用先全局后局部，先整体后细节，先抽象后具体的逐步求精设计的软件实现过程，进而开发的程序，有清晰的层次结构。

② 程序的动态结构和静态结构一致，控制结构有明确的逻辑模型，易于理解和测试。

③ 程序模块化，便于复用。

④ 有利于程序正确性的证明，只有 3 种结构的程序可用严格的方法证明其正确性。

4.7.2 详细设计工具

程序流程图、PAD 图、盒图、过程设计语言、判定表和判定树是详细设计时所使用的工具。这些工具均能精确描述程序的处理过程，无歧义地表达处理功能和控制流程，以及数据的作用范围，并能在编码阶段直接将其翻译成为用某种具体的程序设计语言书写的程序代码。

在详细设计阶段，用于设计分析和结果描述的方法有 3 类，即图形描述方法、语言描述方法和表格描述方法。

1. 程序流程图

程序流程图又叫框图，是一种传统的过程描述方法。图 4.34 所示为一个框图的例子。它所使用的基本符号如下。

方框：表示一个处理，处理内容写于框内。

菱形框：表示一个判断，判断条件写于框内。

椭圆框：表示开始或结束。

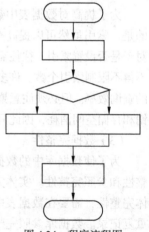

图 4.34 程序流程图

箭头：表示程序流程。

程序流程图的优点是直观、灵活、方便，便于初学者掌握。缺点是控制流不受任何约束，可随意转移控制，因而若使用不当会导致产生非结构化程序和十分混乱的结果。同时，程序流程图不能表示数据结构，它诱导设计人员过早地考虑程序实现的细节，而非系统的总体结构。因而，它不是结构化设计工具，不能体现自顶向下的设计思想。

2. PAD 图

PAD 图又称问题分析图（Problem Analysis Diagram，PAD），是一种具有很强结构化特征的分析工具，目前已被广泛地使用在详细设计中。PAD 图由其基本符号沿两个方向展开。图 4.35 显示了它所使用的基本符号。它的基本图形符号只能构成 3 种控制流程，即顺序、选择和循环结构。图中竖线的条数就是程序的层次数。随着程序层次的增加，PAD 图逐渐向右延伸，每增加一个层次，图形向右扩展一条竖线。

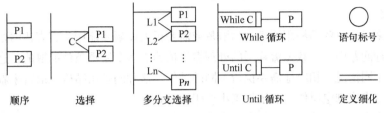

图 4.35　PAD 图的基本描述符号

PAD 图具有以下特点。

- 具有强烈的结构化特征，支持自顶向下、逐步求精的设计方法。
- 逻辑清晰，易懂、易用，PAD 图是二维树形结构图形，程序从图中最左竖线上端结点开始执行，自上而下、从左向右顺序遍历所有结点。
- 既可以表示设计程序逻辑，又可以表示数据结构。
- 容易将图直接转换为高级语言程序。
- 既可以用于程序逻辑，也可以用于描绘数据结构。

3. 盒图

盒图又称 N-S 图，它是为满足结构化程序设计的需要，克服传统设计工具的缺点，特别是为取消程序流程图的随意转向功能，于 20 世纪 70 年代由 Nassi 和 Shneider-man 提出使用的，故称 N-S 图。盒图的符号规定和使用如图 4.36 所示。

盒图具有以下特点。

- 过程的作用域明确。
- 盒图没有箭头，不能随意转移控制。
- 容易区分全局变量和局部变量。
- 容易表示嵌套关系和层次关系。
- 具有强烈的结构化特征。

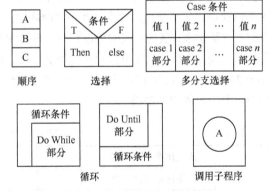

图 4.36　N-S 图的基本描述符号

4. 过程设计语言

过程设计语言（Process Design Language，PDL）也称为伪码，这是一个笼统的名称，现在有许多不同的过程设计语言在使用。它是用正文形式表示数据和处理过程的设计工具。PDL 具有严格的关键字外部语法，用于定义控制结构和数据结构；另一方面，PDL 表示实际操作和条件的内部语法通常又是灵活自由的，可以适应各种工程项目的需要。

PDL 应该具有下述特点。

- 关键字的固定语法，它提供了结构化控制结构、数据说明和模块化的特点。
- 自然语言的自由语法，它描述处理特点。
- 数据说明的手段，应该既包括简单的数据结构（例如数组），又包括复杂的数据结构（例如链表或层次的数据结构）。

● 模块定义和调用的技术，应该提供各种接口描述模式。

PDL 的特点是可以作为注释直接写在源程序中间；可以使用普通正文编辑系统方便地完成 PDL 的书写。但 PDL 不如图形工具形象直观、清晰简单。

5. 判定表

判定表用来描述一些不易用语言表达清楚或需要很大篇幅才能用语言表达清楚的加工逻辑。在某些数据处理问题中，其数据流程图的处理需要依赖于多个逻辑条件的取值，这些取值的组合可能构成多种不同情况，相应地需要执行不同的动作。这种问题用结构化语言来叙述很不方便，最适合使用判定表或判定树作为表示加工小说明的工具。

一个判定表由 4 个部分组成，如表 4.3 所示。

表4.3 判定表

条件所指对象	各种条件的组合
所有的操作	在对应的条件组合下，某个操作是否要执行

当某个判定结构依赖于较多的条件且有较多的取值时，用判定表能够把所有的条件组合一个不漏地表达出来，相应地可以分析不同的条件组合应该采取什么操作。这样可以避免出现在某种条件和取值下可能无相应的操作，或有动作却不依赖某个条件和取值而存在的现象，从而帮助分析人员澄清问题，甚至可以发现用户可能遗漏的、尚未提出的逻辑要求。

【例 4-4】 细化例 4-3 给出的奖励条件：学生每学期已修课程成绩的比率。优秀比率占 70% 以上，并且中以下所占比率小于 15%，而且表现优良的学生可以获得一等奖学金；表现一般的学生可以获得二等奖学金。优秀比率占 70%以上，中以下所占比率小于 20%，表现优良的学生可以获得二等奖学金；表现一般的可以获得三等奖学金。优秀比率占 50%以上，并且中以下所占比率小于 15%，表现优良的学生可以获得二等奖学金；表现一般的可以获得三等奖学金。中以下所占比率小于 20%，表现优良的学生可以获得三等奖学金，表现一般的可以获得四等奖学金。表 4.4 所示为用判定表给出的加工逻辑。

表4.4 用判定表给出的加工逻辑

条件	成绩比率 优≥70%	Y	Y	Y	Y	N	N	N	N
	成绩比率 优≥50%	—	—	—	—	Y	Y	Y	Y
	成绩比率 中≤15%	Y	Y	N	N	Y	Y	N	N
	成绩比率 中≤20%	—	—	Y	Y	—	—	Y	Y
	表现　优良	Y	N	Y	N	Y	N	Y	N
	表现　一般	N	Y	N	Y	N	Y	N	Y
操作	一等奖学金	√							
	二等奖学金		√	√		√			
	三等奖学金				√		√	√	
	四等奖学金								√

结合上述例子给出判定表的构造步骤。

① 列出所有基本条件，填写判定表的左上限。在本例中，奖学金的发放依据 3 个条件：成绩

优秀比率、成绩中下比率、表现。

② 列出所有的基本操作，填写判定表的左下限。在本例中，奖学金的发放分为 4 个等级。

③ 计算所有可能的、有意义条件组合，确定组合规则个数，填写判定表的右上限。在本例中 3 个条件均有 2 种取值，但因条件 1 与条件 2 只有其中一个条件的取值为 Y 时，条件组合才有意义，所以规则个数应该是 2 + 2 = 4。

④ 将每一组合指定的操作添入右下限相应的位置。

⑤ 简化规则，合并及删除等价的操作。合并原则是：找出操作在同一行的，检查上面的每一个条件是否影响该操作的执行，如果条件不起作用，则可以合并等价操作，否则不能简化。例如，在本例中，获得二等奖学金的组合有 3 个，经过分析，我们发现优秀率 70%以上，中下比率小于 15%，表现一般的获得二等奖学金；优秀率 70%以上，中下比率小于 20%，表现优良的获得二等奖学金；优秀率 50%以上，中下比率小于 15%，表现优良的获得二等奖学金。3 个组合中每个条件都起作用所以不能化简。

⑥ 如果对判定表进行了化简，就需要将化简后的结果重新排列。

判定表的优点在于它能把复杂的情况按各种可能的情况逐一列举出来，简明而且易于理解，也可以避免遗漏。它的不足在于无法表达重复执行的动作，如循环结构等。

6. 判定树

判定树是用一种树图形方式来表示多个条件、多个取值所应采取的动作。判定树的分支表示各种不同的条件，随着分支层次结构的扩充，各条件完成自身的取值。判定树的叶子给出应完成的动作。例 4-4 的判定树如图 4.37 所示。

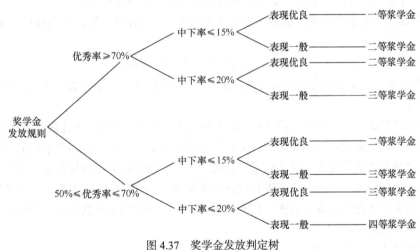

图 4.37　奖学金发放判定树

判定树是判定表的变种，本质完全一样，所有用判定表能表达的问题都能用判定树来表达。判定树比判定表更直观，用判定树来描述具有多个条件的数据处理，更容易被用户接受。

结构化语言、判定树、判定表 3 种工具的适用范围可概括如下。

判定树适用于 10～15 种行动的一般复杂的决策，有时可将判定表转换成判定树，便于用户检查。判定表适合于多个条件的复杂组合。虽然判定表也适用于很多数目的行动或条件组合，但数目庞大时使用也不方便。如果一个判定包含了一般顺序执行的动作或循环执行的动作，则最好用结构化语言表达。

4.7.3　接口设计

1. 接口设计概述

接口设计的依据是数据流程图中的自动化系统边界。自动化系统边界将数据流程图中的处理划分为手工处理部分和系统处理部分。数据流可以在系统内部、系统外部或穿过系统边界，穿过相同边界的数据流代表了系统的输入与输出。系统的接口设计（包括用户界面设计及与其他系统的接口设计）是穿过边界的数据流定义的，表现为表单、报表、交互文件或与其他系统的通信。接口设计主要包括3个方面。

① 模块或软件构件间的接口设计。

② 软件与其他软硬件系统之间的接口设计。

③ 软件与人（用户）之间的交互设计。

人机界面是分析计算机系统所支持的用户活动的一个重要方面。人机界面设计的任务就是根据对用户在使用交互式系统时的所作所为，或者是用户想象中的所作所为的抽象，创建或导出一致的表示界面。所以，人机界面设计最重要的是要充分理解用户的意图，以用户为中心，使用用户术语实现与用户交互。人机界面设计是否成功将直接影响着软件系统的质量，并最终影响着用户对软件的满意程度。

2. 人机界面设计过程

人机界面设计是一个迭代的过程，即首先分析用户需求，创建设计模型，再用原型实现，并交由用户试用和评估，然后根据用户意见进行修改。它包括以下四个核心活动。

① 用户分析，获得用户需求，形成界面规约文档或界面分析模型。

② 界面设计，根据用户分析结果，进行任务设计、环境设计、界面类型设计、交互设计等，形成界面设计文档。

③ 界面原型开发，使用快速原型工具和技术开发人机界面原型。

④ 界面评估，开发完成的界面原型通过交给用户试用、专家分析等途径及时发现问题，以改进和完善设计。

通过对用户界面的任务分析，再进行创建界面原型，有助于理解人们执行的任务，并将它们映射成在界面环境中实现的一组类似的任务。在定义任务时，一般采用逐步细化的方法，或者是采用面向对象的方法定义任务和对任务进行分类。然后对每个任务或目标制定特定的动作序列；根据界面上的执行方式，对动作序列进行规约；指明执行动作时的界面表现；定义控制机制，即用户能够改变系统状态的设备和动作；指明控制机制是如何影响系统状态的；指明用户如何通过界面信息，了解系统状态。

（1）界面设计中应考虑的因素

进行用户界面设计时将会受到诸多因素的影响，主要体现在以下几个方面。

① 用户工作环境与工作习惯。用户界面设计需要解决的是用户与软件系统的交互问题，因此，用户在使用软件时需要完成的工作直接决定着用户界面的基本格局。为此，需要考虑用户的工作环境与工作习惯。例如，使用用户熟悉的领域术语；为了满足用户操作上形成的思维定势，用户界面设计必须尽量使类似的操作能够具有类似的效果。

② 界面的风格的"一致性"与"个性化"。应用软件的界面设计应该注重一致性。一致的界面可以在软件系统中创造一种和谐性，并减少用户的学习时间，使用户可以将在一个界面上学习到的操作应用到其他界面上去。例如，商业软件习惯于设置 F1 键为帮助热键，如果某个设计者

别出心裁地让 F1 键成为程序终止的热键，那么在用户渴望得到帮助而伸手击 F1 键的一刹那，他的工作就此结束……目前流行的软件开发工具如 Visual C++、Delphi、C++ Builder、PowerBuilder 等，都能够快速地开发出非常相似的图形用户界面。目前，浏览器几乎成了唯一的客户机程序，因为，用户希望用完全一致的软件来完成千变万化的应用任务。个性化是指用户对界面外观的个性化设置，如界面背景颜色、字体、窗口布局等。软件允许用户进行个性化设置有利于用户更好地使用系统。

③ 界面信息反馈。界面信息反馈是界面应该向用户提供有关界面操作方面的信息，使得用户知道当前将要进行的操作将会产生什么结果，执行速度如何。因此，界面设计者应该考虑如何在系统工作过程中为用户建立必要的信息提示。例如，一个沙漏或一个等待指示器就提供了足够的反馈信息来显示程序正处于执行状态。

④ 容错性。容错性是指用户界面应该考虑最大限度地允许用户出错。例如，自动修正用户在文本框中输入的不正确的数据格式或给出错误提示。容错也意味着允许用户进行操作试探，如允许用户选择错误的执行路径并在需要的时候能"转回"到开始处。容错还隐含着可以进行多级取消操作的意思，这一点很重要。例如，从银行账号中进行转出资金操作，这时对数据库的操作就无法直接取消，而必须通过在另一次事务中将资金存入账户的方式来改正这个问题。

⑤ 审美性和可用性。界面的美充分体现了人机交互作用中人的特性与意图，越来越多的用户选择具有吸引力而令人愉快的人机界面与计算机打交道。尽管界面的美并没有增加软件的功能与性能，却又是必不可少的。用户使用界面时，除了直接地通过感官感觉到美外，还有很大一部分美感是间接感受到的，它们存在于人们的使用体验中，如方便、实用、简单等。在考虑界面的美学特性时，需要考虑的问题包括人眼睛的凝视和移动、颜色的使用、平衡和对称的感觉、元素的排比和间隔、比例的感觉、相关元素的分组等。界面中元素之间一致的间隔以及垂直与水平方向元素的对齐也可以使设计更具有可用性。就像杂志中的文本那样，排列整齐、行距一致，这样的界面会显得更加清晰。

（2）界面功能特征

在进行用户界面设计时，需要考虑界面的功能问题。一般说来，用户界面的功能主要体现在以下 3 个方面。

① 用户与界面之间的交互。用户交互是指用户与计算机系统之间的信息交流。常见的几种交互方式如下。

● 直接操纵。用户在屏幕上直接与对象进行交互。例如，用户要删除一个文件，就把它拖到回收站中。

● 菜单选择。用户从一列可选的菜单命令中选择一个命令。例如，用户要删除一个文件时，先选中这个文件，然后选定删除命令即可。

● 表格填写。用户填写表格的空白栏。有些空白栏可能有相关的菜单，表格上可能有操作"按钮"，按下时就会开启其他操作。用基于表格的界面删除文件是一种人工操作，先要填入文件名，然后按"删除"按钮。

● 命令语言。用户把特定的指令和相关参数发送出去，指示系统该做什么。如果是删除一个文件，用户就发出删除指令（将文件名作为参数）。

● 自然语言。用户用自然语言发出指令。例如，要删除一个文件，用户需要键入"删除名为 XX 的文件"。

上述各种交互方式各有优缺点，分别适用于不同类型的应用和用户。这些交互方式也可混合使用。

② 系统信息在界面上的表示。所有交互式系统都要提供给用户某种方式的信息表示。信息可以采用文本形式，也可采用图形形式表示。一种较好的设计方法是将用于信息表示的程序与信息本身相分离，这样有利于同一个信息以不同的方式来表示。实际上，不同的用户由于应用目的、知识水平的不同，会有不同的信息需求。

③ 系统对新用户的学习指导。用户联机支持就是系统给用户提供的应用指导，包括系统运行时的错误信息提示和联机帮助系统两个方面。

● 错误消息。错误消息用于提示系统运行中产生的错误，这些错误可能来自用户的错误操作，也可能来自显示自身。错误消息提示的作用是指导用户在遇到错误时需要如何应对，因此它应该是简洁的、一致的和建设性的。如果可能的话，应该给出信息以提示如何改正错误，错误信息应该链接到上下文相关的在线帮助系统上。

● 联机帮助。当用户在使用系统初期，或在操作中出现困惑时，可以求助于联机帮助系统。不同的系统可能需要不同类型的联机帮助。一般情况下，应将联机帮助系统中文档组织成与软件系统功能一致的树形结构，以利于用户学习。联机帮助系统应该提供多种不同的信息检索方式，并具有前后搜索功能，以利于用户快速获取帮助。联机帮助系统中文档内容的编写应该有应用领域方面专家的参与，以保证帮助文档能够按照用户的术语风格进行说明。

4.8 应用举例

下面以图书借阅管理系统为例，介绍结构化软件设计方法及概要设计说明书的编写。

4.8.1 软件结构化设计过程

对图书借阅管理系统的需求分析，明确了系统的逻辑功能和流程。在此基础上就可以着手进行软件设计，以解决"怎么做"的问题。软件系统不仅要具有较强的环境适应性，还要满足可维护性与可修改性等要求。这样的软件才能具有较强的生命力。

1. 系统架构设计

按照系统架构设计的步骤，根据需求分析中有关系统的业务划分情况，考虑到系统的整体逻辑结构、技术特点和应用特点，我们选择了 C/S 与 B/S 混合的系统架构。

C/S 结构是一种分布与集中相互结合的结构。系统依靠网络被分布在许多台不同的计算机上，但通过其中的服务器计算机提供集中式服务。在 C/S 结构中，客户机是主动的，它主动地向服务器提出服务请求；而服务器是被动的，它被动地接受来自客户机的请求。客户机在向服务器提出服务请求之前，需要知道服务器的地址与服务；但服务器却不需要事先知道客户机的地址，而是根据客户机主动提供的地址向客户机提供相应的服务。

本项目中图书借阅功能、读者注册处理、系统维护等模块是部署在三层 C/S 上的，其逻辑结构如图 4.38 所示。

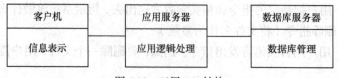

图 4.38　三层 C/S 结构

三层结构使信息表示、应用逻辑处理和数据库管理被自然地分成了 3 个独立的部分。其中，应用逻辑处理是应用系统中最易发生需求改变的部分，被放在应用服务器上。为了使系统具有更高的性能指标和更好的稳定性与安全性，我们将应用服务器和数据库服务器分别设置在两台计算机上。

在本系统中，对于读者续借、图书预约、图书信息查询等功能，需要提供 B/S 结构才能满足读者在任何地点、任何时间都能随时上网查询的要求。B/S 结构是基于 Web 技术与 C/S 结构的结合而提出来的一种多层结构。其中的 B 是指 Web 浏览器（Browse），S 是指应用服务器与数据库服务器。B/S 结构如图 4.39 所示。可见，其与 C/S 结构相比多了一层 Web 服务器。这时的客户端程序更加简化，已经不需要专门的应用程序了，只要有一个通用的 Web 浏览器，就可以实现客户端数据的应用。

图 4.39 B/S 结构

B/S 结构的优点是不需要对客户机进行专门的维护，特别适合于客户位置不固定或需要依靠因特网进行数据交换的应用系统。缺点是最终用户信息需要通过 Web 服务器获取，并通过网络传送到客户机上，因此，系统的数据传输速度以及系统的稳定性都明显低于三层 C/S 结构。

在本系统中将 B/S 与三层 C/S 结构结合起来使用。为了保证系统运行稳定快捷，其中，面向图书馆工作人员的相关操作采用三层 C/S 结构，而面向读者的操作采用 B/S 结构。系统对应的物理架构如图 4.40 所示。

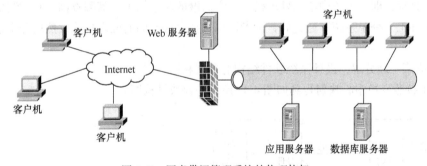

图 4.40 图书借阅管理系统的物理构架

在内部局域网中部署应用服务器、数据库服务器和若干台客户机，并安装了客户机软件，使图书管理人员可以利用这些计算机进行图书借阅和图书管理工作。在网络的非军事区部署了一台 Web 服务器，负责接受来自因特网的读者的请求，并在确认身份后，将请求传递到相应的服务器上。

2. 软件结构设计

根据上章的需求分析，我们发现本软件不是单纯的事务型问题，而是两种混合在一起的混合型问题。因此需要按层进行映射变换。

① 复查基本系统模型，并精化数据流图。

复查的目的是确保系统的输入数据和输出数据符合实际。在需求分析阶段得到的数据流图侧重于描述系统如何加工数据，而重画数据流图的出发点是描述系统中的数据是如何流动的。因此，在分析了"借书处理"数据流图之后，精化的数据流图如图 4.41 所示。

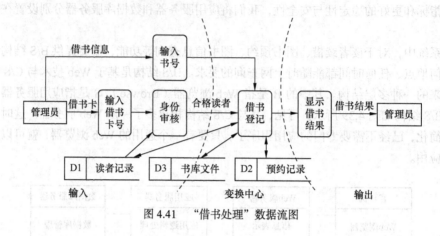

图 4.41　"借书处理"数据流图

对读者"续借处理"的数据流图进行分析后，得出精化的数据流图，如图 4.42 所示。

② 确定数据流图具有变换特性还是事务特性。

分析图 4.41 可以确定此数据流图属于典型的变换特性。因此，需要在数据流图上区分系统的逻辑输入、逻辑输出和中心变换部分。首先从数据流图的物理输入端开始，从外向里移动，一直到遇到"借书登记"不再是系统输入为止，左面的"输入借书卡号"、"身份审核"、"输入书号"都是逻辑输入。类似地从物理输出端开始，从右向左移动，一直到遇到"借书登记"不再是系统输出为止，右面的"显示借书结果"为逻辑输出。

分析图 4.42 可以确定此数据流图属于典型的事务特性。加工"登录系统"是一个带有"请求"性质的信息处理，即为事务中心的处理模块。它后继的两个加工"借阅查询"和"续借处理"是并列的，在加工"登录系统"通过后，读者可以选择完成不同的处理功能，然后分别输出相应的结果。

③ 完成第一级分解，设计系统软件结构的顶层和第一层。

图 4.41 按照变换中心映射得到如图 4.43 所示的模块结构图。

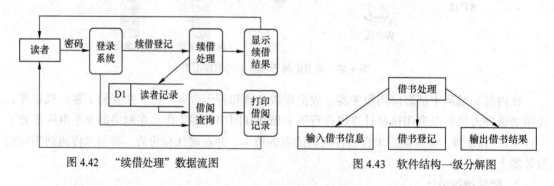

图 4.42　"续借处理"数据流图　　　　　　图 4.43　软件结构一级分解图

图 4.42 按照事务中心映射得到如图 4.44 所示的模块结构图。

④ 完成第二级分解，设计输入、变换（或事务中心）、输出部分的中下层模块。

对于图 4.43 按照自顶向下，逐步求精的思路，为第一层的每一个输入模块、输出模块、变换模块设计它们的从属模块，得到如图 4.45 所示的模块结构图。

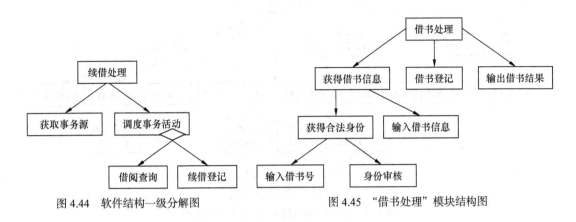

图 4.44　软件结构一级分解图　　　　　　　图 4.45　"借书处理"模块结构图

对于图 4.44 按照自顶向下，逐步求精的思路，为第一层的每一个模块设计它们的从属模块，得到如图 4.46 所示的模块结构图。

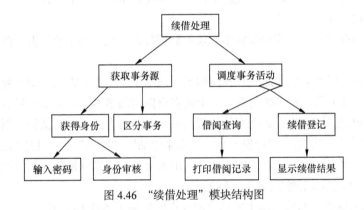

图 4.46　"续借处理"模块结构图

⑤ 优化设计。

一般来说，一个系统中的所有信息流都可以认为是变换流，但是，当遇到有明显事务特性的信息流时，建议采用事务分析方法进行设计。在这一步设计人员应根据数据流图中占优势的属性，确定数据流图的全局特性。此外，还应把具有和全局特性不同的特点的局部区域孤立出来，然后可以按照这些子数据流的特点，精化根据全局特性得出的软件结构。

对第一次分解的软件结构，总可以根据软件设计准则进行优化。为了产生合理的分解，得到尽可能高的内聚、尽可能松散的耦合，最重要的是，为了得到一个易于实现、易于测试和易于维护的软件结构，应该对初步分解得到的模块进行再分解或合并。

具体到图书借阅管理系统的例子，对于前面的设计步骤得到的软件结构，还可以做许多修改，例如以下两点。

● 读者要使用本系统，必须具备合法身份，所以应将身份审核模块独立出来，统一表示，只有通过审核后，才有可能使用系统提供的其他功能模块。

● 从全局角度对软件结构重新分解或合并。

图 4.47 所示为经过修改、优化设计后的模块结构图。

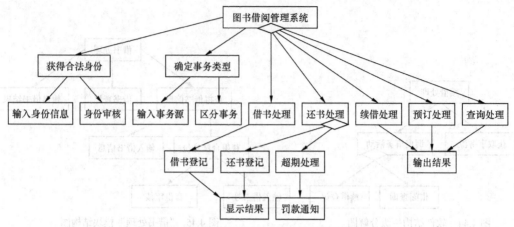

图 4.47　"图书借阅管理系统"的模块结构图

3. 数据库设计

数据库设计是指在确定的 DBMS 上建立数据库应用结构的过程，包括概念结构设计、逻辑结构设计、物理结构设计等。下面介绍概念结构设计和逻辑结构设计的过程。

（1）概念结构设计

数据实体：数据实体是对应用领域中对象的数据抽象。在本例中有读者、图书管理员和书籍这 3 个实体对象。

数据关系：指不同数据实体之间存在的联系，包括 1∶1、1∶N、N∶M 3 种类型的关系。本例中读者与书籍的关系是一对多的关系，每个读者可以借阅多本书，每本书只能借给一个读者。

数据属性：数据属性是指在数据实体与数据关系上所具有的一些特征值。例如，读者属性有"借书卡号"、"姓名"、"系别"、"身份证号"、"联系电话"、"密码"和"止借标志"；书籍的属性有"图书编号"、"书名"、"作者"、"出版社"、"出版日期"、"库存量"和"借阅状态"。

而归还日期与续借标记则是借阅关系的属性。

图 4.48 所示为读者、书籍这两个实体之间存在的借阅关系的 E-R 图。

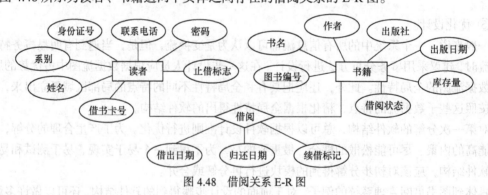

图 4.48　借阅关系 E-R 图

（2）逻辑结构设计

数据库逻辑结构的设计首先要确定数据库中的数据表。按照前面介绍的映射规则，可以得出以下数据表。

每一个实体映射为一个数据表：

读者（借书卡号，姓名，系别，身份证号，联系电话，密码，止借标志）

书籍（图书编号，书名，作者，出版社，出版日期，库存量，借阅状态）

管理员（管理员名，密码，权限）

关系模型中每一个 1：N 关系也应映射为一个数据表：

借阅（借书卡号，图书编号，借出日期，归还日期，已经借书数，续借标记）

另外还需要记录预约信息、罚款历史等内容，因此分别设计以下数据表：

预约（借书卡号，图书编号，预约日期）

罚款历史（借书卡号，图书编号，罚款日期，罚款金额，罚款类别）

按照数据库规范化的理论分析上述数据表，可知借阅数据表中的"已经借书数"不是每个记录的特征属性，而是针对某个读者的统计信息，因此应该去掉。该信息是通过累计读者当前已经借阅图书的记录数而得到的。其他数据表文件均符合第三范式的定义，因此不需要再进行规范化。关于数据表的具体内容如表 4.5～表 4.10 所示。

表 4.5　　　　　　　　　　　　　　　Admin 表

列　　名	数 据 类 型	可 否 为 空	说　　明
管理员名（adminname）	Nvarchar(15)	NOT NULL	主键
管理员密码（pws）	Varchar(15)	NOT NULL	

表 4.6　　　　　　　　　　　　　　　Books 表

列　　名	数 据 类 型	可 否 为 空	说　　明
图书编号（idbook）	Smallint	NOT NULL	主键
图书名（bookname）	Nvarchar(30)	NOT NULL	
库存量（availstock）	Int	NOT NULL	
作者（author）	Nvarchar(10)	NOT NULL	
出版社（publisher）	Nvarchar(30)	NOT NULL	
借阅状态（hotdeal）	char(1)		

表 4.7　　　　　　　　　　　　　　　Reader 表

列　　名	数 据 类 型	可 否 为 空	说　　明
借书卡号（idreader）	Int	NOT NULL	主键
姓名（username）	Nvarchar(15)	NOT NULL	
密码（password）	Varchar(15)	NOT NULL	
系别（department）	Varchar(20)	NOT NULL	
身份证号（idnumber）	Nvarchar(18)	NOT NULL	
电话（readphone）	Varchar(19)	NOT NULL	
电子邮件（Email）	Varchar(30)		
止借标记（symbol）	Char(1)		

表 4.8　　　　　　　　　　　　　　　Library Orders 表

列　　名	数 据 类 型	可 否 为 空	说　　明
借书单号（idorder）	Int	NOT NULL	主键
借书卡号（idreader）	Int	NOT NULL	外键
图书编号（idbook）	Int	NOT NULL	外键
借出日期（Date1）	date	NOT NULL	

续表

列　名	数据类型	可否为空	说　明
归还日期（Date2）	date		
续借标记（symbol）	char(1)		

表4.9 　　　　　　　　　　　　　　　　　Order 表

列　名	数据类型	可否为空	说　明
编号（idorder）	Int	NOT NULL	主键
借书卡号（idreader）	Int	NOT NULL	外键
图书编号（idbook）	Int	NOT NULL	外键
预约日期（date）	Datetime	NOT NULL	

表4.10 　　　　　　　　　　　　　　　　　History 表

列　名	数据类型	可否为空	说　明
编号（idhistory）	Int	NOT NULL	主键
借书卡号（idreader）	Int	NOT NULL	外键
图书编号（idbook）	Int	NOT NULL	外键
罚款日期（date）	date	NOT NULL	
金额（money）	Smallmoney	NOT NULL	
类别（mark）	char(1)	NOT NULL	

4.8.2　概要设计文档写作范例

概要设计阶段的文档主要是概要设计说明书，又称为系统设计说明。编写说明书的目的是说明对软件系统的设计考虑，包括系统架构、软件结构、功能分配、模块划分、接口设计、运行设计、数据结构设计和出错处理设计等，为软件详细设计打下基础。

图书借阅管理系统的概要设计说明书如下。

（1）引言

本文是网上图书借阅管理系统的概要设计说明书。

① 编写目的。本说明书用以说明对图书借阅管理系统的功能及性能要求，向潜在用户说明该软件的功能和性能，是该系统设计人员、编程人员的开发依据，也是用户对系统验收的依据。

② 背景。

项目名称：图书借阅管理系统

项目的提出者及开发者是图书借阅管理系统软件开发小组，用户是图书馆的工作人员和学校师生。

本软件能方便整个学校师生借阅图书与杂志，是图书馆与读者的联系桥梁，方便读者查询图书信息，实现了网上自动续借、预约服务等功能。

③ 定义。图书借阅管理系统是帮助图书馆工作人员对图书借阅进行管理的软件。

④ 参考资料。

郑人杰，殷人昆. 软件工程概论. 北京：清华大学出版社，2001.

宣小平，但正刚.ASP 数据库系统开发实例导航.北京：人民邮电出版社，2003.

（2）任务概述

① 目标：通过本软件的应用，一方面能够帮助图书馆的工作人员利用计算机、网络系统快速方便地对读者的借阅图书进行管理和服务，使图书借阅工作更科学、更有序；另一方面使图书借阅过程公开化、合理化，采用宏观调配，方便读者借书，加快图书交流。

② 运行环境：为使该软件能够更好地运行，服务器端的计算机配置必须是 Pentium Ⅲ以上级别的双 CPU，内存 512MB 以上，硬盘容量在 80GB 以上。而且支持 Windows 操作系统，SQL Server 的软件环境。

（3）总体设计

① 对功能的规定。

● 外部功能：网上图书借阅管理系统应具有图书借阅、预约、续借、读者注册管理与系统维护等功能，并提供多种查询功能。其中预约、续借功能通过网络由读者自行完成。其他功能则需要借助图书馆工作人员辅助实现。

● 内部功能：该软件集命令、编程、编辑于一体，完成过滤、定位显示。

② 对性能的规定。

● 精度：在精度需求上，根据使用需要，在各项数据的输入、输出及传输过程中，可以满足各种精度的需求。

● 时间特性要求：在软件响应时间、更新处理时间等方面都应比较迅速地满足用户的要求。

● 灵活性：当用户需求，如操作方式、运行环境、结果精度、数据结构与其他软件接口等发生变化时，设计的软件应能做适当的调整，具有一定的适应性。

③ 系统架构设计：见 4.8.1 节中的 1。

④ 软件总体结构设计：本软件系统分为 6 大功能模块，即读者身份认证、借书管理、还书管理、图书续借、预约处理、借阅查询等功能。软件总体结构如图 4.48 所示。

（4）接口设计

① 外部接口：本系统的界面清晰，用户通过输入合法身份密码即可进入此系统。

② 内部接口：通过共用动态更新的数据库实现模块间的联系。

（5）数据结构设计

见 4.8.1 节中的 3。

（6）运行设计

运行时间取决于 PC 的硬件配置及网络忙闲程度。

（7）出错处理设计

① 出错输出信息：读者密码输入错误，该系统会出现 3 次错误提示，要求用户重新输入，3 次之后，将会提示用户重新登录该系统。

② 出错处理对策：若在装载总程序时，系统出现错误，请重新启动，整个终端程序就会再启动；如果程序出现错误，再次重新装载，若仍有错误，则按照提示逐步装载。

（8）安全保密设计

为每个用户、管理员建立用户资料，用户可以更改登录密码以保证其安全性。

本章练习题

1. 判断题

（1）在同一用户界面中，所有的菜单选择、命令输入、数据显示和其他功能应采用不同的形式和风格。（   ）

（2）最高的耦合度是数据耦合。（   ）

（3）编程中应采用统一的标准和约定，降低程序的复杂性。（   ）

（4）流程图也称为框图程序，是程序最常用的一种表示法。（   ）

（5）理想的人机界面应针对具有典型个性的特定的一类用户设计。（   ）

（6）重视程序结构的设计，能使程序具有较好的层次结构。（   ）

（7）软件过程设计不用遵循"自上而下，逐步求精"的原则和单入口单出口的结构化设计思想。（   ）

（8）软件开发、设计几乎都是从头开始，成本和进度很难估计。（   ）

（9）耦合度是对软件结构中模块间关联程度的一种度量。在设计软件时应追求耦合尽可能紧密的的系统。（   ）

（10）SD法是一种面向数据结构的设计方法，强调程序结构与问题结构相对应。（   ）

2. 选择题

（1）在面向数据流的软件设计方法中，一般将信息流分为（   ）。

  A. 数据流和控制流   B. 变换流和控制流

  C. 事务流和控制流   D. 变换流和事务流

（2）耦合度可以分为七级，其中最松散的耦合是（   ）。

  A. 非直接耦合   B. 数据耦合

  C. 特征耦合   D. 控制耦合

（3）当模块中包含复杂的条件组合，只有（   ）能够清晰地表达出各种动作之间的对应关系。

  A. 判定表和判定树   B. 盒图

  C. 流程图   D. 关系图

（4）一个软件的宽度是指其控制的（   ）。

  A. 模块数 B. 层数 C. 跨度 D. 厚度

（5）面向数据流的软件设计方法可将（   ）映射成软件结构。

  A. 控制结构 B. 模块 C. 数据流 D. 事务流

3. 简答题

（1）概要设计的任务和步骤是什么？

（2）如何理解模块的独立性？用什么指标来衡量模块的独立性？

（3）从数据流图导出的初始模块结构图是不完美的，应从哪些方面进行改进？

（4）什么是软件体系结构？什么是软件体系结构风格？

（5）为每一种模块内聚举一个具体例子；为每一种模块耦合举一个具体例子。

（6）简述变换分析、事务分析的基本步骤。

（7）详细设计有哪些主要工具？

（8）试述界面设计中需要考虑哪些因素。

（9）当你"编写"程序时，你设计软件吗？软件设计和编码有什么不同？

4．应用题

（1）试用面向数据流的方法设计银行储蓄系统的软件结构，并用 E-R 图描述该系统中的数据对象。

（2）如果要求两个正整数的最小公倍数，请使用程序流程图、N-S 盒图、PAD 图分别设计出求解该问题的算法。

（3）某零件库保存有零件进库情况的记录。其中，零件按编号不重复地登记在数据库的"零件登记表"中，而数据库中的"零件进库记录表"则以流水方式记录了每次零件进库的编号、数量等信息，现要求按零件编号对零件进库情况进行汇总，请使用 Jackson 设计方法设计该问题的程序算法。

（4）旅游价格折扣分类如下表，请用判定表和判定树画出表达该逻辑问题的算法。

旅 游 时 间	7～9, 12 月		1～6, 10, 11 月	
订票量	≤20	>20	≤20	>20
折扣量	5%	15%	20%	30%

第5章
面向对象的需求分析

面向对象技术的概念和方法被视为一种全新的软件开发方法，其基本思想是对问题域进行自然分割，以接近人类通常思维的方式来建立对象模型，以便对现实世界的客观实体进行结构模拟和行为模拟，从而使设计出的软件尽可能直接地表现出问题求解过程。本章将介绍面向对象方法的基本概念和基本原理，使读者理解面向对象方法的主要特点，掌握采用面向对象方法对软件需求进行分析建模，形成以用例图、类图、活动图和时序图等为核心内容的分析模型的基本方法。

本章学习目标：

1. 理解面向对象方法的基本概念
2. 了解面向对象方法的特点与优点
3. 初步掌握面向对象分析的各种模型及视图
4. 掌握面向对象需求分析的过程与步骤

5.1 面向对象方法学概述

面向对象方法的基本思想是从现实世界中客观存在的事物（即对象）出发，尽可能地运用人类的自然思维方式来构造软件系统。面向对象方法在开发软件时更加强调运用人类在日常的逻辑思维中经常采用的思想方法与原则，例如抽象、分类、继承、聚合、封装等，使开发者以现实世界中的事物为中心来思考和认识问题，并以人们易于理解的方式表达出来，即根据这些事物的本质特征，把它抽象地表示为系统中的对象，作为系统的基本构成单位。因此，面向对象方法可以使系统直接地映射问题域，保持问题域中事物及其相互关系的本来面貌。

5.1.1 面向对象技术的由来

面向对象的思想起源于 20 世纪 60 年代的仿真程序设计语言 Simula 67，其中对象的概念和方法启示了人们设计软件的新思维。随后相继出现的 C++、Java 语言及其程序开发环境直接促成了面向对象技术的广泛应用，成为面向对象技术发展的重要里程碑，逐步形成面向对象的分析和设计方法。20 世纪 80 年代末，面向对象方法（Object Oriented Method）迅速发展，出现了几十种支持软件开发的面向对象方法。其中比较有代表性的方法如下。

1986 年 Booch 提出的面向对象分析与设计方法论（OOA/OOD）。

1991 年 Rumbaugh 提出的面向对象模型技术（OMT）。

1994 年 Jacobson 提出的面向对象软件工程方法学（OOSE）。

20 世纪 90 年代中期，经过一段时间的探索，Booch、Rumbaugh 和 Jacobson 将他们各自的对象建模方法结合到一起，共同提出了统一的建模语言（Unified Modeling Language，UML），其结合了各个方法的优点，把众多面向对象分析和设计方法综合成一种标准，统一了符号体系，使面向对象方法成为目前主流的软件开发方法。

5.1.2　面向对象方法概述

面向对象方法的基本观点如下。

① 客观世界是由对象组成的，任何客观的事物或实体都是对象，复杂的对象可以由简单的对象组成。

② 具有相同数据和相同操作的对象可以归并为一个类，对象是类的一个实例。

③ 类可以派生出子类，子类继承父类的全部特性（数据和操作），又可以有自己的新特性。子类与父类形成类的层次结构。

④ 对象之间通过消息传递相互联系。类具有封装性，其数据和操作等对外界是不可见的，外界只能通过消息请求进行某些操作，提供所需要的服务。

软件工程学家 Codd 和 Yourdon 认为：

面向对象 = 对象 + 类 + 继承 + 通信

如果一个软件系统采用这些概念来建立模型并予以实现，那么它就是面向对象的。

5.1.3　面向对象建模

面向对象软件开发方法的一般思路是首先获取需求，用文字说明、图形、表格等建立描述客观世界的抽象模型，识别与问题有关的类与类之间的联系，加上与实现环境有关的类（如界面等），逐步细化模型；调整经过设计的类与联系，完成整个系统的描述，然后对类进行编码和测试，得到结果。

为了更好地理解问题，人们常常采用建立问题域模型的方法。模型就是为了理解事物而对事物做出的一种抽象，是对事物的一种可视化的描述。模型可以帮助人们思考问题，定义术语，在选择术语时做出适当的假设，并且帮助人们保持定义和假设的一致性。建立模型主要是为了减少复杂性，因为当面对大量模糊的、涉及众多专业领域的、错综复杂的信息，开发人员往往感到无从下手。模型提供了组织大量信息的一种有效机制，为了开发复杂的软件系统，开发人员需要从不同的角度抽象出目标系统的特性，使用精确的表示方法构造系统的模型，验证模型是否满足用户对目标系统的需求，并在设计过程中逐渐把和实现有关的细节加进模型中，直至最终用程序实现模型。

采用面向对象方法开发软件，通常需要建立几种形式的模型，它们主要包括：用例模型、概念模型、设计模型、配置模型、实现模型、测试模型等。使用用例驱动的开发方法是通过建立用例模型，再以用例模型为核心构造一系列的模型。各个模型之间的关系如图 5.1 所示。

用例模型：包含所有用例及其与用户之间的关系。

对象模型：包含问题域涉及的类及其属性和关系，其作用是更详细地提炼用例，将系统的行为初步分配给提供行为的一组对象。

设计模型：将系统的静态结构定义为子系统、类和接口，并定义由子系统、类和接口之间的协作来实现的用例。

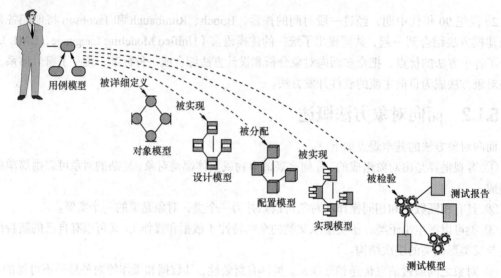

图 5.1　使用用例开发方法的一系列模型

实现模型：包含构件和类到构件的映射。

配置模型：定义计算机的物理节点和构件到这些节点的映射。

测试模型：描述用于验证用例的测试用例。

所有这些模型都是相关的，只是每种模型的侧重点不同，它们合起来表示整个系统。在分析过程中，构造出完全独立于实现的分析模型；在设计阶段，则把求解域的结构逐步加入到模型里；在实现中把问题域和求解域的结构都编成程序代码，并进行严格的测试验证。由于篇幅所限，在下面的章节中将重点介绍与需求分析和软件设计有关的用况模型、分析模型、设计模型。

5.2　面向对象的基本概念

本节着重介绍对象、类、继承、封装和多态性等面向对象的基本概念，这些概念是系统建模的基础。

5.2.1　类和对象

1. 对象

对象从不同的角度来着有不同的含义，针对系统开发讨论对象的概念，其定义如下。

对象（Object）是系统中用来描述客观事物的一个实体，它是构成系统的一个基本单位，由一组属性和对这组属性进行操作的一组服务组成。

属性和服务是构成对象的两个基本要素。其中，属性是用来描述对象静态特征的一个数据项；服务是用来描述对象动态特征（行为）的一个操作序列。属性表示对象的性质，属性值规定了对象的状态；服务是对象可以展现的外部服务，表示对象的行为，也称为方法、操作或行为。例如，若将轿车看作对象，则它有位置、速度、车身颜色、准乘人数等属性，还有启动、停车、加速和维修等操作，这些操作的执行将改变轿车的某些属性值（即当前状态）。

在系统开发中，对象只描述客观事物本质的、与系统目标有关的特征，而不考虑那些非本质的、与系统目标无关的特征。

系统中的一个对象，在软件生命周期的各个阶段可能有不同的表现形式。在分析阶段，对象主要是从问题域中抽象出来的，反映概念的实体对象；在设计阶段则要结合实现环境增加用户界面对象和数据存储对象；到实现阶段则要用一种程序设计语言写出详细而确切的源程序代码。

2. 类

把众多的事物归结成一些类是人们在认识客观世界时经常采用的思维方法。分类所依据的原则是抽象，即忽略事物的非本质的特征，只注意那些与当前目标有关的本质特征，从而找出事物的共性。在面向对象的方法中，对象按照不同的性质划分为不同的类。同类对象在数据和操作性质方面具有共性。

类的定义：类（Class）是具有相同属性和服务的一组对象的集合，它为属于该类的全部对象提供了统一的抽象描述，其内部包括属性和服务两个主要部分。具体来说，类由数据和方法集成，它是关于对象性质的描述，包括外部特性和内部实现两个方面。

3. 实例

类是具有相同属性和行为的一组相似对象的抽象，在现实世界中并不能真正存在。类好比是一个对象模板，根据需要用它可以产生多个对象（即类的实例）。因此类所代表的是一个抽象的概念或事物，类是静态概念；在客观世界中实际存在的是类的实例，即对象，对象是动态概念。类是对象的抽象，有了类之后，对象则是类的具体化，是类的实例。例如，在学校教学管理系统中，"学生"是一个类，其属性有姓名、性别、年龄等，可以定义"入学注册"、"选课"等操作。一个具体的学生"王平"是一个对象，也是"学生"类的一个实例。

在面向对象程序设计语言中，类的作用有两个：一是作为对象的描述机制，刻画一组对象的公共属性和行为；二是作为程序的基本单位，它是支持模块化设计的设施，并且类上的分类关系是模块划分的规范标准。

5.2.2　封装、继承和多态性

在面向对象方法中，对象、类、消息和方法的程序设计范式的基本点在于对象的封装性和继承性。通过封装能将对象的定义和对象的实现分开，通过继承能体现类与类之间的关系，以及由此带来的动态绑定和实体的多态性，从而构成了面向对象的各种特性。

1. 封装

封装（Encapsulation）是面向对象方法的一个重要原则，它把对象的属性和服务结合成一个独立的系统单位，并尽可能隐藏对象的内部细节。封装是一种信息隐藏技术，用户只能见到对象封装界面上的信息，对象内部对用户来说是隐蔽的。

在面向对象的方法中，所有信息都存储在对象中，即其数据及行为都封装在对象中，影响对象的唯一方式是执行它所从属的类的方法，即执行作用于其上的操作，这就是信息隐藏（Information Hiding），也就是说将其内部结构从其环境中隐藏起来。若要对对象的数据进行读写，必须将消息传递给相应对象，得到消息的对象调用其相应的方法对其数据进行读写。封装的信息隐藏作用反映了事物的相对独立性，当我们从外部观察对象时，只需要了解对象所呈现的外部行为（即做什么），而不必关心它的内部细节（即怎么做）。因此，当使用对象时，不必知道对象的属性及行为在内部是如何表示和实现的，只需知道它提供了哪些方法（操作）即可。

例如：电视机包括外形尺寸、分辨率、电压、电流等属性，具有打开、关闭、调谐频道、转换频道、设置图像等服务，封装意味着将这些属性和服务结合成一个不可分的整体，它对外有一个显示屏、插头和一些按钮等接口，用户通过这些接口使用电视机，而不关心其内部的实现细节。

封装的目的在于将对象的使用者和对象的设计者分开，使用者不必知道行为实际的细节，只须用设计者提供的消息来访问该对象。

与封装密切相关的概念是可见性，它是指对象的属性和服务允许对象外部存取和引用的程度。在软件上，封装要求对象以外的部分不能随意存取对象的内部数据（属性），从而有效地避免了外部错误对它的"交叉感染"，使软件错误能够局部化，大大减少了查错和排错的难度。另外，当对象内部需要修改时，由于它只通过少量的服务接口对外提供服务，便大大减少了内部修改对外部的影响，即减少了修改引起的"波动效应"。

封装也有副作用，如果强调严格的封装，则对象的任何属性都不允许外部直接存取，因此就要增加许多没有其他意义、只负责读或写的服务，从而为编程工作增加了负担，增加了运行开销。为了避免这一点，语言往往采取一种比较灵活的做法，即允许对象有不同程度的可见性。

2. 继承

继承（Inheritance）是面向对象方法学中的核心概念，它是指从一个类的定义中可以派生出另一个类的定义，被派生出的类（子类）可以自动拥有父类的全部属性和服务。继承简化了人们对现实世界的认识和描述，在定义子类时不必重复定义那些已在父类中定义过的属性和服务，只要说明它是某个父类的子类，并定义自己特有的属性和服务即可。

例如，考虑轮船和客轮两个类，轮船具有吨位、时速、吃水线等属性，以及行驶、停泊等服务，客轮具有轮船的全部属性和服务，又有自己的特殊属性（如载客量）和服务（如供餐），因此轮船和客轮两个类是继承关系，客轮是轮船的子类，轮船是客轮的父类。与父类/子类等价的其他术语有一般类/特殊类、超类/子类、基类/派生类等。

继承也体现了类的层次关系。一个类的上层可以有父类，下层可以有子类，形成一种层次结构。这种层次结构的一个重要特点是继承性，一个类继承其父类的全部描述。这种继承具有传递性，一个类实际上继承了层次结构中在其上面的所有类的全部描述，属于某个类的对象除具有该类所描述的特性外，还具有层次结构中该类上面所有类描述的全部特性。在类的层次结构中，一个类可以有多个子类，也可以有多个超类。因此，一个类可以直接继承多个类，这种继承方式称为多重继承（Multiple Inheritance）。如果限制一个类至多只能有一个超类，则一个类至多只能直接继承一个类，这种继承方式称为单继承（Single Inheritance）或简单继承。在单继承情况下，类的层次结构为树结构，而多重继承是网状结构。

例如：客轮既是一种轮船，又是一种客运工具，它可以继承轮船和客运工具这两个类的属性和服务。

继承机制是组织构造和复用类的一种工具，如果将用面向对象方法开发的类作为可复用构件，那么在开发新系统时可以直接复用这个类，还可以将其作为父类，通过继承而实现复用。复用减少了程序的代码量和复杂度，提高了软件的质量和可靠性，软件的维护修改也变得更加容易。

3. 多态性

多态性（Polymorphism）是指同名的方法或操作在不同类型的对象中有各自相应的实现。

在存在继承关系的一个类层次结构中，不同层次的类可以共享一个操作，但却有各自不同的实现。当一个对象接收到一个消息请求时，它根据其所属的类，动态地选用在该类中定义的操作。

例如：在父类"几何图形"中定义了一个服务"绘图"，但并不确定执行时绘制一个什么图形。子类"椭圆"和"多边形"都继承了几何图形类的绘图服务，但其功能却不相同，一个是画椭圆，一个是画多边形。当系统的其他部分请求绘制一个几何图形时，消息中的服务都是"绘图"，但椭圆和多边形接收到该消息时却各自执行不同的绘图算法。多态性表明消息由消息的接收者进行解释，不由消息的发送者解释。消息的发送者只需知道消息接收者具有某种行为形态即可。

多态性机制不但为软件的结构设计提供了灵活性，减少了信息冗余，而且明显提高了软件的可复用性和可扩充性。多态性的实现需要面向对象程序设计语言（Object-Oriented Programming Language，OOPL）提供相应的支持，与多态性实现有关的语言功能包括：重载（Overload）、动态绑定（Dynamic Binding）、类属（Generic）。

5.2.3　面向对象的分析概述

面向对象分析就是运用面向对象的方法以对象概念为基础进行需求分析，其主要任务是分析和理解问题域，得到对问题域的清晰、精确的定义，找出描述问题域和系统责任所需的类及对象，分析它们的内部构成和外部关系，确定问题的解决方案，建立独立于实现的目标系统分析模型。

面向对象的分析模型从功能、关键抽象和动态行为等方面对软件系统所要解决的问题进行抽象和描述，它主要由 3 个独立的模型构成：由用例和场景表示的功能模型、由类和对象表示的分析对象模型、由状态图和顺序图表示的动态模型。通常，在需求获取阶段得到的用例模型就是功能模型，但在分析建模阶段还需要补充完善，同时可以根据功能模型导出分析对象模型和动态模型。

UML 统一了面向对象建模语言，允许在此基础上提出不同的面向对象建模方法。其中基于用例实现的方法描述了内部对象如何相互协作共同实现一个用例。用例在整个方法中起到了连接问题域和解决域，贯穿整个软件分析和设计过程的关键作用。基于用例实现的面向对象分析建模由以下几个步骤组成。

① 通过与用户沟通了解用户的基本需求。

② 从用户的角度认识系统，建立用例模型。

③ 以基本的需求为指南，识别对象和类，包括定义其属性和操作。

④ 刻画类的层次结构。

⑤ 标识类（对象）之间的关系。

⑥ 识别对象的行为和系统的工作过程。

⑦ 递进地重复任务①至任务⑥，直至完成建立模型。

任务②至任务⑤刻画了待建系统的静态结构（概念模型）；任务⑥刻画了系统的动态行为（动态模型）。

一般面向对象的分析可以从理解系统的使用方式开始，如果系统是人机交互的，则考虑被人使用的方式；如果系统涉及过程控制，则考虑被机器使用的方式；如果系统协同并控制应用程序，则考虑应用程序的使用方式。

1. 获取用户需求

获取用户需求需要开发者与用户充分地交流，人们常常使用用例来收集用户的需求。首先找出使用该系统的不同的执行者，这些执行者代表使用系统的不同角色。每个执行者可以叙述他如何使用系统，或者说明他需要系统提供什么功能。执行者提出的每一个功能都是系统的一个用例。一个用例描述了系统的一种用法或一个功能，所有执行者提出的所有用例就构成了系统的功能需求。开发者根据用户提出的这些需求，建立用例模型，作为双方对系统认识和开发系统的基础。

2. 标识对象和类

在确定了系统的所有用例后，即可以开始识别问题域中的对象和类。标识系统中的对象可以从问题域或用例描述着手。标识类和标识对象是一致的。把具有相同属性和操作的对象定义成一个类，为了对类有进一步的认识，需要识别属性和操作。从本质上讲，属性定义了对象，它们表明了对象的基本特征，即为了完成用户规定的目标必须保存的信息。操作定义了对象的行为，并以某种方式修改对象的属性值。对操作的识别可通过对系统的过程描述的分析提取出来，通常把过程描述中的动词作为候选操作。

3. 定义类的层次结构

在确定了系统的类之后，就可以识别类的层次结构。类之间的关系包括泛化、聚合与关联3种。泛化关系反映了类之间的一般与特殊的关系。例如，交通工具可以分成汽车、飞机、轮船等。交通工具类就是一个一般类，汽车、飞机、轮船则是特殊类。一般与特殊之间是一种"is a"的关系，如飞机是一种交通工具。汽车类还可以继续划分成轿车、货车等类，这样可形成类的层次结构。

聚合关系反映了类之间的整体与部分的关系。例如，学校是由教师、学生、教学设备、后勤服务等部分组成。整体与部分关系是一种"has a"的关系，如学校有教师。同样整体与部分结构也具有层次结构。

4. 建立对象（概念）模型

在明确了对象、类、属性、操作以及类的层次结构之后，进一步识别出对象、类之间的关联关系，就可以建立系统的对象（概念）模型。对象模型描述了系统的静态组成和结构，同时也是认识系统动态特性的基础。

对象行为模型描述了系统的动态机制，它指明系统如何响应外部事件或操作。建立动态模型的步骤如下。

① 分析所有的用例，理解系统中的交互行为。
② 标识驱动交互序列的事件，理解这些事件如何与特定的对象相关联。
③ 为系统建立交互模型。
④ 分析对象的生命周期，为主要对象建立状态图。
⑤ 评审动态模型，以验证其准确性与一致性。

5.3 用例模型

建立用例模型的关键是通过对项目干系人需求的详细分析，识别出待开发软件的执行者和用例，画出用例图，并针对每个用例写出详细的用例描述。用例模型主要由用例、用例描述和用例图组成，用来描述系统的外部特征。它表示了从系统的外部用户（即执行者或角色）的观点看系统应该具备什么功能，因此它只需说明系统实现什么功能，而不必说明如何实现。一幅用例图包含的模型元素有系统、执行者、用例及用例之间的关系，如图 5.2 所示。

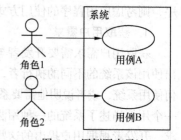

图 5.2　用例图表示法

从图 5.2 中可以看出，系统被看作是一个提供用例的黑盒子，内部如何工作、用例如何实现，这些对于建立用例模型来说都不考虑。代表系统的方框的边线表示系统的边界，用于划定系统的功能范围。所有的用例都在系统边界内，表明它们属于一个系统。角色则放在系统边界外部，表明角色是系统的外部执行者。但角色负责直接（或间接）驱动与之关联的用例的执行。

5.3.1　执行者

执行者是为了完成一个事件而与系统交互的外部事物。执行者首先位于系统外部，它代表使用系统的外部实体，而且执行者必须与系统直接交互；其次执行者不仅包括系统的用户，还可能是外部系统、外部机构、外部设备或其他与系统有交互的任何外部实体。在 UML 中常以一个稻草人图符来表示。

执行者代表一种角色，而不是某个具体的人或物。角色由用户承担，但它不等同于用户。例如，在银行取款系统中，使用 ATM 的"取款人"是个执行者。在一个具体的取款过程中，取款人即可以是张三，也可以是李四，但不能把张三、李四这样的个体称为执行者。事实上，一个具体的人可以充当多种不同的角色。例如，某个人既可以是取款者，也可以是银行的工作人员，负责取款业务处理等。在用例图中直线连接角色和用例，表示两者之间交换信息，称为通信联系。角色激活用例，并与用例交换信息。

为了识别出一个系统所涉及的执行者，人们可以向用户提出如下问题。

- 谁将使用系统的主要功能？
- 谁将需要系统的支持来完成他们的日常工作？
- 谁必须维护、管理和确保系统正常工作？
- 谁将给系统提供信息、使用信息和维护信息？
- 系统需要处理哪些硬件设备？
- 系统使用了外部资源吗？
- 系统需要与其他什么系统交互吗？
- 谁或者什么对系统产生的结果感兴趣？

对上述问题的回答涵盖了与系统有关联的用户。对这些用户的角色进行分析和归纳，人们就可以得到当前正在开发的系统应当具有的角色。

5.3.2　用例

用例是可以被执行者感受到的、系统的一个完整的功能。在 UML 中把用例定义成系统完成的一系列动作序列，动作的结果能够被特定的执行者察觉到。这些动作除了完成系统内部复杂计算与工作外，还包括与一些执行者的通信。用例通过关联与执行者连接，关联指出一个用例与哪些执行者交互，这种交互是双向的。用例具有下述特征。

- 用例代表某些用户可见的功能，实现一个具体的用户目标。
- 用例总是被执行者启动，并向执行者提供可识别的值。
- 用例可大可小，但它必须是完整的。
- 用例在以后的开发过程中，可以进行独立的功能检测。

用例识别是进行需求分析的重要一步，是其他后续工作的基础。用例识别首先要弄清系统的问题域、业务流程，整理出系统的功能需求，在此基础上结合已经识别的角色来识别用例，并定义和描述它。具体的做法是通过提出以下问题，帮助确定用例。

- 执行者要向系统请求什么功能？
- 每个执行者的特定任务是什么？
- 执行者需要读取、创建、撤销、修改或存储系统的某些信息吗？

- 是否任何一个执行者都要向系统通知有关突发性的、外部的改变？或者必须通知执行者关于系统中发生的事件？
- 这些事件代表了哪些功能？
- 系统需要哪些输入/输出？
- 哪些用例支持或维护系统？
- 是否所有的功能需求都被用例使用了？

因为系统的全部需求通常不可能在一个用例中体现出来，所以一个系统往往会有很多用例。这些用例加在一起规定了所有使用系统的操作。用例可以有一个名字，一般是根据其在系统内的职责和所具有的主要功能来命名，如"取款"、"订购"等。

用例的实例是系统的一种实际使用方法，通常把用例的实例称为脚本或场景。脚本是系统的一次具体执行过程。例如：在自动售货系统中，张三投入钱币希望购买矿泉水，系统收到消息后将矿泉水送出的过程就是一个脚本。又如：李四投币买矿泉水，但矿泉水卖完了，于是系统给出提示信息并将钱退还李四，这个过程也是一个脚本。

用例的描述通常可采用文字形式。例如，在 ATM 上"取款"，该用例的描述可采用下面的形式。

用例名称：取款

前置条件：ATM 正常工作

主事件流：

① 客户将卡插入 ATM，开始用例。

② ATM 显示欢迎消息并提示客户输入密码。

③ 客户输入密码。

④ ATM 确认密码有效。如果无效则执行子事件流 a；如果与主机联接有问题，则执行异常事件流 e。

⑤ ATM 提供以下选项：存钱，取钱，查询。

⑥ 用户选择取钱选项。

⑦ ATM 提示输入所取金额。

⑧ 用户输入所取金额。

⑨ ATM 确定该账户是否有足够的金额。如果余额不够，则执行子事件流 b；如果与主机联接有问题，则执行异常事件流 e。

⑩ ATM 从客户账户中减去所取金额。

⑪ ATM 向客户提供要取的钱。

⑫ ATM 打印清单。

⑬ ATM 退出客户的卡，用例结束。

子事件流 a：

a1. 提示用户输入无效密码，请求再次输入。

a2. 如果 3 次输入无效密码，系统自动关闭，退出客户银行卡。

子事件流 b：

b1. 提示用户余额不够。

b2. 返回⑤，等待客户重新选择。

后置条件：结束取款事件。

执行异常事件流 e 的描述省略。

从上述例子中可以看出，仅用图形化表示的用例本身并不能提供该用例所具备的全部信息。因此，必须通过文本的方式描述用例图所不能反映的信息。在用例描述时应该注重描述系统从外部看到的行为，同时还应包括用例激活前的前置条件，说明如何启动用例，以及执行结束后的后置结果，说明在什么情况下用例才被认为是完成。另外，在用例描述中除了表明主要步骤与顺序外，还应表明分支事件和异常情况。

5.3.3　用例之间的关系

用例之间主要有"关联"、"包含"和"扩展"3 种关系。下面分别给予说明。

1. 关联关系

关联（Association）：用单向箭头表示角色启动用例，每个用例都有角色启动，除包含和扩展用例。无论用例和角色是否存在双向数据交流，关联总是由角色指向用例，如图 5.3 所示。

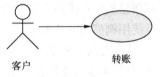

图 5.3　关联关系

2. 包含关系

用例之间的包含关系有两种情况，其一：如果若干个用例的某些行为是相同的，则可以把这些相同的行为提取出来单独形成一个用例，这个用例称为抽象用例。这样，当某个用例使用该抽象用例时，就好像这个用例包含了抽象用例的所有行为，这两个用例间就构成了包含关系。可使用带有 include 说明的依赖关系表示"包含关系"，箭头方向由基本用例指向被包含用例。执行基本用例时，每次都必须调用被包含用例，被包含用例也可单独执行。例如，网上购物系统中有一个"取消订单"用例，而"查询订单"用例就是"取消订单"用例的包含用例，如图 5.4 所示。其二：如果一个用例过于复杂，可以分解成小用例构成包含关系，若干个被包含的用例合起来实现完整的事件流，被包含用例不能单独调用。如图 5.5 所示，"网上购物"用例可分解为 "提供客户数据"、"订购产品"和"付费"3 个用例，这 3 个用例合起来实现完整的网上购物事件流，其中任意一个用例都不能被单独调用。

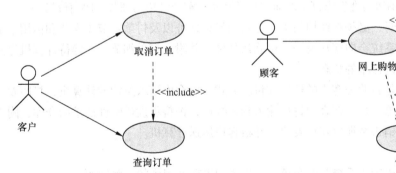

图 5.4　用例之间的包含关系 1　　　　　　图 5.5　用例之间的包含关系 2

3. 扩展关系

当某个基本用例由于需要附加一个用例来扩展或延伸其原有功能时，附加的扩展用例与原有的基本用例之间的关系就体现为扩展关系。可使用带有 extend 说明的依赖关系表示"扩展关系"。例如，网上购物系统中的"根据销售情况供货"用例就是"供货"用例的扩展用例，如图 5.6 所示。

一般来说，扩展用例可以继承原有基本用例的一些功能，同时它又可以具有一些新的特有的功能。许多情况下，还可以把系统中那些特殊功能作为扩展用例附在用来表示必须功能的基本用例上，以表示特殊功能与基本功能之间的区别。

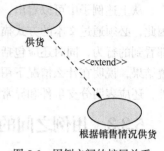

供货

<<extend>>

根据销售情况供货

图 5.6　用例之间的扩展关系

扩展和包含之间的异同是：这两种关系意味着从几个用例中抽取那些公共的行为并放入一个单独的用例中，而这个用例被其他用例扩展或包含，但包含和扩展的目的是不同的。通常在描述一般行为的变化时采用扩展关系；在两个或多个用例中出现重复描述又想避免这种重复时，可以采用包含关系。

5.3.4　用例建模

用例建模是直接面向用户的，主要以需求陈述为依据，有关系统的业务边界、使用对象等是构造系统用例模型的基本元素。用例建模的步骤如下。

① 从几方面识别系统的执行者，包括需要从系统中得到服务的人、设备和其他软件系统等。

② 分析系统的业务边界或执行者对于系统的基本业务需求，并将其作为系统的基本用例。

③ 分析基本用例，将基本用例中具有一定独立性的功能，特别是具有公共行为特征的功能分解出来，将其作为包含用例供基本用例使用。

④ 分析基本用例功能以外的其他功能，将其作为扩展用例供基本用例进行功能扩展。

⑤ 分析并建立执行者与用例之间的通信关系。

为了说明上述用例建模过程，本节以"网上计算机销售系统"为例，介绍用例模型的建立过程。以下是系统的需求陈述。

某计算机厂商准备开发一个"网上计算机销售系统"，以方便客户通过 Internet 购买计算机。客户可以通过 Web 页面登录进入"网上计算机销售系统"，通过 Web 页面查看、选择、购买标准配置的计算机。客户也可以选择计算机的配置或在线建立自己希望的配置。可配置的构件（如内存）显示在一个可供选择的表中。根据用户选择的每个配置，系统可以计算计算机价格。客户可选择在线购买计算机，也可以要求销售员在发出订单之前与自己联系，解释订单的细节，协商价格等。

客户在准备发出订单时，必须在线填写关于运送和发票地址以及付款细节（支票和信用卡）表格，一旦订单被输入，系统会向客户发送一份确认邮件，并附上订单细节。在等待计算机送到的时候，客户可以在线查询订单的状态。

后端订单处理的步骤是：验证客户的信用和付款方式、向仓库请求所购的计算机，打印发票并请求仓库将计算机运送给客户。在客户订单输入到系统后，销售员发送邮件请求给仓库，附上所订的配置细节。仓库从销售员那里获得发票，并给客户运送计算机。

（1）识别参与者

为了识别"网上计算机销售系统"的角色，人们来回答前面提到的一些问题。

- 谁将使用系统的主要功能？客户、销售员、仓库管理员。
- 谁将需要系统的支持来完成他们的日常工作？销售员、仓库管理员。
- 谁必须维护、管理和确保系统正常工作？销售员、仓库管理员、系统管理员。
- 谁将给系统提供信息、使用信息和维护信息？客户、销售员、仓库管理员。
- 系统需要处理哪些硬件设备？无。
- 系统使用了外部资源吗？无。
- 系统需要与其他什么系统交互吗？需要与银行支付系统交互。

● 谁或者什么对系统产生的结果感兴趣？客户、销售员、仓库管理员。

回答上述问题，人们找到了这样一些重要角色：客户、销售员、仓库、系统管理员、银行支付系统。

为了最终确定哪些是系统的角色，需要回过头来再审查一遍上述几个问题。例如，"谁必须维护、管理和确保系统正常工作？"人们识别出销售员、仓库管理员、系统管理员 3 个角色，他们分别负责系统中的不同维护工作。销售员负责维护客户、产品等数据维护工作；仓库管理员负责维护仓库信息；系统管理员负责维护计算机系统的正常运转。但从用户的角度观察系统，用户并不了解系统管理员的工作内容及作用，为了模型的清晰、简洁，人们暂时不考虑系统管理员对系统的需求。另外，对于"系统需要与其他什么系统交互吗？"的回答是：需要与银行支付系统交互。主要是考虑网上付款时，需要通过银行支付系统完成最终的支付。为了讨论方便，人们暂时忽略"银行支付系统"这个角色。最后确定的角色是：客户（Customer）、销售员（Salesperson）、仓库（Whearhouse）。

（2）识别用例

结合已经识别的角色来识别用例，并定义和描述它。人们可以回答前面提到的一些问题，帮助确定用例。下面以销售员为例进行分析。

● 销售员要求系统为他提供什么功能？显示订单合同、验证和接收用户付款、通知仓库。

● 销售员的特定任务是什么？签订合同、通知仓库和打印发票。

● 销售员需要读取、创建、撤销、修改或存储系统的某些信息吗？订单合同有关的信息。

● 是否任何一个执行者都要向系统通知有关突发性的、外部的改变？或者必须通知执行者关于系统中发生的事件？销售员需要通知系统订单状态。

● 系统需要哪些输入/输出？订单细节和打印发票。

● 哪些用例支持或维护系统？为了简化问题，在此暂不考虑维护问题。

为了表示清晰、简洁，结合上述问题，通过分析各个角色需要的功能，得出以下用例：显示标准计算机配置、订购配置的计算机、请求销售员合同、验证和接收用户付款、通知仓库、修改订单状态和打印发票。其中"请求销售员合同"用例是"订购配置的计算机"的扩展用例。

（3）画用例图

将上述执行者和用例加入到用例图中，并建立执行者与用例之间的通信，由此可获得如图 5.7 所示的网上计算机销售系统用例图。

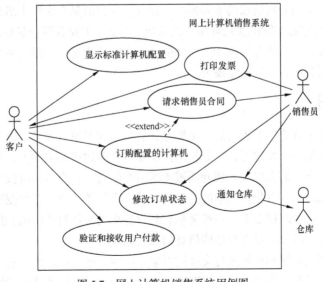

图 5.7　网上计算机销售系统用例图

（4）用例描述

以"订购配置的计算机"用例为例进行描述。

简述：该用例允许客户输入一份购物订单，该订单包括提供运送和发票地址，以及关于付款的详细情况。

执行者：客户。

前置条件：客户进入订单 Web 页，该页面显示已配置计算机的细节及其价格，当用户点击"订购"按钮时，该用例启动。

主事件流：

① 系统请求客户输入购买细节，包括销售员的名字、运送信息、发票信息、付款信息以及其他注释。

② 客户选择"提交"功能，发送订单给厂商。

③ 系统给订单唯一的订单号和一个客户账号，并将订单信息存入数据库。

④ 系统将订单号和客户账号与所有订单细节一起发 E-mail 给客户，作为接收订单的确认通知。

⑤ 客户在提供所有要求录入的信息之前，激活"提交"功能，系统显示错误信息，它要求提供所漏掉的信息。

⑥ 其他：客户选择"重填"来恢复一个空白的购物表格，系统允许客户重新输入信息。

后置条件：如果用例成功，购物订单记录在系统的数据库中，否则系统的状态不变。

建立用例模型时，往往会得到很多用例，如果把所有用例都画在一张图上会使整个图的清晰度下降，因此可以引入包机制来管理众多的用例，有些用例可以在设计时再描述它，如退款处理和加入新品种的价格等用例。另外，在设计时人们还可以对某些用例细化，如维护和评价用户信用等用例。

得到了用例模型后，一方面要仔细检查角色和用例的各个环节，同时还要及早地和系统的用户进行讨论，一旦出现用户不理解或否定的情况，就必须和用户协商共同解决问题，直到用户满意为止。

5.4 对象（概念）模型

对象（概念）模型是分析阶段的重要模型。建立它的目的是在系统中形成一个逻辑的、可维护的结构。"逻辑"意味着实际的实现环境不被考虑，因此，主要着眼于基本的系统功能。人们可以通过对用例的分析，把系统分解成相互协调的分析类，利用类图来描述系统中所有对象类的属性及对象之间的相互关系，建立概念模型。

5.4.1 类图

类是所有面向对象方法中最重要的一个概念，它是面向对象的基础，也是各种方法的最终目标。对类的识别贯穿整个开发过程，在分析阶段主要识别问题域相关的类；在设计阶段需要加入一些反映设计思想、方法的类以及实现问题域类所需要的类等；在编码阶段因为语言的特点，可能还要加入一些其他的类。对象模型中的类包括 3 种：实体类、边界类和控制类。

实体类：是问题域中的核心类，一般是从客观世界中的实体对象归纳和抽象出来的，用于长期保存系统中的信息，以及提供针对这些信息的相关处理行为。

边界类：是从那些系统和外界进行交互的对象中归纳、抽象出来的，它是系统内的对象和系统外的执行者的联系媒介，外界的消息只有通过边界类的对象实例才能发送给系统。

控制类：是实体类和边界类之间的润滑剂，用于协调系统内边界类和实体类之间的交互。例如，某个边界对象必须给多个实体对象发送消息，多个实体对象完成操作后，传回一个结果给边界类，这时，人们可以使用控制类来协调这些实体对象和边界对象之间的交互。

UML 中的构造型<<entity>>、<<boundary>>和<<control>>分别用来表示实体类、边界类和控制类，如图 5.8 所示。可以在用例模型的基础上，通过识别实体类、边界类和控制类，从而发现和定义系统中的对象类。

类的描述分为 3 部分：名称、属性和操作。类的图形符号如图 5.9 所示。如果在类图中不描述类的属性和操作，则可以简化为一个矩形框。

Boundary
边界对象
Control
控制对象
Entity
实体对象

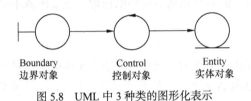

图 5.8　UML 中 3 种类的图形化表示

类名
属性
操作

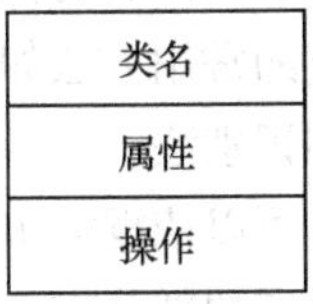

图 5.9　类的图形符号

类名：类名是访问类的索引，应当使用含义清晰、用词准确、没有歧义的名字。

属性：属性用来描述该类的对象所具有的特征。在系统建模时，人们只抽取那些系统中需要使用的特征作为类的属性。属性有不同的可见性，利用可见性可以控制外部事件对类中属性的操作方式。可见性的含义和表示方法如表 5.1 所示。

表 5.1　可见性的含义和表示方法

UML 符号	ROSE	意　义
+		公有属性（Public）：能够被系统中其他任何操作查看和使用
−		私有属性（Private）：仅在类内部可见，只有类内部的操作才能存取该属性
#		受保护属性（Protected）：供类中的操作存取，并且该属性也被其子类使用

属性的语法格式为：

[可见性]属性名[: 类型] [=初值{约束特性}]

其中“[ ]”部分是可选的，只有属性名是必写的。

操作：操作描述对数据的具体处理方法，存取或改变属性值或者执行某个动作都是操作，操作说明了该类能做些什么工作。操作的可见性也分为 3 种，其含义和表示方法等同属性的可见性。操作的语法格式为：

[可见性]操作名[(参数表)] [: 返回类型] [约束特性]

例如，按照 UML 的表示方法，“订货报表”的类图如图 5.10 所示。类的名称是“订货报表”，包含 3 个访问权限私有的属性和 3 个公共的方法。

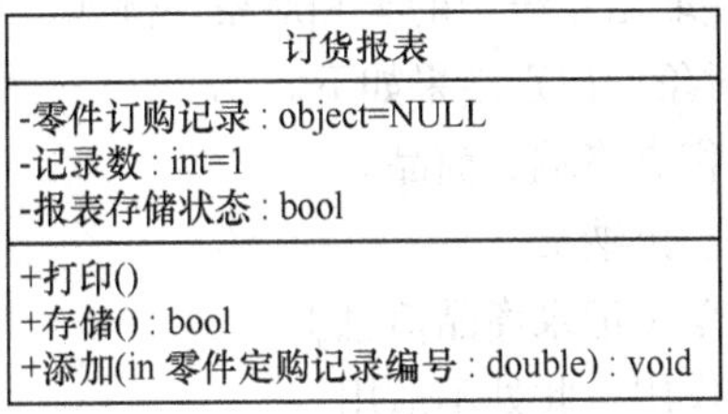

订货报表
-零件订购记录 : object=NULL
-记录数 : int=1
-报表存储状态 : bool
+打印()
+存储() : bool
+添加(in 零件定购记录编号 : double) : void

图 5.10　“订货报表”类图

5.4.2 识别类与对象

在分析阶段，类的识别通常是在分析问题域的基础上来完成的。这个阶段识别出来的类实质上是问题域实体的抽象，应该从这些实体（类）在问题域中担当的角色来命名。识别对象与类的方法与过程如下。

1. 找出候选的类与对象

人们认识世界的过程是一个渐进过程，需要经过反复迭代而不断深入。初始的对象模型通常都是不准确、不完整甚至包含错误的，必须在随后的反复分析中加以扩充和修改。在识别类与对象时，首先需要找出所有候选的类与对象，然后从候选对象中筛选掉不正确的或不必要的对象。提取对象、类的常用方法如下。

（1）名词识别法

分析人员可以依据需求陈述与用例描述中出现的名词和名词短语来提取实体对象。例如，超市购买商品系统的部分需求陈述为："顾客带着所要购买的商品到达营业厅的一个销售点终端（终端设在门口附近），销售点终端负责接收数据、显示数据和打印购物单；出纳员与销售点终端交互，通过销售点终端录入每项商品的通用产品代码，如果出现多个同类商品，出纳还要录入该商品的数量；系统确定商品的价格，并将商品代码、数量信息加入到正在运行的系统；系统显示当前商品的描述信息和价格"。

分析上述描述，人们用下画线识别出名词，但并没有把所有名词都确定为类，而是有所取舍，如"系统"显然是指待开发的软件本身，所以不能作为实体类来认识。另外，"通用产品代码"、"数量"、"价格"明显属于商品的属性，也不适合作为对象来认识。因此，上述描述的候选对象是顾客、商品、销售点终端、购物单和出纳员。

需要注意的是，不一定每个名词都对应一个对象或类，有时描述可能过细，那么该名词可能就是其他对象的一个属性。另外，鉴于需求陈述与用例描述不可能十分规范，人们还必须从这些名词、名词短语中排除同义或近义词的干扰。

（2）系统实体识别法

该方法是根据预先定义的概念类型列表，逐项判断系统中是否有对应的实体对象。大多数客观事物可分为下述 5 类。

- 可感知的物理实体，如汽车、书、信用卡。
- 人或组织的角色，如学生、教师、经理、管理员、供应处。
- 应该记忆的事件，如取款、飞行、订购。
- 两个或多个对象的相互作用，如购买、结婚。
- 需要说明的概念，如保险政策、业务规则。

通过试探系统中是否存在这些类型的概念，或将这些概念与第一种方法得到的对象进行比较，人们就可以尽可能完整地提取出系统中的类和对象。例如，对上述的超市购买商品系统逐项判断系统中是否有对应的实体对象，识别结果如下。

- 可感知的物理实体：销售点终端、商品。
- 人或组织的角色：顾客、出纳员。
- 应该记忆的事件：购物单（记录商品信息）。
- 两个或多个对象的相互作用：此处不适用。
- 需要说明的概念：此处不适用。

还有其他识别对象、类的方法，如 CRC、抽象技术等，鉴于篇幅所限在此不再赘述。

2. 筛选出正确的类与对象

上述方法帮助人们找到一些候选对象，但通过简单、机械的过程显然不可能正确地完成分析工作，还需要人们从中去掉不正确、不必要的类与对象。可以从以下几方面筛选对象与类。

① 冗余。如果两个类表达了同样的信息，则应该保留在此问题域中最富有描述力的名称。例如，在超市购买商品系统中，"出纳"、"出纳员"显然指的是同一个对象，因此，应该去掉"出纳"，保留"出纳员"。

② 无关。现实世界中存在许多对象，不能把它们都纳入到系统中去，仅需要把与问题域密切相关的类与对象放进目标系统中。例如"营业厅"与本系统的关系不大，应该去掉。

③ 笼统。在需求描述中常常使用一些笼统的、泛指的名词，虽然在初步分析时把它们作为候选对象列出来了，但是，要么系统无须记忆有关它们的信息，要么在需求陈述中有更具体的名词对应它们所暗示的事务，因此，通常把这些笼统的或模糊的类去掉。

④ 属性。有些名词实际上属于对象的属性，应该把这些名词从候选对象中去掉。但如果某个性质具有很强的独立性，则应把它们作为类而不是作为属性。

⑤ 操作。在需求描述中有时可能使用一些既可以作为名词，又可以作为动词的词，应该慎重考虑它们在问题中的含义，以便正确地决定把它们作为类还是作为类中的操作。例如，谈到电话时通常把"拨号"作为动词，当构造电话模型时应该把它作为一个操作，而不是一个类。但是，在开发电话记账系统时，"拨号"需要有自己的属性，如日期、时间、受话地点等，因此应该把它作为一个类。

⑥ 实现。在分析阶段不应该过早地考虑怎样实现目标系统。所以应该取掉仅和实现有关的候选的类与对象。在设计和实现阶段，这些类与对象可能是重要的，但在分析阶段过早地考虑它们反而会分散开发者的注意力，如控制类、边界类等。

使用上述方法对超市购买商品系统进行分析，识别出系统的类的对象有：销售点终端、商品、顾客、出纳员和购物单。

5.4.3　识别属性

属性能使人们对类与对象有更深入更具体的认识，它可以确定并区分对象与类以及对象的状态。一个属性一般都描述类的某个特征。

1. 分析

在需求陈述中通常用名词、名词词组表示属性，如"商品的价格"、"产品的代码"。往往用形容词表示可枚举的具体属性，如"打开的"、"关闭的"。但是不可能在需求陈述中找到所有的属性，人们还必须借助于领域知识和常识才能分析得出需要的属性。属性的确定与问题域有关，也和系统的任务有关。应该仅考虑与具体应用直接相关的属性，不要考虑那些超出所要解决问题范围的属性。例如，在学籍管理系统中，学生的属性应该包括姓名、学号、专业、学习成绩等，而不考虑学生的业余爱好、习惯等特征。在分析阶段先找出最重要的属性，以后再逐渐把其余的属性添加进去。在分析阶段也不应考虑那些纯粹用于实现的属性。

2. 确定属性

类的属性识别工作往往要反复多次才能完成，所幸的是属性的修改通常并不影响系统结构。在确定属性时应注意以下问题。

① 误把对象当作属性。

如果某个实体的独立存在比它的值更重要，则应把它作为一个对象而不是对象的属性。同一个实体在不同的应用领域中应该作为对象还是属性，需要具体分析才能确定。例如，在邮政目录中，"城市"是一个属性，而在投资项目系统中却应该把"城市"当作对象。

② 误把关联类的属性当作对象的属性。

如果某个性质依赖于某个关联链的存在，则该性质是关联类的属性，在分析阶段不应作为对象的属性。特别是在多对多关联中，关联类属性很明显，即使在以后的开发阶段中，也不能把它归结为相互关联的两个对象中的任一个属性。例如，结婚日期这个候选属性实质上是依赖于某个人是否结婚，也即这个对象是否与另外一个对象具有一个"is married"关联实例。这时人们应该创建一个关联类 is-married，把结婚日期作为这个类的属性，而不能作为人的属性。

③ 误把内部状态当成属性。

如果某个性质是对象的非公开的内部状态，则应从对象模型中删掉这个属性。

④ 过于细化。

在分析阶段应该忽略那些对大多数操作都没有影响的属性。

⑤ 存在不一致的属性。

类应该是简单而且一致的。如果得出一些看起来与其他属性毫不相关的属性，则应该考虑把该类分解为两个不同的类。

⑥ 属性不能包含一个内部结构。

如果人们将"地址"识别为人的属性，就不要试图区分省、市、街道等。

⑦ 属性在任何时候只能有一个在其允许范围内的确切的值。

例如，人这个类的"眼睛颜色"属性，通常意义下两只眼睛的颜色是一样的。如果系统中存在着一个对象，它的两只眼睛的颜色不一样，该对象的眼睛颜色属性就无法确定。解决办法是创建一个眼睛类。

使用上述方法，分析超市购买商品系统中类的属性如下。

销售点终端：编号。

商品：商品编号、商品名称、商品单价、数量、商品描述。

顾客：姓名。

出纳员：姓名。

购物单：日期、时间、商品项目、总额。

5.4.4 识别操作

识别了类的属性后，类在问题域内的语义完整性就已经体现出来了。类操作的识别可以依据需求陈述、用例描述和系统的上下文环境。例如，分析用例描述时，人们可以通过回答下述问题进行识别。

- 有哪些类会与该类交互（包括该类本身）？
- 所有与该类具有交互行为的类会发送哪些消息给该类？该类又会发送哪些消息给这些类？
- 该类如何响应别的类发来的消息？在发送消息出去之前，该类需要做何处理？
- 从该类本身来说，它应该有哪些操作来维持其信息的更新、一致性和完整性？
- 系统是否要求该类具有另外的一些职责？

例如，对上述的超市购买商品系统识别结果如下。

- 与顾客类交互的类有购物单，与出纳员类交互的类有销售终端等。
- 发送给出纳员的消息有：商品购物单。

- 出纳员对输入消息的响应：检查购物单。

对类操作的识别也可以到建立动态模型时再进一步补充和细化。

识别类的操作时要特别注意以下几种类。

- 注意只有一个或很少操作的类。也许这个类是合法的，但也许可以和其他类合并为一个类。
- 注意没有操作的类。没有操作的类也许没有存在的必要，其属性可归于其他类。
- 注意太多操作的类。一个类的责任应当限制在一定的数量内，如果太多将导致维护复杂。因此，尽量将此类重新分解。

5.4.5 识别关联

1. 关联

单个对象可以说是无意义的。对象之间存在着一定的关系，对象之间的交互与合作构成了更高级的（系统的）行为。例如，飞机由发动机、机翼、机身等组成。飞机的每一个部件都不会飞，可是通过对象的相互关系，飞机能够飞行。这说明正是对象之间的相互关系和相互作用构成了一个有机的整体。关联用于描述类与类之间的相互关系。由于对象是类的实例，因此，类与类之间的关联也就是其对象之间的关联。类与类之间有多种连接方式，每种连接的含义各不相同，但外部表示形式相似，故统称为关联。关联关系一般使用连接两个类的关联线表示。关联线可以提供以下信息。

关联名称：用于标记关联，如图 5.11 中所示的"提交订单"。

关联角色：用于反映类在这一关联关系中扮演了什么角色，如图 5.11 中所示的"消费者"以"顾客"的角色参与"提交订单"的关联。如果在关联上没有标出角色名，则隐含地用类的名称作为角色名。关联可以有方向，包括单向和双向。例如，公司与员工之间就具有一种单向关联——"雇用"，由公司指向雇员，如图 5.12 所示。

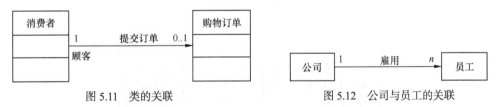

图 5.11　类的关联　　　　　　　　图 5.12　公司与员工的关联

关联导向：是指关联关系只在指定方向上成立，可以使用一个指向符号表示。例如，图 5.11 中所示的"提交订单"，其导向是由消费者指向购物订单。

关联的多重性：表示是由类产生的对象之间存在的数量关系，主要有以下几种。

1..1 或 1　　　表示 1 个对象
0..1　　　　　表示 0 到 1 个对象
0..*或*　　　 表示 0 到多个对象
1..*　　　　　表示 1 到多个对象

例如，一个公司要雇佣多个员工，如图 5.13 所示。

（1）关联类

关联有可能具有自己的属性或操作，对此需要引入一个关联类来进行记录。这时，关联

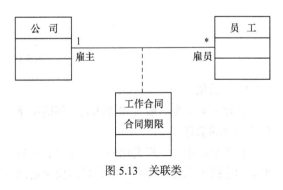

图 5.13　关联类

关系中的每个连接与关联类的一个对象相联系，关联类通过一条虚线与关联连接。图 5.13 所示的"工作合同"就是关联类。

（2）聚合

聚合可以看作是关联的特例，它表示类与类之间是整体与部分的关系。例如，计算机系统是由主机、键盘、显示器、操作系统等组成的。在需求分析中，"包含"、"组成"等经常设计成聚合关系。聚合可以有两种特殊方式：共享聚合（Shared Aggregation）和复合聚合（Composition Aggregation），又叫组合。聚合的图形表示方法是在关联关系的直线末端加一个空心小菱形，空心菱形紧接着具有整体性质的类。

在聚合关系中处于部分方的类的实例可以同时参与多个处于整体方的类的实例的构成，同时部分方的类的实例也可以独立存在，则该聚合为共享聚合。如果部分方的类的实例完全隶属于整体方的类的实例，部分类需要与整体类共存，一旦整体类的实例不存在了，则部分类的实例也会随消失，或失去存在的价值，则这种聚合称为复合聚合。例如，一篇文章由摘要、关键字、正文、参考文献组成，如果文章不存在了，就不会有组成该文章的摘要和文献等。复合聚合的图形表示为实心菱形。例如，订货报表与零件订购记录的关系为共享聚合，如图 5.14 所示；而编号等和零件订购记录之间的关系则为复合聚合关系，如图 5.15 所示。

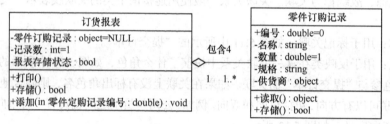

图 5.14　共享聚合

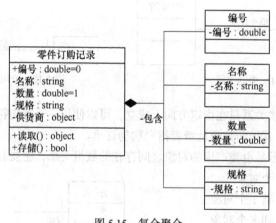

图 5.15　复合聚合

（3）泛化

泛化关系就是一般类和特殊类之间的继承关系，特殊类拥有一般类的全部信息，还可以附加自己的新的信息。

在 UML 中，一般类也称为泛化类，特殊类也称为特化类。在图形表示上，用一端为空心三角形的连线表示泛化关系，三角形的顶角指向一般类，如图 5.16 所示。注意泛化关系仅仅用于类与类之间，因为一个类可以继承另一个类，但一个对象不能继承另一个对象。

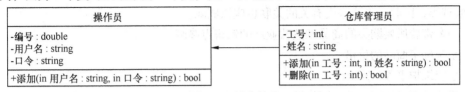

图 5.16　泛化关系

（4）依赖

依赖关系用来描述两个类之间存在的与依赖有关的语义上的连接。其中一个模型元素是独立的，另一个模型元素不是独立的，它依赖于独立的模型元素，需要由独立元素提供服务，如果独立模型改变了，将影响依赖于它的模型元素。在类中依赖由各种原因引起，例如，一个类向另一个类发送消息；一个类是另一个类的数据成员；一个类是另一个类的某个操作参数等。依赖关系的图形符号是用带箭头的虚线连接有依赖关系的两个类，其箭头指向独立的类。图 5.17 所示为"提交窗口"与"订单"之间存在的依赖关系。其中"订单"是独立的类，而"提交窗口"依赖于"订单"类。

图 5.17　依赖

2. 确定关联

分析确定关联有助于人们考虑问题域的边缘情况，有助于发现那些尚未被发现的类与对象。在需求陈述中使用的描述性动词或动词词组，可以表示关联关系。因此，在初步确定关联时，可以直接提取需求陈述中的动词词组而得出。另外，开发者通过与用户和领域专家讨论问题域实体之间的相互依赖与相互作用关系，可以进一步补充一些关联。

下面以超市购买商品系统为例说明初步确定的关联。

① 直接提取动词短语得出的关联。

- 顾客带着所要购买的商品到达营业厅的销售点终端。
- 销售点终端设在门口附近。
- 出纳员与销售点终端交互。
- 销售点终端负责接收数据、显示数据和打印购物单。
- 出纳录入该商品信息。
- 系统确定商品的价格。
- 系统显示当前商品的描述信息。

② 需求陈述中隐含的关联。

- 超市拥有多个销售点终端。
- 系统处理并发的访问。
- 系统维护事务日志。
- 系统必须提供安全性与可靠性。

③ 根据问题域知识得出关联。

- 系统是由一个局域网络组成的。
- 购物单在后台服务器端处理。

经过初步分析得出的关联只能作为候选的关联，还需要经过进一步筛选，以去掉不必要、不正确的关联。筛选标准如下。

① 已删除的类之间的关联。如果在分析确定类与对象的过程中已经删除掉了某个候选类，则

与这个类有关的关联也应该去掉，或重新表达这个关联。例如，由于已经删除了"系统"、"营业厅"等候选类，因此，与这些类有关的关联也应该删除。

- 顾客带着所要购买的商品到达营业厅的销售点终端。
- 系统确定商品的价格。
- 系统维护事务日志。
- 系统必须提供安全性与可靠性。
- 系统是由一个局域网组成。

② 与问题无关的或应在实现阶段考虑的关联。例如，"系统处理并发的访问"并没有标明对象之间的新关联，它是在实现阶段需要使用实现并发访问的算法，以处理并发事务。

③ 瞬时事件。关联关系应描述问题域的静态结构，而不应是一个瞬时事件。例如，"出纳员与销售点终端交互"并不是出纳员与销售终端之间固有的关系，因此应该删去。

④ 避免冗余和遗漏。应该去掉那些可以用其他关联定义的冗余关联；发现了遗漏就应该及时补上。

⑤ 标明重数。最后应该初步判定各个关联的类型，并粗略地确定关联的重数。但是，无须为此花费过多的精力，因为在分析过程中，随着认识的深入，重数会经常变动。

经过上述分析，得出如图 5.18 所示的超市购买商品系统的类图。

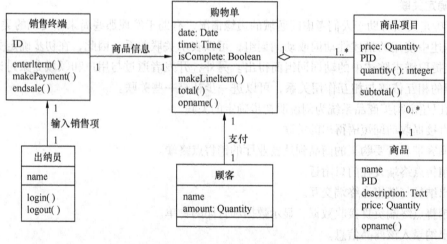

图 5.18 超市购买商品系统类图

5.4.6 建立静态（对象、概念）模型

分析类图中的各个元素是建立静态模型的重要内容，也是建立模型的重要依据。静态模型的建模步骤如下。

① 从几方面识别系统的实体对象和类。
② 分析每个对象的主要属性和操作，达到完整认识类的目的。
③ 识别类之间的结构，包括泛化、聚合、组成等。
④ 识别对象、类之间的关系。
⑤ 修改、补充对象与类，绘制类图，对重点类加以文本描述和说明。

下面仍以"网上计算机销售系统"为例，介绍静态模型的建立过程。

① 识别对象。综合运用识别对象、类的方法，人们得到的候选类是：Internet 网络、计算机、

客户、Web 页面、标准配置的计算机、价格、销售员、订单、发票、地址、支票、信用卡、表格、邮件、订单的状态、付款方式、仓库等。

对候选类进行筛选时，明确了以下几个问题。

- 配置计算机与订单之间区别在哪里？人们不将配置计算机进行存储，除非它的订单被提交。
- 运送/装运是仓库的责任，是在系统范围之外吗？人们认为是在系统范围之外。
- 配置项可以作为配置计算机中的一个属性吗？因为配置项具有不同的性质，而不仅仅是一个值，所以人们认为配置项是一个类。
- "订单状态"是一个类，还是订单的一个属性？应是订单的一个属性。
- 销售员是一个类，还是订单或发票的一个属性？应是订单的一个属性。

经过分析确定的类是：客户、计算机、配置计算机、配置项、订单、付款和发票。

② 识别属性。图 5.19 所示为列举的各个对象的主要属性。

③ 识别关联，建立静态模型，如图 5.20 所示。

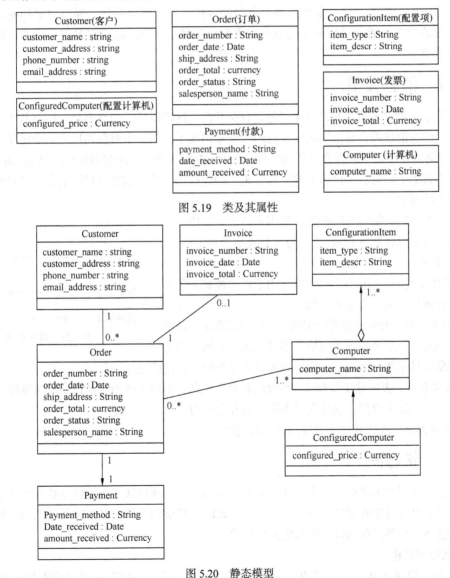

图 5.19　类及其属性

图 5.20　静态模型

其中，用户自己选择的配置计算机（ConfiguredComputer 类）是 Computer 类的子类，两个类是继承的关系。计算机是由若干个配置项组成的，Computer 类与 ConfigurationItem 类是聚合关系。客户与订单的关系是 1 对 0..*的关系，每个客户可以有多个订单。订单与发票之间的关系为 1 对 0..1，表明一个订单对应一张发票，有些订单不需要发票。

5.5　动　态　模　型

从系统模型的角度而言，静态模型定义并描述了系统的结构和组成。任何实际系统都是活动的，都通过系统结构元素之间的"互动"来达到系统目的。动态模型的任务就是定义并描述系统结构元素的动态特征及行为。动态模型包括状态模型、交互模型（顺序图和通信图）、活动模型等。状态模型关注一个对象的生命周期内的状态及状态变迁，以及引起状态变迁的事件和对象在状态中的动作等。交互模型强调对象间的合作关系与时间顺序，通过对象间的消息传递来完成系统的交互。活动图用于描述多个对象在交互时采取的活动，它关注对象如何相互活动以完成一个事务。

5.5.1　消息类型

在系统中，对象之间是通过传递消息进行交互的。这里所说的消息不是人们日常生活中的消息的概念，因为消息是在通信协议中发送的。通常情况下，当一个对象调用另一个对象中的操作时，消息是通过一个简单的操作调用来实现；当操作执行完成时，控制和执行结果返回给调用者。消息应该含有如下信息：提供服务的对象标识、操作标识、输入信息和回答信息。消息的接收者是提供服务的对象。

基于 UML 1.X 版本消息的表示是用带箭头的线段将消息的发送者和接收者联系起来，箭头的类型表示消息的类型，如图 5.21 所示。

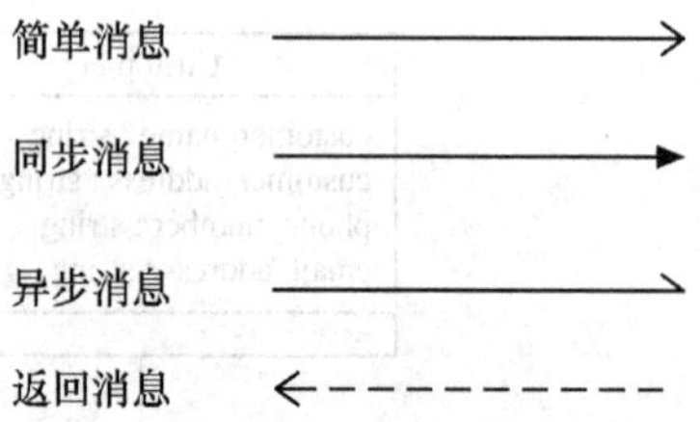

图 5.21　消息类型

● 简单消息：表示简单的控制流。用于描述控制如何在对象间进行传递，而不考虑通信细节。

● 同步消息：表示嵌套的控制流。操作的调用是一种典型的同步消息。调用者发出消息后必须等待消息返回，只有当处理消息的操作执行完毕后，调用者才可能继续执行自己的操作。

● 异步消息：表示异步控制流。当调用者发出消息后不用等待消息的返回即可继续执行自己的操作。异步消息主要用于描述实时系统中的并发行为。

● 返回消息：操作调用一旦完成就立即返回。

5.5.2　状态图

状态图主要用来描述对象、子系统、系统的生命周期。通过状态图可以反映一个对象所能到达的所有状态以及对象收到的事件（收到消息，超时，错误和条件满足）时其状态的变化情况。状态图中包括一系列的状态以及状态之间的转移。

1. 状态和转移

状态是一种存在状况，它具有一定的时间稳定性，即在一段有限时间内保持对象（或系统）的外在状况和内在特性的相对稳定。状态图提供了对象在其生命周期中可能出现的状态及其行为的描述。一个状态图包括一系列状态、事件以及状态之间的转换，其作用是能够为类图中每一个类进行动态行为说明，实现对类操作的细节描述。状态具有两种含义：一是对象的外在状况，如汽车的"行驶"或"停止"；二是对象的内在特性，如电视机对象中的"开关"属性的值。对象的属性可以称为状态变量，所有的属性构成状态变量的集合。而状态由状态变量子集决定。如图 5.22 所示，圆角矩形表示状态，初态用实心圆表示，终态用一个内部有一个实心圆的圆圈表示。一个状态图只能有一个初态，而可以有多个终态。箭头表示从一个状态到另一个状态的迁移，在箭头上的短语为事件，方括号中为条件，表明在给定条件满足时，条件事件才起作用。

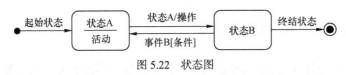

图 5.22　状态图

状态有两种不同的行为：事件和活动。事件是一个伴随状态迁移的瞬时发生的行为；活动则是发生在某个状态中的行为，往往需要一定的时间来完成，因此与状态名一起出现在有关的状态之中。

常见的活动有进入状态的活动、退出状态的活动和处于状态中的活动。活动部分的语法格式为：

事件名　参数表'/'动作表达式

其中，事件名可以是任何事件，包括 entry、exit 和 do，它们分别是进入状态事件、离开状态事件和处于状态中的事件。图 5.23 所示为电话行为的一个状态图。

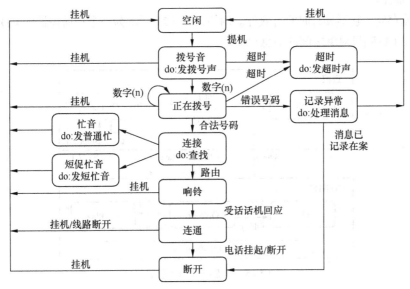

图 5.23　电话行为的状态图

一个状态一般包括 3 个部分：状态名称，可选的状态变量的变量名、变量值以及可选的活动表，如图 5.24 所示。

转移是两个状态之间的关系，一个转移由 5 部分组成。

● 源状态：即受转移影响的状态。如果一个对象处于源状态，当该对象接收到转移的触发事件时或满足监护条件时，就会激活状态。

● 事件触发：源状态中的对象接收这个事件使转移合法地激活，并使监护条件满足。

● 监护条件：是一个布尔表达式，当转移因事件触发器的接收而被触发时对这个布尔表达式求值；如果表达式为真，则激活转移；如果为假，则不激活转移。如果没有其他的转移被此事件触发，则时间丢失。

● 动作：是一个可执行的原子计算，它可以直接作用于对象。

● 目标状态：转移完成后对象的状态。

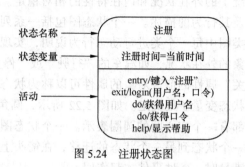

图 5.24　注册状态图

2. 事件

事件指的是发生的且引起某些动作执行的事情。例如，当按下 CD 机上的"Play"按钮时，CD 机开始播放。在此例中"按下 Play 按钮"就是事件。而事件引起的动作是"开始播放"。当事件和动作之间正在存在着某种关系时，人们将这种关系称为"因果关系"。这种事件称为状态转移事件。

UML 定义了 4 种可能的事件。

● 条件变为真事件，如监护条件变为真值。

● 来自其他对象的明确信号，也可称为消息。这种信号本身就是一个对象。

● 来自其他对象的服务请求（操作调用）。

● 定时事件。

事件不能存储，它不具有时间有效性。例如，图 5.25 所示为一个带遥控器的 CD 唱机系统中的遥控对象与 CD 唱机对象之间的消息通信。

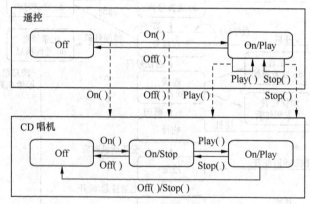

图 5.25　状态图间的消息通信

3. 子状态

状态图中的有些状态，它们一方面可能要执行一系列动作，另一方面则可能要响应一些事件，这时状态可以进一步地分解，得到子状态图，用以描述一个状态内部状态变化过程。图 5.26 所示为汽车行驶状态的子状态图。无论对象处于哪个子状态，外部表现出来的仍然是同一个状态（行驶）。

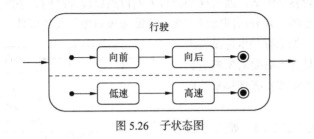

图 5.26　子状态图

4. 识别状态空间

对象状态变化过程反映了对象生命周期内的演化过程，所以人们应该分析对象的生命周期，识别对象的状态空间，掌握它的活动"历程"。对象状态空间识别步骤如下。

① 识别对象在问题域中的生命周期。对象的生命周期分为直线式和循环式。直线式的生命周期通常具有一定的时间顺序特性，即对象进入初态后，经过一段时间会过渡到后续状态，如此直至对象生命结束。例如，订单的生命周期描述是："顾客提出购货请求后产生订单对象，然后经历顾客付款、签收后，订单对象就将被删除"。循环式的生命周期通常并不具备时间顺序特性。在一定条件下，对象会返回到已经经过的生存状态。例如，可再利用的生活日用品对象（如玻璃瓶、塑料制品）的生命周期是："它们加入人们生活中后，当失去了使用价值时就变成了废品。废品被回收到废品处理厂，经过加工并送到工厂，然后它们又将变为日用品重新进入生活领域"。

② 确定对象生命周期阶段划分策略。通常可以将生命周期划分为两个或多个阶段，例如，用付款情况这种策略来划分订单生命周期就可得到"未付款"和"已付款"两个阶段。而如果运用订单处理情况作为划分策略，则又可以得到"未发货"、"已发货"、"未签收"和"已签收"4 个阶段。划分的策略应该是问题域关心的那些情况。如果付款情况是问题域关心的，那么就应该按付款情况进行划分。

③ 重新按阶段描述对象生命周期，得到候选状态。在确定了生命周期的划分策略后，应该运用策略重新按阶段描述对象的生命周期，这时就得到了一系列候选的状态。

④ 识别对象在每个候选状态下的动作，并对状态空间进行调整。如果对象在某个状态下没有任何动作，那么该状态的存在就值得怀疑，同时如果对象在某个状态下的动作太复杂，就应该考虑对此状态进行进一步的划分。

⑤ 分析每个状态的确定因素（对象的数据属性）。每个状态都可由对象某些数据属性的组合来唯一确定。针对每个状态，人们应该识别出确定该状态的数据属性和其取值情况，如果找不到这样的数据属性，一方面可能是该状态不为问题域所关心，另一方面可能是属性的识别工作有疏漏。

⑥ 检查对象状态的确定性和状态间的互斥性。一般对象的不同状态间必须是互斥的。即任何两个状态之间不存在一个"中间状态"，使得该"中间状态"同时可以归结到这两个状态。

5. 识别状态转移

状态空间定义了状态图的"细胞"，而状态转移则是状态图中连接"细胞"的脉络。通过它将各个状态有机地联系在一起，描述对象的活动历程。为了识别状态转移，人们可按照对象的生命周期把对象的状态组织起来。分析研究某个状态是否会变化到另外一个状态，如果会的话，则在两个状态之间建立一个最简单的状态转移。

建立最简单的状态转移后，就要分析这个转移在什么时候、在什么条件下被激活，或者当出现什么事件时该状态转移被激活。通过这些分析人们得到比较详细的状态图。

最后检查整个状态图，并分析问题域中所有可能与该对象相关的事件。检查是否所有事件都
已经出现在状态图中。如果有些事件没有出现，则要分析该事件是否不需要对象响应，否则就应该分析应该由哪些状态转移来响应这些事件。

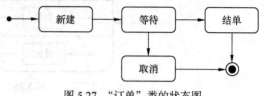

图 5.27　"订单"类的状态图

例如，"订单"类的状态图，如图 5.27所示。

5.5.3　交互模型

交互模型用来描述对象间的动态交互行为，由一组对象和它们之间的关系构成，其中包括：需要什么对象；对象相互发送什么消息；什么角色启动消息；消息按什么顺序发送等。

1．顺序图

顺序图着重表现对象间消息传递的时间顺序。正是由于顺序图具备了时间顺序的概念，从而可以清晰地表示对象在其生命周期的某一时刻的动态行为。顺序图在平面上可分成两维：一维处于水平方向表示对象个体；另一维处于垂直方向表示对象的生命周期，因而可以看成是时间轴。在顺序图中，所有的对象将从左到右一字排开，而每个对象的生命周期就犹如一条生命线。只要对象没有被撤销，这条生命线就可以从上到下延伸。对象间的通信通过在对象的生命线间画消息来表示。消息的箭头指明消息的类型。图 5.28 所示为播放多媒体文件的顺序图。

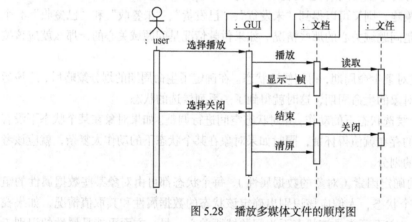

图 5.28　播放多媒体文件的顺序图

在 UML 中，对象用矩形表示，对象的名字用带下画线的单词表示，即 object:Class。其中，object 指名对象，Class 定义 object 的类型。通常可采用 3 种形式表示。

object　　　　　注明对象名，但未指出它的类型。

:Class　　　　　注明对象的类型，但未指出它的名称。

object:Class　　注明对象的类型和名称。

一个对象可以通过发送消息来创建另一个对象，当一个对象被删除或自我删除时，该对象用"X"标识。

顺序图中消息可以是信号、操作调用或类似于 C++中的 RPC（Remote Procedure Calls）和 Java中的 RMI（Remote Method Invocation）。当收到消息时，接收对象立即开始执行活动，即对象被

激活了。通过在对象生命线上显示一个细长矩形框来表示激活。每一条消息可以有一个说明，内容包括名称和参数。

消息也可以带有序号，消息还可以带有条件表达式，表示分支或决定是否发送消息。如果用于表示分支，则每个分支是相互排斥的，即在某一时刻仅可以发送分支中的一个消息。

在顺序图的左边可以有说明信息，用于说明消息发送的时刻、描述动作的执行情况以及约束信息等。例如，说明一个消息是重复发送。另外，可以定义两个消息间的时间限制。有时对象在发消息之前需要验证某个条件，只有条件为真时才发消息，否则就不发送。这个条件可以称为消息条件，直接标在消息上面。图 5.29 所示为具有过程控制流的顺序图。

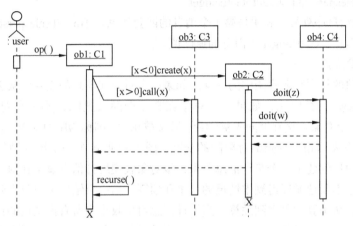

图 5.29　具有过程控制流的顺序图

在图 5.29 中，ob2:C2 是当 $x<0$ 条件满足时由 ob1:C1 创建的对象。Ob1:C1 与 ob2:C2 在完成操作后结束生命周期。而 ob3:C3 与 ob4:C4 则继续存活。

2. 通信图

通信图用于描述相互合作的对象间的交互关系和链接关系。对象间的合作情况用消息来表示。这里的消息与顺序图中的消息在本质上是相同的，但是没有了消息发送时间和消息传递时间的概念。同时，通信图中的消息也有其自己不同的格式。图 5.30 所示为播放多媒体文件的通信图。

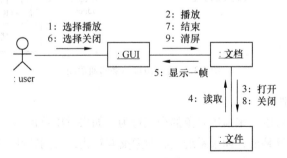

图 5.30　播放多媒体文件的通信图

（1）链接

通信图中的对象之间的关系首先是一种连接关系，这种关系可以是链接，也可以是消息连接关系，或者同时具备二者。链接可以用于表示对象间的各种关系，包括组成关系的链接、聚合关系的链接以及关联链接。各种链接关系与类图中的定义相同，在链接的端点位置可以显示对象的

角色名和模板信息。如图 5.31 所示，一个服务器（server）对象与一个客户端（client）对象具有
链接关系，其中服务器对象的职责是提供服务，客户端向
服务器发出一个同步请求后，等待服务器的回答。因此，
在图中客户对象与服务器对象间的连接关系是关联和消息
连接。

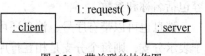

图 5.31　带关联的协作图

（2）消息流

在通信图的链接线上，可以用带有消息串的消息来描述对象间的交互。消息的箭头指明消息
的流动方向。消息串说明要发送的消息、消息参数、消息的返回值、消息的序列号等信息。例如：

1.2*[for all salespersons]:budget=GetBudget

其中，1.2 为消息序列号，表明是第 1 个消息的嵌套消息；*[for all salespersons]为重复执行的
条件；budget 为消息；GetBudget 为消息的返回值。

（3）对象生命周期

通信图中对象的外观与顺序图中的一样。如果一个对象在消息的交互中被创建，则可在对象
名称之后标以{new}。类似地，如果一个对象在交互期间被删除，则可在对象名称之后标以
{destroy}。如果一个对象在交互期间先被创建，后又被删除，则称为临时对象，用{transient}表示。

通信图可用来表示相当复杂的对象间的交互。图 5.32 所示为一个统计销售结果的复杂通信
图。由销售统计窗口创建了一个统计汇总对象，该对象收集统计信息显示在窗口中。当统计汇总
对象被创建后，它不断地循环得到推销员的订单和预算。第一个销售员对象得到它的所有订单，
将它们加在一起，从预算对象得到预算。当统计汇总对象收集完所有推销员的订单后，它被创建
完成。然后销售统计窗口对象从统计汇总对象得到结果行，并将每一行显示在窗口中。当读完所
有的结果行后，销售统计窗口显示操作返回，协作完成。

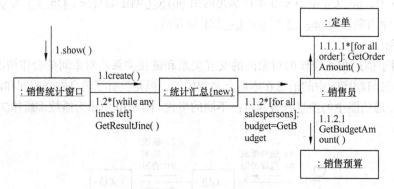

图 5.32　统计销售结果的通信图

3. 交互模型的识别

顺序图和通信图都可以用来描述对象的交互行为。如果对象数目不多，交互情况也不复杂，
顺序图与通信图可以相互替换；如果系统关心对象交互行为的时间特性，应该选择顺序图；如果
对象数目很多，而且交互情况较复杂，可能使用通信图，但是其中的某些"场景片段"可以使用
顺序图来专门描述其时间特性。人们可以在用例分析的基础上，结合对象模型，建立交互模型。
创建交互模型的步骤如下。

① 列出用例相关的所有对象类。交互模型中的主体是对象，但是人们又要描述用例，因此人
们就不能在模型中具体指定某个对象，因为这种同一类型的对象会有多个。需要注意的是当人们

描述对象间的交互行为时，不要陷入具体的场景之中。

② 根据用例活动确定对象间的消息通信。用例描述一般是以活动为中心，因此，识别对象在用例中的交互行为时，需要把这些活动以消息的形式委派给相应的对象，通过消息的发送和响应完成活动。一般第一个消息是由用况模型中的角色发出的，人们可以从这里开始，考察接收消息的对象如何按照用例中规定的活动来实现角色的要求。例如，角色请求汇总对象，统计汇总对象本身并不包含任何实际的信息，而只知道如何进行统计汇总。这时，该对象就发送消息给相应的对象以获取加以汇总的一些数据，从而实现统计汇总。

③ 定义对象间的消息连接和消息格式。一般应包括消息发送者、接收者、消息格式、时间要求等。同时要注意消息的正确形式，即是同步消息，还是异步消息，或是简单消息。

④ 确定消息发生的时间顺序。

⑤ 画出交互模型。

5.5.4　活动图

活动图的核心概念是活动，它着重描述操作实现中所完成的工作以及用例实例或对象中的活动。活动图是状态图的一个变种，与状态图的目的有一些小的差别，活动图的主要目的是描述动作及对象状态改变的结果。当状态中的动作被执行（不像正常的状态图，它不需要指定任何事件）时，活动图中的状态（称为动作状态）直接转移到下一阶段。活动图与状态图的另一个区别是活动图中的动作可以放在泳道中，泳道聚合一组活动，并指定负责人和所属组织。活动图是另一种描述交互的方式，描述采取何种动作，做什么（对象状态改变），何时发生（动作序列）以及在何处发生（泳道）。图 5.33 所示为一个订单活动图的例子。

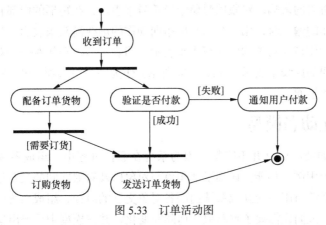

图 5.33　订单活动图

1. 活动和转移

一项操作可以描述为一系列相关的活动。活动仅有一个起点，但可以有多个结束点。活动间的转移允许带有活动转移条件、活动转移触发事件以及在活动转移时执行的动作（活动），其语法与状态图中定义的相同。一个活动可以顺序地跟在另一个活动之后，这是简单的顺序关系。如果在活动图中使用一个菱形的判断标志，则可以表达条件关系，判断标志可以有多个输入和输出转移，但在活动的运作中仅触发其中的一个输出转移。

引入活动图的目的主要是描述并发活动和跨用例的系统任务。在活动图中使用一个称为同步条的水平粗线可以将一条转移分为多个并发执行的分支，或将多个转移合为一条转移。此时，只有输入的转移全部有效，同步条才会触发转移，进而执行后面的活动，如图 5.33 所示。

2. 泳道

将模型中的活动按照职责组织起来通常很有用。泳道图的作用是将活动图的逻辑描述与顺序图、通信图的责任描述结合起来。泳道用矩形框来表示，属于某个泳道的活动放在该矩形框内，将对象名放在矩形框的顶部，表示泳道中的活动由该对象负责。如图 5.34 所示，采样器经初始化后产生两个并发任务：一个任务是采样处理；另一个任务是用采样得到的数据更新显示器。这两个任务分别由采样器和显示器完成。

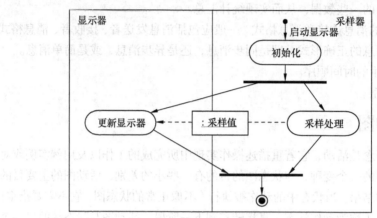

图 5.34　采样显示活动图

3. 对象

活动图能表示对象的值流和控制流。在活动图中，对象可以作为动作的输入或输出，或简单地表示指定动作对对象的影响。对象用对象矩形符号来表示，在矩形的内部有对象名或类名。当一个对象是一个动作的输入时，用一个从对象指向动作的虚线箭头来表示；当对象是一个动作的输出时，用一个从动作指向对象的虚线箭头来表示。当表示一个动作对一个对象有影响时，只需用一条对象与动作间的虚线来表示，如图 5.34 所示。作为一个可选项，可以将对象的状态用中括号括起来放在类名的下面。

5.5.5　建立动态模型

静态模型得到的类的信息并不完整，因为系统在运行过程中，组成系统的对象是相互配合的，协同完成每一个用例的功能。详细了解角色与对象以及对象之间的交互过程将极大地方便系统的具体实现。当系统与用户交互或系统内部各对象交互的时候，组成系统的对象为了适应交互要经历必要的变化。人们还需要了解对象如何随时变化，并在模型中反映出这种变化。

建立动态模型的步骤是：编写典型交互序列的场景，虽然场景中不可能包括每个偶然事件，但是至少必须保证不遗漏常见的交互行为；从场景中提取出对象之间的事件，确定触发每个事件的动作对象以及接受事件的目标对象；排列事件发生的次序，确定每个对象可能有的状态及状态之间的转换关系，并用状态图描述它们；最后，比较各个对象的状态图，检查它们之间的一致性和完整性。

1. 场景分析

在建立动态模型的过程中，场景是系统在某一执行期间内出现的一系列事件。场景用来描述用户与目标系统之间一个或多个典型的交互过程，以便于人们对目标系统的行为有更具体的认识。场景描述的范围并不是固定的，既可以包括系统中发生的全部事件，也可以只包括由某些特定对象触发的事件。场景描述的范围主要由编写场景的具体目的决定。

下面以“网上计算机销售系统”为例，介绍动态模型的建立过程。

订购配置的计算机用例描述如下。

简述：该用例允许客户输入一份购物订单，该订单包括提供运送和发票地址，以及关于付款的详细情况。

执行者：客户。

前置条件：客户进入订单 Web 页，该页面显示已配置计算机的细节及其价格，用户单击“订购”按钮时启动用例。

主事件流：

① 系统请求客户输入购买细节，包括销售员的名字、运送信息、发票信息、付款信息以及其他注释。

② 客户选择“提交”功能，发送订单给厂商。

③ 系统给订单唯一的订单号和一个客户账号，并将订单信息存入数据库。

④ 系统将订单号和客户账号与所有订单细节一起发 E-mail 给客户，作为接收订单的确认。

⑤ 客户在提供所有要求录入的信息之前，激活“提交”功能，系统显示错误信息，它要求提供所漏掉的信息。

⑥ 其他：客户选择“重填”来恢复一个空白的购物表格，系统允许客户重新输入信息。

后置条件：如果用例成功，购物订单记录在系统的数据库，否则系统的状态不变。

2. 设想用户界面

大多数交互行为都可以分为应用逻辑和用户界面两部分。在分析阶段首先集中精力考虑系统的信息流和控制流，而不考虑用户界面。事实上采用不同的界面，可以实现同样的处理逻辑。应用逻辑是内在的、本质的内容，用户界面是外在的表现形式。动态模型着重表示应用系统内在的处理逻辑，但也不能完全忽略用户界面。在这个阶段用户界面的细节并不太重要，重要的是在这种界面下的信息交换方式。人们的目的是确保能够完成全部必要的信息交换，而不会丢失重要的信息。图 5.35 所示为初步设想的订购配置的计算机界面格式。

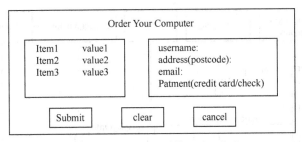

图 5.35　订购配置的计算机界面格式

3. 建立交互模型

完整、正确的场景为建立动态模型奠定了必要的基础。但是，用自然语言书写的脚本往往不够简明，有时还会出现二义性，因此需要建立交互模型。

（1）确定事件

事件包括系统与用户交互的所有信号、输入、输出、中断、动作等。例如，“输入送货地址”、“中断浏览”与“激活客户”等。同时应该把对控制流产生相同效果的那些时间组合在一起，作为一类事件。例如，“支付”是一个事件类，尽管这类事件中的每个个别事件的参数值不同，然而这并不影响控制流。但是应该把对控制流不同影响的那些事件区分开来，不要把它们都合在一起。例如，"激活客户"与"客户未激活"是不同的事件。在最终分类所有事件之前，可借助于状态图进行分析。

（2）画出活动图

经过分析，区分出每类事件的发送对象和接收对象之后，就可以用活动图描述获得对整个过程的理解。图 5.36 所示为以订购配置计算机用例为例建立的活动图。活动图是在较高的抽象层次上完成的，没有将事件赋予对象，人们利用活动图可以进一步显示用例的流程，然后再用交互图帮助人们将活动分配到各个对象中。

（3）创建交互图

① 从事件流中寻找角色。要标识角色，可以考察事件流由谁或什么启动。一个活动图中可以有多个角色，在特定情形中接收或发送系统消息的每个角色都在该情形的框图中显示。

② 从事件流中寻找对象。

③ 把活动图中的每个活动分配到对象中。活动图中的大部分活动对应的是对象的服务。将对象的服务转换为消息，并查找每个消息的发送对象和接收对象。

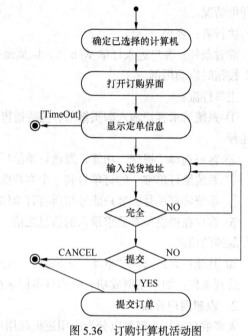

图 5.36　订购计算机活动图

④ 根据事件流中消息发送的顺序将其加入框图中。

结合界面分析，人们初步确定有"配置计算机窗口"和"订单窗口"两个界面对象。并确定了"计算机"、"订单"、"客户"、"支付" 4 个对象与订购过程有关。图 5.37 所示为订购顺序图（省略了计算机和配置项对象之间的消息交换）。

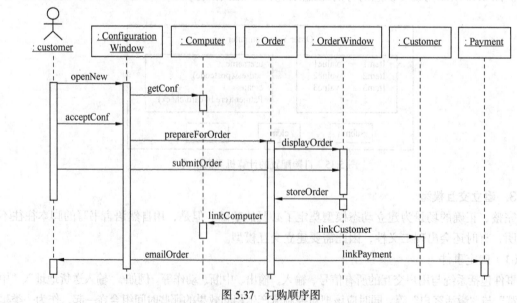

图 5.37　订购顺序图

交互图表现的是角色与系统以及系统内部对象之间的交互，角色与系统的交互是通过界面元素完成的。为了体现整个订购过程，人们从选择配置开始分析。活动显示当前配置顺序图如图 5.38 所示。

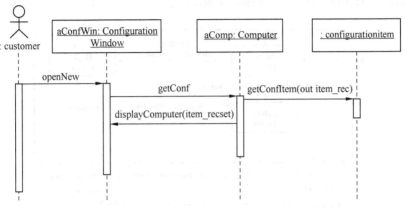

图 5.38　活动显示当前配置顺序图

客户先选择显示计算机配置，然后消息 openNew 被发送给类 ConfigurationWindow 的对象 aConfWin。这个消息导致创建一个新 aConfWin 对象（ConfigurationWindow 是界面类）。对象 aConfWin 需要"显示它自己"并带上配置数据，为此，它发送一个消息给对象 aComp:Computer。对象 aComp 使用输出参数 item_rec 来根据 ConfigurationItem 对象"组合它自己"，然后批量发送配置项到 aConfWin 作为 displayComputer 消息的参数 item_recset，对象 aConfWin 显示它自己。

（4）对象状态分析

状态图只是针对单个对象建模，通过分析一个单个对象的内部状态来了解一个对象的行为。对于有多种内部状态的对象，状态图可以显示对象如何从一种状态过渡到另外一种状态，以及对象在不同状态中的不同行为。确定一个类是否有重要的状态行为，可以通过以下两种方法。

① 检查类的属性：考虑一个类的实例在属性值不同时如何表现，因为如果对象的行为表现不同，则其状态也不同。

② 检查类的关联：查看关联重数中带 0 的关联，0 表示这个关联是可选的。关联存在时和不存在时类似实例是否表现相同？如果不同，则可能有多种状态。

图 5.39 所示为发票的状态图。发票的初始状态是 Unpaid，有两种可能从 Unpaid 状态出发的变迁。对应于 Partly Payment 事件，发票对象进入 Partly Paid 状态，只允许有一次 Partly Payment。Final Payment 事件是在处于 Unpaid 或 Partly Paid 状态的情况下，激活到 Fully Paid 状态的变迁。

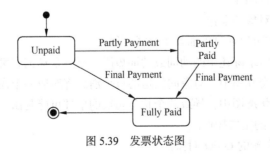

图 5.39　发票状态图

订单 Order 的状态图如图 5.40 所示，初始状态为 New Order，这是 Pending 状态中的一个，其他两个是 Back Order 和 Future Order，从 Pending 状态所嵌套的任何 3 个状态出发，存在两个可能的变迁。进入 Canceled 状态的变迁由监护条件[Canceled]来监护。到状态 Ready to Ship 的转移用一个包含时间、条件和行为的完整的描述来标记。

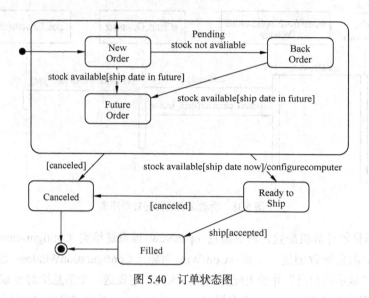

图 5.40 订单状态图

4．描述操作

虽然在类中引入操作常常要到设计阶段进行，但在建立交互模型的过程中人们能够发现一些操作。交互和操作之间的相关性是直接的，每条消息调用被调用对象中的一个操作。这个操作与这条消息有相同的名字。对象的操作可以分为两类："知道"型操作和"做"型操作。

"知道"型操作包括以下几种。
- 知道自己的私有的、封装了的数据。
- 知道与自己相关的对象信息。
- 知道自己派生出来或者计算出来的事物。

与"知道"型关联的一些操作通常可以从对象模型中推断出来，因为对象模型中所展示的属性和关联通常都包含了与"知道"型操作有关的信息。但在系统的分析阶段，人们主要关心的是对象的"做"型操作。

"做"型操作有以下几种。
- 自己完成某项任务。
- 发起其他对象执行动作。
- 控制和协调其他对象的动作。

对象的"做"型操作可以通过下面几个途径获得。
- 需求描述：查找需求陈述中的动词或动词短语，每一个动词有可能对应一个类的操作。
- 交互图消息：在交互图中，对象间发送的每个消息都对应一个操作的实现。
- 状态图事件：在状态图中，导致两个状态切换的事件可能是由一个或几个操作来完成的。

下面给出了类 Order 的主要操作。
- Create：创建一个新的 Order 对象。
- Destroy：删除一个 Order 对象。

● Find：查找 Order 对象。

其余类的操作，读者可以参照给出。

本章练习题

1. 判断题

（1）边界对象表示了系统与参与者之间的接口。在每一个用例中，该对象从参与者处收集信息，并将之转换为一种被实体对象和控制对象使用的形式。　　　　　　　　　　　（　　　）

（2）采用面向对象的方法开发软件的过程中，抽取和整理用户需求并建立问题域精确模型的过程叫面向对象分析。　　　　　　　　　　　　　　　　　　　　　　　　　　（　　　）

（3）继承仅仅允许单重继承，即不允许一个子类有多个父类。　　　　　　　（　　　）

2. 选择题

（1）采用 UML 进行软件建模的过程中，类图是系统的一种静态视图，用（　　　）可明确表示两类事物之间存在的整体/部分形式的关联关系。

  A. 依赖关系   B. 聚合关系   C. 泛化关系   D. 实现关系

（2）在 UML 语言中，图 5.41 中的 a、b、c 三种图形符号按照顺序分别表示（　　　）。

图 5.41　UML 中的三种对象

  A. 边界对象、实体对象、控制对象   B. 实体对象、边界对象、控制对象

  C. 控制对象、实体对象、边界对象   D. 边界对象、控制对象、实体对象

（3）不同的对象收到同一消息可以产生完全不同的结果，这一现象叫做（　　　）。

  A. 继承   B. 多态   C. 动态绑定   D. 静态绑定

3. 简答题

（1）简述对象与类之间的联系与区别。

（2）试描述继承性与多态性的作用。

（3）通过看图回答下面的问题。

在图 5.42 所示的用例图（UseCase Diagram）中：

① X1、X2 和 X3 表示用例中的什么？

② 已知 UC3 是抽象用例，那么 X1 可通过图中的哪些用例与系统进行交互？

③ 图中哪个用例是 UC4 的可选部分，哪个用例是 UC4 的必须部分？

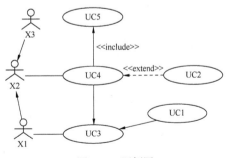

图 5.42　用例图

4. 应用题

（1）某客户信息管理系统中保存着两类客户的信息：个人客户和集团客户。

个人客户：对于这类客户，系统保存了其客户标识（由系统生成）和基本信息（包括姓名、住宅电话和 E-mail）。

　　集团客户：集团客户可以创建和管理自己的若干名联系人。对于这类客户，系统除了保存其客户标识（由系统生成）之外，也保存了其联系人的信息。联系人的信息包括姓名、住宅电话、E-mail、办公电话以及职位。

　　该系统除了可以保存客户信息之外，还具有以下功能。

- 向系统中添加客户（addCustomer）。
- 根据给定的客户标识，在系统中查找该客户（getCustomer）。
- 根据给定的客户标识，从系统中删除该客户（removeCustomer）。
- 创建新的联系人（addContact）。
- 在系统中查找指定的联系人（getContact）。
- 从系统中删除指定的联系人（removeContact）。

　　该系统采用面向对象方法进行开发。在面向对象分析阶段，根据上述描述，得到该系统中的类，并绘制 UML 的类图。

　　（2）某"网上图书销售系统"采用会员制方式进行顾客管理和图书销售。找出这个系统的执行者和主要用例，并写出每个用例的场景。

　　（3）下面是图书馆管理信息系统的需求陈述，请建立用例模型、对象模型和动态模型。

　　图书管理员是图书馆的工作人员，他和读者打交道，并在软件系统的支持下进行工作。

　　图书按性质分为两类：图书和杂志。它们的借阅政策（如借阅时间长短）是不同的。

　　图书馆将图书和杂志借给借书者。所有借书者已预先注册，所有图书和杂志也已经预先注册。

　　图书馆负责新书的购买。每一种图书可以购进多本，当旧书超期或破损不堪时，要从图书馆去掉。

　　借阅者可以预定当前已借出的图书和杂志。这样，当他所预定的图书或杂志归还或新购进时，管理员就可以尽快通知预定人。当预定了某书的借书者借阅了该书后，预定就自动取消，也可通过手工方式强行取消预定。

　　图书馆能够容易地建立/修改/删除标题、借书者、借阅信息和预定信息。

　　所有图书和借书人的信息要能够方便地进行查询。

　　系统能够运行的技术环境包括 UNIX、Windows 等，并有一个使用方便的图形用户界面。

第6章
面向对象的软件设计

面向对象的设计是将分析所创建的分析模型（静态模型、动态模型）转换为设计模型，同时，通过进一步细化需求，对分析模型加以修正和补充。与传统方法不同，设计模型采用的符号与分析模型是一致的，设计是结合实现环境不断细化、调整概念类的过程。面向对象分析时主要考虑系统做什么，而不关心系统如何实现。在设计阶段主要解决系统如何做的问题。因此，需要在分析模型中为系统实现补充一些新的类、属性或操作。在设计时同样遵循信息隐蔽、抽象、功能独立、模块化等设计准则。本章主要介绍面向对象设计的基本原理、特点、设计准则与设计过程，使读者掌握面向对象设计方法的主要特点和基本知识。

本章学习目标：

1. 理解面向对象软件设计的基本原理
2. 掌握系统设计的过程与方法
3. 理解构件建模的方法
4. 掌握详细设计的内容与过程
5. 了解面向对象测试的概念与方法

6.1 面向对象软件设计概述

面向对象的设计以面向对象分析所产生的系统规格说明书为基础，设计出描述如何实现各项需求的解决方案。这个解决方案是后续进行系统实现的基础。从面向对象分析到面向对象设计，是一个逐渐扩充模型的过程，即是用面向对象观点建立求解域模型的过程。尽管分析与设计的侧重有明显的区别，但是在实际的软件开发过程中二者的界限是模糊的，许多分析结果可以直接映射成设计结果，而在设计中又往往会加深和补充对系统需求的理解，从而进一步完善分析结果。

6.1.1 面向对象设计准则

软件设计的目的是产生用于实现待开发系统的规格说明书，它对系统如何工作给出了逻辑描述。原则上，在设计阶段应该尽量不涉及与具体编程环境相关的决策内容，这样的设计具有较强的灵活性，可以适用于各种开发环境。面向对象设计的准则如下。

1. 模块化

大型系统的特点决定了系统的设计必然走模块化的道路。自顶向下，分而治之是控制系统复杂性的重要手段。为此，将一个问题分解成许许多多的子问题，由不同的开发者同时开发，由此可得到许多易于管理和控制的模块。这些模块具有清晰的抽象界面，同时还指明了该模块与其他模块相互作用的关系，每个模块可以完成指定的任务。面向对象软件开发模式，很自然地支持了把系统分解成模块的设计原理，因为对象就是模块。它是把数据结构和操作这些数据的方法紧密地结合在一起所构成的模块。

2. 抽象

面向对象方法不仅支持过程抽象，而且支持数据抽象。类实际上是一种抽象数据类型，它对外开放的公共接口构成了类的规格说明（即协议），这种接口规定了外界可以使用的合法操作符，利用这些操作可对类实例中包含的数据进行操作。使用者无需知道这些操作符的实现算法和类中数据元素的具体表示方法，就可以通过这些操作符使用类中定义的数据。通常把这类抽象称为规格说明抽象。此外，某些面向对象的程序设计语言还支持参数化抽象。所谓参数化抽象，是指当描述类的规格说明时，并不具体指定所要操作的数据类型，而是把数据类型作为参数。这使得类的抽象程度更高，应用范围更广，可复用性更高。例如，C++语言提供的"模板"机制就是一种参数化抽象机制。

3. 信息隐蔽

在进行模块化设计时，为了得到一组最好的模块，应该使得一个模块内包含的信息（处理和数据）对于不需要这些信息的模块来说是不能被访问的，即要提高模块的独立性。当修改或维护模块时，会减少把一个模块的错误扩散到其他模块中去的机会。在面向对象方法中，信息隐蔽通过对象的封装性来实现。类结构分离了接口与实现，封装和隐蔽的不是对象的一切信息，而是对象的实现细节，即对象属性的表示方法和操作的实现算法。对象的接口是向外公开的，其他模块只能通过接口访问它。

4. 低耦合

耦合度指一个软件结构内不同模块间互连的紧密程度。在面向对象方法中对象是最基本的模块，因此，耦合主要指不同对象之间相互关联的紧密程度。在理想情况下，对某一部分的理解、测试或修改，无须涉及系统的其他部分。如果某类对象过多地依赖其他类对象来完成自己的工作，则不仅给理解、测试或修改这个类带来很大困难，而且还将大大降低该类的可复用性和可移植性。显然，类之间的这种相互依赖关系是紧耦合的。当然，对象不可能是完全孤立的，当两个对象必须相互联系与相互依赖时，应通过类接口实现耦合，而不应该依赖于类的具体实现细节。对象之间的耦合可分为交互耦合与继承耦合两大类。

① 交互耦合：如果对象之间的耦合通过消息连接来实现，则这种耦合就是交互耦合。为使交互耦合尽可能松散，应该遵循下述准则。

● 尽量降低消息连接的复杂程度。应该尽量减少消息中包含的参数个数，降低参数的复杂程度。

● 减少对象发送（或接收）的消息数。

② 继承耦合：与交互耦合相反，应该提高继承耦合程度。继承是一般化类与特殊类之间耦合的一种形式。从本质上看，通过继承关系结合起来的基类（父类）和派生类（子类），构成了系统中粒度更大的模块。因此，它们彼此之间应该结合得越紧密越好。为了获得紧密的继承耦合，特殊类应该确实是对它的一般化类的一种具体化。因此，如果一个派生类摒弃了它基类的许多属性，则它们是松耦合的。在设计时应该使特殊类尽量多继承并使用其一般化类的属性和操作，从而更紧密地耦合到其一般化类。

5. 高内聚

内聚性可以衡量一个模块内各个元素彼此结合的紧密程度。设计时应力求高内聚性。在面向对象设计中存在以下 3 种内聚。

① 操作内聚：一个操作应该完成一个且仅完成一个功能。

② 类内聚：一个类应该只有一个用途，它的属性和服务应该是高内聚的。类的属性和服务应该全都是完成该类对象的任务所必需的，其中不包含无用的属性或服务。如果某个类有多个用途，通常应该把它分解成多个专用的类。

③ 泛化内聚：设计出的泛化结构应该符合多数人的概念，这种结构应该是对相应的领域知识的正确抽取。

6. 可复用

软件复用是提高软件开发生产率和目标系统质量的重要途径。复用基本上从设计阶段开始。复用有两方面的含义：一是尽量使用已有的类（包括开发环境提供的类库及以往开发类似系统时创建的类）；二是如果确实需要创建新类，则在设计这些类的协议时，应该考虑将来的可重复使用性。

6.1.2　面向对象设计的过程

面向对象分析所产生的系统规格说明书确定了待开发系统的范围，以用例图、分析类图、时序图等对待开发系统的功能进行了描述。在此基础上，面向对象设计将产生用于实现待开发系统的规格说明书，它对系统如何工作给出了逻辑描述，它通常包括系统设计和对象设计（或详细设计）两个层次。系统设计是选择合适的解决方案策略，并将系统划分成若干子系统，从而建立整个系统的体系结构；对象设计是细化原有的分析对象，确定一些新的对象、对每一个子系统接口和类进行准确详细的说明。面向对象设计的过程如图 6.1 所示。

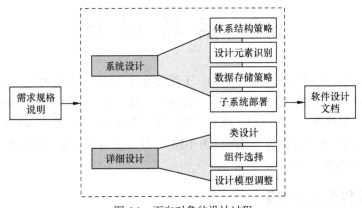

图 6.1　面向对象的设计过程

1. 系统设计

系统设计的任务是确定整个系统的架构和风格，建立解决方法的高层决策。具体工作是以分析模型为依据，将系统分解为子系统。子系统的所有元素共享某些公共的性质，它们可能驻留在相同的硬件中，或者它们可能管理相同的类和资源。设计阶段还要识别固有的并发性，把子系统分配给处理器，并选择数据存储管理的方法，处理访问全局资源，选择软件中的控制实现，处理边界条件，同时决定处理的优先级。系统设计的步骤如下。

① 首先进行系统架构设计，使系统具有良好的稳定性、开放性和可扩充性。从系统的逻辑架构向开发架构和进程架构两个方向演化，再汇合到系统的物理架构上。

② 包和子系统设计。如果系统复杂，应将系统划分为若干个子系统，确定子系统之间的接口。

③ 给系统分配处理机和任务。

④ 根据数据结构、文件和数据库选择实现数据存储的基本策略。

⑤ 标识全局资源和确定控制访问这些资源的机制。

⑥ 选择实现软件控制方法。

⑦ 考虑边界条件。

⑧ 建立折衷的优先权。

2. 详细设计

详细设计是在面向对象分析产生的分析类的基础上，将其映射成设计类。为每个类的属性和操作做出详细的设计，并给出用于实现操作的各种方法的算法和接口。所有的类都要尽可能地进行详细描述，给编写代码的程序员一个清晰的规范说明。详细设计的步骤如下。

① 细化、补充类的属性和操作。

② 设计类操作的实现算法。

③ 优化数据访问路径。

④ 实现外部交互式的控制。

⑤ 调整类结构，增加继承性。

⑥ 设计类之间关联的实现方式。

⑦ 确定对象属性的精确表示。

⑧ 把类和关联打包归纳到模块中。

鉴于篇幅所限，在以下的介绍中主要讨论重点问题。

6.2 系 统 设 计

在系统设计阶段，整个系统的体系架构、子系统的划分和风格都要确定。在软件的整个生命周期里，架构分析与设计是一个迭代的过程。在分析与设计的不同阶段中，软件系统的架构被一步步细化和完善，最终形成一个合理、规范、符合设计要求的架构模型。体系架构设计的目的就是要通过科学的解析，将整个软件系统划分为不同的构件，并准确定义出构件和构件之间的接口，设计一个清晰简单的体系结构。

6.2.1 软件架构风格

选择合适的架构风格是软件设计的一项重要任务。可以将架构风格看作是提供软件高层组织结构的元模型。架构风格是软件宏观的设计模式，它采用粗粒度的方式描述系统的组织结构，也被称为架构模式。随着软件开发技术的发展，新的架构风格不断出现，关于架构风格的分类也存在多种不同的方式。

按照软件系统的类别，通常可将架构风格分为通用结构的架构风格、分布式系统的架构风格、交互式系统的架构风格和其他架构风格等。

1. 通用结构的架构风格

通用结构的架构风格是指在不同种类的软件系统中都可以应用的风格，主要有分层、管道与过滤器和黑板这 3 种常见的风格。

针对大型系统，分层架构风格将其抽象为不同的层次，从而提供了一种进行系统分解的模式。每一层通过接口向其高层提供服务。高层像是依赖于低层运行的虚拟机，而低层不依赖于高层。在分层架构风格中，由于每一层都只与其相邻的层进行交互，因此程序具有良好的可修改性和复用性。即由于每一层都是通过接口与其相邻的层交互的，因此当需要修改某一层时，只要接口保持不变就不会影响到其他的层；同时，由于每一层都是通过接口向其高层暴露服务的，因此，如果使用标准统一的接口，就可以将这一层当成标准的服务层在其他系统中复用。例如，JDBC（Java Data Base Connectivity）驱动可以看作是数据库连接层，由于它实现了标准的 JDBC SPI（Service Provider Interface）接口，因此它能够在许多应用系统中被复用。

分层架构风格虽然有它的优势，但也存在缺点。首先，分层越多，完成特定功能的接口调用开销就会越大，这样会影响系统的性能；其次，由于每一层都是通过暴露接口提供服务的，因此用户代码的控制力会被削弱。

2. 分布式系统的架构风格

分布式系统的架构风格主要关注如何将软件系统的计算任务分布到不同的进程中执行，以提高系统的处理能力，主要有客户端/服务器、三层架构和代理 3 种风格。这 3 种风格都属于分层架构的具体类型，客户端/服务器架构将系统分成了两层；三层架构将系统分成了表示层、业务逻辑层和数据访问层 3 层；代理通过增加代理层添加了额外的控制机制，并向用户屏蔽了代理对象。

3. 交互式系统的架构风格

交互式系统的架构风格主要关注于设计出交互能力强并且更易于维护的交互式系统，主要有模型—视图—控制器（Model-View-Controller，MVC）和表示—抽象—控制（Presentation-Abstraction-Control，PAC）两种常见的风格。

MVC 风格与三层架构风格很类似，它也强调要将软件系统分成 3 个相互关联的部分：模型、视图和控制器。模型管理系统中存储的数据和业务规则，并执行相应的计算功能；视图根据模型生成提供给用户的交互界面，不同的视图可以对相同的数据产生不同的界面；控制器接收用户输入，通过调用模型获得响应，并通知视图进行用户界面的更新。

MVC 架构和三层架构的区别在于：首先，MVC 架构的目标是将系统的模型、视图和控制器强制性地完全分离，从而使同一个模型可以使用不同的视图来表现，计算模型也可以独立于用户界面。而三层架构的目标是将系统按照任务类型划分成不同的层次，从而可以将计算任务分布到不同地进程中执行，以提高系统的处理能力。其次，在 MVC 架构中，模型包含了业务逻辑和数据访问逻辑，而在三层架构中它们属于两个层的任务。很多开发框架都支持 MVC 架构，如 Struts，很多 Web 应用都是基于 Struts 开发的。

6.2.2　逻辑体系架构设计

系统逻辑体系架构是从系统到子系统的总体组织结构。进行体系架构设计时，需要确定一些策略性的设计方法、原则和基本模式。在它们的指导下，开发者可以高屋建瓴地分析软件系统的宏观结构，认识软件系统由哪些构件、包构成，了解构件之间的接口和协作关系。每个构件可能关注特定的功能领域或关注特定的技术领域。体系架构分析设计的结果对于后续的详细设计工作也是一种约束，有助于消除设计和实现过程中的随意性。这里说的"构件"指的是由一组对象构成的，有固定接口的有机体。

在构架设计前，必须明确待设计的软件类型。另外不同规模的软件在架构分析设计中的表现也不尽相同，例如，像电子商务网站那样中等规模的分布式应用，以及单机上运行的小型应用软件就有所不同。对不同规模的软件系统，应采用不同的架构和模式。

在很多情况下，系统的体系架构不需要完全由自己来设计，因为针对特定的问题已经有很多现成的解决方案，某些解决方案在其他同类系统中已经得到的成功应用，可以供人们借鉴或直接使用。通常选择一个系统的总体架构是基于已有的相类似的系统，某些系统的架构模式对解决几个主要问题是有用的。

1. 层次模式分析

当一个系统比较复杂，需要从不同的层次来观察该系统时，人们通常都会自然而然地按照分层模式的要求分解系统的构件单元。需要注意的是，层次架构也是按照对象和类，而不是按照功能来分解软件系统的。

（1）层次模式

典型的应用系统除了要实现业务功能之外，还必须要实现与用户界面和持久化存储机制的连接。这种体系结构的主要特征是将应用逻辑从软件中分离出来，形成了一个单独的逻辑中间层。把应用逻辑和存储逻辑分开是非常重要的，这样不管哪一部分改变都不会影响其他的部分。通常在体系架构的设计上具有若干个层次，图6.2所示为典型的3层体系结构。

- 表现层：图形用户界面、窗口等。
- 业务逻辑层：管理业务过程的任务和规则。
- 数据访问层：持久化存储机制，如文件系统、数据库等。

表现层相对来说基本不处理应用业务过程，而只负责与用户交互，接收用户的请求，然后将任务请求转发给业务逻辑层。业务逻辑层完成业务过程的处理，将处理结果反馈给表现层，由表现层显示给用户。同时，业务逻辑层还要与后端的数据访问层之间进行通信。

业务逻辑层通常可被进一步分解为更细的层次，一般是采用以软件类为基础组织结构。例如，业务逻辑层可由下列层组成。

- 业务对象层：代表那些能够满足应用需求的领域概念的对象。
- 服务对象层：提供支撑服务的非问题域中的对象，如系统和存储层的接口。

多层体系结构的好处是使系统的逻辑结构更加清晰，各个层次之间相对独立，只要接口保持不变，每一层的改变对其他层都没有影响。

在UML中，使用包来表示系统体系架构，如图6.3所示。

图6.2　典型的3层体系结构

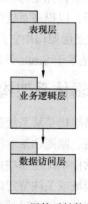

图6.3　3层体系结构包图

包是一种分组机制。把各种各样的模型元素通过内在的语义连在一起，构成为的一个整体就叫做包。包的图形表示是由两个矩形组成，小矩形（标签）位于大矩形的左上角。包能够引用来自其他包的模型元素，一个包从另一个包中引用模型元素时，两个包之间就建立了关系。包之间允许建立的关系有依赖、泛化等。

（2）设计要求

在进行分层设计时应注意以下几点。

● 层与层之间的耦合应尽可能的松散，这样只要保证接口一致，某一层的具体实现就能很容易被扩展和替换。

● 级别相同、职责类似的元素应该被组织到同一层中。

● 复杂的模块应被继续分解为粒度更细的层或子系统。

● 应尽量将可能发生变化的元素封装到一个层次中，这样发生变化时人们只要改变受影响的层就可以了。

● 每一层应只调用下一层提供的功能服务，而不能跨层调用，但对于一些限制不是太严格的小系统，也可以根据情况灵活处理。

● 不能在层与层之间造成循环依赖。

（3）避免循环依赖

在分层设计时不能出现循环依赖，因为层与层之间的循环依赖会严重妨害软件的复用性和可扩展性。循环依赖必然导致系统耦合度的增强，使得系统中的每一层都无法独立构成一个可复用的构件单元，当需求发生变化时，某一层的改动也必然引发其他层的变更。图 6.4 所示为一个层与层之间的循环依赖关系的例子，其中层 A 和层 C 之间，层 A1 和层 B1 之间都存在着严重的循环依赖关系。消除循环依赖有很多方法，对于图 6.4 中所示的层 A、层 B、层 C 之间的循环依赖，可以从最上面的层 A 中提取出公共部分，组成一个新的层 A'，供下面的层 C 调用，如图 6.5 所示。

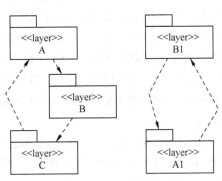

图 6.4　层与层之间的循环依赖关系

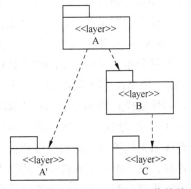

图 6.5　消除层与层之间的循环依赖关系

2．子系统划分

几乎所有的应用都需要将系统分解为多个子系统。系统到子系统的分解可以组织成一系列水平分层和垂直分块。上面已经介绍了分层策略，这里再讨论系统的垂直分块问题。垂直分块是将系统分解为若干个相对独立、低耦合的子系统。在面向对象系统设计时，应该把分析模型中紧密相关的类、关联、操作事件和约束等设计元素包装成子系统。通常子系统的所有元素共享某些公共的性质，它们可能都涉及完成相同的功能；它们可能驻留在相同的硬件设备中；或者它们可能管理相同的类和资源。子系统由它们的责任所刻画，即一个子系统可以通过它们提供的服务来标识。例如，计算机操作系统包含文件系统、过程控制、虚拟内存管理和设备控制。子系统的设计准则如下。

- 子系统应具有良好的接口，通过接口和系统的其他部分通信。
- 除了少数的"通信类"外，子系统中的类应只和该子系统中的其他类协作。
- 子系统的数量不宜太多。
- 可以在子系统内部再次划分，以降低复杂度。

每个子系统与其他子系统之间有一个很好定义的接口，这个接口指明了所有交互的形式和通过子系统边界的信息，但不指出这个子系统的内部实现。对每个子系统能够进行独立的设计，这些设计并不影响到其他子系统。对于一个接口固定的子系统而言，人们可以根据需要替换结构或实现代码，以保证子系统在不同环境下的可复用性。

利用分层和分块的各种组合，可以成功地将多个子系统组成一个完整的软件系统。当混合使用层次和块状结构时，同一层次能够由若干块组成，而同一块也能分为若干层。图 6.6 所示为采用了分层和分块混合结构的学生课程注册系统的体系架构图。

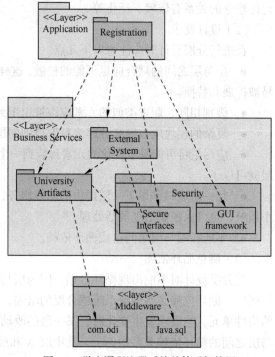

图 6.6　学生课程注册系统的体系架构图

6.2.3　物理体系架构建模

确定软件系统的逻辑层次之后，考虑物理部署也很重要。系统的物理体系架构设计的目的是尽可能实现软件的逻辑体系架构。例如，可以同时将 SQL Server、Internet Information Server、ASP.NET 和.NET 安装在单个计算机上来实现应用。但这既不可靠，效率也不高。如果将系统的不同逻辑部件分布地安装在不同的计算机上，则可使应用具有更好的可靠性，更便于维护和扩展。例如，在由 3 个 Web 服务器组成的簇上部署 Web 软件，在两个应用服务器上部署.NET 构件集合，在两个故障恢复模式的 SQL Server 上部署数据库。这样产生的物理体系结构将 7 个 Windows 服务器包含在 3 个主要组中——Web 簇、构件簇和数据库簇。

物理体系架构涉及系统的硬件和软件，它显示了硬件的结构，包括不同的结点和这些结点之间如何连接，它还图示了软件模块的物理结构和依赖关系，并展示了对进程、程序、构件等软件在运行时的物理分配。在进行物理体系设计时应考虑以下几个问题。

- 类和对象物理上位于哪个程序或进程？
- 程序和进程在哪台计算机上执行？
- 系统中有哪些计算机和其他硬件设备？它们如何相互连接？
- 不同的代码文件之间有什么依赖关系？如果一个指定的文件被改变，那么哪些其他文件要重新编译？

通常可以用构件图和部署图来描述系统的物理体系架构。

1．构件图

构件是具有相对独立功能、可以明确辨识、接口由契约指定、语境有明显依赖关系、可独立部署且多由第三方提供的可组装软件实体。按照 UML 2.0 的定义，构件是系统的模块化部分，它封装了自己的内容，且它的声明在其环境中是可以替换的；构件利用提供接口和请求接口定义自身的行为，它起类型的作用。构件图的作用是描述这些构件类及其他们之间的关系。

① 构件间的依赖关系。构件之间的关系主要是依赖关系，用来表示一个构件需要另一些构件才能有完整的定义。从一个构件 A 到另一个构件 B 的一个依赖意味着从 A 到 B 有特定的语言依赖，在所编译的语言中，这意味着 B 的改变将需要 A 重新编译一次，因为编译 A 时使用 B 中的定义。如果构件是可执行的，那么依赖连接能用来指出一个可执行程序需要哪些动态链接库才能运行。

图 6.7 所示为"超市购买商品系统"的构件图（UML 1.X 版）。其中以顾客为例，顾客可以通过页面访问系统，然而具体的顾客服务处理则依赖于顾客服务程序；若顾客需要查询订单信息，则要通过订单信息查询程序获得服务；若建立订购单，则需要通过订单处理程序获得服务；而在提交订单时，还需要建立付款记录，因此，它依赖于付款处理程序构件。

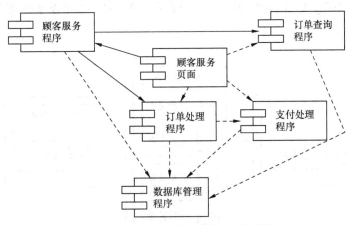

图 6.7　"超市购买商品系统"的构件图

② 接口。接口是一个构件提供给其他构件的一组操作。同子系统中提到的接口一样，在构件重用和构件替换上接口是一个很重要的概念。在系统开发中构造通用、可重用的构件时，如果能够清晰地定义、表达出接口的信息，那么构件的替换和重用就变得十分容易，否则，开发者就不得不一步一步地编写代码，这个过程非常耗时。接口部分提供接口和请求接口。把构件实现的接口称为提供接口，这意味着构件的提供接口是给其他构件提供服务的。构件可以直接实现提供接口，构件的子构件也可以实现提供接口。实现接口的构件支持由该接口所拥有的特征，此外，构件必须与接口拥有的约束相容。构件使用的接口被称为请求接口，即构件向其他构件请求服务时要遵循的接口。UML 2.0 规定的构件的图形符号如图 6.8 所示。

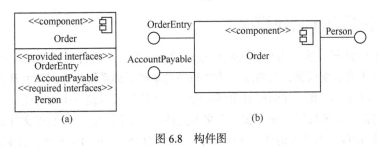

图 6.8　构件图

接口名写在空心圆附近。UML 2.0 把构件分为基本构件和包装构件。基本构件注重于把构件定义为在系统中可执行的元素。包装构件扩展了基本构件的概念，它注重于把构件定义为一组相关的元素，这组元素为开发过程的一部分，也即包装构件定义了构件的命名空间方面。在构件的命名空间中，可以包括类、接口、构件、包、用例、依赖（如映射）和制品。

设计时可以将类图中的类分配到需要创建的物理构件上去，以达到由逻辑设计向物理设计的过渡。当需要将逻辑类分配到物理构件去时，可以根据类在行为上的联系程度进行合理分配。

2. 部署图

部署图描述了处理器、设备和软件构件运行时的体系架构。从这个体系架构上可以看到某个结点在执行哪个构件，在构件中实现了哪些逻辑元素（类、对象、协作等），最终可以从这些元素追踪到系统的需求分析。部署图的基本元素有结点、连接、构件、对象和依赖。可以将结点、构件看作是分布式系统中的分布单元，并可以使用部署图描述分布式系统的体系架构。图 6.9 所示为"超市购买商品系统"的部署图，这是一个分布式应用系统，其涉及 Web 服务器、应用服务器和数据库服务器几个结点。

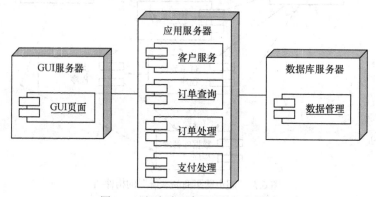

图 6.9 "超市购买商品系统"部署图

① 结点。结点是指某种计算资源的物理对象，包括计算机、设备（如打印机、通信设备）等。结点既可以看作类型，也可看作实例。结点用三维立方体表示，中间标明结点名。当结点表示实例时，名字下面应加下画线。结点上还可附加诸如<<Printer>>、<<Router>>等符号，表示特定设备类型。

② 连接。结点通过通信关联相互连接，连接用一条直线表示，它指出结点只存在着某种通信路径，并指出通过哪条通信路径可使这些结点间交换对象或发送消息。在连接上可附加诸如<<TCP/IP>>、<<DecNet>>等符号，以指明通信协议或所使用的网络。

6.2.4 基于构件的建模

基于构件的软件开发被认为是解决软件危机的重要途径。构件级的复用粒度要比类的粒度大。面向构件的建模重视部署，将系统实体之间的关系扩展到系统生命周期的其他阶段，特别是产品阶段和部署阶段。因此，在面向对象环境中，一个构件可以是一个编译类，可以是一组编译类，也可以是其他独立的部署单元，如一个文本文件、一个图片、一个数据文件或一个脚本等。UML 支持对逻辑构件（如业务构件、过程构件）和物理构件（如 EJB 构件、CORBA 构件、.NET 构件以及 WSDL 构件）的规约；UML 支持对实现构件的制品、对可执行的构件的部署和对构件执行在其上的结点的规约。

1．构件的特性

软件构件具有以下 3 个基本特性。

● 独立部署单元：由于构件是可以独立部署的，因此它必须与它所在的环境及其他构件相分离。同时它自己具有完全的原子性，即不能再被分拆或被使用内部细节信息。

● 可作为第三方的组装单元：一个构件必须很好地封装自己，只有通过定义良好的外部接口和服务说明与外部交互。

● 没有（外部的）可见状态：构件是没有状态的，在同一系统中，加载或激活多个构件的复制是没有意义的。因此给定一个进程，它至多只能存在有一个特定的构件。

2．设计基于类的构件

（1）基本设计原则

① 开闭原则。指的是一个模块在扩展性方面应该是开放的，而在更改性方面应该是封闭的。即在设计模块的时候，应该尽量使得模块可以扩展，并且在扩展时不需要对模块的源代码进行修改。封闭一个模块的好处是该模块以后可以作为系统的一个稳定的组件使用，它不再受进一步改变的影响，而这种改变会反过来影响到设计的其他部分。如果一个模块容易扩展，就意味着该模块易于维护。为了达到开闭原则的要求，在设计时要有意识地使用接口进行封装，采用抽象机制，并利用面向对象中的多态技术。实际上，类是一种抽象数据类型，它对外开放的公共接口构成了类的规范说明（即协议），这种接口规定了外界可以使用的合法操作符，利用这些操作符可对类实例中包含的数据进行操作。使用者无须知道这些操作符的实现算法和类中数据元素的具体表示方法，就可以通过这些操作符使用类中定义的数据。此外，某些面向对象的程序设计语言还支持参数化抽象。所谓参数化抽象，是指当描述类的规范说明时，并不具体指定所要操作的数据类型，而是把数据类型作为参数。这使得类的抽象程度更高，应用范围更广，可重用性更好。例如，C++语言提供的"模板"机制就是一种参数化抽象机制。如果一个模块可以将接口和它的实现分离开，使客户模块仅依赖它的提供者模块的接口，那么提供者模块实现的修改就不会影响客户模块。

② Liskov 替换原则。指的是子类可以替换父类出现在父类能出现的任何地方。例如，类 ClassA 要使用 ClassB，ClassC 是 ClassB 的子类。如果在运行时，用 ClassC 代替 ClassB，则 ClassA 仍然可以使用原来 ClassB 中提供的方法，而不需要做任何改动。利用 Liskov 替换原则，在设计时可以把 ClassB 设计为抽象类（或接口），让 ClassC 继承抽象类（或实现接口），而 ClassA 只与 ClassB 交互，运行时 ClassC 会替换 ClassB。这样可以保证系统有较好的可扩展性，同时又不需要 ClassA 做修改。因为子类的实例可以替换父类的实例而不会对客户类产生任何影响。这个原则的一个推论是，父类之间的关联也可以被它们的子类所继承，因为对在一个链接的另一端的一个对象来说，它是否被链接到一个用子类对象代替的超类对象并没有什么不同。在类之间、用例之间所定义的各种泛化，都可以共享这个性质，即在这样的关系中总可以用特化的实例替换更一般的实例。

③ 依赖倒置原则。指的是依赖关系应该是尽量依赖接口（或抽象类），而不是依赖于具体类。在面向对象的设计中，高层的类往往与领域的业务有关，这些类只依赖于一些抽象的类或接口，当具体的实现细节改变时，不会对高层的类产生影响。

④ 接口分离原则。指的是在设计时采用多个与特定客户类有关的接口比采用一个通用的接口要好。即一个类要给多个客户类使用，那么可以为每个客户类创建一个接口，然后这个类实现所

有这些接口，而不要只创建一个接口，其中包含了所有客户类需要的方法，然后这个类实现这个接口。

（2）构件级设计指导方针

① 保持高内聚性。内聚性指构件或类只封装那些相互关系密切，以及与构件或类自身有密切关系的属性和操作。内聚按程度由高到低的排列顺序是：功能内聚、分层内聚、通信内聚、顺序内聚、过程内聚、暂时内聚和实用内聚。

② 保持低耦合性。耦合是构件或类之间彼此联系程度的一种定性度量。随着构件或类相互依赖越来越多，构件之间的耦合度亦会增加。耦合按程度由高到低的排列顺序是：内容耦合、控制耦合、印记耦合、数据耦合、例程调用耦合、类型使用耦合、包含或导入耦合、外部耦合。

3. 实施构件级设计的步骤

① 标识出所有与问题域相对应的设计类。

② 确定所有与基础设施域相对应的设计类。在分析模型中并没有描述这些类，但此时应对它们进行描述，如 GUI 构件、操作系统构件、对象和数据管理构件等。

③ 细化所有不能作为复用构件的设计类。详细描述实现类所需要的所有接口、属性和操作。具体包括以下过程。

● 在类或构件的协作时说明消息的细节。分析模型中用通信图来显示分析类之间的相互协作。在构件设计时，通过对系统中对象间传递消息的结构进行说明，来细化协作细节是必要的。这步设计可以作为接口规格说明的前提。

● 为每个构件确定适当的接口。接口不包括内部结构，没有属性，没有关联，相当于一个抽象类。抽象类内的每个操作（接口）应该是内聚的，它应该展示那些关注于一个有限功能或子功能的处理。

● 细化属性并且定义相应的数据类型和数据结构。

● 详细描述每个操作中的处理流。

④ 说明持久数据源（数据库和文件）并确定管理数据源所需要的类。

⑤ 开发并细化类或构件的行为表示。对象（程序执行时的设计类实例）的动态行为受到外部事件和对象当前状态的影响。为了理解对象的动态行为，有时需要检查设计类生命周期中所有相关的用例。

⑥ 细化部署图以提供额外的实现细节。应用部署图来细化表示主要构件包的位置。

⑦ 考虑每一个构件级设计表示，并且时刻考虑其他选择。这里强调设计是一个迭代过程，在设计进行时，重构也是十分必要的。

6.3　详　细　设　计

系统详细设计阶段的主要任务是对在实现过程中使用的类进行详细的定义。根据在系统总体设计阶段所采取的策略，对每一个类加以丰富和完善细节。这里有一个从应用领域概念到计算机领域概念侧重点的转移。分析阶段的对象只是设计的粗框架，但对象设计必须从不同的方法中选取一种来实现，这种选取的着眼点是如何利用具体的算法和数据结构来表示和实现对象的属性、关联和操作，如何将复杂的功能分解为简单的内部操作，如何实现策略进行优化，以保证系统实现简捷、维护方便以及扩充容易。

6.3.1　系统详细设计

通常最简单和最好的方法是把分析得出的类直接带进设计中，而详细设计成为添加细节并做出实现决策的过程。有些分析对象不是显式地表现在设计中，这是由于计算效率的缘故被分布于其他对象之中，通常的做法是增加新的冗余类以提高效率。

1.　细化和重组类

详细设计工作的第一步是细化和重组类。根据分析模型中得出的类，按照高内聚性、低耦合度等设计原则，对类进行细化和重组。图 6.10 所示为一个和窗口相关的类图。

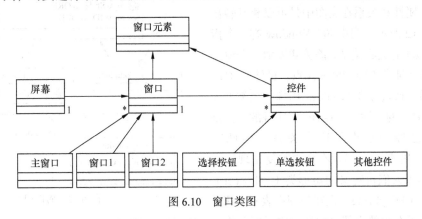

图 6.10　窗口类图

仔细观察和分析屏幕和窗口之间，以及窗口与控件之间的关系，可以发现都是一对多的关系，而且这两种一对多关系非常类似，管理这两个关系的代码一定具有共同性，因此，可以提炼出来。如果人们从屏幕类（FG-Screen）和窗口类（FG-Window）中提取出它们的共性（二者都能容纳很多其他对象，生成一个新基类），那么这个基类的代码就可以被屏幕类和窗口类共享。人们将这个新的类称为容器类（FG-Container）。考虑到屏幕类也应该具有窗口类的所有属性，包括大小、前景色、背景色等，则屏幕类应是容器类的派生类。同样所有控件类可以被分成有文字的控件类和没有文字的控件类。最终得到的设计类图如图 6.11 所示。

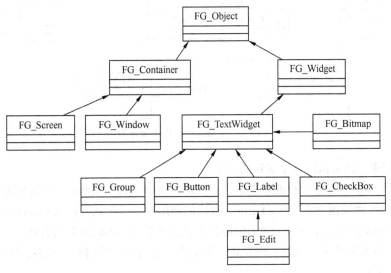

图 6.11　窗口设计类图

2. 增加遗漏的属性，指定属性的类型和可见性

面向对象的方法强调数据封装的思路，类内部封装的数据不应该暴露给客户程序。较好的做法是把属性的可见性设置成私有或保护型，然后添加 getxxx() 和 setxxx() 等公有的访问方法，以支持客户程序对属性的间接访问。这种方法虽然麻烦，但它既能为属性添加存取时的控制和校验代码，又能屏蔽属性的实现细节，减少服务器代码的改变对客户程序的影响。因此，在实际开发中，

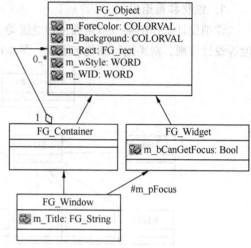

除了那些比较简单且不常发生变化的属性可以直接暴露给客户外，其他属性应该都用 getxxx() 和 setxxx() 等访问方法封装起来。

另外，属性和关系在类图中是可以相互转化的。如图 6.12 所示，图中 FG_Window 有一个指向 FG_Widget 的关联关系，该关联表示一个窗口中哪一个控件拥有当前的输入焦点。虽然在 C++ 里这个关系是通过 FG_Window 内部一个类型为 "FG_Widget*" 的属性 m_pFocus 来实现的，但是由于图上已经表示出了这个关系，因此在 FG_Window 的图形内部就不会再重复出现这个属性了。如果人们自定义的矩形类（FG_Rect）和字符串类（FG_String）也在类图中表示出来，

图 6.12 属性图

很多原来在类图中的内部属性就变成了聚合关系，如图 6.13 所示。

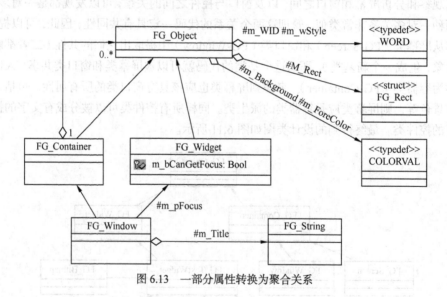

图 6.13 一部分属性转换为聚合关系

3. 分配职责，定义执行每个职责的方法

面向对象系统中的类所承担的职责包括"知道"型与"做"型两种。在分配职责和定义职责的方法时，可以参考美国学者 Craig Larman 提出的通用职责分配软件模式（General Responsibility Assignment Software Pattern，GRASP）中把职责分配给系统中不同对象的有效经验和基本原则。GRASP 模式包括 9 种模式：专家、创建者、低耦合、高内聚、控制者、多态、纯虚构、中介者、不要和陌生人说话。

这些模式记录了面向对象软件的设计经验。每一个职责分配模式系统地命名、解释和评价了面向对象系统中一个重要的和重复出现的有效经验，并将这些经验以便于有效利用的形式记录下来，使新系统的开发者可以更容易地理解已有系统的设计思路，从而更简单方便地复用成功的设计原则与经验。

① 专家。专家模式认为，应该将职责分配给信息专家，即分配一个职责时，人们应该了解履行该职责需要哪些信息，这些信息为哪个类或哪些类所拥有。如果这些信息为一个类所拥有，就把该职责分配给它；如果为多个类所拥有，就为每个类分配一个职责，然后通过消息传递和交互，使这些类协同完成该职责。使用专家模式可以很好地贯彻封装的思想，并且得到低耦合与高内聚的设计方案。例如，人们需要在所有窗口元素中分配"绘制边框"这个职责。根据分析，完成该职责所需要的信息包括窗口或控件的位置、大小、风格等，这个职责应该是属于 FG_Object 的，所以就在该类中定义 DrawBorder() 函数。

② 创建者。在系统运行时，一些对象的生命周期和整个系统一样长，即系统开始运行时，这些对象就被创建，系统结束运行时，它们才被撤销。而有些对象的生命周期是在系统运行中的某一时刻被创建，存在一段时间之后就被销毁。因此，对象何时被创建、何时被销毁就很重要。按照创建者模式，如果类 A 和类 B 满足下列条件中的一个：

- A 聚合了 B 对象；
- A 包含了 B 对象；
- A 的一个属性记录了 B 对象；
- A 要经常使用 B 对象；
- B 对象被创建时，A 要传递初始化数据给 B 对象。那么，人们就可以把创建 B 对象的职责分配给 A 对象。因为上述关系的存在，增加创建对象的职责不会增加系统的耦合性，因此，按照创建者模式的要求来分配创建对象的职责，可以降低系统的耦合度，提高系统的重用性。

③ 低耦合。在类与类的关系中继承是一种最强的耦合。因为派生类没有任何声明就悄悄地将基类的属性和操作全部包含进自己的内部，因此，使用继承关系时一定要谨慎。这种耦合关系给软件带来的问题是：类 B 的变化会影响类 A，要求 A 也同时发生变化；程序员要想理解类 A，就必须先理解类 B；如果要想重用类 A，就必须连接类 B 一起复用。鉴于这种原因，使整个系统的类之间尽量保持低耦合是非常必要的。

④ 高内聚。一般内聚性高的类应只包含很少的方法数，方法之间的关联度很高，每个方法承担的工作量不是太大，任务也比较单一。当设计中发现一个类负担的任务太多、太杂时，就应该把一些职责分配给其他的类，以保证类的高内聚。显然高内聚的设计方案更易理解、易维护和易重用。

⑤ 控制者。控制者模式要求把协调处理系统消息的职责分配给不同的控制类。如果要为每一个用例确定一个控制类，就很可能会得到很小的控制类，每个控制类的职责很少。一般人们可以把多个规模很小的控制类进行合并，有时甚至可以把职责非常少的控制类和某个相关的实体类进行合并。如果让控制类拥有过多的职责，也可能会造成控制类的功能关联性不强，内聚性太低，也是不可取的。因此，要结合软件特点，选取合适的控制类。一种有效的做法是把同一个用例要处理的所有消息分配给同一个控制类处理，这个控制类可能是：代表整个系统的类（包控制者）、代表整个企业的类（包控制者）、代表现实世界中用例的执行者类（这种情况很容易造成内聚性过低）、代表一个用例中所有事件的人工处理者（用例控制者）。

⑥ 多态。当某一个职责在不同的派生类中表现为不同的行为时，就可以使用多态模式，即利

用一个同名的多态方法把该职责分配给不同的派生类，让他们履行不同的行为。例如，客户程序通过指针或引用来请求多态服务时，客户程序无需判断对象的类型，在多态性帮助下，客户程序能够得到它想要的服务。使用多态模式的优点是：如果用户的需求发生变化，可以很容易地添加一个派生类，并为多态职责增加新的实现，以扩展原系统的功能。

⑦ 纯虚构。有时人们可以虚构一个人造类，把一组高度内聚的职责分配给它，该人造类只是虚构出来的，不代表现实世界中的任何实体，这就是纯虚构模式。

⑧ 中介者。把一些职责分配给一个虚构的中介类，让该中介类来协调多个类的协作关系，这就是中介模式。使用中介模式可以隔离耦合度过大的多个类，使易发生变化的对象不会影响其他对象。Gof 模式中的中介者模式、适配器模式、观察者模式等都体现了 GRASP 模式中的中介者模式的思想。

⑨ 不要和陌生人说话。这个模式要求一个类尽量只和它的直接对象交互，避免和间接对象交互。这样，它就可以和最少的类产生耦合，使整个系统的耦合度保持最低。例如，在一个对象的方法中，只能给下面这些对象发送消息：该对象自己、这个方法的一个参数、该对象的一个属性、该对象的一个属性集合中的一个元素、在该方法中创建的一个对象。

其实关于职责分配的设计并没有一定的标准，设计者应根据 GRASP 模式的原理，在职责分配中灵活选择具体的实现方案。

4. 画出详细的交互图

在分析阶段画的交互图反映了概念化的职责，当时画的顺序图、通信图更多地是反映软件的主要业务流程。在设计阶段，以最终的设计类及其内部的详细设计模型为依据，绘制特定用例实现的顺序图是表明系统真正运行时的顺序，图中的很多步骤都可以简单地映射成最终的实现代码。如图 6.14 所示，顺序图显示了在 Windows 操作系统下，一个按键消息是如何通过操作系统适配层，传递到框架层，再被框架层分发给最终的窗口元素的。

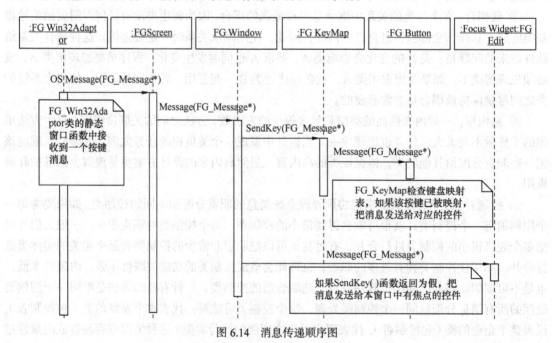

图 6.14 消息传递顺序图

与分析模型中的顺序图相比，图 6.14 中的每个类都已经变成了最终的设计类，消息的发送方式也与此前职责分配的结果相吻合，在这种情况下，程序员按照类似的顺序图编写最终的代码就不是一件非常费力的事情了。

6.3.2　应用举例

下面仍以"网上计算机销售系统"为例，介绍系统设计的过程。

1. 系统的体系架构

鉴于"网上计算机销售系统"是基于 Web 的网络应用系统，在进行软件体系架构分析时，人们采用了典型的 3 层结构的扩展架构：边界—控制—实体—数据库（BCED）方法。

如图 6.15 所示，实体包（entityPackage）被有效地从负责数据库中数据的类中分离出来。数据库包提供了应用和数据库之间的一个没有方向的层次。控制包（ControlPackage）从对数据源的改变中独立出来。任何对数据库结构和对从数据库中取数据的协议的改变只在数据库包的类中起作用，而为应用功能准备的数据的存储和缓存（在实体包中）保持不变，除非这个改变涉及控制包。

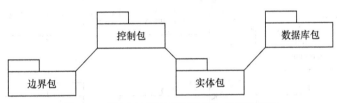

图 6.15　"网上计算机销售系统"的体系架构

由 BCED 方法引入而产生的分离，能够通过带上类名前缀这样一个简单的方法被"强加"给设计人员和程序员。由于每个类只能属于一个包，它可以被命名为带单个字母的前缀。前缀 B（或 b）代表边界包，C（或 c）代表控制包，E（或 e）代表实体包，D（或 d）代表数据库包。例如，D_DatabaseUpdate（或 d_DatabaseUpdate）属于数据库包。

2. 类包设计

在分析阶段人们重点识别了问题域中的实体类，但只有实体类还不能使整个系统正常地运转起来，人们必须细化，为系统添加界面类和控制类。因为界面类封装了用户发送的信息，通过控制类把这些信息发送给实体类。因此，对于每一个特定的用户界面，都应该有一个相应的界面类与之相对应。通过分析人们发现系统处理两个独立的功能：计算机配置和订单输入。这两个功能要求独立的 GUI 窗口，因此，人们识别出两个界面类：ConfigurationGUI 与 OrderGUI。

对于控制类的定义相对复杂。按照"控制者"模式的思路，对于"网上计算机销售系统"来说，人们定义了两个控制类：一个是 ConfigureProcess（负责配置计算机并计算配置后的价格）；另一个是 OrderPlacement（负责输入并记录订单）。

应用逻辑层中的业务对象在分析阶段已经基本明确，在系统设计阶段没有很大的变动，只是根据更细致、更明确的需求做一些细微的调整。在分析模型的基础上，人们将相关的类组合在一起，合成 3 个实体包：Customer、Computer 和 Order。在程序执行的任意时刻，实体类的对象都只包含数据库内容的一个子集，它们还提供数据结构的一个面向对象映射。这个数据结构存储在一个非面向对象的数据结构表中。

存储层一般不需要设计人员考虑，通常是有现成的软件产品，其访问接口以标准程序库或者第三方软件包的形式提供给开发者。这些标准程序或软件包称为底层服务，底层服务可以是面向对象的，也可以是非面向对象的。但开发者经常要考虑利用底层服务实现的高层服务对象。由于本例采用的是关系型数据库系统，人们设计了 3 个相关的包：一个是映射到数据库的 CRUD（负责创建、读、更新、删除操作）包；另一个是 Connection（负责处理连接、授权和事务处理）包；还有一个是 Schema（包含关于数据库框架对象的当前信息：表、存储过程等）包。一旦应用需要访问或修改数据库内容时，CRUD 包就介于实体类和数据库表之间。CRUD 依赖 Connection 与 Schema 包。图 6.16 所示为"网上计算机销售系统"的类包图。

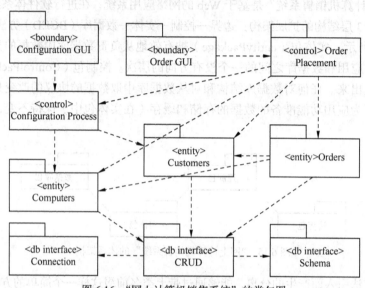

图 6.16 "网上计算机销售系统"的类包图

3. 构件设计

构件设计不能脱离实现平台。"网上计算机销售系统"是一个带数据库服务器的 Web 应用。Web 应用包括一个应用服务器来管理应用逻辑和监控应用状态。这里人们考虑系统的通用性，所以没有就具体平台进行更细化的构件设计。由于构件是一个连在一起具有清楚界面的功能单元，所以它变成了系统的一个可替换的部分。这不影响读者对整个问题的理解。

在线客户要访问的第一个 Web 页面列出了产品分类（如服务器、笔记本、台式机）、最近的报价以及供应商的链接。系统的这部分涉及对在线购物者进行产品的广告宣传，它是一个功能内聚的单元，可以构成称为 ProductList 的构件。

客户访问的下一个步骤就是询问所选择产品的技术规格说明，这要求网站从不同角度可视化地显示这个产品。这是一个独立的 Web 页面，应该由 ProductDisplay 构件来完成。

如果客户对某个产品感兴趣，该产品的不同配置可能会被请求以满足客户的特殊需要和预算。这将由动态 Web 页面完成。其中配置可以交互式地建立并同时显示对应配置的价格。人们让 Configuration 来承担。

现在呈现在决定要买一个产品的客户面前的是购买订单，要填写的内容包括运送和开发票的姓名和地址。付款方式也要选择，相关细节通过某种安全传送协议提交。这由第 4 个构件——Purchase——完成。完成订单追踪的任务由 OrderTracking 来完成。

综合上述分析，人们得到该系统的构件图，如图 6.17 所示。

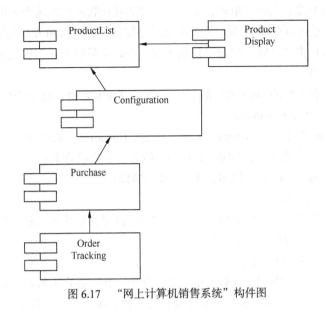

图 6.17　"网上计算机销售系统"构件图

4．部署设计

部署设计除了要解决分布式问题外，还应解决安全性问题。保证安全地传送和加密协议又产生了额外的部署要求。细致的规划还需要考虑网络负荷、备份与恢复等问题。能够支持更复杂的 Web 应用的部署结构包含 4 层计算结点：带浏览器的客户端、Web 服务器、应用服务器和数据库服务器。

客户结点浏览器可以用来显示静态和动态页面。脚本化的页面和 Java 应用程序可以下载并且可以在浏览器中运行，另外功能也可以用对象提供给客户端浏览器，如 ActiveX 或 JavaBeans。在客户端上但在浏览器之外运行应用代码可以满足其他 GUI 的需求。

Web 服务器处理来自浏览器页面的请求，并且为客户端上的执行显示动态产生的页面和代码。Web 服务器还与用户一起解决活动阶段的客户化和参数化。

应用服务器负责管理业务逻辑。业务构件封装了存储在数据库中的永久对象。它们与数据库服务器通过数据库互连协议（如 JDBC、ODBC）进行通信。本系统的部署图如图 6.18 所示。

图 6.18　"网上计算机销售系统"部署图

5．详细设计

人们对本系统的详细设计集中在协作设计方面。

（1）细化用例

在分析阶段的用例一般比较概括，没有足够的用于设计协作的细节，对这些用例说明必须进行细化，才能满足设计的需要。人们仍以"订购配置的计算机"场景为例进行描述。

简述：客户输入并提交购物订单表，系统验证细节并接收或拒绝这个表单。

前提条件：客户进入订单 Web 页，该页面显示已配置计算机的细节及其价格，用户可以自行选择所需配置，然后单击"订购"按钮启动该用例。在确认最后的计算机配置后，需要在 15min 之内单击"订购"按钮。

主事件流：系统在客户的 Web 浏览器上显示 Order Entry 表格，这个表格包含如下内容。

表的标题：Order Your Computer

解释信息显示在标题下方：Submit——提交该表、Cancel——取消预定；如果在 24h 之内取消预定则不交罚金；客户可以通过 Web、E-mail、传真或电话取消预定。

运送地址：包括名字、国家、城市、街区和邮政编码。

付款方法：支票/信用卡。

对于支票付款，系统提供支票的付款对象信息和应该寄往的地址信息。它还要通知客户一旦收到支票，企业将在 3 天内从账户中取钱。

两个行为键：Submit 与 Cancel。

客户如果不在 15min 之内提交或取消这个表，替换动作"客户未激活"就开始执行。

如果单击 Submit 键，并且所要求的信息都已经提供，则该订单就提交给 Web 服务器，通知数据库服务器在数据库中保存该订单。数据库为订购赋予唯一的一个编号和客户账号。

如果数据库服务器不能在数据库中保存该订单，则替换"数据库异常"就开始执行。

如果用户提交的信息不完全，则替换"不完全信息"就开始执行。

如果客户提供 E-mail 作为通信方式，系统将订单和客户编号、订单细节发给客户，作为对接受订单的确认，用例终止；否则订单信息将寄给客户，该用例终止。

如果单击 Cancel 键，则替换 Cancel 就开始执行。

子事件流：客户未激活，则系统中断与浏览器的连接，用例终止。

数据库异常：系统要进行解释，并通知客户错误的性质。如果客户的连接已经中断，系统将错误信息通过 E-mail 发给客户和销售员，用例终止。

后置条件：如果客户"提交"成功，该购物订单记录在系统的数据库中，否则系统的状态不变。

（2）细化设计类

经过细化用例中描述的事件流，人们重新设计订购配置的计算机场景的设计类图。即使是这样一个简单的用例，详细设计还是会比较繁杂，为了表述清晰，人们对其进行了简化，得出如图 6.19 所示的设计类图。

因为这个用例只是系统的一部分，要为该用例的前置条件和后置条件建模，有两个来自另外一个用例（Build Computer Configuration）的类被列出并链接。这两个类为 b_Configuration ClientPage 和 e_Configuration。从 b_ConfigurationClientPage 中激活的[on Purchase]事件触发了该用例的场景。而类 b_OrderClientPage 负责处理 b_OrderClientForm 的内容。这个表格为屏幕上输入的集合，它们接收来自用户的输入。表格一旦填好，它就被提交给服务页面（c_Order ServerPage）来处理。

与协作相关联的是 d_Transaction 对象，该对象在订单被提交时由 c_OrderServerPage 来实例化。虽然它没有被显式地在这个图表上表示出来，但类 d_Transaction 会与数据库通信来保证该订单事务相对于数据库能恰当地被处理。该类还是管理客户状态的应用机制，它鼓励放置 Cookie 到客户机中或从客户机中移走 Cookie。

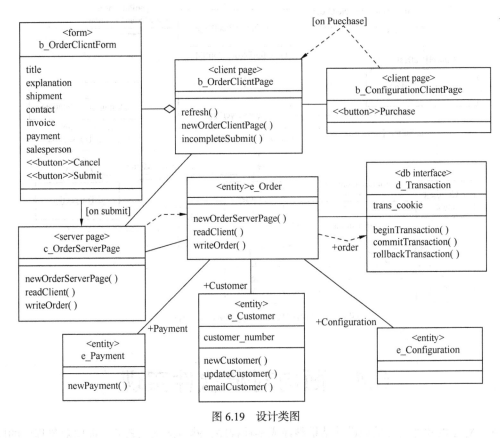

图 6.19 设计类图

（3）画通信图

图 6.20 所示为一个通信图，它表示用例 "订购配置计算机" 行为上的协作关系。这个图表示功能性的用例需求。从[on Purchase]开始，类 b_OrderClientPage 处理消息[on Purchase]newOrder ClientPage。这个 HTML 格式的客户页面包含类 b_OrderCliengForm 的一个<<form>>对象。这个类的属性代表在该表格上的输入域，并包括两个行为键：Submit、Cancel。Cancel 行为由 b_OrderClientPage 处理（refresh 方法），Submit 行为在客户没有填完所要求的项时也由 b_OrderClientPage 处理（incompleteOrder 方法）。

如果单击 Submit 键，并且所有需要填写的信息都已经提供时，类 c_OrderServerPage 取得控制权。它创建实体对象 e_Order、e_Customer、e_Payment 和 e_Configuration。前 3 个实体对象存储的是客户输入的订单信息。而 e_Configuration 实体对象已经被另一个用例（Build Computer Configuration）实例化。当 c_OrderServerPage 从 b_OrderClientPage 的链接属性中获得它的 OID 后，就被链接到 e_Order 上（在 b_OrderClientPage 和 b_ConfigurationClientPage 之间定义了一个关联）。

一旦 e_Order 被实例化，业务事务就开始了。为了这个目的，一个新的 d_Transaction 对象被创建，它用于管理客户状态。如果该事务开始运行，则 e_Order 通过向客户发送电子邮件请求 e_Customer 确认订单。

如果 Cookie 过期或返回数据库一个错误信息，方法 rollbackTransaction 请求 e_Order 删除它自己，并且 d_Transaction 将自己释放给操作系统。客户将需要继续重新输入订单表格信息，d_Transaction 和数据库服务器之间的通信在这个图中没有被建模。

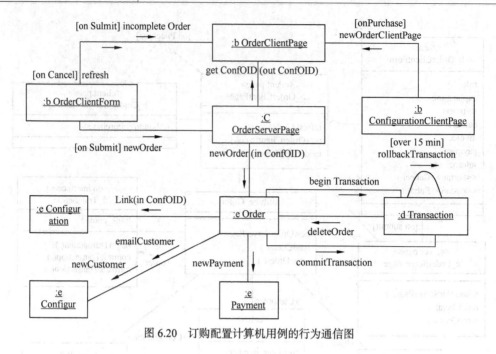

图 6.20　订购配置计算机用例的行为通信图

6.4　面向对象软件实现

面向对象的软件实现是把设计结果翻译成某种程序，然后测试该软件。面向对象程序的质量基本上由面向对象设计的质量决定，但是，所采用的程序语言的特点和程序设计风格也将对程序的可靠性、可复用性及可维护性产生重要影响。

面向对象实现阶段的主要任务如下。

- 选择合适的面向对象的编程语言与开发环境。
- 基于选定的语言和开发环境编码实现详细设计中所得到的对象、算法、公式和规则等。
- 将编写好的各个类代码模块根据类的相互关系集成。
- 对软件进行测试和调试，完成各个部分和整个系统。

6.4.1　程序设计语言

面向对象程序设计着眼于系统的数据结构、实现数据和操作的封装，对象的作用是实现数据存储和系统状态的响应。面向对象程序设计在对象、类和类层次的级别上提供了高级结构，完善了结构化程序设计在语句和表达式的级别上的低级结构，使得程序更容易为人们理解。

从原理上说，使用任何一种通用语言都可以实现面向对象的概念。当然使用面向对象程序设计语言，实现面向对象设计的结果要比使用非面向对象程序设计语言方便。由于面向对象程序设计语言本身充分支持面向对象概念的实现，因此，编译程序可以自动把面向对象概念映射到目标程序中。但是方便性并不是决定选择何种语言的关键因素，选择编程语言的关键因素是语言的一致性的表达能力、可复用性及可维护性。从面向对象的观点来看，能够更完整、更准确地表达问题域语义的面向对象的语法是非常重要的。

1. 面向对象程序设计语言的技术特点

① 支持类与对象概念的机制。所有面向对象程序设计语言都允许用户创建和引用动态对象。允许动态创建对象，就意味着系统必须处理内存管理问题，如果不及时释放不再需要的对象所占的内存，动态存储分配就有可能耗尽内存。

管理内存的方法有两种，一种是由语言的运行机制自动管理内存，即提供自动回收"垃圾"的机制，如 Java、C#；另一种是由程序员编写释放内存的代码。自动管理内存不仅方便而且安全，但是必须采取先进的垃圾收集算法才能减少开销。某些面向对象的语言（如 C++）允许程序员定义析构函数，每当一个对象超出范围或被显示删除时，就自动调用析构函数。这种机制使得程序员能够方便地构造和唤醒释放内存的操作，却又不是垃圾收集机制。

② 实现聚合结构的机制。一般说来，分别有使用指针和独立的关联对象两种方法实现聚合结构。目前大多数面向对象程序设计语言并不显式地支持独立的关联对象，在这种情况下，使用指针是最容易的实现方法，通过增加内部指针可以方便地实现关联。

③ 实现泛化结构的机制。既包括实现继承的机制，也包括解决名字冲突的机制。解决名字冲突指的是处理在多个基类中可以出现的重名问题，这个问题仅在支持多重继承的语言中才会遇到。某些语言拒绝接受有名字冲突的程序，另一些语言提供了解决冲突的协议。不论使用何种语言，程序员都应该尽力避免出现名字冲突。

④ 实现属性和服务的机制。对于实现属性的机制应该着重考虑以下几个方面：支持实例连接的机制；属性的可见性控制；对属性值的约束。对于服务来说，主要应该考虑下列因素：支持消息连接（即表达对象交互关系）的机制；控制服务可见性的机制；动态联编。动态联编是指应用系统在运行过程中，当需要执行一个特定服务的时候，选择（或联编）实现该服务的适当算法的能力。动态联编机制使得程序员在向对象发送消息时拥有较大的自由，在发送消息前无需知道接收消息的对象当时属于哪个类。

⑤ 类型检查。程序设计语言可以按照编译时进行类型检查的严格程度来分类。如果语法规定每个变量或属性必须准确地属于某个特定的类，则这样的语言是强类型的（如 Eiffel、C++、Java），否则为弱类型（如 Smalltalk）。强类型语言主要有两个优点，一是有利于编译时发现程序错误，二是增加了优化的可能性。通常使用强类型编译型语言开发软件产品，使用弱类型解释型语言快速开发原型。总的来说，强类型语言有助于提高软件的可靠性和运行效率，现代的程序语言理论支持强类型检查，大多数新语言都是强类型。

⑥ 类库。大多数面向对象程序设计语言都提供一个实用的类库。某些语言本身并没有规定提供什么样的类库，而是由实现这种语言的编译系统自行提供类库。如果存在类库，许多软件就不必由程序员从头编写了，这为实现软件复用带来很大方便。

类库中往往包含实现通用数据结构（如动态数组、表、队列和树等）的类，通常把这些类称为容器类。在类库中还可以找到实现各种关联的类。更完整的类库通常还提供独立于具体设备的接口类（如输入 / 输出流），此外，用于实现窗口系统的用户界面类也是非常有用的，它们构成一个相对独立的图形库。

⑦ 效率。有些人认为面向对象程序设计语言的主要缺点是效率低。产生这种印象的一个原因是，某些早期的面向对象程序设计语言是解释型的而不是编译型的。事实上，使用拥有完整类库的面向对象程序设计语言，有时能比使用非面向对象程序设计语言得到运行更快的代码。这是因为类库提供了更高效率的算法和更好的数据结构。例如，程序员已经无需实现哈希表或平衡树算法的代码了，类库中已经提供了这类数据结构，而且算法先进、代码精巧可靠。认为面向对象程

序设计语言效率低的另一个理由是，这种语言在运行时使用动态联编实现多态性，这似乎需要在运行时查找继承树以得到定义给定操作的类。事实上，绝大多数面向对象程序设计语言都优化了这个查找过程，从而实现了高效率查找。只要在程序运行时始终保持结构不变，就能在子类中存储各个操作的正确入点，从而使得动态联编成为查找哈希表的高效过程，不会由于继承深度加大或类中定义的操作增加而降低效率。

⑧ 持久保存对象。任何应用程序都要对数据进行处理，如果希望数据能够不依赖于程序执行的生命期而长时间保存下来，则需要提供某种保存数据的方法。希望长期保存数据主要出于以下两方面考虑。

● 为实现在不同程序之间传递数据，需要保存数据。

● 为恢复被中断了的程序的运行，首先需要保存数据。

一些面向对象程序语言（如 C++）没有提供直接存储对象的机制，这些语言的用户必须自己管理对象的输入/输出，或者购买面向对象程序设计语言的数据库管理系统。另一些面向对象程序设计语言（如 Smalltalk）把当前的执行状态完整地保存在磁盘上。还有一些面向对象程序设计语言提供了访问磁盘对象的输入/输出操作。

通过在类库中增加对象存储管理功能，可以在不改变语言定义或不增加关键字的情况下，就在开发环境中提供这种功能。然后，可以从"可存储的类"中产生出需要持久保存的对象，该对象自然继承了对象存储管理功能，这就是 Eiffel 语言采用的策略。理想情况下，应该使程序设计语言语法与对象存储管理语法实现无缝集成。

⑨ 参数化类。在实际的应用程序中，常常看到这样一些软件元素（即函数、类等软件成分），从它们的逻辑功能看，彼此是相同的，所不同的主要是处理的对象（数据）类型不同。例如，对于一个向量（一维数组）类来说，不论是整型向量和浮点型向量，还是其他任何类型的向量，针对它的数据元素所进行的基本操作都是相同的（如插入、删除、检索等），当然，不同向量的数据元素的类型是不同的。如果程序语言提供一种能抽象出这类共性的机制，则对减少冗余和提高可重用性是大有好处的。

参数化类就是使用一个或多个类型去参数化一个类的机制。有了这种机制，程序员就可以先定义一个参数化的类模板（即在类定义包含以参数形式出现的一个或多个类型），然后把数据类型作为参数传递进来，从而把这个类模板应用在不同的应用程序中，或用在同一个应用程序的不同部分。Eiffel 语言中就有参数化类，C++语言提供了类模板。

⑩ 开发环境。软件开发工具和软件工程环境对软件生产率有很大的影响。由于面向对象程序中继承关系和动态联编等引入的特殊复杂性，面向对象程序设计语言所提供的软件开发工具或开发环境就显得特别重要了。至少应该包括下列一些最基本的工具，编辑程序、编译程序或解释程序、浏览工具、调试工具等。其中编译与解释程序是最基本的工具。编译程序的速度和效率比较高，而解释程序使用灵活，便于进行程序调试。有些面向对象程序设计语言（如 Objective-C）除提供编译程序外，还提供一个解释工具，给用户带来很大的方便。

某些面向对象程序设计语言的编译程序，先把用户源程序翻译成一种中间语言，然后把中间语言程序翻译成目标代码。这样做的困难是使得调试器不能理解原始的源程序。在评价调试器时，首先应该弄清楚它是针对原始的面向对象源程序，还是针对中间代码进行调试。如果是针对中间代码进行调试，则会给调试人员带来许多不便。此外，面向对象的调试器，应该能够查看属性值和分析消息连接的后果。

2. 面向对象程序设计语言的选择

20 世纪 80 年代以来，陆续出现了大量面向对象程序设计语言，它们主要可以划分为两大类：一类是纯面向对象程序设计语言，如 Smalltalk、Java、Eiffel 等；另一类是混合型面向对象程序设计语言，即在过程语言的基础上增加面向对象机制，如 C++等语言。一般来说，纯面向对象程序设计语言着重支持面向对象方法研究和快速原型的实现，而混合型面向对象程序设计语言的目标则是提高运行速度和使传统程序员容易接受面向对象的思想。成熟的面向对象程序设计语言一般都提供了丰富的类库和强有力的开发环境。除此之外，开发人员在选择面向对象程序设计语言时，还应考虑以下一些实际因素。

① 可复用性。采用面向对象方法开发软件的基本目的和主要优点是通过复用提高软件的生产率。面向对象程序设计的抽象、封装、继承和多态 4 个特点都无一例外，或多或少地围绕着可复用性这个核心并为之服务。可复用性除了可以提高开发效率、缩短开发周期和降低开发成本外，由于采用了已经被证明为正确和有效的模块，程序的质量能够得到保证，维护工作量也相应的减少，同时可以提高程序标准化程度，符合现代大规模软件开发的需求。

② 类库和开发环境。决定可复用性的因素不仅仅是面向对象程序设计语言本身，开发环境和类库也是非常重要的因素。事实上，语言、开发环境和类库这 3 个因素综合起来，共同决定了可复用性。考虑类库时，不仅应该考虑是否提供了类库，还应考虑库中提供了哪些有价值的类。随着类库的日益成熟和丰富，在开发新应用系统时，需要开发人员自己编写的代码将越来越少。

为了便于积累可复用的类和重用已有的类，在开发环境中，除了提供前述的基本软件开发工具外，还应提供使用方便的类库编辑工具和浏览工具。其中的类库浏览工具应该具有强大的联想功能。

③ 其他因素。在选择编程语言时还应考虑的因素有：为用户学习面向对象分析、设计和编程技术所能提供的培训服务；在使用面向对象程序设计语言期间能提供的技术支持；能提供给开发人员使用的开发工具、开发平台和发布平台；对机器性能和内存的需求；集成已有软件的容易程度等。

6.4.2　程序设计风格

一个良好的程序设计风格对面向对象实现尤其重要，它不仅能明显减少维护或扩充的开销，而且有助于在新项目中复用已有的程序代码。良好的面向对象程序设计风格，既包括传统的程序设计风格准则，也包括为适应面向对象方法所特有的功能（如继承性）而必须遵循的一些新准则。

1. 提高可复用性

软件复用在减少设计、编码和测试的花费上起着至关重要的作用。可复用软件涉及多个层次，一般来说，代码复用有两种：一种是本项目内的代码复用（内部复用），另一种是新项目复用旧项目的代码（外部复用）。内部复用主要是找出设计中相同或相似的部分，然后利用继承机制共享它们；为做到外部复用，则必须有长远眼光，需要反复考虑精心设计。通常程序员更可能通过子系统实现复用，如抽象数据类型、图形包、数值分析等。虽然为实现外部复用而需要考虑的因素比实现内部复用需要考虑的面更广，但是，有助于实现这两类复用的程序设计准则是相同的。下面介绍几个主要准则。

① 提高方法的内聚性。一个方法（即服务）应该只涉及单个功能。如果某个方法涉及两个或多个不相关的功能，则应该把它分解成几个更小的方法。

② 减小方法的规模。应该减小方法的规模，如果某个方法规模过大（代码长度超过一页纸可能就太大了），则应把它分解成几个更小的方法。

③ 保持方法的一致性。保持方法的一致性有助于实现代码复用。一般说来，功能相似的方法应该有一致的名字、参数特征（包括参数个数、类型和次序）、返回值类型、使用条件及出错条件等。

④ 把策略与实现分开。从所完成的功能看，有两种不同类型的方法。一类方法负责做出决策，提供变量，并且管理全局资源，可称为策略方法；另一类方法负责完成具体的操作，但却并不做出是否执行这个操作的决定，也不知道为什么执行这个操作，可称为实现方法。策略方法应该检查系统运行状态，并处理出错情况，它们并不直接完成计算或实现复杂的算法。策略方法通常紧密依赖于具体应用，这类方法比较容易编写，也比较容易理解。实现方法仅仅针对具体数据完成特定处理，通常用于实现复杂的算法。实现方法并不制定决策，也不管理全局资源，如果在执行过程中发现错误，它们应该只返回执行状态而不对错误采取行动。由于实现方法是自含式算法，相对独立于具体应用，因此，在其他应用系统中，也可能重用它们。

为提高可复用性，在编程时不要把策略和实现放在同一个方法中，应该把算法的核心部分放在一个单独的具体实现方法中。为此需要从策略方法中提取出具体参数，作为调用实现方法的变量。

⑤ 全面覆盖。如果输入条件的各种组合都可能出现，则应该针对所有组合写出方法，而不能仅仅针对当前用到的组合情况写方法。例如，如果在当前应用中需要写一个方法，以获取表中第一个元素，则至少还应该为获取表中最后一个元素再写一个方法。此外，一个方法不应该只能处理正常值，对空值、极限值及界外值等异常情况也应该能够做出有意义的响应。

⑥ 尽量不使用全局信息。应该尽量降低方法与外界的耦合程度，不使用全局信息是降低耦合度的一项主要措施。

⑦ 利用继承机制。在面向对象程序中，使用继承机制是实现共享和提高重用程度的主要途径。

● 调用子过程。最简单的做法是把公共的代码分离出来，构成一个被其他方法调用的公用方法。可以在基类中定义这个公用方法，供派生类中的方法调用。

● 分解因子。从不同类的相似方法中分解出不同的"因子"（即不同的代码），把余下的代码作为公用方法中的公共代码，把分解出的因子作为名字相同算法不同的方法，放在不同类中定义，并被这个公用方法调用。使用这种方法通常需要额外定义一个抽象类，并在这个抽象基类中定义公用方法。把这种途径与面向对象程序设计语言提供的多态性机制结合起来，让派生类继承抽象基类中定义的公用方法，可以明显降低为增添新子类而需付出的工作量，因为只需在新子类中编写其特有的代码即可。

● 使用委托。继承关系的存在意味着子类"即是"父类，因此，父类的所有方法和属性应该都适用于子类。仅当确实存在泛化关系时，使用继承才是恰当的。继承机制使用不当将造成程序难于理解、修改和扩充。

2. 提高可扩充性

① 封装实现策略。应把类的实现策略（包括描述属性的数据结构、修改属性的算法等）封装起来，对外只提供公有接口，否则将降低今后修改数据结构或算法的自由度。

② 不要用一个方法遍历多条关联链。一个方法应该只包含对象模型中的有限内容。违反这条准则将导致方法过分复杂，既不容易理解，也不容易修改扩充。

③ 避免使用多分支语句。一般说来，可利用 Do_Case 语句测试对象的内部状态，而不要用来根据对象类型选择应有的行为。否则，在增添新类时将不得不修改原有的代码，应该合理地利

用多态机制，根据对象当前类型，自动决定应有的行为。

④ 精心确定公有方法。公有方法是向公众公布的接口。对这类方法的修改往往会涉及许多其他类，因此修改公有方法的代价通常比较高。为提高可修改性，降低维护成本，必须精心选择和定义公有方法。私有方法是在类内使用的方法，通常利用私有方法来实现公有方法。增加或修改私有方法所涉及的面要小得多，因此代价也比较低。同样，属性与关联也可以分为公有和私有两类，公有的属性或关联又可进一步设置为具有只读权限或只写权限两类。

3. 提高健壮性

在编写实现方法的代码时，既应该考虑效率，也应该考虑健壮性。通常需要在健壮性与效率之间做出适当的折衷。对于任何一个使用软件来说，健壮性都是不可忽略的质量指标。为提高软件的健壮性应该遵循以下准则。

① 预防用户的操作错误。软件系统必须具有处理用户操作错误的能力。当用户在输入数据时发生错误，不应该引起程序运行中断，更不应造成"死机"。任何一个接收用户输入数据的方法，对其接收到的数据都必须进行检查，即使发现了非常严重的错误，也应该给出恰当的提示信息，并准备再次接收用户的输入。

② 检查参数的合法性。对公有方法，尤其应该着重检查其参数的合法性，因为用户在使用公有方法时，可能会违反参数的约束条件。

③ 不要预先确定限制条件。在设计阶段，往往很难准确地预测出应用系统中使用的数据结构的最大容量需求。因此，不应该预先设定限制条件。如果有必要和可能，则应该使用动态内存分配机制，创建未预先设定限制条件的数据结构。

④ 先测试后优化。为在效率与健壮性之间做出合理的折衷，应该在为提高效率进行优化前，先测试程序的性能。人们常常发现，事实上大部分程序代码所消耗的运行时间并不多。应该认真研究应用程序的特点，以确定哪些部分需要着重测试。经过测试，合理地确定为提高性能应该着重优化的关键部分。如果实现某个操作的算法有许多种，则应该综合考虑内存需求、速度及实现的难易程度等因素，经合理折衷选定适当的算法。

6.4.3　面向对象软件测试

面向对象的测试是对于用面向对象技术开发的软件，在测试过程中继续运用面向对象方法，进行以对象为中心的软件测试。在面向对象的实现中，对象的封装性使对象成为一个独立的程序单位，只通过有限的接口与外部发生联系，从而大大减少了错误的影响范围。面向对象测试的基本目标仍然是以最小成本发现最多错误，这与传统软件测试的目标是一致的。然而，传统软件是基于模块的，面向对象软件是基于类、对象的。它们之间的这种差异，给面向对象软件的测试策略和测试技术等带来了不小的影响。此外，面向对象程序中特有的封装、继承、多态等机制，给面向对象测试也带来了一些新特点。

1. 面向对象的单元测试

由于"封装"导致了类和对象的定义，类和类的实例（对象）包装了属性和处理这些数据的操作，因此，最小的可测试单元是封装起来的类和对象。

① 类层测试。一个类可以包含一组不同的操作，而一个特定的操作也可能存在于一组不同的类中。因此，类测试并不是孤立测试单个操作，而是把所有操作都看成是类的一部分，全面地测试类、对象所封装的属性，以及操纵这些属性的整体操作。面向对象的类测试，不仅要发现类的所有操作存在的问题，还要考查一个类与其他类协同工作时可能出现的错误。例如，假设有一个类层次，

操作 X 在超类中定义并被一组继承，每个子类都使用操作 X，但是，X 调用子类中定义的操作并处理子类的私有属性。由于在不同的子类中使用操作 X 的环境有微妙的差别，因此，有必要在每个子类的语境中测试操作类 X。这说明当测试面向对象软件时，类测试与传统的单元测试是不同的。

② 对象集群层测试。对象集群层测试是测试一组协同工作的类、对象之间的相互作用，也可称为主题层测试。它大体上相当于传统软件测试中的子系统测试，具有一些集成测试的特征。

2. 面向对象的集成测试

面向对象系统是由对象到子系统、再到系统的集成。通常是松耦合的，系统中没有一个明显的顶层，即面向对象系统没有严格的层次控制结构，相互调用的功能也分散在不同的类中，类通过消息的相互作用申请和提供服务。此外，面向对象程序具有动态性，程序的控制流往往无法确定，因此，增量式集成测试不再适用，只能采用基于操作的集成测试。面向对象的集成测试能够检测出相对独立的单元测试无法检测出的在类相互作用时才会产生的错误。面向对象的集成测试关注系统的结构和内部的相互作用，可以分成两步进行：先进行静态测试，再进行动态测试。

面向对象基于操作的集成测试策略有两种：基于线程的测试和基于使用的测试。

① 基于线程的测试。线程是指对一个输入或事件做出回应的若干个类组成的一组类，系统有多少个线程就对应有多少个组类。这种策略把相应系统的一个输入或一个事件所需要的那些类集成起来。分别集成并测试每个线程，同时应用回归测试以保证不产生副作用。

② 基于使用的测试。这种策略首先测试几乎不使用服务器类的那些类（称为独立类），把独立类都测试完之后，再测试使用独立类的下一个层次的类（称为依赖类）。对依赖类的测试一个层次一个层次地持续进行下去，直至把软件系统构造完为止。

3. 面向对象软件的高级测试

面向对象软件仍然必须经过规范的高级测试，即确认测试和系统测试。它们将忽略类连接的细节，主要采用传统的黑盒测试方法，集中检查用户可见的动作和用户可识别的输出。可以采用面向对象分析时的用例作为测试用例，同时也要根据动态模型和描述系统行为来确定最可能发现用户交互需求方面的错误的场景。

系统测试应该尽量构建与用户实际使用环境相同的测试平台，保证被测系统的完整性。系统测试时应该参考面向对象分析的结果，对应描述的对象、属性和各种操作，检测软件是否能够完全"再现"问题域空间。

4. 面向对象软件测试用例

与面向对象的分析与设计不同，面向对象软件的测试用例设计至今还没有统一、规范的方法。但有关研究一直在进行，并取得了一定的成果。1993 年，Berard 提出了面向对象测试用例设计方法的指导性建议。

● 每个测试用例都要有唯一的标识，并与被测试的一个或几个类显示相关联。
● 每个测试用例都要给出测试目的。
● 对每个测试用例要有相应的测试步骤，包括被测对象的特定状态、测试所使用的消息和操作、可能产生的错误，以及测试需要的补充信息、外部环境等。

目前，面向对象测试用例的思路主要有基于故障和基于用例两种。

基于故障的测试用例设计，是通过对分析与设计模型的分析，找出可能存在的故障，以此假设故障来设计测试用例，并通过这些测试用例确定这些可能的故障是否存在。基于故障的测试用例不能发现有错误的功能描述，或者子系统间交互引起的问题。

基于用例的测试用例设计关注用户"做什么"而不是软件"做什么"。通过测试用例获得用户必须完成的任务，并以此为依据设计所涉及的各个类的测试用例。

设计面向对象软件测试用例的步骤如下。

① 先选定检测的类，参考面向对象分析的结果，找出类的状态和相应的行为，类或成员函数间传递的消息，输入或输出的界定等。

② 确定测试覆盖标准。

③ 利用类图确定待测试类的所有关联。

④ 根据程序中的对象设计测试用例，确认使用什么输入激发类的状态、使用类的操作和期望产生什么行为等。

与传统的测试用例设计不同，面向对象测试用例最主要的是类测试用例设计。类测试用例设计主要是为测试类的状态设计合适的操作序列。类测试用例的设计有以下要点。

① 测试时要了解对象的详细状态，需要检查数据成员是否满足数据封装的要求，基本原则是检查数据成员是否被外界直接调用，即当改变数据成员的结构时，是否影响了类的对外接口，是否会导致相应外界必须改动。

② 类操作方法的测试通常采用传统的白盒测试方法。但是，面向对象程序中类成员函数通常都很小，而且功能单一，所以没有必要很注重这种类操作的测试，应该更多地进行类级别的测试。黑盒测试方法对类级别的测试同样适用。

③ 一般来说，继承的成员函数必须测试，子类的测试用例可参照父类进行。

④ 集成测试的测试用例设计主要考虑类之间的协作。通常可以从静态模型的类和动态模型的行为中导出类间测试用例。

⑤ 设计测试用例时，不但要设计确认类功能满足要求的输入，还应有意识地设计一些被禁止的测试用例，确认类是否有不合法的行为产生。例如，测试发送与类状态不相适应的消息，测试与要求不相适应的服务等。

5. 基于场景的测试设计

基于故障的测试忽略了两种主要的错误类型：不正确的规约；子系统间的交互。当和不正确的规约关联的错误发生时，软件不做用户希望的事情，它可能做错误的事情或可能省略了重要的功能。当一个子系统建立环境（如事件、数据流）的行为使另一个子系统失败时，发生和子系统交互相关的错误。基于场景的测试关注用户"做什么"而不是软件"做什么"，它意味着捕获用户必须完成的任务（通过使用实例），然后应用它们或它们的变体作为测试。

场景揭示交互错误，为了达到此目标，测试用例必须比基于故障的测试更复杂和更现实。这种测试往往在单个测试中处理多个子系统，如考虑对文本编辑器基于场景的测试的设计，使用实例如下。

使用实例：确定最终草稿。

背景：打印"最终"草稿，阅读它并发现某些从屏幕上看是不明显的错误。

该使用实例描述当此事发生时产生事件的序列。

● 打印完整的文档。

● 在文档中移动，修改某些页面。

● 当每页被修改后，打印它。

● 有时打印一系列页面。

该场景描述了两件事：测试和特定的用户需要。

用户需要是明显的：打印单页的方法；打印一组页面的方法。当测试进行时，有必要在打印测试页后测试编辑。测试人员希望发现打印功能导致了编辑功能的错误，即两个软件功能不是合适的相互独立的。

使用实例：打印新复件。

背景：某人向用户要求文档的一份新复件，它必须被打印。

- 打开文档。
- 打印文档。
- 关闭文档。

测试方法也是相当明显的，除非该文档未在任何地方出现过，它是在早期的任务中创建的，该任务对现在的任务有影响吗？在很多现代编辑器中，文档记住它们上次被如何打印，默认情况下，它们下一次用相同的方式打印。在"确定最终草稿"场景之后，仅仅在菜单中选择"Print"，并在对话框中单击"Print"按钮，将使上次修正的页面再打印一次，这样，按照编辑器，正确的场景应该如下。

使用实例：打印新复件。

- 打开文档。
- 选择菜单中的"Print"。
- 检查是否将打印一系列页面，如果是，单击打印完整的文档。
- 单击"Print"按钮。
- 关闭文档。

但是，这个场景指明了一个潜在的规约错误，编辑器没有做用户希望它做的事。客户经常忽略在第3步中的检查，当他们走到打印机前发现只有一页，而他们需要100页时，问题就出来了，客户指出这一规约错误。

6. 测试表层结构和深层结构

表层结构指面向对象程序外部可观察的结构，即对终端用户立即可见的结构。不是处理函数，而是很多面向对象系统的用户可能被给定一些以某种方式操纵的对象。因此，不管界面风格是什么，针对表层结构的测试用例设计应该同时使用对象和操作作为导向被忽视任务的线索。

深层结构指面向对象程序内部的技术细节，即通过检查设计和代码而理解的结构。深层结构测试被设计用以测试作为面向对象系统的子系统和对象设计的一部分而建立的依赖、行为和通信机制。分析和设计模型被用作深层结构测试的基础。例如，对象—关系图或子系统通信图描述了在对象和子系统间的可能对外不可见的协作。那么测试用例设计者会问：人们已经捕获了某些测试任务，它是否测试了对象—关系图或子系统通信图中记录的协作？如果没有，为什么？

本章练习题

1. 判断题

（1）面向对象设计应该在面向对象分析之前，因为只有产生了设计结果才可以对其进行分析。
（　　）

（2）面向对象设计产生的结果在形式上可以与面向对象分析产生的结果类似，例如都可以使用 UML 表达。
（　　）

2. 选择题

（1）下面哪种设计模式定义了对象间的一种一对多的依赖关系，以便当一个对象的状态发生

改变时，所有依赖于它的对象都得到通知并自动刷新。（　　　）

  A. Adapter（适配器）   B. Iterator（迭代器）

  C. Prototype（原型）   D. Observer（观察者）

  （2）UML 中有多种类型的图，其中，（　　　）对系统的使用方式进行了分类；（　　　）显示了类及其相互关系；（　　　）显示了人或对象的活动，其方式类似于流程图；通信图显示了在某种情况下对象之间发送的消息；（　　　）与通信图类似，但强调的是顺序而不是连接。

  A. 用例图、顺序图、类图、活动图   B. 用例图、类图、活动图、顺序图

  C. 类图、顺序图、活动图、用例图   D. 活动图、顺序图、用例图、类图

  （3）UML 类图的类与类之间的关系有 5 种：继承、依赖、关联、组合与聚合，若类 A 需要使用标准数学函数类库中提供的功能，那么类 A 与标准类库中提供的类之间存在（　　　）关系。

  A. 依赖   B. 关联   C. 聚合   D. 组合

3. 简答题

（1）说明面向对象的集成测试包含哪些内容。

（2）举例说明各种程序设计语言的特点及适用范围。

（3）选择面向对象程序设计语言时应考虑哪些因素？

4. 应用题

（1）对图书馆管理信息系统进行物理体系架构设计。

（2）试用面向对象方法设计图书馆管理信息系统的预约子系统和借/还书子系统的设计类图、详细顺序图和通信图。

（3）S 公司开办了在线电子商务网站，主要为各注册的商家提供在线商品销售功能。为更好地吸引用户，S 公司计划为注册的商家提供商品（Commodity）促销（Promotion）功能。商品的分类（Category）不同，促销的方式和内容也会有所不同。

注册商家可发布促销信息。商家首先要在自己所销售的商品的分类中，选择促销涉及的某一具体分类，然后选出该分类的一个或多个商品（一种商品仅仅属于一种分类），接着制定出一个比较优惠的折扣政策和促销活动的优惠时间，最后由系统生成促销信息并将该促销信息公布在网站上。

商家发布促销信息后，网站的注册用户便可通过网站购买促销商品。用户可选择参与某一个促销活动，并选择具体的促销商品，输入购买数量等购买信息。系统生成相应的一份促销订单（POrder）。只要用户在优惠活动的时间范围内，通过网站提供的在线支付系统，确认在线支付该促销订单（即完成支付），就可以优惠的价格完成商品的购买活动，否则该促销订单失效。

系统采用面向对象方法开发，系统中的类以及类之间的关系用 UML 类图表示，图 6.21 是该系统类图中的一部分；系统的动态行为采用 UML 序列图表示，图 6.22 是发布促销的序列图。

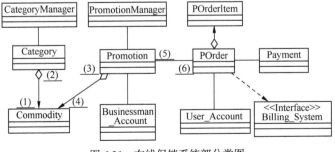

图 6.21　在线促销系统部分类图

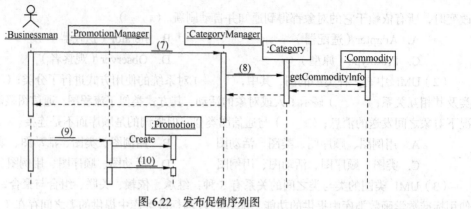

图 6.22　发布促销序列图

识别关联的多重度是面向对象建模过程中的一个重要步骤。根据说明中给出的描述，给图 6.21 中的（1）～（6）标出类关联的多重度。

请从表 1 中选择方法，完成图 6.22 中的（7）～（10）步骤。

表 1　　　　　　　　　　　　　方法列表

功 能 描 述	方 法 名
向促销订单中添加所选商品	buyCommodities
向促销中添加要促销的商品	addCommodities
查找某个促销的所有促销订单信息列表	getPromotionOrders
生成商品信息	createCommodity
查找某个分类中某商家的所有商品信息列表	getCommodities
生成促销信息	createPromotion
生成促销订单信息	createPOrder
查找某个分类的所有促销信息列表	getCategoryPromotion
查找某商家所销售的所有分类列表	getCategories
查找某个促销所涉及的所有商品信息列表	getPromotionCommodities

第7章
软件测试技术

软件测试是保证软件质量的重要手段，因此无论怎样强调软件测试对软件质量的重要性都不为过。有研究数据显示，国外软件开发机构40%的工作量花在软件测试上，软件测试费用占软件开发总费用的30%～50%。对于一些要求高可靠和高安全的软件，测试费用可能相当于整个软件项目开发费用的3～5倍。由此可见，要成功开发出高质量的软件产品，必须重视并加强软件测试工作。本章将介绍软件测试的目的、方法、技术，以及测试步骤、策略等基本知识。

本章学习目标：
1. 明确软件测试目的和原则
2. 掌握软件测试步骤
3. 掌握设计测试用例的方法
4. 掌握黑盒测试和白盒测试的方法
5. 掌握软件调试策略

7.1 软件测试概述

广义上讲，测试是指软件产品生命周期内所有的检查、评审和确认活动。例如，设计评审和系统测试。狭义上讲，测试是对软件产品质量的检验和评价。它一方面检查软件产品质量中存在的质量问题，同时对产品质量进行客观的评价。IEEE对软件测试的定义是："使用人工或自动化的手段来运行或测定某个软件系统的过程，其目的在于检验它是否满足规定的需求或弄清预期结果与实际结果之间的差别"。这说明软件测试的目的是为了检验软件系统是否满足需求。

7.1.1 软件测试目的

软件测试的目的决定了如何去组织测试。如果测试的目的是为了尽可能多地找出错误，那么测试就应该直接针对软件比较复杂的部分或是以前出错比较多的位置。如果测试目的是为了给最终用户提供具有一定可信度的质量评价，那么测试就应该直接针对在实际应用中会经常用到的商业假设。Grenford J.Myers认为测试的目的如下。

- 软件测试是为了发现错误而执行程序的过程。
- 测试是为了证明程序有错，而不是证明程序没有错。
- 一个好的测试用例在于它能发现至今未发现的错。
- 一个成功的测试是发现了至今未发现的错误的测试。

这种观点可以提醒我们测试要以查找错误为中心，而不是为了演示软件的正确功能。另外，通过分析错误产生的原因和错误的分布特征，可以帮助项目管理者发现当前所采用的软件过程的缺陷，以便改进。同时，这种分析也能帮助我们设计出有针对性的检测方法，改善测试的有效性。没有发现错误的测试也是有价值的，完整的测试是评定测试质量的一种方法。

7.1.2 软件测试原则

根据测试的概念和目标，在进行软件测试时应遵循以下基本原则。

1. 尽早并不断地进行测试

由于原始问题的复杂性、开发各个阶段的多样性以及参加人员之间的协调程度等因素，使得在开发的各个阶段都有可能出现错误。有时表现为程序中存在错误，而这并不一定是由于编码产生的，很有可能是设计阶段，甚至是需求分析阶段的问题所引起的。早期出现的小问题到后面就会扩散，最后需要花费大量的人力、物力来修改错误。尽早进行测试，可以尽快地发现问题，将错误的影响缩小到最小范围。因此，测试应贯穿在开发的各个阶段，坚持各阶段的技术评审，这样才能尽早发现和纠正错误，消除隐患，提高整个系统的开发质量。

2. 程序员应尽可能避免检查自己的程序

如果程序员对程序的功能要求理解错了，一般很难由本人测试出来，而且，在设计测试方案时，很容易根据自己的编程思路来制定，具有局限性。所以，由别人来测试可能会更客观、更有效，并更容易取得成功。

3. 测试用例应当包括合理的输入条件和不合理的输入条件

在测试程序时，人们倾向于过多地考虑合法的和期望的输入条件，以检查程序是否做了它该做的事情，而忽视了不合法的和预想不到的输入条件。实践证明，用不合理的输入数据测试程序，更能发现较多的错误。

4. 测试用例应包括输入数据和预期的输出结果两部分

测试以前应当根据测试的要求选择测试用例，以在测试过程中使用。测试用例主要用来检验程序员编制的程序，因此，不但需要测试的输入数据，而且需要这些输入数据的预期输出结果，作为检验实测结果的基准。

5. 全面检查每个测试结果

这是一个很明显的原则，但常常被人们忽视。有时做了很多探索，却不能发现某种错误，即使这些错误的征兆在输出结果的列表中清楚地暴露出来。这是由于没有仔细地、全面地检查测试结果而遗漏的。除了检查程序要做的事之外，还应检查程序是否做了它不应做的事情。

6. 严格按照测试计划来测试

测试时要严格按照测试计划来测试，避免测试的随意性。测试计划应包括测试内容、进度、安排、人员安排、测试环境、测试工具和测试资料等。严格地执行测试计划可以保证进度，使各方面都得以协调进行。

7. 充分注意测试中的集群现象

测试时不要被一开始的若干错误所迷惑，找到了几个错误就以为问题已经解决，不需要继续测试了。经验表明，测试后程序中残存的错误数目与该程序的错误检出率成正比。在被测程序段中，若发现错误数目多，则残存错误数目也比较多。

8. 注意遵守"经济性"原则

为了降低测试成本，选择测试用例时应注意遵守"经济性"原则。要根据程序的重要性和一且发生故障将造成的损失来确定它的测试等级；要认真研究测试策略，以便能使用尽可能少的测试用例，发现尽可能多的程序错误。掌握好测试量是至关重要的，测试不足意味着让用户承担隐藏错误带来的危险，过度测试则会浪费许多宝贵的资源。

7.1.3　测试步骤

瀑布模型描述软件开发的过程是一个自顶向下、逐步细化的过程，而测试过程则是依相反的顺序安排的自底向上、逐步集成的过程。低一级测试为上一级测试准备条件。软件测试包括单元测试、集成测试、确认测试和系统测试。

首先要分别完成每个单元（模块）的测试任务，以确保每个模块能正常工作。然后把已经测试过的模块组装起来，进行集成测试。完成集成测试以后，要对开发工作初期制定的确认准则进行检验。完成确认测试以后，为检验它能否与系统的其他部分协调工作，还需要进行系统测试。软件测试流程如下。

① 制订测试计划。该计划被批准后转向第②步。
② 设计测试用例。该用例被批准后转向第③步。
③ 如果满足"启动准则"，那么执行测试。
④ 撰写测试报告。
⑤ 消除软件缺陷。如果满足"完成准则"，那么正常结束测试。

7.2　软件测试技术

对于软件测试技术，可以从不同的角度加以分类。从是否需要执行被测软件的角度，可分为静态测试（例如，代码会审、代码走查）和动态测试。静态测试指的是采用人工方式进行测试，目的是通过对程序静态结构的检查，找出编译时不能发现的错误。动态测试是把事先设计好的测试用例作用于被测程序，比较测试结果和预期的结果是否一致，如果不一致，则说明被测程序可能存在错误。从测试是否针对系统的内部结构和具体实现算法的角度来看，可分为白盒测试和黑盒测试。

代码会审是由一组人通过阅读、讨论和争议对程序进行静态分析的过程。会审小组由组长、2～3 名程序设计和测试人员及程序员组成。会审小组在充分阅读待审程序文本、控制流程图及有关要求和规范等文件的基础上，召开代码会审会，程序员逐句讲解程序的逻辑，并展开讨论甚至争议，以揭示错误的关键所在。实践表明，程序员在讲解过程中能发现许多自己原来没有发现的错误，而讨论和争议则进一步促使了问题的暴露。例如，在对某个局部性小问题修改方法的讨论中，可能会发现与之有牵连的甚至能涉及到模块的功能、模块间接口和系统结构的大问题，导致对需求定义的重定义、重新设计验证。

7.2.1　测试用例设计

我们不可能进行穷举测试，为了节省时间和资源、提高测试效率，必须要从大量的可用测试数据中，精心挑选出具有代表性或特殊性的测试数据来进行测试。为达到最佳的测试效果或高效地揭露隐藏的错误而精心设计的少量测试数据，称之为测试用例。

测试用例是对软件运行过程中所有可能存在的目标、运动、行动、环境和结果的描述，是对客观世界的一种抽象。测试用例的选择既要有一般情况，也应有极限情况以及最大和最小的边界值情况。因为测试的目的是暴露软件中隐藏的缺陷，所以在设计选取测试用例和数据时要考虑那些易于发现缺陷的测试用例和数据，结合复杂的运行环境，在所有可能的输入条件和输出条件中确定测试数据，来检查应用软件是否都能产生正确的输出。软件测试用例可以被定义为如下6元组：

（测试索引，测试环境，测试输入，测试操作，预期结果，评价标准）

7.2.2　黑盒测试方法

黑盒测试也称功能测试或数据驱动测试。在测试时，把程序看作一个不能打开的黑盒子，它是在完全不考虑程序内部结构和内部特性的情况下，测试者在程序接口进行测试，它只检查程序功能是否能按照需求规格说明书的规定正常使用，程序是否能适当地接收输入数据而产生正确的输出信息，并且保持外部信息（如数据库或文件）的完整性。

黑盒测试技术是穷举输入测试，只有把所有可能的输入都作为测试情况使用，才能以这种方法查出程序中所有的错误。实际上测试情况有无穷多个，人们不仅要测试所有合法的输入，而且还要对那些不合法但是可能的输入进行测试。黑盒测试能够发现的错误类型包括：功能不对或遗漏、界面错误、数据结构或外部数据库访问错误、性能错误、初始化和终止错误等。黑盒测试技术主要包括等价类划分、边界值分析、因果图、错误推测等方法。

1. 等价类划分法

等价类划分法是把所有可能的输入数据，即程序的输入域划分成若干部分（子集），然后从每一个子集中选取少数具有代表性的数据作为测试用例。如果用某个等价类的一组测试数据进行测试时没有发现错误，则说明在同一等价类中的其他输入数据也一样查不出问题；反之，如果用某个等价类的一组测试数据进行测试时发现了错误，则说明用该等价类的其他输入数据测试时也一样会检测出错误。所以，在测试时，只需要从每个等价类中取一组输入数据进行测试即可。

① 划分等价类。等价类是指某个输入域的子集合。在该子集合中各个输入数据对于揭露程序中的错误都是等效的。因此，可以把全部输入数据划分为若干等价类。等价类划分包括两种不同的情况：有效等价类和无效等价类。

● 有效等价类：是指对于程序的规格说明来说是合理的、有意义的输入数据构成的集合。利用有效等价类可检验程序是否实现了规格说明中所规定的功能和性能。

● 无效等价类：与有效等价类的定义恰巧相反。

设计测试用例时，需要划分这两种等价类。因为软件不仅要能接收合理的数据，也要能经受意外的考验，这样的测试才能确保软件具有更高的可靠性。

例如，费用金额的有效等价类为：-100，100，99.9；无效等价类为：a，A。日期的有效等价类为：2012-1-1，2010-12-31；无效等价类为：2012-2-29，2012-13-1。

② 划分等价类的方法。确定等价类的原则如下。

● 在输入条件规定了取值范围或值的个数的情况下，则可以确立一个有效等价类和两个无效等价类。例如，在职职工的年龄输入范围为18～60，则有效等价类为"18≤年龄≤60"，两个无效等价类为"年龄>60"或"年龄<18"。

● 在输入条件规定了输入值的集合或者规定了"必须如何"的条件的情况下，可确立一个有效等价类和一个无效等价类。例如，学生奖学金的发放条件是平均分在75分以上，可以获得一等奖学金，但不符合条件的没有奖学金。所以，平均分在75分以上的为有效等价类，平均分在75分以下的为无效等价类。

- 在输入条件是一个布尔量的情况下，可确定一个有效等价类和一个无效等价类。
- 在规定了输入数据的一组值（假定 n 个），并且程序要对每一个输入值分别处理的情况下，可确立 n 个有效等价类和一个无效等价类。
- 在规定了输入数据必须遵守的规则的情况下，可确立一个有效等价类（符合规则）和若干个无效等价类（从不同角度违反规则）。
- 在确知已划分的等价类中各元素在程序处理中的方式不同的情况下，则应再将该等价类进一步地划分为更小的等价类。

③ 设计测试用例。在确立了等价类后，可建立如下等价类表，列出所有划分出的等价类。

输入条件	有效等价类	无效等价类

然后从划分出的等价类中按以下 3 个原则设计测试用例。

- 为每一个等价类规定一个唯一的编号。
- 设计一个新的测试用例，使其尽可能多地覆盖尚未被覆盖的有效等价类，重复这一步，直到所有的有效等价类都被覆盖为止。
- 设计一个新的测试用例，使其覆盖一个尚未被覆盖的无效等价类，重复这一步，直到所有的无效等价类都被覆盖为止。

【例 7-1】 用等价类划分法测试保险费率计算程序。

保险公司承担人寿保险已有多年历史，该公司保费计算方式为"投保额 × 保险率"，保险率又依点数不同而有别，即 10 点以上费率为 0.6%，10 点以下费率为 0.1%。

① 分析输入数据类型。

年龄：1 位或 2 位数字。

性别：以 Male、M、Female、F 表示，字符型。

婚姻：已婚、未婚，字符型。

抚养人数：空白或 1 位数字。

保险费率：10 点以上，10 点以下。

② 划分输入数据类型，如表 7.1 所示。

表 7.1　　　　　　　　　　　　　划分输入数据类型

			保险费率（点数）
1. 年龄	数字范围	1～99	
	等价类	20～39 岁	6
		40～59 岁	4
		60 岁以上或 20 岁以下	2
2. 性别	类型	英文字母	
	等价类	Male　　　　　M	5
		Female　　　　F	3
3. 婚姻	类型	汉字	
	等价类	已婚	3
		未婚	5

续表

			保险费率（点数）
4. 抚养人数	选择项	抚养人数可以有，也可以无	1人扣0.5点最多扣3点（四舍五入取整数）
	范围	1～9	
	等价类	空白	
		1～6人	
5. 保险费率	等价类	10点以上	
		10点以下	

③ 设计输入数据，如表7.2所示。

表7.2　　　　　　　　　　　　　　　　　设计输入数据

	有效等价类	无效等价类	无效等价类
1. 年龄	20～39 任选一个		
2. 年龄	40～59 任选一个		
3. 年龄	60 以上、20 以下任选一个	小于1，任选一个	大于 99
4. 性别	Male、M、Female、F 任选一个	非英文字母，如"男"	非 Male、M、Female、F 之任意字母，如"C"
5. 婚姻	已婚、未婚任选一个	非汉字，如"E"	其他汉字，如"离婚"
6. 抚养人数	空白、1～6 人、7～9 人、F 任选一个	小于 1 人	大于 9 人
7. 保险费率	10 点以上（0.6%）、10 点以下（0.1%）		

④ 根据以上分析设计测试用例，设计测试用例如表7.3所示。

表7.3　　　　　　　　　　　　　　　　　设计测试用例

用例号	年龄	性别	婚姻	抚养人数	保险费率	备　　注
1	27	Female	未婚	空白	0.6%	有效年龄：20～39 岁、性别：Female婚姻：未婚，抚养人数：空白
2	50	Male	已婚	2	0.6%	有效年龄：50～59 岁、性别：M婚姻：已婚，抚养人数：1～6 人
3	70	F	未婚	7	0.1%	有效年龄：60 岁以上、性别：F婚姻：未婚，抚养人数：6 人以上
4	0	M	未婚	4	无法算	年龄类无效，无法推算保险费率
5	100	F	未婚	5	无法算	年龄类无效，无法推算保险费率
6	1	男	已婚	6	无法算	性别类无效，无法推算保险费率
7	99	C	未婚	1	无法算	性别类无效，无法推算保险费率
8	30	M	离婚	3	无法算	婚姻类无效，无法推算保险费率
9	75	F	未婚	0	无法算	抚养人数类无效，无法推算保险费率
10	17	M	已婚	10	无法算	抚养人数类无效，无法推算保险费率

2. 边界值分析法

边界值分析方法是对等价类划分方法的补充。

（1）边界值分析方法的考虑

经验表明，大量的错误是发生在输入或输出范围的边界上，而不是发生在输入、输出范围的内部。因此，针对各种边界情况设计测试用例，可以查出更多的错误。

使用边界值分析方法设计测试用例，首先应确定边界情况。通常输入和输出等价类的边界，就是应着重测试的边界情况。应当选取正好等于、刚刚大于或刚刚小于边界的值作为测试数据，而不是选取等价类中的典型值或任意值作为测试数据。

例如，跳挡计费问题：100 分钟以内 0.6 元/分钟；大于 100 分钟小于 500 分钟，0.5 元/分钟；500 分钟以上，0.4 元/分钟。

边界值：=100 分钟、=500 分钟

等价值：<100 分钟：——10 分钟、99 分钟

>100 分钟&<500 分钟：——101 分钟、499 分钟

>500 分钟——501 分钟、600 分钟

（2）基于边界值分析方法选择测试用例的原则

① 如果输入条件规定了值的范围，则应取刚达到这个范围的边界的值，以及刚刚超越这个范围边界的值作为测试输入数据。

② 如果输入条件规定了值的个数，则用最大个数、最小个数、比最小个数少 1 和比最大个数多 1 的数作为测试数据。

③ 根据规格说明的每个输出条件，使用前面的原则①。例如，某个计算折扣的程序，最低折扣量为 0 元，最高折扣量为 1 000 元。则设计一些测试用例，使它们恰好产生 0 元和 1000 元的结果。另外还要设计结果为负值或大于 1000 元的测试用例。

④ 根据规格说明的每个输出条件，应用前面的原则②。

⑤ 如果程序的规格说明给出的输入域或输出域是有序集合，则应选取集合的第一个元素和最后一个元素作为测试用例。

⑥ 如果程序中使用了一个内部数据结构，则应当选择这个内部数据结构的边界上的值作为测试用例。例如，程序中定义了一个数组，其元素下标的下界是 0，上界是 50，那么应选择达到这个数组下标边界的值，如 0 与 50，作为测试用例。

⑦ 分析规格说明，找出其他可能的边界条件。

边界值分析应用举例如下。

对 16bit 的整数而言，32 767 和-32 768 是边界；

报表的第一行和最后一行；

数组元素的第一个和最后一个；

循环的第 0 次、第 1 次，以及倒数第 2 次、最后一次。

3. 错误推测法

错误推测法是基于经验和直觉推测程序中所有可能存在的各种错误，从而有针对性地设计测试用例的方法。

错误推测方法的基本思想是列举出程序中所有可能有的错误和容易发生错误的特殊情况，根据它们选择测试用例。例如，以前产品测试中曾经发现的错误等，这些就是经验的总结。还有输入数据和输出数据为 0 的情况，输入表格为空格或输入表格只有一行，这些都是容易发生错误的情况。可选择这些情况下的例子作为测试用例。

再如，测试一个对线性表（比如数组）进行排序的程序，可推测列出以下几项需要特别测

试的情况，如表 7.4 所示。

表 7.4 设计测试用例

用 例 号	测 试 用 例
1	输入的线性表为空表
2	表中只含有一个元素
3	输入表中所有元素已排好序
4	输入表已按逆序排好
5	输入表中部分或全部元素相同

4. 因果图方法

前面介绍的等价类划分方法和边界值分析方法，都是着重考虑输入条件，但未考虑输入条件之间的联系、相互组合等。考虑输入条件之间的相互组合，可能会产生一些新的情况。但要检查输入条件的组合不是一件容易的事情，即使把所有输入条件划分成等价类，它们之间的组合情况也相当多。因此，必须考虑采用一种适合于描述对于多种条件的组合，相应产生多个动作的形式来设计测试用例。这就需要利用因果图，因果图方法最终生成的就是判定表。它适用于检查程序输入条件的各种组合情况。

（1）因果图中的基本符号和因果关系

① 因果图中的基本符号。

通常在因果图中使用简单的逻辑符号，以直线联接左右结点。左结点 c_i 表示原因，右结点 e_i 表示结果。c_i 和 e_i 均可取值 0 或 1，0 表示某状态不出现，1 表示某状态出现。

② 因果图中的因果关系有 4 种，分别为恒等关系、非关系、或关系和与关系，如图 7.1 所示。

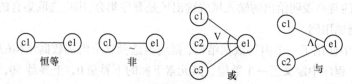

图 7.1 因果图中的关系

- 恒等：若 c_1 是 1，则 e_1 也是 1，否则 e_1 为 0。
- 非：若 c_1 是 1，则 e_1 是 0，否则 e_1 是 1。
- 或：若 c_1、c_2 或 c_3 是 1，则 e_1 是 1，否则 e_1 为 0。"或"可有任意个输入。
- 与：若 c_1 和 c_2 都是 1，则 e_1 为 1，否则 e_1 为 0。"与"也可有任意个输入。

③ 因果图中的约束。

输入条件的约束有以下 4 类。如图 7.2 所示。

- E 约束（异）：a 和 b 中至多有一个可能为 1，即 a 和 b 不能同时为 1。
- I 约束（或）：a、b 和 c 中至少有一个必须是 1，即 a、b 和 c 不能同时为 0。非：若 C1 是 1，则 E1 是 0，否则 E1 是 1。
- O 约束（唯一）：a 和 b 必须有一个，且仅有一个为 1。或：若 C1 或 C2 是 1，则 E1 是 1，否则 E1 为 0。"或"可有任意个输入。
- R 约束（要求）：a 是 1 时，b 必须是 1，即不可能 a 是 1 时 b 是 0。与：若 C1 和 C2 都是 1，则 E1 为 1，否则 E1 为 0。"与"也可有任意个输入。

输出条件的约束只有一种。如图 7.2 所示。

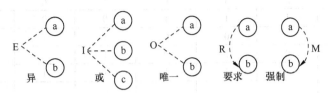

图 7.2 因果图中的约束

- M 约束（强制）：若结果 a 是 1，则结果 b 强制为 0。

（2）因果图生成测试用例的基本步骤

① 分析软件规格说明描述中，哪些是原因（即输入条件或输入条件的等价类），哪些是结果（即输出条件），并给每个原因和结果赋予一个标识符。

② 分析软件规格说明描述中的语义，找出原因与结果之间、原因与原因之间对应的关系，根据这些关系，画出因果图。

③ 由于语法或环境限制，有些原因与原因之间，原因与结果之间的组合情况不可能出现。为表明这些特殊情况，在因果图上用一些记号表明约束或限制条件。

④ 把因果图转换为判定表。

⑤把判定表的每一列拿出来作为依据，设计测试用例。

从因果图生成的测试用例（局部、组合关系下的）包括了所有输入数据的取 True 与取 False 的情况，构成的测试用例数目达到最少，且测试用例数目随输入数据数目的增加而线性地增加。因果图方法中用到了判定表，判定表是分析和表达多逻辑条件下执行不同操作的情况下的工具。

【例 7-2】 因果图法案例。

程序的规格说明要求：输入的第 1 个字符必须是 "#" 或 "*"，第 2 个字符必须是一个数字，在此情况下进行文件的修改；如果第 1 个字符不是 "#" 或 "*"，则给出信息 N；如果第 2 个字符不是数字，则给出信息 M。

① 首先列出原因和结果，如下所示。

原因：c1——第 1 个字符是 "#"	结果：a1——给出信息 N
c2——第 1 个字符是 "*"	a2——修改文件
c3——第 2 个字符是一个数字	a3——给出信息 M

② 绘出因果图，如图 7.3 所示。

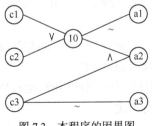

图 7.3 本程序的因果图

③ 将因果图转换为判定表，如表 7.5 所示。

表 7.5   判定表

	1	2	3	4	5	6	7	8
c1	1	1	1	1	0	0	0	0
c2	1	1	0	0	1	1	0	0
c3	1	0	1	0	1	0	1	0
10			1	1	1	1	0	0
a1							√	√
a2			√		√			
a3				√		√		√
不可能	√	√						
测试用例			#3	#B	*7	*M	C2	CM

④ 根据判定表，给出测试用例，如表 7.6 所示。

表 7.6   设计测试用例

用例号	输入数据	预期输出
1	#3	修改文件
2	#B	给出信息 M
3	*7	修改文件
4	*M	给出信息 M
5	C2	给出信息 N
6	CM	给出信息 M 和 N

7.2.3 白盒测试方法

白盒测试也称结构测试或逻辑驱动测试，它是在已知程序内部结构的情况下测试用例的测试方法。在使用白盒测试方法时，测试者必须检查程序的内部结构，从检查程序的逻辑着手，对所有逻辑路径进行测试，得出测试数据。白盒测试的主要技术有逻辑驱动、路径测试等，主要用于软件验证，检验语法错误、编译错误、性能问题、逻辑问题、判定条件问题和编程规范等。

1. 逻辑覆盖法

逻辑覆盖是以程序内部的逻辑结构为基础的测试用例设计技术，这一方法要求测试人员对程序的逻辑结构有清楚的了解。逻辑覆盖可分为：语句覆盖、判定覆盖、条件覆盖、判定—条件覆盖、条件组合覆盖与路径覆盖。

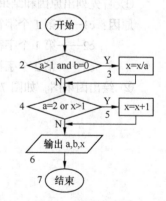

图 7.4 程序流程图

【例 7-3】 图 7.4 所示为部分程序的流程图。按照对被测程序所作测试的有效程度，分别介绍逻辑覆盖测试方法。

① 语句覆盖。语句覆盖就是设计若干个测试用例，运行所测程序，使得每一可执行语句至少被执行一次。

为了使程序中每个语句都执行一次，以达到语句覆盖的目标。需要准备以下测试数据：a = 2，b = 0，x = 4，其执行路径是：1-2-3-4-5-6-7。

语句覆盖是一种弱覆盖标准，对程序的逻辑覆盖很少，在上面的例子中两个判定条件都只测试了条件为真的情况，如果条件为假时处理有错误，显然不能发现。

② 判定覆盖。判定覆盖就是设计若干个测试用例，运行所测程序，使得程序中每个判断的取真分支和取假分支至少遍历一次。

要求：(a>1)and(b==0)与(a==2)or(x>1)这两个判断表达式各出现"T"、"F"结果至少一次。

下面两组判断可以做到。

- a=3，b=0，x=3（执行路径：1-2-3-4-6-7）（判断式：T,F）
- a=2，b=1，x=1（执行路径：1-2-4-5-6-7）（判断式：F,T）

如果把图 7.4 中的 x>1 错写成 x<1，那么利用上述两组测试用例仍能得到同样的结果。这表明判定覆盖还不能保证一定能查出在判定的条件中存在的错误，因此，还要更强的逻辑覆盖准则来检验判断内部条件。

③ 条件覆盖。条件覆盖就是设计若干个测试用例，运行所测程序，使得程序中每个判断的每个条件的可能取值至少执行一次。

要求：(a>1)、(b==0)、(a==2)、(x>1)这 4 个表达式各出现"T"、"F"结果至少一次。

下面两组判断可以做到。

- a=2，b=0，x=4（执行路径：1-2-3-4-5-6-7）（条件式：T,T,T,T）
- a=1，b=1，x=1（执行路径：1-2-4-5-6-7）（条件式：F,F,F,F）

④ 判定—条件覆盖。判定—条件覆盖就是设计足够的测试用例，使得判断中每个条件的所有可能取值至少执行一次，同时每个判断的所有可能判断结果也至少执行一次。

下面两组判断可以做到。

- a＝2，b＝0，x＝4（执行路径：1-2-3-4-5-6-7）
- a＝1，b＝1，x＝1（执行路径：1-2-4-6-7）

这两组测试用例也是条件覆盖中所举的示例。因此，有时判定—条件覆盖并不比条件覆盖更强，逻辑表达式的错误也不一定能检查出来。

⑤ 条件组合覆盖。条件组合覆盖就是设计足够的测试用例，运行所测程序，使得每个判断的所有可能的条件取值组合至少执行一次。

- a＝2，b＝0，x＝4（执行路径：1-2-3-4-5-6-7）（条件式：[T,T][T,T]）
- a＝2，b＝1，x＝1（执行路径：1-2-4-5-6-7）（条件式：[T,F][T,F]）
- a＝1，b＝0，x＝2（执行路径：1-2-4-5-6-7）（条件式：[F,T][F,T]）
- a＝1，b＝1，x＝1（执行路径：1-2-4-6-7）（条件式：[F,F][F,F]）

上面的 4 组输入数据也没有将程序中的每条路径都覆盖。例如，没有通过 1-2-3-4-6-7 这条路径，所以测试仍不完全。

通常在设计测试用例时应该根据代码模块的复杂度，选择覆盖方法。一般来说，代码的复杂度与测试用例设计的复杂度成正比。因此，设计人员必须做到模块或方法功能的单一性、高内聚性，使得方法或函数代码尽可能的简单，这样将可大大提高测试用例设计的容易度，提高测试用例的覆盖程度。

2．基本路径法

基本路径测试法是在程序控制流图的基础上，通过分析控制结构的环路复杂性，导出基本可执行路径集合，从而设计测试用例的方法。设计出的测试用例要保证在测试中程序的每个可执行语句至少执行一次。基本路径测试法包括以下 5 个方面。

① 程序的控制流图：描述程序控制流的一种图示方法。

② 程序环境复杂性：McCabe 复杂性度量，根据程序的环路复杂性导出程序基本路径集合中的独立路径条数，这是确定程序中每个可执行语句至少执行次数所必需的测试用例数目的上界。

③ 导出测试用例。

④ 准备测试用例，确保基本路径集中的每一条路径都被执行。

⑤ 图形矩阵：是在基本路径测试中起辅助作用的软件开发工具，利用它可以实现自动地确定一个基本路径集。

对于上面的例子可以选择以下 4 组测试数据覆盖程序中所有路径。

- a = 1，b = 1，x = 1（执行路径：1-2-4-6-7）
- a = 2，b = 0，x = 3（执行路径：1-2-3-4-5-6-7）
- a = 3，b = 0，x = 3（执行路径：1-2-4-6-7）
- a = 2，b = 1，x = 1（执行路径：1-2-4-5-6-7）

路径覆盖保证了程序中的所有路径都至少执行一次，是一种比较全的逻辑覆盖标准。但它没有检查判断表达式中条件组合情况，通常把路径覆盖和条件组合覆盖结合起来就可以得到查错能力很强的测试用例。如上面的例子，把条件组合覆盖的 4 组输入数据和路径覆盖中的第 3 组数据组合起来，形成 5 组输入数据，就可以得到既满足路径覆盖的标准，又满足条件组合覆盖的标准。

另外，对于测试用例的选择除了满足所选择的覆盖程度（或覆盖标准）外还需要尽可能地采用边界值分析法、错误推测法等设计方法。采用边界值分析法设计合理的输入条件与不合理的输入条件；条件边界测试用例应该包括输入参数的边界与条件边界（if，while，for，switch，SQL Where 子句等）。错误推测法，列举出程序中所有可能的错误和容易发生错误的特殊情况，根据它们选择测试用例；在编码、单元测试阶段可以发现很多常见的错误和疑似错误，对于这些错误应该作重点测试，并设计相应的测试用例。

7.3　软件调试技术

测试的目的是充分发现软件的错误信息，调试是在测试完成结果分析之后，对结果分析发现的错误进行程序诊断并且寻求改正的过程。

7.3.1　软件调试过程

软件调试过程如图 7.5 所示。软件调试过程开始于一个测试用例的执行，若测试结果与期望结果有出入，即出现了错误征兆，调试过程首先要找出错误原因，然后对错误进行修正。因此，调试过程有两种可能：一是找到了错误原因并纠正了错误；另一种可能是错误原因不明，调试人员只得做某种推测，然后再设计测试用例证实这种推测，若一次推测失败，再做第二次推测，直到发现并纠正了错误。

调试工作是一个相当艰苦的过程，究其原因除了开发人员心理方面的障碍外，还因为隐藏在程序中的错误具有下列特殊的性质。

① 错误的外部征兆远离引起错误的内部原因，对于高度耦合的程序结构此类现象更为严重。

② 纠正一个错误造成了另一错误现象（暂时）的消失。

③ 某些错误征兆只是假象。

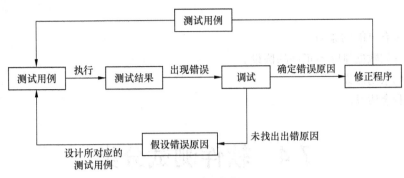

图 7.5　调试过程

④ 因操作人员一时疏忽造成某些错误征兆不易追踪。

⑤ 输入条件难以精确地再构造（例如，某些实时应用的输入次序不确定）。

⑥ 错误征兆时有时无，此现象对嵌入式系统尤其普遍。

⑦ 错误是由于把任务分布在若干台不同处理机上运行而造成的。

7.3.2　软件调试策略

在实际调试过程中可灵活采用多种方法来高效地查错排错。例如以下两种方法。

● 内存信息检查：在程序执行过程中发现问题，输出内存数据作静态检查分析。

● 程序执行信息跟踪：实际程序中存在多种输出或者人工在程序中设置输出，对照输出检查程序执行路径和出错原因。

在软件调试过程中常用的几种调试策略如下。

① 试探法。猜测试探。调试人员分析错误征兆，猜测故障的大致位置，然后检测程序中被怀疑位置附近的信息，由此获得对程序错误的准确定位。这种方法效率很低，适合于结构比较简单的程序。

② 回溯法。人工沿程序控制流逆向追踪。调试人员分析错误征兆，确定最先发现"症状"的位置，然后人工沿程序的控制流程往回追踪源程序代码，直到找出错误根源或确定故障范围为止。这种方法适合于小型程序，对于大规模程序，由于其需要回溯的路径太多而变得不可操作。

③ 对分查找法。区分程序段查找。如果已经知道每个变量在程序内若干个关键点的正确值，则可以用赋值语句或输入语句在程序中点附近"注入"这些变量的正确值，然后检查程序的输出。如果输出结果是正确的，则故障在程序的前半部分；反之，故障在程序的后半部分。对于程序中有故障的那部分再重复使用这个方法，直到把故障范围缩小到容易诊断的程度为止。

④ 归纳法。归纳错误信息发生的因果特性，提出假设的错误原因，用这些数据来证明或反驳，从而查出错误所在。其步骤如下。

● 收集有关资料。

● 组织数据。

● 导出假设。

● 证明假设。

⑤ 演绎法。根据测试结果，列出所有可能的错误原因。分析已有的数据，排除不可能和彼此矛盾的原因。对余下的原因，选择可能性最大的，利用已有的数据完善该假设，使假设更具体。

其步骤如下。

- 列出所有可能的原因。
- 用已有的数据排除不正确的假设。
- 精化剩余的假设。
- 证明剩余假设。

7.4 软件测试分类

根据软件开发流程，软件测试工作可以分为单元测试、集成测试、系统测试和验收测试。这些测试工作是按照图 7.6 中所示的顺序逐项进行的。单元测试是对软件中的基本组成单位进行的测试，验证每个模块是否满足系统设计说明书的要求。集成测试是将已测试过的模块组合成子系统，重点测试各模块之间的接口和联系。系统测试是对已经集成好的软件系统进行彻底的测试，以验证软件系统的正确性和性能等是否满足其规约所指定的要求。验收测试是根据需求规格说明书中定义的全部功能和性能要求，确认软件是否达到了要求。

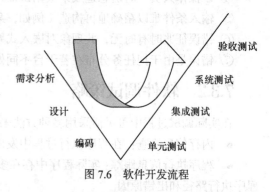

图 7.6 软件开发流程

7.4.1 单元测试

单元测试是对最小的可测试软件元素（单元）实施的测试，它所测试的内容包括单元的内部结构（如逻辑和数据流）以及单元的功能和可观测的行为。使用白盒测试方法测试单元的内部结构，使用黑盒测试方法测试单元的功能和可观测的行为。由于开发方式的不同，单元的划分存在一些差异，一般的单元划分方法如下。

① 面向对象的软件开发：以 Class（类）作为测试的最小单元。以方法的内部结构作为测试的重点。

② 结构化的软件开发：以模块（函数、过程）作为测试的最小单元。

1. 单元测试工作内容

在单元测试中主要从模块的 5 个特征进行检查。

① 模块接口测试。对被测的模块，测试信息能否正常无误地流入和流出。

例如，被测模块的输入参数和形式参数在个数、属性和单位上是否一致；调用其他模块时所给的实际参数和被调模块的形式参数在个数、属性和单位上是否一致；全局变量在各模块中的定义和用法是否一致；输入是否仅改变了形式参数。

② 局部数据结构测试。在模块工作过程中，其内部的数据能否保持其完整性，包括内部数据的内容、形式及相互关系不发生错误。

例如，变量的说明是否合适；是否使用了尚未赋值或尚未初始化的变量；是否出现上溢、下溢或地址异常的错误等。

③ 路径测试。模块的运行能否达到满足特定的逻辑覆盖。

④ 错误处理测试。测试模块工作中发生错误时，其中的出错处理设施是否有效。

例如，在对错误进行处理之前，系统已经对错误条件干预；出错的提示信息不足以确定错误或确定造成错误的原因；错误的描述难于理解等。

⑤ 边界测试。测试在为限制数据加工而设置的边界处，模块是否能够正常工作。

2. 单元测试过程

由于每个模块在整个软件中并不是孤立的，在对每个模块进行单元测试时，也不能完全忽视它们和周围模块的相互联系。为模拟这一联系，在进行单元测试时，需设置若干辅助测试模块。辅助模块有两种，一种是驱动模块，用以模拟被测模块的上级模块；另一种是桩模块，用以模拟被测模块工作过程中所调用的模块。

在测试过程中，需要对整个测试过程进行有效的管理，保证测试质量和测试效率。规范化的测试过程与内容包括如下内容。

- 拟定测试计划：在制订测试计划时，要充分考虑整个项目的开发时间和开发进度以及一些人为因素和客观条件等，使得测试计划是可行的。测试计划的主要内容有测试的内容、进度安排、测试所需的环境和条件、测试培训安排等。
- 编制测试大纲：测试大纲是测试的依据，它明确详细地规定了在测试中针对系统的每一项功能或特性所必须完成的基本测试项目和测试完成的标准。无论是自动测试还是手动测试，都必须满足测试大纲的要求。
- 设计和生成测试用例：根据测试大纲，设计和生成测试用例。在设计测试用例时，可综合利用前面介绍的测试用例设计技术，产生测试设计说明书，其内容主要有被测项目、输入数据、测试过程、预期输出结果等。
- 实施测试：测试的实施阶段是由一系列的测试周期组成的。在每个测试周期中，测试人员和开发人员将依据预先编制好的测试大纲和准备好的测试用例，对被测软件进行完整的测试。
- 生成测试报告：测试完成后，要形成相应的测试报告，主要对测试进行概要说明，列出测试的结论，指出缺陷和错误，另外，给出一些建议。例如，可采用的修改方法，各项修改预计的工作量等。

【例 7-4】 图 7.7 所示为新生基本信息管理子系统的功能层次图。

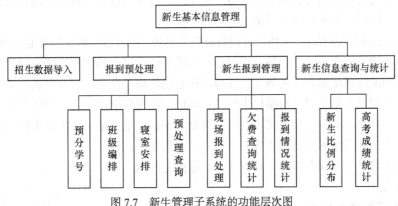

图 7.7　新生管理子系统的功能层次图

这里要测试"新生信息查询与统计"模块。由于它不是独立运行的程序，需要有一个驱动模块来调用它，驱动模块要说明必需的变量、接收测试数据——模拟总控模块来调用它。另外，还需要准备桩模块来代替被调用的子模块（例如，新生比例分布、高考成绩统计等），对于多个子模块可以用一个桩模块来代替。在测试时，用控制变量 Discount-Type 标记是新生比例分布还是高考成绩统计。

下面是用伪码编写的驱动模块和桩模块。

驱动模块的伪码：

```
Test_Driver
  While 未到文件尾部
    读取输入信息
    If 输入信息是调用 "新生信息查询与统计" 模块
      调用 "新生信息查询与统计" 模块
    End If
  End While
End_Test_Driver
```

桩模块的伪码：

```
Test Stub
  If Discount-Type= "新生比例分布"
    输出 "新生比例分布模块"
  Else
    输出 "高考成绩统计模块"
  End if
End Test Stub
```

7.4.2　集成测试

集成测试的目的是确保各单元组合在一起后能够按既定意图协作运行，并确保增量的行为正确。它所测试的内容包括单元间的接口以及集成后的功能。一般使用黑盒测试方法测试集成的功能，并且对以前的集成进行回归测试。

例如，在图 7.7 所示的 "新生基本信息管理" 系统中，对招生数据导入、报到预处理、新生报到管理、新生信息查询与统计等的测试都是要把模块按设计说明书的要求组合起来进行测试。即使所有模块都通过了测试，但在组装之后，仍然可能会出现问题：穿越模块的数据丢失、一个模块的功能对其他模块造成有害的影响、各个模块组合起来后没有达到预期的功能、全局数据结构出现问题等，所以需要进行集成测试。

一般集成测试有两种方法：一种是分别测试各个模块，再把这些模块组合起来进行整体测试，这种方法称为非增量式集成。另一种是把一个要测试的模块组合到已测试好的模块中，测试完后再将一个需要测试的模块组合进来测试，逐步把所有模块组合在一起，并完成测试。该方法称为增量式集成。非增量式集成可以对模块进行并行测试，能充分利用人力，加快工程进度。但这种方法容易混乱，且错误不容易被查找和定位。增量式测试的范围是一步步扩大的，所以错误容易定位，而且已测试的模块可在新的条件下进行测试，程序测试得更彻底。增量式测试有自顶向下的增量方式和自底向上的增量方式两种测试方法。

1. 自顶向下的增量方式

自顶向下增量方式是模块按程序的控制结构，从上到下的组合方式。在增加测试时有深度优先和宽度优先两种次序。在图 7.8 所示的自顶向下组合示例中，先深度后宽度的方法是把程序结

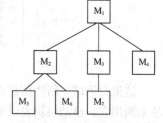

图 7.8　自顶向下组合示例

构中的一条主路径上的模块组合起来，测试顺序可以是 $M_1 \rightarrow M_2 \rightarrow M_5 \rightarrow M_6 \rightarrow M_3 \rightarrow M_7 \rightarrow M_4$。

先宽度后深度的方法是把模块按层次进行组合，测试顺序是 $M_1 \rightarrow M_2 \rightarrow M_3 \rightarrow M_4 \rightarrow M_5 \rightarrow M_6 \rightarrow M_7$。

自顶向下的增量方式可以较早地验证控制和判定点，如果出现问题能够及时纠正。在测试时不需要编写驱动模块，但需要编写桩模块。另外，如果高层模块依赖性很大，需要返回大量信息，在用桩模块代替时，桩模块的编写就复杂，必然会增加开销。这时可以用下面的自底向上的增量方式。

2. 自底向上的增量方式

自底向上的增量方式是从最底层的功能模块开始，边组合边测试，从下向上地完成整个程序结构的测试。例如，在图 7.7 所示的"新生基本信息管理"系统中，在单元测试的基础上，从最底层模块开始，按功能组合模块，从下而上地进行测试。这样的测试方式可以较早地发现底层关键性模块出现的错误。在测试时不需要编写桩模块，但需要驱动模块。另外，对程序中的主要控制错误发现较晚。

集成测试方法的选择取决于软件的特点和进度安排。在实际工程中，通常将这两种方法结合起来使用，即对位于软件结构中较上层的模块使用自顶向下的方法，而对较底层的模块使用自底向上的方法。

7.4.3 系统测试

系统测试是将已经确认的软件、硬件等其他元素结合在一起，进行系统的各种集成测试和技术测试。其目的是通过与系统的需求相比较，发现所开发的软件与用户需求不符或矛盾的地方。系统测试是根据需求规格说明书来设计测试用例的。

1. 系统测试需求获取

系统测试需求所确定的是测试的内容，即测试的具体对象。系统测试需求主要来源于需求规格说明书。在分析测试需求时，可应用以下几条规则。

- 测试需求必须是可观测、可测评的行为。如果是不能观测或测评的测试需求，就无法对其进行评估，以确定需求是否已经满足。
- 在每个用例或系统的补充需求与测试需求之间不存在一对一的关系。用例通常具有多个测试需求；有些补充需求将派生一个或多个测试需求，而其他补充需求（如市场需求或包装需求）将不派生任何测试需求。
- 在需求规格说明书中，每一个功能描述将派生一个或多个测试需求，性能描述和安全性描述等也将派生出一个或多个测试需求。

2. 系统测试策略

测试策略用于说明某项特定测试工作的一般方法和目标。系统测试策略主要针对系统测试需求，确定测试类型及如何实施测试的方法和技术。一个好的测试策略应该包括下列内容。

- 要实施的测试类型和测试的目标。
- 采用的技术。
- 用于评估测试结果和测试是否完成的标准。
- 对测试策略所述的测试工作存在影响的特殊事项。

① 系统测试类型和目标。确定系统测试策略首先应清楚地说明所实施系统测试的类型和测试

的目标。清楚地说明这些信息有助于尽量避免混淆和误解（尤其是有些类型测试看起来非常类似，如强度测试和容量测试）。测试目标应该表明执行测试的原因。

系统测试的测试类型包括以下内容。

- 功能测试（Functional Testing）。
- 性能测试（Performance Testing）。
- 负载测试（Load Testing）。
- 强度测试（Stress Testing）。
- 容量测试（Volume Testing）。
- 安全性测试（Security Testing）。
- 配置测试（Configuration Testing）。
- 故障恢复测试（Recovery Testing）。
- 安装测试（Installation Testing）。
- 文档测试（Documentation Testing）。
- 用户界面测试（GUI Testing）。

其中，功能测试、安全测试和安装测试等在一般情况下是必需的，而其他类型的测试则需要根据软件项目的具体要求进行裁剪。

② 采用的测试技术。系统测试主要采用黑盒测试技术设计测试用例来确认软件是否满足需求规格说明书的要求。

3. 系统测试

常见的系统测试主要有以下类型。

① 恢复测试：检测系统的容错能力。检测方法是采用各种方法让系统出现故障，检验系统是否能够按照要求从故障中恢复过来，并在预定的时间内开始事务处理，而且不对系统造成任何损害。如果系统的恢复是自动的，需要验证重新初始化、检查点、数据恢复等是否正确。如果恢复需要人工干预，就要对恢复的平均时间进行评估并判断它是否在允许的范围内。

② 性能测试：性能测试需求来自于测试对象的指定性能行为。性能通常被描述为对响应时间和资源使用率的某种评测。性能需要在各种条件下进行评测，这些条件包括：不同的工作量和/或系统条件、不同的用例或功能、不同的配置等。性能测试需求从响应时间、处理速度、吞吐量、处理精度等方面来检测。

③ 安全测试：系统的安全性是指检测系统的安全机制、保密措施是否完善且没有漏洞。主要是为了验证系统的防范能力。测试的方法是测试人员模拟非法入侵者，采用各种方法冲破防线。例如，以系统的输入作为突破口，利用输入的容错性进行正面攻击；故意使系统出错，利用系统恢复的过程，窃取口令或其他有用的信息等。系统安全性设计的准则是使非法入侵者所花费的代价比进入系统后所得到的好处要大，此时非法入侵已无利可图。

④ 强度测试：是对系统在异常情况下的承受能力的测试，即检查系统在极限状态下运行时，性能下降的幅度是否在允许的范围内。因此强度测试要求在非正常数量、频率或容量的情况下运行。例如，运行使系统处理超过设计能力的最大允许值的测试用例。强度测试主要是为了发现在有效的输入数据中可能引起不稳定或不正确的数据组合。

⑤ 安装测试：是为了检测在安装过程中是否有误、是否易操作等。主要检测系统的每一个部分是否齐全；安装中需要产生的文件和数据库是否已经产生，其内容是否正确等。

7.4.4　验收测试

验收测试应检查软件能否按合同要求进行工作，即是否满足需求规格说明书中的验收标准。验收测试包括功能确认测试、安全可靠性测试、易用性测试、可扩充性测试、兼容性测试、资源占用率测试、用户文档资料验收等一些测试工作。通过验收测试后，才能成为可交付的软件。

1. 确认测试标准

实现软件确认要通过一系列黑盒测试。确认测试同样需要制订测试计划和过程。测试计划应规定测试的种类和测试进度，测试过程则定义一些特殊的测试用例，旨在说明软件与需求是否一致。无论是计划还是过程，都应该着重考虑软件是否满足需求规格说明书规定的所有功能和性能，文档资料是否完整、准确，人机界面和其他方面（例如，可移植性、兼容性、错误恢复能力和可维护性等）是否令用户满意。

确认测试的结果有两种可能，一种是功能和性能指标满足需求规格说明书的要求，用户可以接受；另一种是软件不满足需求规格说明书的要求，用户无法接受。项目进行到这个阶段才发现严重错误和偏差一般很难在预定的工期内改正，因此，必须与用户协商，寻求一个妥善解决问题的方法。

2. 配置评审

确认测试的另一个重要环节是配置评审。评审的目的在于保证软件配置齐全、分类有序，并且包括软件维护所必需的细节。

3. α、β测试

事实上，软件开发人员不可能完全预见用户实际使用软件的情况。例如，用户可能错误地理解命令，或提供一些奇怪的数据组合，亦可能对设计者自认为明了的输出信息迷惑不解等。因此，软件是否真正满足最终用户的要求，应由用户进行一系列"验收测试"。一个软件产品可能拥有众多用户，不可能由每个用户验收，此时多采用称为α、β测试的过程，以期发现那些似乎只有最终用户才能发现的问题。

α测试是由一个用户在开发环境下进行的测试，也可以是公司内部人员模拟各类用户行为对即将面市的软件产品（称为α版本）进行测试，试图发现错误并修正。α测试的关键在于尽可能逼真地模拟实际运行环境和用户对软件产品的操作，并尽最大努力涵盖所有可能的用户操作方式。经过α测试调整的软件产品称为α版本。紧随其后的β测试是指软件开发公司组织各方面的典型用户在日常工作中实际使用β版本，并要求用户报告异常情况、提出批评意见。然后软件开发公司再对β版本进行改错和完善。

软件测试是软件质量保证的重要要素，本节主要介绍了单元测试、集成测试、系统测试和验收测试。各阶段的测试依据、测试人员、测试方法和测试内容的对应关系如表7.7所示。

表 7.7　测试阶段对应表

测试阶段	主要依据	测试人员、测试方式	主要测试内容
单元测试	模块功能规格说明	由开发小组执行白盒测试	接口测试、路径测试
集成测试	需求功能规格说明 概要设计说明	由开发小组执行白盒测试和黑盒测试	接口测试、路径测试 功能测试、性能测试
系统测试	需求文档	由独立测试小组执行黑盒测试	功能测试、健壮性测试、性能测试、
验收测试	需求文档 验收标准	由用户执行黑盒测试	用户界面测试、安全性测试、压力测试、可靠性测试、安装/反安装测试

本章练习题

1. 判断题

（1）软件测试就是为了验证软件功能的实现是否正确，是否完成既定目标的活动，所以软件测试在软件工程的后期才开始具体的工作。　　　　　　　　　　　　　　　　　　　　（　　　）

（2）发现错误多的模块，可能残留在模块中的错误也多。　　　　　　　　　　　（　　　）

（3）测试人员在测试过程中发现一处问题，如果问题影响不大，而自己又可以修改，应立即将此问题正确修改，以加快、提高开发的进程。　　　　　　　　　　　　　　　　（　　　）

（4）路径测试不属于单元测试的内容。　　　　　　　　　　　　　　　　　　　（　　　）

（5）测试只要做到语句覆盖和分支覆盖，就可以发现程序中的所有错误。　　　　（　　　）

（6）软件测试只能发现错误，但不能保证测试后的软件没有错误。　　　　　　　（　　　）

（7）集成测试是由最终用户来实施的。　　　　　　　　　　　　　　　　　　　（　　　）

（8）所有的逻辑覆盖标准中，查错能力最强的是语句覆盖。　　　　　　　　　　（　　　）

（9）等价类划分方法能够有效地检测输入条件的各种组合可能引起的错误。　　　（　　　）

（10）验收测试方法需要考察模块间的接口和各模块之间的联系。　　　　　　　（　　　）

2. 选择题

（1）用边界值分析法，假定1<X<100，那么X在测试中应该取的边界值是（　　　）。

    A. X=1，X=100　　　　　　　　　　B. X=0，X=1，X=100，X=101

    C. X=2，X=99　　　　　　　　　　　D. X=0，X=101

（2）下列关于软件验收测试的合格通过准则错误的是（　　　）。

    A. 软件需求分析说明书中定义的所有功能已全部实现，性能指标全部达到要求

    B. 所有测试项没有残余一级、二级和三级错误

    C. 立项审批表、需求分析文档、设计文档和编码实现不一致

    D. 验收测试工件齐全

（3）以下关于集成测试的内容正确的有（　　　）。

① 集成测试也叫组装测试或者联合测试

② 测试在把各个模块连接起来的时候，穿越模块接口的数据是否会丢失

③ 测试一个模块的功能是否会对另一个模块的功能产生不利的影响

④ 测试各个子功能组合起来，能否达到预期要求的父功能

⑤ 测试全局数据结构是否有问题

⑥ 测试单个模块的误差累积起来，是否会放大，从而达到不能接受的程度

    A. ①②④⑤⑥　　　　　　　　　　B. ②③④⑤⑥

    C. ①②③⑤⑥　　　　　　　　　　D. 以上全部正确

（4）为了提高测试的效率，应该（　　　）。

    A. 随机地选取测试数据

    B. 取一切可能的输入数据作为测试数据

    C. 在完成编码以后制定软件的测试计划

    D. 选择发现错误的可能性大的数据作为测试数据

（5）软件调试的目的是（　　）。

    A. 找出错误所在并改正之　　　　　B. 排除存在错误的可能性

    C. 对错误性质进行分类　　　　　　D. 统计出错的次数

（6）单元测试一般以白盒为主，测试的依据是（　　）。

    A. 模块功能规格说明　　　　　　　B. 系统模块结构图

    C. 系统需求规格说明　　　　　　　D. ABC 都可以

（7）下列关于α、β测试的描述中正确的是（　　）。

    A. α测试不需要用户代表参加　　　B. β测试不是验收测试的一种

    C. α测试可以有用户代表参加　　　D. β测试是系统测试的一种

（8）软件测试的目的是（　　）。

    A. 评价软件的质量　　　　　　　　B. 发现软件的错误

    C. 找出软件中的所有错误　　　　　D. 证明软件是正确的

（9）软件测试用例主要由输入数据和（　　）两部分组成。

    A. 测试计划　　　　　　　　　　　B. 测试规则

    C. 预期输出结果　　　　　　　　　D. 以往测试记录分析

（10）在黑盒测试中，着重检查输入条件组合的方法是（　　）。

    A. 等价类划分法　　　　　　　　　B. 边界值分析法

    C. 错误推测法　　　　　　　　　　D. 因果图法

3. 简答题

（1）简述软件测试的步骤。

（2）简述黑盒测试和白盒测试的方法并举例说明。

（3）软件测试分为哪几个阶段？每个阶段分别测试哪些内容？

4. 应用题

（1）设有一个档案管理系统，要求用户输入以年月表示的日期。假设日期限定在 1990 年 1 月~2049 年 12 月，并规定日期由 6 位数字字符组成，前 4 位表示年，后 2 位表示月。现用等价类划分法设计测试用例，来测试程序的"日期检查功能"。

（2）有一个处理单价为 5 角钱的饮料的自动售货机软件测试用例的设计。其规格说明如下：若投入 5 角钱或 1 元钱的硬币，押下"橙汁"或"啤酒"的按钮，则相应的饮料就送出来。若售货机没有零钱找，则一个显示"零钱找完"的红灯亮，这时在投入 1 元硬币并押下按钮后，饮料不送出来并退回 1 元硬币；若有零钱找，则显示"零钱找完"的红灯灭，在送出饮料的同时退还 5 角硬币。请用因果图法对该软件进行测试，设计测试用例。

第8章

软件维护技术

在软件开发完成，交付用户使用之后，就进入软件维护阶段。从软件工程的角度来看，软件产品即使投入了运行，随着时间的推移，还会发生变更。软件产品在运行期间的演化过程就是软件维护。为了保证软件在运行期间正常运行，延长软件的使用寿命，发挥良好的社会效益和经济效益，软件维护必不可少。本章将介绍软件维护的任务、特点、类型、过程、副作用等内容。

本章的学习目标：

1. 掌握软件维护的定义与特点
2. 理解可维护性的概念
3. 掌握软件维护的过程
4. 掌握提高软件可维护性的技术途径
5. 理解软件维护的副作用的含义

8.1 软件维护概述

从软件交付使用，即发布之日起，到软件被废止使用，整个运行期间即为软件维护阶段。软件维护就是在软件已经交付使用之后，为了改正错误或满足新的需要而修改软件的过程。软件工程的主要目的就是要提高软件的可维护性，减少软件维护所需要的工作量，降低软件系统的总成本。

8.1.1 维护阶段的任务与特点

在软件运行期间，对一个软件的各种变更，便构成了软件维护阶段的任务。因为软件不仅包括程序，任何对文档、手册或产品其他组成部分的修改也都属于软件维护范围。

软件维护阶段变更、完善软件的基本目的有以下两点。

- 改正错误，优化软件，增加功能，提高软件产品的质量。
- 延长软件寿命，即延长软件生命周期，提高软件产品价值。

在软件维护阶段，变更、完善软件的活动包括：提出维护申请、论证维护申请、制定维护方案、进行维护活动、建立维护文档、评价维护结果。由此可见，完成一项软件维护任务，又好似重复了软件开发的全过程。

软件维护工作具有以下特点。

① 非结构化维护和结构化维护：主要是指开发过程是否采用软件工程方法，若各阶段均有相应的文档记录，则容易维护，这种结构化的维护工作效率比较高。如果系统开发没有采用结构化

分析与设计方法，则只能对源码进行非结构化维护。因为这时系统软件配置的唯一成分是程序源代码，一旦有系统维护的需求时，维护工作只能从艰苦的评价程序代码开始。由于没有完整规范的设计开发文档，无程序内部文档，对于软件结构、数据结构、系统接口以及设计中的各种技巧很难弄清，如果编码风格再差一些，则系统维护工作十分艰难，因此，软件人员宁可重新编码，也不愿维护这种系统。同时，由于无测试文档，不能进行回归测试，对于维护后的结果难以评价。若采用了结构化方法，则能够很好地克服非结构化开发方法所产生的难题。

② 软件维护是软件生命周期中延续时间最长，工作量最大的阶段。大中型软件产品，开发期一般为 1～3 年，运行期为 5～10 年。在这么长的软件运行过程中，需要不断改正软件中的残留错误，适应新的环境和用户新的要求。这些工作需要花费大量的精力和时间，因此软件维护也是使软件成本大幅度上升的主要原因。

③ 软件维护不仅工作量大，任务重，如果维护得不正确，还会产生一些意想不到的副作用，甚至引入新的错误。因此软件维护直接影响软件产品的质量和使用寿命。

④ 软件维护活动实际上是一个修改和简化了的软件开发过程。软件开发的所有环节几乎都要在软件维护中用到，因此需要采用软件工程的原理和方法，这样才可以保证软件维护的标准化、高效率，从而降低维护成本。

8.1.2　软件的可维护性

既然软件维护是不可避免的，人们就希望所产生的软件能够尽量容易维护。在软件工程领域，软件的可维护性是衡量软件维护难易程度的一种软件质量属性。它是软件开发各个阶段，甚至各项开发活动的关键目标之一。软件可维护性是指纠正软件的错误和缺陷，以及为满足新要求或环境变化而进行修改、扩充、完善的难易程度。所以，软件可维护性定义为软件的可理解、可测试、可修改的难易程度。决定软件可维护性的质量属性主要有以下几个方面。

① 可理解性。可理解性是指人们通过阅读源代码和相关文档，了解程序功能、结构、接口和内部过程的容易程度。一个可理解的程序应该具备模块化、结构化、风格一致化（代码风格与设计风格一致）、易识别化（使用有意义的数据名和过程名），以及文档完整化等一些特性。

② 可测试性。可测试性是指论证程序正确性的容易程度。程序复杂度越低，证明其正确性就越容易。而且测试用例设计得合适与否，取决于对程序的理解程度。因此，一个可测试的程序应当是可理解的、可靠的和简单的。

③ 可修改性。可修改性是指程序容易修改的程度。一个可修改的程序应当是可理解的、通用的、灵活的和简单的。其中通用性是指程序适用于各种功能变化而无需修改。灵活性是指能够容易地对程序进行修改。

上述 3 个属性是密切相关的，共同表述了可维护性的定义。一个程序如果可理解性差，则是难以修改的；如果可测试性差，修改后正确与否也难以验证。

除此之外，还有以下几个影响软件可维护性的软件质量属性。

④ 可移植性。可移植性表明程序转移到一个新的计算机环境的可能性大小，或者表明程序可以容易地、有效地在各种计算机环境中运行的容易程度。

⑤ 可使用性。从用户的观点来看，可使用性指程序的方便、实用，以及易于使用的程度。一个可使用的程序应该是易于使用、能允许用户出错和改变，并尽可能避免用户陷入混乱状态。

8.2　软件维护类型

在软件维护阶段，要求进行维护的情况很多，归纳起来有 3 类维护需求。

① 在特定的使用条件下暴露出来的一些潜在的程序错误和设计缺陷，需要改正。

② 软件经过用户和数据处理人员使用了一段时间后，提出一些改进现有功能，或增加新功能，或改善总体性能的要求。为了满足这些变更要求，需要修改软件把这些要求纳入到软件产品中。

③ 在软件使用过程中，数据环境发生变化。例如，一个事务处理代码发生改变、处理环境发生变化、安装了新的硬件或操作系统，这时需要修改软件适应相应的环境变化。

根据维护工作的特征，软件维护活动可以归纳为改正性维护，完善性维护，适应性维护和预防性维护。

8.2.1　改正性维护

在软件交付使用后，由于开发时软件测试得不彻底、不完全，必然会有一部分隐藏的错误，即潜在的错误被带到运行阶段来。这些潜在错误在某些特定的使用环境下就会暴露出来。为了识别和纠正软件潜在错误，改正软件性能上的缺陷，排除实施中的错误，而进行的测试、诊断和改正错误的维护活动称为改正性维护。

根据大量资料统计，继续纠正软件产品潜在错误的工作量大约占总维护量的20%。在软件维护阶段最初的1～2 年内，改正性维护量较大。随着错误发现率急剧降低，并趋于稳定，改正性维护量也趋于减少，软件就进入了正常的使用期。

要生成 100%可靠的软件成本太高，但通过使用新技术，可大大提高可靠性，减少进行改正性维护的需要。例如，利用数据库管理系统、软件开发环境、程序自动生成系统或第 4 代高级语言等方法可产生更加可靠的代码。此外，还可以采用以下技术。

- 利用应用软件包，可开发出比由用户完全自己开发的系统可靠性更高的软件。
- 结构化技术，用它开发的软件易于理解和测试。
- 防错性程序设计，把自检能力引入程序，通过非正常状态的检查，提供审查跟踪。
- 通过周期性维护审查，在形成维护问题之前就可确定质量缺陷。

8.2.2　完善性维护

在软件的使用过程中，用户往往会对软件提出新的功能与性能要求。为了满足这些日益增长的新要求，需要修改或再开发软件，以扩充软件功能，增强软件性能，改进加工效率，提高软件的可维护性，这些维护活动称为完善性维护。

完善性维护的目标是使软件产品具有更高的效率。可以认为，完善性维护是有计划的一种软件"再开发"活动，不仅维护活动过程复杂，而且这些维护活动还可能引入新的错误。

在软件维护阶段的正常期，由于来自用户的改造、扩充和加强软件功能及性能的要求逐步增加，完善性维护的工作量也逐步增加。实践表明，在所有维护活动中，完善性维护所占的比重最大，大约占总维护量的50%以上。

利用数据库管理系统、程序生成器、应用软件包，可减少系统或程序员的维护工作量。此外，建立软件系统的原型，把它在实际系统开发之前提供给用户。用户通过研究原型，进一步完善他们的功能要求，就可以减少以后完善性维护的需要。

8.2.3　适应性维护

随着计算机的飞速发展，外部环境（新的软硬件配置）或数据环境（数据库，数据格式，数据输入/输出方式，数据存储介质）可能发生变化，为了使软件适应这种变化而去修改软件的维护活动称为适应性维护。适应性维护是使软件产品适应软硬件环境的变化而进行的软件维护，大约占总维护量的 25%。这一类的维护不可避免，但可以控制。

● 在配置管理时，把硬件、操作系统和其他相关环境因素的可能变化考虑在内，可以减少某些适应性维护的工作量。

● 把与硬件、操作系统，以及其他外围设备有关的程序归到特定的程序模块中，可把因环境变化而必须修改的程序局部于某些程序模块之中。

● 使用内部程序列表、外部文件，以及处理的例行程序包，可为维护时修改程序提供方便。

8.2.4　预防性维护

通常除了以上 3 类正常维护活动之外，还有一类为了提高软件的可维护性和可靠性，主动为以后进一步维护软件打下良好基础的维护活动，这类维护活动称为预防性维护。

随着软件技术的进步，对于相对早期开发的软件系统会发现有结构上的缺陷；或者是随着不断维护，软件系统的结构在衰退。如果这些情况发生，就需要在改善软件结构上下功夫，解决的办法就是进行预防性维护。

预防性维护主要是采用先进的软件工程方法对已经过时的、很可能需要维护的软件系统，或者软件系统中的某一部分进行重新设计、编码和测试，以期达到结构上的更新。这种维护活动有一些软件"再工程"的含义。预防性维护是为提高软件可维护性而进行软件产品的维护工作，大约占总维护量的 5%。

8.3　软件维护技术

为了有效地完成维护阶段的任务，仍然要采用软件工程原理、方法和技术。这样才能保证软件维护的标准化和高效率，从而降低维护成本。

8.3.1　软件维护过程

通常每项软件维护活动的第一步都是建立维护机构，对每一个维护申请提出报告，并对其进行论证，然后为每一项维护申请规定维护的内容和标准的处理步骤。此外，还必须建立维护活动的登记制度，以及规定维护评审和评价的标准。

1. 建立维护机构

除了较大的软件开发公司外，可以不设立专门的维护机构。虽然不需要建立一个正式的维护机构，但是在开发部门，确立一个非正式的维护机构则是非常必要的。软件维护组织机构如图 8.1 所示。

维护需求往往是在没有办法预测的情况下发生的。随机的维护申请提交给维护管理员，他把申请交给系统监督员去评价。系统监督员是技术人员，他必须熟悉产品程序的每一个细微部分。

一旦做出评价，由修改负责人确定如何修改。在维护人员对程序进行修改的过程中，由配置管理员严格把关，控制修改的范围，对软件配置进行审计。修改负责人、系统监督员、维护管理员等均具有维护工作的某个职责范围。在开始维护之前，就把责任明确下来，可以大大减少维护过程中的混乱。

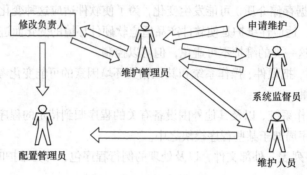

图 8.1　软件维护机构

2. 编写软件维护申请报告

所有的软件维护申请应该按规定的方式提出。通常是由用户提出维护单，或者称为软件问题报告，提交给软件维护机构。如果是遇到一个错误，必须完整地说明产生错误的情况，包括输入数据、错误清单以及其他所有材料。如果申请的是适应性维护、完善性维护或预防性维护，则必须提出一份修改说明书，详细列出所希望修改的部分。

维护申请报告是计划维护工作的基础。维护申请报告将由维护管理员和系统监督员共同研究处理，内容包括：所需修改变动的性质，申请修改的优先级，为满足该维护申请报告所需的工作量（人员数，时间数），预计修改后的结果。

维护申请报告应提交给维护负责人，经批准后才能开始进一步安排维护工作。

3. 确定软件维护工作流程

软件维护的主要工作流程是确认维护类型、实施相应维护和维护评审。

（1）确认维护类型

确认维护类型需要维护人员与用户反复协商，弄清错误概况和对业务影响的大小，以及用户希望做怎样的修改，并把这些情况存入维护数据库，然后由维护管理员判断维护的类型。

对于改正性维护申请，从评价错误的严重性开始。如果存在严重错误（往往会导致重大事故），则必须安排人员，在系统监督员的指导下，立即进行问题分析，寻找错误发生的原因，进行"救火"式的紧急维护；对于不严重的错误，可根据任务性质、即时情况和轻重缓急程度，统一安排改错的维护。"救火"式的紧急维护，是暂不顾及正常的维护控制，也不必考虑评价可能发生的副作用，在维护完成，交付用户之后再去做相关的补偿工作。

对于适应、完善、预防性维护申请，需要先确定每项申请的优先次序。若某项申请的优先级非常高，就应该立即开始维护性的开发工作；否则，维护申请和其他开发工作一样，进行优先排队，统一安排时间。并不是所有这些类型的维护申请都必须承担，因为这些维护通常等于对软件项目做二次开发，工作量很大，所以需要根据商业需要、可利用资源情况、目前和将来软件的发展方向以及其他的考虑，决定是否承担。

对于不需要立即维护的申请，一般都安排到相应类型的维护项目表（改错项目表和开发项目表）中，然后根据计划安排有计划地进行相关维护。

（2）实施维护

尽管维护申请的类型有所不同，但一般都要进行下述工作。

- 修改软件需求说明。
- 修改软件设计。
- 设计评审。
- 对源程序做必要的修改。
- 单元测试。
- 集成测试（回归测试）。
- 确认测试。
- 软件配置评审。

（3）维护评审

每项软件维护任务完成之后，最好进行维护情况的评审，对以下问题进行总结。

- 在目前的情况下，设计、编码、测试中的哪些方面可以改进？
- 哪些维护资源应该有而没有？
- 工作中主要的或次要的障碍是怎样的？
- 从维护申请的类型来看，是否应当有预防性维护？

维护情况评审对将来的维护工作如何进行会产生重要的影响，也可为软件机构的有效管理提供重要的反馈信息。

4. 整理软件维护文档

为了估计软件维护的有效程度，确定软件产品的质量，同时确定维护的实际开销，需要在维护过程中做好维护文档的记录。每项维护活动都应该收集下述数据，以便对维护工作进行正确评估。

- 程序名称。
- 使用的程序设计语言。
- 源程序语句条数，机器代码指令条数。
- 程序安装的日期。
- 程序安装后的运行次数。
- 与程序安装后运行次数有关的处理故障次数。
- 程序改变的层次，名称和日期。
- 修改程序所增加的源程序语句条数。
- 修改程序所减少的源程序语句条数。
- 每次修改所付出的人员和时间数（简称人时数，即维护成本）。
- 软件维护人员的姓名。
- 维护申请报告的名称和维护类型。
- 维护开始时间和维护结束时间。
- 花费在维护上的累计人时数。
- 维护工作的净收益。

5. 评价软件维护性能

对一个软件维护性能的评价，如果缺乏可靠的统计数据将会变得比较困难。但是，如果所有维护活动的文档做得比较好，就可以统计出维护性能方面的度量模型。可参考的度量内容如下。

- 每次程序运行时的平均出错次数。
- 花费在每类维护上的总人时数。
- 每个程序、每种语言、每种维护类型的程序平均修改次数。
- 因为维护、增加或删除每个源程序语句所花费的平均人时数。
- 用于每种语言的平均人时数。
- 维护申请报告的平均处理时间。
- 各类维护申请的百分比。

根据这 7 种度量提供的定量数据，可对软件项目的开发技术、语言选择、维护工作计划、资源分配以及其他许多方面做出正确的判定。

8.3.2 提高软件的可维护性

提高软件的可维护性对于延长软件的生命周期具有决定性的意义。这主要是依赖于软件开发时期的活动。软件的可理解性、可测试性和可修改性 3 个可维护性因素是密切相关的，只有正确地理解，才能进行恰当的修改，只有通过完善的测试才能保证修改的正确，防止引入新的问题。虽然 3 个因素对于系统的可维护性很难量化，但是可以通过能够量化的维护活动的特征，来间接地定量估算系统的可维护性。例如，国外企业一般通过把维护过程中各项活动所消耗的时间记录下来，用以间接衡量系统的可维护性，包括识别问题的时间，管理延迟时间，维护工具的收集时间，分析、诊断问题的时间，修改设计说明书的时间，修改程序源代码的时间，局部测试时间，系统测试和回归测试的时间，复查时间和恢复时间。

提高软件的可维护性，可以从两方面来考虑，一方面，在软件开发期的各个阶段，各项开发活动进行的同时，应该时时处处努力提高软件的可维护性，保证软件产品在发布之日具有高水准的可维护性；另一方面，在软件维护时期进行维护活动的同时，也要兼顾提高软件的可维护性，更不能对可维护性产生负面影响。具体的提高软件可维护性的技术途径主要有以下 4 个方面。

1. 建立完整的文档

文档（包括软件系统文档和用户文档）是影响软件可维护性的决定性因素。由于文档是对软件的总目标、程序各组成部分之间的关系、程序设计策略以及程序实现过程的历史数据等的说明和补充，因此，文档对提高程序的可理解性有着重要作用。即使是一个十分简单的程序，要想高效率地维护它就需要编制文档来解释其目的及任务。

对于程序维护人员来说，要想对程序编制人员的意图重新改造，并对今后变化的可能性进行估计，也必须建立完整的维护文档。

文档版本必须随着软件的演化过程，时刻保持与软件产品的一致性。

2. 明确质量标准

在软件的需求分析阶段，就应该明确建立软件质量目标，确定所采用的各种标准和指导原则，提出关于软件质量保证的要求。

从理论上说，可维护的软件产品应该是可理解的、可靠的、可测试的、可修改的、可移植的、效率高的和可使用的。但要实现所有的目标，需要付出很大的代价，而且有时也是难以做到的。因为，某些质量特性是相互促进的，例如，可理解性和可测试性，可理解性和可修改性。但也有一些质量特性是相互抵触的，例如，效率和可移植性，效率和可修改性等。尽管可维护性要求每一种质量特性都要得到满足，但它们的相对重要性，应该随软件产品的用途以及计算环境的不同而有所不同。例如，对于编译程序来说，可能强调效率，但对于管理信息系统来说，则可能强调可使用性和可修改性。因此，对于软件的质量特性，应当在提出目标的同时还必须规定它们的优先级。这样做，实际上有助于提高软件的质量，并对整个软件生命周期的开发和维护工作都有指导作用。

3. 采用易于维护的技术和工具

为了提高软件的可维护性，应采用易于维护的技术和工具。

- 采用面向对象、软件复用等先进的开发技术，可大大提高软件的可维护性。
- 模块化是软件开发过程中提高可维护性的有效技术，它的最大优点是模块的独立性特征。如果要改变一个模块，则对其他模块影响很小；如果需要增加模块的某些功能，则仅需要增加完成这些功能的新模块或模块层；程序的测试与重复测试比较容易；程序错误易于定位和修正。因此，采用模块化技术有利于提高软件的可维护性。
- 结构化程序设计不仅使得模块结构标准化，而且将模块间的相互作用也标准化了，因而把模块化又向前推进了一步。采用结构化程序设计可以获得良好的程序结构。
- 选择可维护的程序设计语言。程序设计语言的选择，对程序的可维护性影响很大。低级语言，即机器语言和汇编语言，很难理解和掌握，因此很难维护。高级语言比低级语言容易理解，具有更好的可维护性。非过程化的第 4 代语言，用户不需要指出实现的算法，仅需向编译程序或解释程序提出自己的要求，由编译程序或解释程序自己做出实现用户要求的职能假设。例如，自动选择报表格式，选择字符类型和图形显示方式等。总之，从维护角度来看，第 4 代语言比其他语言更容易维护。

4. 加强可维护性评审

在软件工程的每一个阶段，每一项活动的评审环节中，应该着重对可维护性进行评审，尽可能提高可维护性，至少要保证不降低可维护性。

8.4　软件维护困难

随着软件规模的扩大和软件复杂程度的增加，软件的维护工作也变得越来越困难。无论软件的规模怎样，开发一个完全不需要改变的软件是不可能的。

8.4.1　维护费用

在过去的几十年中，软件维护的费用不断上升。20 世纪 70 年代维护费用为总支出的 30%～40%，80 年代上升到 60%，90 年代中期许多开发机构软件的费用预算中要有 80% 用于软件维护，现在则更高，还有其他无形的代价是无法估量的。例如，有时为了维护的需要，而不得不把可用的资源提供给维护工作，由此耽误或丧失了开发良机；合理的修改需要不能及时处理，从而引起用户的不满；改动软件可能引入新的错误，使软件质量下降；把许多开发能手都用在现有软件的维护上，势必影响开发工作的投入等。

维护所花费的工作量，一部分用于生产性活动，如分析、评价、设计修改和编码；另一部分用于非生产性的活动，如理解代码的含义，解释数据结构、接口特性和性能边界等。Belady 和 Lehman 提出了一种维护工作量的模型：

$$M = P + K_e^{(c-d)}$$

式中，M 是用于维护工作的总工作量；P 是生产性工作量；K_e 是经验常数；c 是复杂程度的度量，如未采用结构化设计和缺少文档所引起的复杂性；d 是对该软件熟悉程度的度量。从模型描述可以看出，如果开发工作没有采用软件工程的方法，而原来参加该软件的开发人员又不参加维护工作的话，维护工作量和成本将按指数规律增加。

8.4.2　软件维护的副作用

软件维护的副作用是指由于修改而导致的错误或其他多余动作的发生。在复杂逻辑中，每修改一次，都可能使潜在的错误增加。设计文档和细心的回归测试都有助于消除错误，但仍然可能存在维护的副作用。Freedman 和 Weinberg 定义了 3 类主要副作用。

1．修改代码的副作用

对一个简单语句做简单的修改，有时都可能导致灾难性的结局。虽然不是所有的副作用都有这样严重的后果，但修改容易导致错误，而错误经常造成各种问题。

使用编程语言源代码与机器通信，产生副作用的机会很多。虽然对每个代码的修改都有可能引入错误，但是下述修改会比其他修改更容易引入错误。

- 删除或修改一个子程序。
- 删除或修改一个语句标号。
- 删除或修改一个标识符。
- 为改进执行性能所做的修改。
- 改变文件的打开或关闭。
- 改变逻辑运算符。
- 把设计修改翻译成主代码的修改。
- 对边界条件的逻辑测试所做的修改。

一般可在回归测试过程中对修改代码的副作用造成的软件故障进行查找和改正。

2．修改数据的副作用

软件维护时经常要对数据结构的个别元素或结构本身进行修改。当数据改变时，原有软件设计可能对这些数据不再适用从而产生错误。修改数据的副作用产生于对软件数据结构的修改。修改数据的副作用经常发生在下述的一些数据修改中。

- 重新定义局部或全局常量。
- 重新定义记录或文件格式。
- 增大或减小一个数组或高阶数据结构的大小。
- 修改全局数据。
- 重新初始化控制标志或指针。
- 重新排列 I/O 或子程序自变量。

完善的设计文档可以限制修改数据的副作用。这种文档描述了数据结构，并提供了一种把数据元素、记录、文件和其他结构与软件模块联系起来的交叉对照表。

3．修改文档的副作用

软件维护工作应该着眼于整个软件配置，而不只是源代码的修改。如果源代码的修改没有反映在设计文档或用户手册中，就会发生修改文档的副作用。

对数据流、体系结构设计、模块过程或任何其他有关特性进行修改时，必须对其支持的技术文档进行更新。设计文档不能正确地反映软件的当前状态，可能比完全没有文档更坏。因为在以后的维护工作中，当阅读这些技术文档时，将导致对软件特性的不正确评价，这样就会产生修改文档的副作用。

对用户来说，软件应该与描述它用法的文档保持一致。如果对可执行软件的修改没有反映在文档上，肯定会有副作用。

在软件再次交付使用之前，对整个软件配置进行评审将大大减少修改文档的副作用。实际上，某些维护申请只是指出用户文档不够清楚，并不要求修改软件设计或源代码。此时，只对文档进行维护即可。

本章练习题

1. 判断题

（1）维护申请报告是一种由用户产生的文档，它用作计划维护任务的基础。 　　（　　）

（2）维护阶段是软件生存周期中时期最短的阶段，也是花费精力和费用最少的阶段。 （　　）

（3）在软件维护中，因修改软件而导致出现错误或其他情况称为维护的副作用。 　（　　）

（4）为了提高软件的可维护性和可靠性而对软件进行的修改称为适应性维护。 　（　　）

（5）维护的副作用有编码副作用、数据副作用、文档副作用 3 种。 　　　　（　　）

2. 选择题

（1）随着软硬件环境变化而修改软件的过程是（　　　）。

　　A. 校正性维护　　　　B. 适应性维护　　C. 完善性维护　　D. 预防性维护

（2）为了提高软件的可维护性，在编码阶段应注意（　　　）。

　　A. 保存测试用例和数据　　　　　　　　B. 提高模块的独立性

　　C. 文档的副作用　　　　　　　　　　　D. 养成好的程序设计风格

（3）为提高系统性能而进行的修改属于（　　　）。

　　A. 纠正性维护　　　　B. 适应性维护　　C. 完善性维护　　D. 测试性维护

（4）软件生命周期中，（　　　）阶段所占的工作量最大。

　　A. 分析阶段　　　　　B. 设计阶段　　　C. 编码阶段　　　D. 维护阶段

（5）系统维护中要解决的问题来源于（　　　）。

　　A. 系统分析阶段　　　　　　　　　　　B. 系统设计阶段

　　C. 系统实施阶段　　　　　　　　　　　D. 上述 3 个阶段（A、B、C）都包括

（6）软件维护的副作用，是指（　　　）。

　　A. 开发时的错误　　　　　　　　　　　B. 隐含的错误

　　C. 因修改软件而造成的错误　　　　　　D. 运行时的误操作

3. 简答题

（1）为什么说软件维护是不可避免的？

（2）软件可维护性与哪些因素有关？采用哪些因素能提高软件可维护性？

（3）试说明软件文档与软件可维护性的关系。

（4）简述软件维护工作过程。为什么说软件维护过程是一个简化的软件开发过程？

（5）什么是软件维护的副作用？如何防止软件维护的副作用？

（6）如何保证和提高软件维护的质量和效率？

4. 应用题

结合自己使用的软件产品，谈谈软件维护的重要性。

第9章
软件质量与质量保证

软件质量是软件工程关注的焦点，它是贯穿软件生命周期的一个极为重要的问题，是软件开发过程中所使用的各种开发技术和验证方法的最终体现。因此，在软件生命周期中要特别重视软件质量与软件质量的保证，以生成高质量的软件产品。软件质量保证贯穿于整个软件的开发过程，监督并改善软件的开发，以确保遵循统一标准和程序，保证问题被发现并被解决，它主要侧重于"预防"。本章主要介绍软件质量的定义、软件质量的度量与评价、软件质量保证等内容，并介绍软件配置管理与软件过程能力成熟度模型等知识。

本章学习目标：
1. 掌握软件质量的概念
2. 掌握软件度量的内容
3. 明确软件质量保证的策略
4. 理解软件配置管理任务
5. 了解软件过程能力成熟度等级

9.1 软件质量的概念

在现代质量管理中，质量被定义为"用户满意程度"。软件质量体现在开发过程的质量和它所拥有的特征上，是各种特性的复杂组合。它随着应用的不同而不同，随着用户提出的质量要求不同而不同。因此，有必要讨论软件质量的概念、各种质量特性以及评价质量的标准。

9.1.1 软件质量定义

ANSI/IEEE Std 729—1983 定义软件质量为"与软件产品满足规定的和隐含的需要的能力有关的特征或特性的组合"。也就是说，为满足软件的各项精确定义的功能、性能需求，符合文档化的开发标准，需要相应地给出或设计一些质量特征及组合，作为在软件开发与维护中的重要考虑因素。如果这些质量特性及其组合都能在软件产品中得到满足，则这个软件的质量就是高的。软件质量的特性是多方面的，但必须包括以下几个方面。

- 与明确确定的功能和性能需求的一致性。即软件需求是质量度量的基础，缺少与需求的一致性就无质量可言。
- 与明确成文的开发标准的一致性。不遵循专门的开发标准将导致软件质量低劣。
- 与所有专业开发的软件所期望的隐含特性的一致性。忽视软件隐含的需求，软件质量将不可信。

9.1.2　影响软件质量的因素

从上述软件质量的定义中可以看出质量不是绝对的，它总是与给定的需求有关。因此，对软件质量的评价总是在将产品的实际情况与给定的需求中推导出来的软件质量的特征和质量标准进行比较后得出的。通常人们用软件质量模型来描述影响软件质量的特性。虽然软件质量具有难以定量度量的属性，但仍能提出许多重要的软件质量标准对软件质量进行评价。影响软件质量的因素可以分为直接度量的因素（如单位时间内千行代码中所产生的错误）和间接度量的因素（如可用性和可维护性）。可以把这些质量因素分成 3 组，分别反映用户在使用软件产品时的不同倾向或观点。这 3 种倾向是：产品运行、产品修改和产品转移。图 9.1 所示为 McCall 软件质量模型，它描绘了软件质量特性和上述 3 种倾向之间的关系。

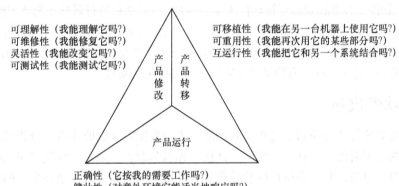

图 9.1　McCall 软件质量模型

- 正确性：系统满足规格说明和用户的程度，即在预定环境下能正确地完成预期功能的程度。
- 健壮性：在硬件发生故障、输入的数据无效或发生操作错误等意外环境下，系统能做出适当响应的程度。
- 效率：为了完成预定的功能，系统需要的计算资源的多少。
- 完整性：对未经授权的人使用软件或数据的企图，系统能够控制的程度。
- 可用性：系统在完成预定应该完成的功能时令人满意的概率。
- 风险性：按预定的成本和进度把系统开发出来，并且使用户感到满意的概率。
- 可理解性：理解和使用该系统的容易程度。
- 可维修性：诊断和改正在运行现场发生的错误的概率。
- 灵活性：修改或改正正在运行的系统需要的工作量的多少。
- 可测试性：软件容易测试的程度。
- 可移植性：把程序从一种硬件配置和（或）软件环境转移到另一种配置和环境时，需要的工作量的多少。
- 可重用性：在其他应用中该程序可以被再次使用的程度（或范围）。
- 可运行性：把该系统和另外一个系统结合起来的工作量的多少。

评价软件质量应遵循的原则如下。

● 应强调软件总体质量（低成本高质量），而不应片面强调软件的正确性，忽略其可维护性与可靠性、可用性与效率等。

● 软件生产的整个周期的各个阶段都应注意软件的质量，而不能只在软件最终产品验收时注意质量。

● 应制定软件质量标准，定量地评价软件质量，使软件产品评价走上评测结合、以测为主的科学轨道。

9.2 软件质量的度量

数十年来，软件工程界越来越重视软件测度的内容，以及如何进行科学而规范的测度的研究。在软件工程领域，术语"测量"、"测度"和"度量"是有差别的。测量是对一个产品过程的某个属性（如范围、数量、维度、容量或大小）提供定量指示；测度则是确定一个测量的行为；而度量是对一个系统、构件或过程具有的某个给定属性的度的定量测量。

9.2.1 软件度量

软件度量是对软件开发项目、过程及其产品，进行数据定义、收集以及分析的持续性定量化的过程，目的在于对此加以理解、预测、评估、控制和改善。通过软件度量可以改进软件开发过程，促进项目成功，开发高质量的软件产品。度量取向是软件开发诸多事项的横断面，包括顾客满意度度量、质量度量、项目度量、品牌资产度量和知识产权价值度量等。度量取向要依靠事实、数据、原理、法则；其方法是测试、审核、调查；其工具是统计、图表、数字、模型；其标准是量化的指标。

在软件开发过程中，不同的软件开发主体，如软件开发组织（经营者）、软件开发项目组（管理者）以及软件开发人员（软件工程师）拥有不同的软件度量内容，如表9.1所示。

表9.1　　软件开发主体及其度量内容

角　色	度 量 内 容
经营者——开发组织	（1）顾客满意度；（2）收益；（3）风险；（4）绩效；（5）发布的缺陷的级别；（6）产品开发周期；（7）日程与作业量估算精度；（8）复用有效性；（9）计划与实际的成本
管理者——项目组	（1）不同阶段的成本；（2）不同开发小组成员的生产率；（3）产品规模；（4）工作量分配；（5）需求状况；（6）测试用例合格率；（7）主要里程碑之间的估算期间与实际期间；（8）估算与实际的员工水平；（9）结合测试和系统测试检出的缺陷数目；（10）审查发现的缺陷数目；（11）缺陷状况；（12）需求稳定性；（13）计划和完成的任务数目
作业者——软件开发人员	（1）工作量分配；（2）估算与实际的任务期间及工作量；（3）单体测试覆盖代码；（4）单体测试检出缺陷数目；（5）代码和设计的复杂性

软件度量的作用有如下几个方面。

● 理解：获取对项目、产品、过程和资源等要素的理解，选择和确定进行评估、预测、控制和改进的基线。

● 预测：通过理解项目、产品、过程、资源等各要素之间的关系建立模型，由已知推算未知，预测未来发展的趋势，以便合理地配置资源。

● 评估：对软件开发的项目、产品和过程的实际状况进行评估，使软件开发的标准和结果都得到切实的评价，确认各要素对软件开发的影响程度。

● 控制：分析软件开发的实际和计划之间的偏差，发现问题点之所在，并根据调整后的计划实施控制，确保软件开发计划的实现。

● 改善：根据量化信息和问题之所在，探讨提升软件项目、产品和过程的有效方式，实现高质量、高效率的软件开发。

9.2.2 软件度量的分类

软件度量贯穿了整个软件开发生命周期，是软件开发过程中进行理解、预测、评估、控制和改善的重要载体。软件度量包括 3 个维度，即项目度量、产品度量和过程度量，具体情况如表 9.2 所示。

表 9.2　　　　　　　　　　　　　　软件度量三维度

度 量 维 度	侧 重 点	具 体 内 容
项目度量	理解和控制当前项目的情况和状态；项目度量具有战术性意义，针对具体的项目进行	规模、成本、工作量、进度、生产力、风险、顾客满意度等
产品度量	侧重理解和控制当前产品的质量状况，用于对产品质量的预测和控制	以质量度量为中心，包括功能性、可靠性、易用性、效率性、可维护性、可移植性等
过程度量	理解和控制当前情况和状态，还包含了对过程的改善和未来过程的能力预测；过程度量具有战略性意义，在整个组织范围内进行	如成熟度、管理、生命周期、生产率、缺陷植入率等

软件项目度量，使得软件项目组织能够对一个软件产品的开发进行估算、计划和组织实施。例如，软件规模和成本估计，产品质量控制和评估，生产率评估等。它们可以帮助项目管理者评估正在进行的项目状态，跟踪潜在的风险，在问题造成不良影响之前发现问题，调整工作流程或任务，以及评估项目组织控制产品质量的能力。软件项目度量是战术性活动，目的在于辅助项目开发的控制和决策，改进软件产品的质量。

软件产品的度量主要针对作为软件开发成果的软件产品的质量而言，独立于其过程，包括功能性、可靠性、易用性、效率性、可维护性、可移植性等。例如，在 IEE EStd1061—92 的 4 层度量模型中提供了至少一个与质量子特性直接相关的直接度量，表 9.3 所示为 IEEE 直接度量的例子。

表 9.3　　　　　　　　　　　　　　质量的直接度量

质量需求	质量特性	质量子特性	直接度量	度量描述（例子）
产品将在多个平台和当前用户正在使用的操作系统上运行	可移植性	硬件独立性	硬件依赖性	计算机硬件的依赖性
		软件独立性	软件依赖性	计算机软件的依赖性
		易安装性	安装时间	测量安装时间
		可重用性	能够用于其他应用软件中	计算机能够或已经应用于其他软件系统的模块数量
产品将是可靠的并能提供防止数据丢失的机制	可靠性	无缺陷性	测试覆盖	测量测试覆盖度
			审查覆盖	计算已做过的代码审查模块
		容错性	数据完整性	统计用户数据被破坏情况
			数据恢复	测量恢复被破坏数据的能力
		可用性	软件可用的百分比	软件可用时间除以总的软件使用时间

续表

质量需求	质量特性	质量子特性	直接度量	度量描述（例子）
产品将提供完成某些人为所必须的功能	功能性	完备性	测试覆盖	计算调用或分支测量覆盖
		正确性	缺陷密度	计算每一版本发布前的缺陷
		安全性	数据安全性	统计用户数据被破坏的情况
			用户安全性	没有被阻止的非法用户侵入数
		兼容性	环境变化	软件安装后必须修改的环境变量数量
		互操作性	混合应用环境下软件的可操作性	混合应用环境下可正确运行的数量
产品将易于使用	可使用性	易理解性	学习所用时间	新用户学习软件特性所花费的时间
		易学习性	学习所用时间	新用户学会操作软件提供的基本功能所花费的时间
		易操作性	人的因素	新用户基于人类工程学对软件的消极方面的评价数量
		沟通性	人的因素	新用户基于人类工程学对软件的消极方面的评价数量

软件过程度量，使得软件工程组织能洞悉一个已有的软件过程功效。例如开发模式、软件工程任务、工作产品、“里程碑”等。它们能够提供导致软件过程改进的决策依据。软件过程度量是战略性活动，目的在于改进企业的软件开发过程，提高开发生产率。

9.2.3 软件度量过程

软件度量过程的主要构架如下。

- 开发一个度量过程并使其成为企业组织中标准软件过程的一部分。
- 通过定制与整合各种过程资产来对项目及相关手续拟定过程计划。
- 执行拟定的计划和相关手续来对项目进行过程的实施。
- 当项目成熟且度量需求发生改变时对相关计划及手续进行改进以改善该过程。

1. 过程计划的制订

制订度量过程的计划包括两个方面的活动。

① 确认范围：该活动的根据是要明确度量需求的大小，以限定一个适合于企业本身需求的度量过程。因为在整个度量过程中是需要花费人力、物力等有限资源的，不切实际的或不足以反映实际结果的需求都会影响度量过程的可靠性以及企业的发展能力。

② 定义程序步骤：在确认了范围后，就需要定义操作及度量过程的步骤，在构造的同时应该成文立案。主要工作包括定义完整、一致和可操作的度量；定义数据采集方法以及如何进行数据记录与保存；定义可以对度量数据进行分析的相关技术，以使用户能根据度量数据得到这些数据背后的结果。

2. 过程的实施

过程的实施也包括两方面的活动。

① 数据的采集：该活动根据已定义的度量操作进行数据的采集、记录及存储。此外，数据还应经过适当的校验以确认有效性。在进行该项活动时应具有一定的针对性，对于不同的项目或活动，所需要的实际数据量是有差别的，而且对活动状态的跟踪也是非常重要的。

● 数据的分析：该项活动包括分析数据及准备报告，并提交报告，当然进行评审以确保报告有足够的确实性是有必要的。这些程序步骤可能会需要更新，因为报告可能没有为使用者提供有益的帮助或使用者对报告中的内容不理解，在这两种情况下，都应回馈并更新度量过程以再进行数据分析。

3. 过程的改善

过程的改善仅包含一个方面的活动，即优化过程。该过程活动被用于动态地改善过程，并确保提供一个结构化的方式综合且处理多个涉及过程改进的问题。除此以外，该活动对度量过程本身进行评估，报告的使用者会对数据的有效性进行反馈。这些反馈可能来自其他的活动，但一般都会融入到度量过程新一轮的生命周期中去，对度量过程进行新的确认及定义。

如果企业组织决定在内部开始或改善软件度量过程，组建一个度量小组是很有必要的，同时企业应为该小组提供确定和必要的资源，以便其展开工作。在完成相应的准备工作后，就可以开始经历一个实施的过程了。

● 确认目标：企业组织必须有明确、现实的目标，进行度量的最终目的是进行改进，如果小组不能确定改善目标，则所有的活动都是盲目且对组织无益的。

● 对当前能力的理解及评价：正确直观地认识到企业组织当前所处的软件能力是非常重要的，在不同的阶段，组织所能得到并分析的数据是有限的，且对分析技术的掌握需要一个过程。度量小组应能够针对当前的软件能力设计度量过程，找到一个均衡点。

● 设计度量过程：这部分工作也就是我们在前面所详细讨论的一部分。

● 过程原型：度量小组应该利用真实的项目对度量过程进行测试和调整，然后才能将该过程应用到整个组织中去，小组应确保所有的项目都能理解并执行度量过程，并帮助他们实现具体的细节。

● 过程文档：到此，小组应该回到第一步审视度量过程是否满足了企业的目标需求，在进一步确认后应进行文档化管理，使其成为企业组织软件标准化过程中的一部分，同时定义工作的模板、角色以及责任。

● 过程实施：在前几步完成的情况下，可以开发一个度量工作组来对度量过程进行实施，该工作组会按照已经定义的度量标准来进行过程的实施。

● 程序扩展：这一步骤是实施的生命周期中最后一个环节，不断地根据反馈进行监督、改进是该生命周期开始的必要因素。

9.3　软件质量管理

9.3.1　软件质量管理的实施

质量管理包括技术评审、过程检查、软件测试三大类，软件质量管理在项目实施中也围绕着这三方面进行。由于很多项目实施中没有专门的质量人员，项目经理应该更多地去组织技术评审和安排人员进行过程检查，同时让软件测试人员承担一些质量保证工作，以下进行具体介绍。

1. 项目实施中的技术评审

技术评审可以把一些软件缺陷消灭在代码开发之前，尤其是一些架构方面的缺陷。在项目实施中，应该优先对一些重要环节进行技术评审，主要有项目计划、软件架构设计、数据库逻辑设计、系统概要设计等环节。如果时间和资源允许，可以适当增加评审内容。很多软件项目由于性能等诸多原因最后导致失败，实际上都是由于设计阶段技术评审做得不够。只是为了节省时间、关键工作仅由某几个人执行、整个项目的成败依赖于某些"个人英雄"等做法都是十分错误的，重要的技术评审工作是不能够忽略的。

2. 项目实施中的过程检查

项目实施中的过程检查重点是进行"进度检查"。在实际工作中，很多项目都是启动一段时间后就开始不停地加班，使整个团队处于疲惫状态，导致工作效率低下，最后把项目计划丢在一边。所以在项目执行过程中，应不断地检查项目计划与实际进度是否存在偏差，如果存在偏差就立即找出问题的根源，然后消除引起问题的因素，从而避免问题的不断放大。

版本检查在项目实施中也需要特别注意，尤其在进行测试的时候，版本混乱会带来很大麻烦。此外，项目实施也应该注意文档检查，尤其是一些关键文档的质量，例如接口文档、用户手册等。

3. 项目实施中的软件测试

项目实施相关的全部质量管理工作中，软件测试的工作量所占比重最大。软件测试应该做好测试用例设计、功能测试、性能测试、缺陷跟踪与管理等工作。

项目实施中的质量管理工作存在很多不可控制的因素，是非常复杂的。例如没有质量人员、测试环境不具备等。因此，项目实施中的质量管理原则应该是"最大限度地去提高质量"。只有这样，才能更好地利用现有资源尽可能地提高质量。

9.3.2 软件质量管理的原则

在软件项目实施过程中，由于进度和成本的影响，质量管理与产品开发存在很大的差别。因此，在项目实施中做好质量管理工作应该坚持自己的原则。

1. 从用户角度出发，以顾客为中心

在开发软件项目过程中，应明确用户当前的或未来的需求，并能够达到用户的需求，甚至超出用户的期望，这是整个软件工程的重点。从某种意义上来说，质量管理就是实现用户需求的质量的管理，这需要把质量管理和用户的关系，以及把用户的需求和整个团队（开发组、测试组、产品组、项目组等）进行沟通管理。

2. 领导作用

"领导者需要建立一个团结的、统一的、有明确方向的团队。这个团队可以创造并维护一种良好的内部气氛，这种氛围可以使所有人都参与进来，从而达到整个团队的目标。"为此，需要有一个有前瞻性的领导，能为整个团队创建一种相互信任的环境，从而激励每一个人，并创建一种策略来达到这些目标。

3. 团队成员的主动参与性

"团队成员有不同的分工和职责，只有所有的团队成员都参与进来，整个项目或是整个软件的各个部分、各个方面才会得到完美的发挥。"为此，让团队成员有主人翁精神，觉得自己是工作或任务的所有者，是是否能让所有成员主动参与的关键。同时还需要让每个被参与者都要从关注用户的角度出发，并且帮助和支持团队成员，为他们营造一个比较满意的工作环境。

4. 流程方法

"运用一个非常有效率的流程或方法，把所有的资源和日常工作活动整合在一起，形成一种生产线式的生产模式"。为此，需要定义一个合适的流程。这个流程需要有确定整个日常生产活动的输入、输出及其功能。可以进行风险管理、分配责任以及外部和内部的用户管理。

5. 管理的系统方法

"确定，理解，并管理一个系统相关的流程，使得整个团队能够有效、快速地自我改善。"为此，要定义一个高效、有效的系统的组织架构，而且需要了解到团队的需求及一些可能会发生的限制，这样才能更有效地管理整个团队系统。

6. 持续的改进

"持续的改进是一个团队需要给自己设定的永久目标"。为此，工作效率上的改进是整个改进的重中之重。工作效率在很大程度上取决于工作流程的改进，流程改进需要长期不断地去努力、去改进。一般来说，要达到这一目标，可以使用"计划—执行—检查—总结"这样的循环过程进行。

7. 基于事实的决策方法

"只有基于对实际数据和信息的分析后，才能制定出有效的决策和行动"。为此，我们需要注意日常数据和信息的收集，并且需要精确地测量采集到的数据和信息，这样才能在进行决策和行动时能基于正确的数据。

8. 互惠互利

"一个团队中的各个部门或各个子团队虽然在功能上是独立的，但是，一个互惠互利的局面可以增强整个团队或公司的整体能力并创建更大的价值。"为此，我们需要一个健康的团队。好的沟通只能让团队获益一时，而建立一个长期互惠互利的关系或局面才是长期策略。

9.3.3　软件质量管理的内容

1. 软件项目的质量计划

质量计划是进行项目质量管理、实现项目质量方针和目标的具体规划。它是项目管理规划的重要组成部分，也是项目质量方针和质量目标的分解和具体体现。质量计划是一次性实施的，项目结束时，质量计划的有效性就会结束。在每个项目开始之前，都需要有一个详细的质量计划，一般质量计划包含计划的目的和范围、质量目标、质量的任务、流程实施指导、关键成果的评审、评审的流程和标准、配置管理要求，以及采用的质量控制工具、技术和方法等内容。

2. 软件项目的质量保证

软件质量保证（Software Quality Assurance，SQA）是建立一套有计划、有系统的方法，来向管理层保证，拟定出的标准、步骤、实践和方法能够正确地被所有项目所采用。其目的是使软件过程对于管理人员来说是可见的。它通过对软件产品和活动进行评审和审计来验证软件是否合乎标准。软件质量保证组在项目开始时就一起参与建立计划、标准和过程。这些将使软件项目满足机构方针的要求。软件质量保证流程通常有产品标准、流程标准两种，软件质量保证的措施主要包括基于非执行的测试、基于执行的测试和程序正确性证明。

3. 软件项目的质量控制

质量控制（Quality Control）是质量管理的一部分，是项目管理组的人员采取有效措施监督项目的具体实施结果，判断他们是否符合有关的项目质量标准，并确定消除会产生不良结果的因素，即进行质量控制是确保项目质量得以圆满实现的过程。质量控制是一个设定标准，测量结果，判定是否达到了预期要求，对质量问题采取措施进行补救并防止再发生的过程，但质量控制不是检验。质量控制适用于对组织任何质量的控制，不仅用于生产领域，还适用于产品的设计、生产原料的采购、服务的提供、市场营销、人力资源的配置等，它涉及组织内几乎所有活动。其目的是保证质量，满足要求。质量控制的主要结果包括接受决策、返工、流程调整。软件质量控制可通过审查、浏览、检验、审核的方法完成。

项目质量控制活动一般保证由内部或外部机构监测管理的一致性、发现与质量标准的差异、消除产品或服务过程中性能不能被满足的原因、审查质量标准以决定可以达到的目标及考察成本—效率问题，需要时还可以修订项目的质量标准或项目的具体目标。总之，质量控制主要是针对项目的关键交付物是否达到要求的项目质量标准的控制过程，是一个确保生产出来的产品满足用户需求的过程，包括检查工作结果、按照标准跟踪检查、确定措施消灭质量问题。

9.4　软件质量保证

软件质量保证的目标是以独立审查方式，从第三方的角度监控软件开发任务的执行，就软件项目是否遵循已制定的计划、标准和规程给开发人员和管理层提供反映产品和过程质量的信息和数据，提高项目透明度，同时辅助软件工程组取得高质量的软件产品。

9.4.1　质量保证策略

软件质量保证（SQA）就是向用户提供满足 9.1 节所述各项质量特性的产品，为了确定、达到和维护需要的软件质量而进行的所有有计划，有系统的管理活动。它主要包括以下功能。

① 质量方针的制定和开展。

② 质量保证方针和质量保证标准的制定。包括质量保证体系的建立和管理；明确各个阶段的质量保证工作；各个阶段的质量评审；确保设计质量；重要质量问题的提出与分析；总结实现阶段的质量保证活动。

③ 整理面向用户的文档、说明书等。

④ 产品质量鉴定、质量保证系统鉴定。

⑤ 质量信息的收集、分析和使用。软件质量保证应从产品计划和设计开始，直到投入使用和售后服务的软件生命周期的每一阶段中的每一步骤。

9.4.2　质量保证内容

软件质量保证的工作内容主要包括以下 6 类。

1. 与 SQA 计划直接相关的工作

SQA 在项目早期要根据项目计划制定与其对应的 SQA 计划，定义出各阶段的检查重点，标识出检查、审计的工作产品对象，以及在每个阶段 SQA 的输出产品。定义越详细，对于 SQA 今后工作的指导性就会越强，同时也便于软件项目经理和 SQA 组长对其工作的监督。编写完 SQA 计划后要组织 SQA 计划的评审，并形成评审报告，把通过评审的 SQA 计划发送给软件项目经理、项目开发人员和所有相关人员。

2. 参与项目的阶段性评审和审计

在 SQA 计划中通常已经根据项目计划定义了与项目阶段相应的阶段检查，包括参加项目在本阶段的评审和对其阶段产品的审计。对于阶段产品的审计通常是检查其阶段产品是否按计划按规程输出。这里的规程包括企业内部统一的规程，也包括项目组内自己定义的规程。但是 SQA 对于阶段产品内容的正确性一般不负检查责任，对于内容的正确性检查通常交由项目中的评审来完成。SQA 参与评审是从保证评审过程的有效性方面入手，如参与评审的人是否具备资格；是否规定的人员都参加了评审；评审中是否对被评审的对象的每个部分都进行了评审，并给出了明确的结论等。

3. 对项目日常活动与规程的符合性进行检查

这部分的工作内容是 SQA 的日常工作内容。由于 SQA 独立于项目组，如果只是参与阶段性的检查和审计很难及时反映项目组的工作过程，所以 SQA 也要在两个阶段点之间设置若干小的跟踪点，来监督项目的进行情况，以便能及时反映出项目组中存在的问题，并对其进行追踪。如果只在阶段点进行检查和审计，即便发现了问题也难免过于滞后，不符合尽早发现问题、把问题控制在最小的范围之内的整体目标。

4. 对配置管理工作的检查和审计

SQA 要监督项目过程中的配置管理工作是否按照项目最初制定的配置管理计划进行，包括配置管理人员是否定期进行该方面的工作、是否所有人得到的都是开发过程产品的有效版本。这里的过程产品包括项目过程中产生的代码和文档。

5. 跟踪问题的解决情况

对于评审中发现的问题和项目日常工作中发现的问题，SQA 要进行跟踪，直至解决。对于在项目组内可以解决的问题就在项目组内部解决，对于在项目组内部无法解决的问题，或是在项目组中跟踪多次也没有得到解决的问题，可以利用其独立汇报的渠道报告给高层经理。

6. 收集新方法，提供过程改进的依据

此类工作很难具体定义在 SQA 的计划当中，但 SQA 有机会直接接触很多项目组，对于项目组在开发管理过程中的优点和缺点都能准确地获得第一手资料。他们有机会了解项目组中管理好的地方是如何做的，采用了什么有效的方法，在 SQA 小组的活动中与其他 SQA 共享。这样，好的实施实例就可以被传播到更多的项目组中。对于企业内过程规范定义的不准确或是不方便的地方，软件项目组也可以通过 SQA 小组反映到软件过程小组，便于下一步对规程进行修改和完善。

9.4.3　质量保证措施

为了确保软件系统和产品的质量，必须建立软件质量保证机构和相应的软件质量保证系统。建立质量保证系统，需要确定系统的结构，相应的规程、职责、措施和质量保证方法。在质量保证系统中，为了保证软件产品质量和过程质量，要根据项目风险来确定措施的种类和规模，并需要建立一个质量保证机构来执行各种质量保证措施，处理由于项目规模的不断增长及随之增加的风险所带来的各种质量问题。软件质量保证机构负责调整所有影响产品质量的因素，这些因素包括以下几个方面。

- 使用的方法和工具。
- 在开发和维护过程中应用的标准。
- 对开发和维护过程所进行的组织管理。
- 软件生产环境。
- 软件开发中人员的组织和管理。
- 工作人员的熟练程度。
- 对工作人员的奖励和工作条件的改善情况。
- 对外部项目转包商交付的产品的质量控制。

软件质量保证的措施主要有：基于非执行的测试（也称为评审测试），基于执行的测试（即前面讲过的软件测试）和程序正确性证明。评审主要用来保证在编码之前各个阶段产生的文档的质量；基于执行的测试需要在程序编写出来之后进行，它是保证软件质量的最后一道防线；程序正

确性证明则使用数学方法严格验证程序是否与它的说明完全一致。

9.4.4 软件质量控制

软件质量控制不仅包括产品质量的控制，也包括开发过程的控制。质量控制是为了保证每个软件产品能够满足对它的质量需求，同时确定消除不符合的原因和方法，及时纠正缺陷的过程。

1. 常见的软件质量问题

① 违背 IT 项目规律。如未经可行性论证，不做调查分析就启动项目；任意修改设计；不按技术要求实施，不经过必要的测试、检验和验收就交付使用等蛮干现象，致使不少产品留有严重的隐患。

② 技术方案本身的缺陷。系统整体方案本身有缺陷，造成实施中要修修补补，不能有效地保证目标实现。

③ 基本部件不合格。选购的软件构件、中间件、硬件设备等不稳定，不合格，造成整个系统不能正常运行。

④ 实施中的管理问题。许多项目质量问题往往是由于人员技术水平低、敬业精神差、工作责任心差、管理疏忽等原因造成的。

2. 软件质量控制的一般性方法

① 目标问题度量法：通过确认软件质量目标，并且持续观察这些目标是否达到软件质量控制的一种方法。

② 风险管理法：识别和控制软件开发中对成果达到质量目标危害最大的那些因素的通行方法。

③ PDCA 质量控制法：指计划、执行、检查和行动。

3. 软件项目质量控制技术

软件项目的质量控制的要点是：监控对象主要是项目的工作结果；进行跟踪检查的依据是相关质量标准；对于不满意的质量问题，需要进一步分析其产生原因，并确定采取何种措施来消除这些问题。为了控制项目全过程中的质量，应该遵循以下一些基本原则。

- 控制项目所有过程的质量。
- 过程控制的出发点是预防不合格。
- 质量管理的中心任务是建立并实施文档管理的质量体系。
- 持续进行质量改进。
- 定期评价质量体系。

软件项目质量控制的主要方法是技术评审、代码走查、代码评审、单元测试、集成测试、系统测试、验收测试、缺陷追踪等。

（1）技术评审

技术评审的目的是尽早发现工作成果中的缺陷，并帮助开发人员及时消除缺陷，从而有效地提高产品的质量。技术评审的主体一般是产品开发中的一些设计产品，这些产品往往涉及多个小组和不同层次的技术。主要评审的对象有：软件需求规格说明书、软件设计方案、测试计划、用户手册、维护手册、系统开发规程、产品发布说明等。技术评审应该采取一定的流程，这在企业质量体系或者项目计划中都有相应的规定。例如，下面是一个技术评审的建议流程。

① 召开评审会议。一般应有 3～5 个相关领域的人员参加，会前每个参加者做好准备，评审会每次一般不超过 2 小时。

② 在评审会上，由开发小组对提交的评审对象进行讲解。

③ 评审组可以对开发小组进行提问，提出建议和要求，也可以与开发小组展开讨论。

④ 会议结束时必须做出以下决策之一。

● 接受该产品，不需要做修改。

● 由于错误严重，拒绝接受。

● 暂时接受该产品，但需要对某一部分进行修改。开发小组还要将修改后的结果反馈至评审组。

⑤ 评审报告与记录。对所提供的问题都要进行记录，在评审会结束前产生一个评审问题表，另外必须完成评审报告。

同行评审是一个特殊类型的技术评审，是由与工作产品开发人员具有同等背景和能力的人员对产品进行的一种技术评审，目的是在早期有效地消除软件产品中的缺陷，并更好地理解软件工作产品和其中可预防的缺陷。同行评审是提高生产率和产品质量的重要手段。

（2）代码走查

代码走查也是一种非常有效的方法，就是由审查人员"读"代码，然后对照"标准"进行检查。它可以检查到其他测试方法无法监测到的错误，好多逻辑错误是无法通过其他测试手段发现的。代码走查是一种很好的质量控制方法。代码走查的第一个目的是通过人工模拟执行源程序的过程，特别是一些关键算法和控制过程，检查软件设计的正确性。第二个目的是检查程序书写的规范性。例如，变量的命名规则、程序文件的注释格式、函数参数定义和调用的规范等，以利于提高程序的可理解性。

（3）代码会审

代码会审是由一组人通过阅读、讨论和争议对程序进行静态分析的过程。会审小组由组长、2～3 名程序设计和测试人员及程序员组成。会审小组在充分阅读待审程序文本、控制流程图及有关要求和规范等文件的基础上，召开代码会审会，程序员逐句讲解程序的逻辑，并展开讨论甚至争议，以揭示错误的关键所在。实践表明，程序员在讲解过程中能发现许多自己原来没有发现的错误，而讨论和争议则进一步促使了问题的暴露。例如，对某个局部性小问题修改方法的讨论，可能发现与之有牵连的甚至能涉及到模块的功能、模块间接口和系统结构的大问题，导致对需求的重定义、验证的重新设计。

（4）软件测试

软件测试所处的阶段不同，测试的目的和方法也不同。单元测试可以测试单个模块是否按其详细设计说明运行，它测试的是程序逻辑。一旦模块完成就可以进行单元测试。集成测试是测试系统各个部分的接口以及在实际环境中运行的正确性，保证系统功能之间接口与总体设计的一致性，而且满足异常条件下所要求的性能级别。系统测试是检验系统作为一个整体是否按其需求规格说明正确运行，验证系统整体的运行情况，在所有模块都测试完毕或者集成测试完成之后，可以进行系统测试。验收测试是在客户的参与下检验系统是否满足客户的所有需求，尤其是在功能和使用的方便性上。

（5）缺陷追踪

从发现缺陷开始，一直到改正缺陷为止的全过程为缺陷追踪。缺陷追踪要一个缺陷、一个缺陷地加以追踪，也要在统计的水平上进行，包括未改正的缺陷总数、已经改正的缺陷百分比、改正一个缺陷的平均时间等。缺陷追踪是可以最终消灭缺陷的一种非常有效的控制手段。可以采用工具跟踪测试的结果。

9.5 软件配置管理

软件配置管理（Software Configuration Management，SCM）是一组针对软件产品的追踪和控制活动，它是在软件的整个生命周期内管理变化的一组活动，这组活动用来标识变化、控制变化、确保适当地实现变化、向需要制定这类信息的人报告变化。软件配置管理的目标是使变化更正确且更容易被适应，在必须变化时减少所需花费的工作量。软件配置管理不同于软件维护，当对软件进行维护时，软件产品发生了变化，这一系列的改变必须在软件配置中体现出来，以防止因为维护所产生的变更给软件带来混乱。

9.5.1 软件配置项

在软件开发过程中，由于各种原因，可能需要变动需求、预算、进度和设计方案等，尽管这些变动请求中绝大部分是合理的，但在不同的时机做不同的变动，难易程度和造成的影响差别甚大。为了有效地控制变动，软件配置管理引入了基线的概念。基线是软件生命周期中各开发阶段的一个特定点，它的作用是把开发各阶段工作的划分更加明确化，使本来连续的工作在这些点上断开，以便于检查与肯定阶段成果。因此基线可以作为一个检查点，在开发过程中，当采用的基线发生错误时，我们可以知道处于的位置，返回到最近和最恰当的基线上。

软件开发过程中产生的信息有 3 种。

- 计算机程序（源程序及目标程序）。
- 描述计算机程序的文档（包括技术文档和用户文档）。
- 数据结构。

上述这些项目组成了在软件过程中产生的全部信息，人们把它们统称为软件配置。软件配置项（Software Configuration Item，SCI）是指软件工程中产生的信息项（文档、报告、程序、表格数据），是配置管理的基本单位。对已成为基线的软件配置项（SCI）修改时必须按照一个特殊的、正式的过程进行评估，确认每一处修改。某个 SCI 一旦成为基线，随即被放入项目数据库。此后，若开发小组中某位成员欲改动 SCI，首先要将它复制到私有工作区并在项目数据库中锁住，不允许他人使用。在私有工作区中完成修改控制过程并评审通过之后，再把修改后的 SCI 推出并回到项目数据库，同时解锁。SCI 的具体形态有两种形式。

- 不直接执行的材料：如书写的文档、程序清单、测试数据和测试结果等。
- 可直接执行的材料：如目标代码、数据库信息等。它们可由计算机处理，存于某种存储介质上。

9.5.2 软件配置管理过程

软件配置管理除了负担控制变更的责任之外，还要担负标识单个的 SCI 和软件的各种版本，审查软件配置以保证开发能够正常进行，以及报告所有加在配置上的变更的任务。SCI 共有 5 个任务。

1. 配置标识

为了方便对软件配置中的各个对象进行控制与管理，首先应给它们命名，再利用面向对象的方法组织它们。通常需要标识两种类型的对象：基本对象和复合对象。基本对象是由软件工程师在分析、设计、编码和测试时所建立的"文本单元"。例如，一个基本对象可能是需求规约的一个段落、模块的源程序清单或一组用于测试代码的测试用例。复合对象则是由基本对象或其他复合对象组成。每个对象可用一组信息来唯一地标识它，这组信息包括：

（名字、描述、一组"资源"、"实现"）

其中，名字是一个字符串，它明确地标识对象；描述是一个表项，包括对象所表示的 SCI 类型（如文档、程序、数据）、项目标识、变更和（或）版本信息；资源是"由对象所提供的、处理的、引用的或其他所需要的一些实体"；实现对于一个基本对象来说，是指向"文本单元"的指针，而对于复合对象来说，则为 NULL（空）。

2. 版本控制

配置管理使得用户能够通过对适当版本的选择来指定可选的软件系统的配置，这一点的实现是通过将属性关联到每个软件版本上，然后通过描述一组所期望的属性来指定（和构造）配置的。上面提到的"属性"可以简单到赋给每个对象的特定版本号，或复杂到用以指明系统中特定类型的功能变化的布尔变量（开关）串。版本控制往往利用工具来进行管理与标识，并有许多不同的版本控制方法。借助于版本控制技术，用户能够通过选择适当的版本来指定软件系统的配置。软件的每一个版本都是 SCI（源代码、文档、数据）的一个子集，且各个版本都可能由不同的变种组成。

3. 变更控制

对于大型的软件开发项目来说，无控制的变化将迅速导致混乱，变更控制结合人的规程和自动化工具以提供一个变化控制的机制。变更控制包括建立控制点和建立报告与审查制度。首先用户提交书面的变更请求，详细申明变更的理由、变更方案、变更的影响范围等，然后由变更控制机构确定控制变更的机制，评价其技术价值、潜在的副作用、对其他配置对象和系统功能的综合影响以及项目的开销，并把评价的结果以变更报告的形式提交给变更控制负责人进行变更确认。对于每个批准了的变更产生一个工程变更顺序，描述进行的变更、必须考虑的约束、评审和审计准则等。要将变更的对象从项目数据库中提取出来，对其作出变更，并实施适当的质量保证活动，然后再把对象提交到数据库中，并使用适当的版本控制机制建立软件的下一个版本。"提取"和"提交"处理是实现变更控制的两个重要要素，即存取控制和同步控制。访问控制管理哪个软件工程师有权限去访问和修改某特定的配置对象，同步控制帮助保证由两个不同的人员完成的并行修改不会互相覆盖。

4. 配置状态报告

为了清楚、及时地记载软件配置的变化，以免到后期造成贻误，需要对开发的过程做出系统的记录，以反映开发活动的历史情况。这是配置状态登录的任务。

报告对于每一项变更，记录以下问题：发生了什么，为什么发生，谁做的，什么时候发生的，会有什么影响等。

配置状态报告对于大型软件开发项目的成功起着至关重要的作用，它提高了所有开发人员之间的通信能力，避免了可能出现的不一致和冲突。

5. 配置审核

软件配置审核的目的就是要证实整个软件生命周期中各项产品在技术上和管理上的完整性。同时，还要确保所有文档的内容变动不超出当初确定的软件要求范围，使得软件配置具有良好的可跟踪性。

软件的变更控制机制通常只能跟踪到工程变更顺序产生为止，那么如何知道变更是否正确完成了呢？一般可以用以下两种方法去审查。

① 正式技术评审：着重检查已完成修改的软件配置对象的技术正确性，它应对所有的变更进行，除了那些最无价值的变更之外。

② 软件配置审核：它是正式技术评审的补充，评价在评审期间通常没有被考虑的 SCI 的特性。软件配置审核提出并解答以下问题。

- 在工程变更顺序中规定的变更是否已经做了？每个附加修改是否已经纳入？
- 正式技术评审是否已经评价了技术正确性？
- 是否正确遵循了软件工程标准？
- 在 SCI 中是否强调了变更？是否指出了变更日期和变更者？配置对象的属性是否反映了变更？
- 是否遵循了标记变更、记录变更、报告变更和软件配置管理过程？
- 所有相关的 SCI 是否都正确地做了更新？

在某些情况下，审计问题被作为正式的技术复审的一部分而询问，然而，当 SCM 是一个正式的活动时，SCM 审计由质量保证组单独进行。

【例 9-1】 联想集团软件部的软件配置管理具体做法如下。

（1）SCM 准备工作

SCM 组与项目经理一起制定 SCM 计划，然后经其他受到影响的组和个人进行评审，得到被批准的 SCM 计划。其内容包括：项目中将要进行的 SCM 活动、文档标识的参考规范、时间安排、相关资源、职责分配、将要设计的每个软件配置项的定义和 SCI 变更的影响范围。此外，事业部 SCM 主管需要为新启动的项目建立开发库、受控库和产品库，为项目组成员分配相应的用户权限。

（2）SCI 的标识

该活动发生在 SCM 计划被批准之后。SCI 撰写人根据 SCM 计划中制定的文档规范进行标识。

（3）SCI 入受控库

软件开发过程中，项目组成员将产品提交到开发库中，经批准后，再转移到受控库中，同时通知所有受到影响的组和个人。

（4）SCI 变更

SCI 的变更分为基线变更和版本变更。

（5）基线审计

其目的是维护软件配置项的状态，使其满足一致性、完备性和可跟踪性。其内容包括：验证当前基线所有 SCI 对迁移基线相应项的可追踪性；确认当前 SCI 正确反映了软件需求；审计 3 个库中的项目工作产品；填写报告。

（6）配置状态记录与汇报

其目的是向管理人员和开发人员提供有关项目进展的全面信息。以定期或事件驱动的方式，提供项目配置的当前状态及修改情况。

（7）SCI 的备份

指对开发库、受控库和产品库中所有的 SCI 进行备份，以保证 3 个库信息的安全。

① 根据项目规模、性质、简繁，视情况针对各个项目开展的常规配置管理工作如下。

- 制定配置管理相关制度和流程（有相关文档，但未遵照执行）。
- 制定配置管理计划（当项目规模较大时）。
- 建立配置库（按照项目编号，每个项目建立一个配置库）。
- 对项目内各成员的用户账号和权限进行分配。

● 定期检查配置库的使用情况，督促开发人员定期提交、更新相关的代码、文档，有需要时设置 Label，记录重要基线。

● 定期对配置库进行备份，设置对配置库进行日自动备份，每半年进行一次资料刻录。

② 对研发中心内所有成员进行配置管理培训，使受训人员了解公司配置管理流程及 VSS 使用情况，从而更好地开展项目过程中的配置管理工作。

9.6　软件能力成熟度模型简介

能力成熟度模型（Capability Maturity Model，CMM）是由美国卡内基梅隆大学软件工程研究所推出的评估软件能力与成熟度的一套标准。该标准基于众多软件专家的实践经验，侧重于软件开发过程的管理及工程能力的提高与评估，是国际上流行的软件生产过程标准和软件企业成熟度等级认证标准。CMM 的思想内核及结构是基于多名科学家所推行的产品质量管理的原则。例如，运用统计学进行质量控制的原则、全面质量管理的思想、质量对全局有绝对重要的意义等。CMM 的用途涉及对软件企业的评估（包括用于软件过程评估和软件能力评价）和对软件过程的改进方面。

9.6.1　CMM 的结构

软件过程成熟度是指一个软件过程被明确定义、管理、度量和控制的有效程度。成熟意味着软件过程能力持续改善的过程，成熟度代表软件过程能力改善的潜力。CMM 模型包括的内容如下。

● 成熟度等级：一个成熟度等级是在朝着实现成熟软件过程进化途中的一个妥善定义的平台。5 个成熟度等级构成了 CMM 的顶层结构。

● 过程能力：软件过程能力描述通过遵循软件过程能实现预期结果的程度。一个组织的软件过程能力提供一种"预测该组织承担下一个软件项目时，预期最可能得到的结果"的方法。

● 关键过程域：每个成熟度等级由若干关键过程域组成。每个关键过程域都标识出一串相关活动，当把这些活动都完成时所达到的一组目标，对建立该过程成熟度等级是至关重要的。关键过程域分别定义在各个成熟度等级之中，并与之联系在一起。

● 目标：目标概括了关键过程域中的关键实践，并可用于确定一个组织或项目是否已有效地实施了该关键过程域。目标表示每个关键过程域的范围、边界和意图。例如，关键过程域"软件项目计划"的一个目标是："软件估算已经文档化，供计划和跟踪软件项目使用"。

● 公共特性：CMM 把关键实践分别归入下列 5 个公共特性之中：执行约定、执行能力、执行活动、测量和分析以及验证实施。公共特性是一种属性，它能指示一个关键过程域的实施和规范化是否是有效的、可重复的和持久的。

● 关键实践：每个关键过程域都用若干关键实践描述，实施关键实践有助于实现相应的关键过程域的目标。关键实践描述对关键过程域的有效实施和规范化贡献最大的基础设施和活动。例如，在关键过程域"软件项目计划"中，一个关键实践是"按照已文档化的规程制定项目的软件开发计划"。

9.6.2　软件过程能力成熟度等级

成熟度等级是软件过程改善过程中妥善定义的平台。5 个成熟度等级提供了软件能力成熟度模型的顶层结构。每个成熟度等级都表明组织软件过程能力的一个等级。

- 初始级（Initial）：在初始级，企业一般不具备稳定的软件开发与维护环境。项目成功与否在很大程度上取决于是否有杰出的项目经理和经验丰富的开发团队。此时，项目经常超出预算和不能按期完成，组织的软件过程能力不可预测。
- 可重复级（Repeatable）：在可重复级，组织建立了管理软件项目的方针以及为贯彻执行这些方针的措施。组织基于在类似项目上的经验对新项目进行策划和管理。组织的软件过程能力可描述为有纪律的，并且项目过程处于项目管理系统的有效控制之下。
- 已定义级（Defined）：在已定义级，组织形成了管理软件开发和维护活动的组织标准软件过程，包括软件过程和软件管理过程。项目依据标准定义自己的软件过程进行管理和控制。组织的软件过程能力可描述为标准的和一致的，过程是稳定的和可重复的，并且高度可视。
- 已管理级（Managed）：在已管理级，组织对软件产品和过程都设置定量的质量目标。项目通过把过程性能的变化限制在可接受的范围内，实现对产品和过程的控制。组织的软件过程能力可描述为可预测的，软件产品具有可预测的高质量。
- 优化级（Optimizing）：在优化级，组织通过预防缺陷、技术创新和更改过程等多种方式，不断提高项目的过程性能以持续改善组织软件过程能力。组织的软件过程能力可描述为持续改善的。

9.6.3　关键过程域

每一个成熟度等级由若干个关键过程区域构成。关键过程区域指明组织改善软件过程能力应关注的区域，并指出为了达到某个成熟度等级所要着手解决的问题。达到一个成熟度等级，必须实现该等级上的全部关键过程区域。每个关键过程区域包含了一系列的相关活动，当这些活动全部完成时，就能够达到一组评价过程能力的成熟度目标。要实现一个关键过程区域，就必须达到该关键过程区域的所有目标。

表 9.4 所示为 SW-CMM 的关键过程区域。

表 9.4　　　　　　　　　　　　　SW-CMM 的关键过程区域

等级 ＼ 类别	管　理	组　织	工　程
CMM1：初始级			
CMM2：可重复级	需求管理 软件项目计划 软件项目追踪和监督 软件分包管理 软件质量保证 软件配置管理		
CMM3：定义级	集成式软件管理 组间协调	组织过程关注 组织过程定义 培训	软件产品工程 对等审查
CMM4：定量管理级	定量过程管理		软件质量管理
CMM5：优化级		技术变更管理 过程变更管理	缺陷预防

第一级（初始级）的软件机构缺乏对软件过程的有效管理，因此它不是可重复的。

第二级（可重复级）软件机构的主要特点是项目计划和跟踪的稳定性，项目过程的可控性和以往成功的可重复性。更具体的包括以下内容。

- 机构建立了管理软件项目的策略和实现这些策略的过程。
- 新项目的计划和管理基于类似项目的经验。
- 过程能力的增强基于以各个项目为基础的有纪律的基本过程管理。
- 不同的项目可有不同的过程，而对机构的要求是具有指导项目建立适当管理过程的策略。
- 每个项目都确定了基本的软件管理控制，包括：基于前面项目的经验和新项目特点，做出现实的项目承诺（如预算、交付期、软件质量等）；软件项目管理者要跟踪开支、日程、软件功能；满足承诺的过程中出现的问题要及时发现，妥善解决；定义了软件项目标准，且机构确保其被遵守。

第三级的企业具有如下一些特征。

- 机构采用标准的软件过程，软件工程和管理活动被集成为一个有机的整体。标准化的目的是使之可使管理者和技术人员有效工作。
- 有一组人员专门负责机构的软件过程，并且在机构中有培训计划来确保员工和管理者有知识和技能胜任所赋予的角色。
- 标准的软件过程结合项目的特点即形成定义的软件过程，它包括一组集成的定义良好的软件工程和管理过程。
- 一个定义良好的过程包括就绪准则、输入、完成工作过程、验证机制、输出和完成准则。
- 在已建立的产品线上成本、进度、功能均可控制，软件质量被加以跟踪。
- 过程能力体现在在机构范围内对一个定义的软件过程活动、角色和责任的共同理解。

第四级的机构具有如下一些特征。

- 软件过程和产品有定量质量目标。
- 重要的软件过程活动均配有生产率和质量度量。
- 数据库被用来收集和分析定义软件过程的数据。
- 项目的软件过程和质量的评价有定量的基础。
- 项目的产品和过程控制具有可预测性。
- 可缩小过程效能落在可接受的定量界限内的偏差。
- 可区分过程效能的有效偏差和随机偏差。
- 面向新领域的风险是可知的并被仔细管理。

第五级的企业具有如下一些特征。

- 机构集中于连续的过程改进。
- 具有标识弱点和增强过程的手段。
- 采用过程数据分析使用新技术的代价效益并提出改进意见。
- 项目队伍能够分析出错原因并防止其再次出现。
- 防止浪费是第五级的重点。
- 改进的途径在于已有过程的增量改进和使用新技术和新方法的革新。

9.6.4　关键实践

关键实践是指在基础设施或能力中对关键过程区域的实施和规范化起重大作用的部分。每个关键过程区域都有若干个关键实践，实施这些关键实践，就实现了关键过程区域的目标。关键实践以 5 个共同特点加以组织：执行约定、执行能力、执行的活动、测量和分析、验证实施。

① 执行约定（Commitment to Perform，CO）：企业为了保证过程建立和继续起作用必须采取的行动，一般包括建立组织方针和高级管理者的支持。

② 执行能力（Ability to Perform，AB）：组织和项目实施软件过程的先决条件。执行能力一般指提供资源、分派职责和人员培训。

③ 执行的活动（Activities Performed，AC）：指实施关键过程区域所必需的角色和规程，一般包括制订计划和规程、执行活动、跟踪与监督并在必要时采取纠正措施。

④ 测量和分析（Measurement and Analysis，ME）：对过程进行测量和对测量结果进行分析。测量和分析一般包括为确定执行活动的状态和有效性所采用的测量的例子。

⑤ 验证实施（Verifying Implementation，VE）：保证按已建立的过程执行活动的步骤。包括高级管理者、项目经理和软件质量保证部门对过程活动和产品的评审和审计。

本章练习题

1. 判断题

（1）在专业的软件开发和维护中，SQA 环境是建立、执行 SQA 方法时必须首要考虑的问题。   （   ）

（2）所有 SQA 活动和项目里程碑的完成或项目里程碑的检验是同时发生的。   （   ）

（3）一旦更改过的 SCI 替换了前面的 SCI，就认为完成了软件的一个新版本。 （   ）

（4）软件质量成本是一个投资问题，而不是成本问题。   （   ）

（5）在软件产品制定生产计划阶段，不必进行重大的 SQA 活动。   （   ）

（6）软件故障是导致软件失效的必要而非充分要素。   （   ）

（7）只有客户才会有兴趣透彻定义他的需求以确保他约定的软件产品的质量。 （   ）

（8）软件质量系统之间各不相同，说明机构 SQA 系统构建存在固有灵活性。   （   ）

（9）质量管理标准指导软件开发、维护和基础设施的管理。它的重点是需要什么，但没有指明如何达到标准要求的努力细节。   （   ）

（10）软件质量保证的独特性是由软件产品不同于其他制造产品的本质决定的。（   ）

2. 选择题

（1）CMM 中，（   ）主要致力于技术革新和优化过程的改进。

    A. 等级二   B. 等级三

    C. 等级四   D. 等级五

（2）CMM 中的受管理级包含的 7 个过程域中，（   ）的目的在于使工作人员和管理者客观了解过程和相关的工作产品。

    A. 测量和分析   B. 供方协定管理

    C. 过程和产品质量保证   D. 项目策划

（3）CMM 中，已定义级是（   ）。

    A. 等级二   B. 等级三

    C. 等级四   D. 等级五

（4）软件配置管理的 3 个应用层次由高到低是：（   ）。

A. 版本控制、以开发者为中心、过程驱动

B. 以开发者为中心、过程驱动、版本控制

C. 过程驱动、以开发者为中心、版本控制

D. 过程驱动、版本控制、以开发者为中心

（5）在某种类型会议上，由小组成员阅读程序，以发现程序错误，同时测试员利用测试数据人工运行程序并得出输出结果，然后由参加者对结果进行审查，以达到测试的目的。这种测试方法是（　　）。

A. 软件审查　　　　　　　　B. 代码走查

C. 技术评审　　　　　　　　D. 代码审查

3. 简答题

（1）软件质量的定义是什么？什么叫质量？什么叫软件质量？

（2）影响产品质量的因素有哪些？分析保证软件项目质量的具体措施有哪些？

（3）软件质量控制和软件质量保证有何区别？

（4）简述软件配置管理任务与过程。

（5）简述软件过程能力成熟度等级。

4. 应用题

通过一个具体的软件项目实例，分析软件质量特性的具体表现。

第10章
软件工程标准与文档

软件文档是一些记录的数据和数据媒体。软件文档是"图纸化"的规范化软件生产的重要依据，同时直接关系到软件开发过程控制的可见性，它在计算机软件产品的构成中占有举足轻重的作用。编写软件文档是软件设计和开发人员必须具备的一项基本技能。本章将简要介绍软件工程标准，软件文档的作用、格式和编写要求等内容。

本章学习目标：

1. 掌握软件工程标准的层次、类型等概念
2. 明确软件文档的编写要求
3. 熟悉软件文档的主要内容
4. 理解软件文档的重要作用

10.1　软件工程标准

随着软件工程学科的发展，人们对软件的认识逐渐深入，软件工作的范围从编写程序扩展到整个软件生命周期。同时还有许多技术管理工作（如过程管理、产品管理、资源管理）以及确认与验证工作（如评审与审计、产品分析、测试等）常常是跨越软件生命周期各个阶段的专门工作。所有这些都应建立标准或规范，使得各项工作都能有章可循。

10.1.1　软件工程标准

软件工程标准的类型可以从多个角度来划分。它可以包括过程标准（如方法、技术、度量等）、产品标准（如需求、设计、部件、描述、计划、报告等）、专业标准（如职别、道德准则、认证、特许、课程等）以及记法标准（如术语、表示法、语言等）。

软件工程标准框架如图 10.1 所示。

根据软件工程标准制定的机构和标准适用范围的不同，软件工程标准可分为 5 个级别，即国际标准、国家标准、行业标准、企业（机构）标准及项目（课题）标准。以下分别对 5 级标准的标识符及标准制定（或批准）的机构作一简要说明。

1. 国际标准

国际标准是指由国际联合机构制定和公布，提供各国参考的标准。国际标准化组织（International Standards Organization，ISO）有着广泛的代表性和权威性，它所公布的标准也有较大影响。20 世纪 60 年代初，该机构建立了"计算机与信息处理技术委员会"（简称 ISO/TC 97），专门负责与计算机有关的标准化工作。截止目前，ISO/TC97 共制定了 38 项国际标准。

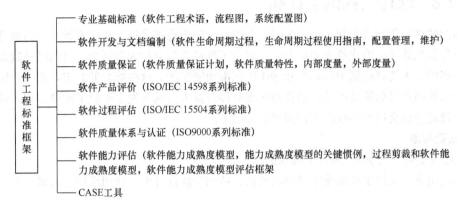

图 10.1 软件工程标准框架

2. 国家标准

国家标准是指由政府或国家级的机构制定或批准，适用于全国范围的标准。比较常见的国家标准如下。

- 美国国家标准协会（American National Standards Institute，ANSI）批准的若干个软件工程标准。
- BS（British Standard）——英国国家标准。
- JIS（Japanese Industrial Standard）——日本工业标准。

中华人民共和国国家标准化管理委员会是我国的最高标准化机构，它所公布实施的标准简称为"国标（GB）"。

3. 行业标准

行业标准是指由行业机构、学术团体或国防机构制定，并适用于某个业务领域的标准。典型的该类机构如电气和电子工程师学会（Institute of Electrical and Electronics Engineers，IEEE）。近年该学会专门成立了软件标准分技术委员会（SESS），积极开展软件标准化活动，取得了显著成果，受到了软件界的关注。IEEE 通过的标准常常要报请 ANSI 审批，使其具有国家标准的性质。因此，我们看到 IEEE 公布的标准常冠有 ANSI 字头。例如，ANSI/IEEE Str 828—1983 软件配置管理计划标准。

GJB——中华人民共和国国家军用标准。这是由我国国防科学技术工业委员会批准，适合于国防部门和军队使用的标准。例如，1988 年发布实施的 GJB 473—1988 军用软件开发规范。

DOD-STD（Department Of Defense-STanDards）——美国国防部标准。适用于美国国防部门。

近年来我国许多经济部门，例如，航天航空部、石油化学工业总公司等都开展了软件标准化工作，制定和公布了一些适应于本行业工作需要的规范。这些规范大都参考了国际标准或国家标准，对各自行业所属企业的软件工程工作起到了有力的推动作用。

4. 企业规范

由于软件工程工作的需要，一些大型企业或公司，制定了适用于本部门的规范。例如，美国 IBM 公司通用产品部 1984 年制定的"程序设计开发指南"，供该公司内部使用。

5. 项目规范

由某一科研生产项目组织制定，且为该项任务专用的软件工程规范。例如，计算机集成制造系统的软件工程规范。

10.1.2 软件工程国家标准

我国的软件工程标准化起步于 1984 年。同年，全国信息技术标准化技术委员会的前身——全国计算机与信息处理标准化技术委员会——成立了软件工程分技术委员会。目前已经制定了国家标准二十多项，主要是根据国际标准和 IEEE 标准而制定的。这些标准的制定对规范我国软件产业、开发维护高质量的软件产品、培养和提高软件开发人员的开发水平起了重要作用。常用的国家标准化管理委员会批准的软件工程国家标准如下。

1. 基础标准

① GB/T 11457—1995　软件工程术语。

该标准定义了软件工程领域中通用的术语，适用于软件开发、使用维护、科研、教学和出版等方面。

② GB/T 1526—1989　信息处理—文件编制符号及约定。

该标准规定了信息处理文档编制中使用的各种符号，并给出数据流程图、程序流程图、系统流程图、程序网络图和系统资源图中使用的符号约定。

③ GB/T 15538—1995　软件工程标准分类法。

该标准提供了对软件工程标准进行分类的形式和内容，并解释了各种类型的软件工程标准。

④ GB/T 13502—1992　信息处理—程序构造及表示的约定。

该标准定义了程序的构造图形表示，用于构造一个良好的程序。

⑤ GB/T 15535—1995　信息处理—单命中判定表规范。

单命中判定表指其任意一组条件只符合一条规则的判定表。该标准定义了单命中判定表的基本格式和相关定义，并推荐了编制和使用该判定表的约定。

2. 开发标准

① GB/T 15853—1995　软件支持环境。

该标准规定了软件支持环境的基本要求，软件开发支持环境的内容和实现方法，以及对软件生存期支持软件能力的具体要求，适用于软件支持环境的设计、建立、管理和评价。

② GB/T 8566—1995　信息技术—软件生命周期过程。

该标准规定了在获取、供应、开发、操作、维护软件过程中，要实施的过程、活动和任务，为用户提供了一个公共框架。

③ GB/T 14079—1993　软件维护指南。

该标准描述软件维护的内容和类型、维护过程及维护的控制和改进。

④ GB/T 15697—1995　信息处理—按记录组处理顺序文卷的程序流程。

该标准描述了两个可供选择的通用过程：检验适当层次终止后的控制前端条件、检验适当层次初始化前的控制前端条件。这两个通用过程用于处理按记录组逻辑组织的顺序文卷的任何程序。

3. 文档标准

① GB/T 8567—2006　计算机软件产品开发文件编制指南。

该标准代替了 GB/T 8567—1988，规定了软件需求规格说明、软件测试文件、软件质量保证计划与软件配置管理计划等文档。

② GB/T 9385—2008　计算机软件需求说明编制指南。

该标准代替了 GB/T9385—1988，为软件需求实践提供了一个规范化方法，适用于编写软件需求规格说明书，描述了软件需求说明书所必须包含的内容和质量。

③ GB/T 9386—2008　计算机软件测试文件编制规范。

该标准代替了 GB/T 9386—1988，规定了一组软件测试文档，可以作为对测试过程完备性的对照检查表。

④ GB/T 16680—1996　软件文档管理指南。

该标准为软件开发负有责任的管理者提供软件文档的管理指南，协助管理者产生有效的文档。

4. 管理标准

① GB/T 12504—1990　计算机软件质量保证计划规范。

该标准规定了在软件质量保证计划时应遵循的统一基本要求，适用于软件质量保证计划的定制工作。

② GB/T 16260—1996　信息技术—软件产品评价质量特性及其使用指南。

该标准确定和评价了软件产品质量及开发过程质量。

③ GB/T 12505—1990　计算机软件配置管理计划规范。

该标准规定了在制定软件配置管理计划时应遵循的统一的基本要求。

10.2　软件文档与编写要求

10.2.1　软件文档的含义

软件文档也称软件文件，通常指的是一些记录的数据和数据媒体，它具有相对稳定的特点，可被人和计算机阅读。它和计算机程序共同构成了能完成特定功能的计算机软件。软件文档的编制在软件开发工作中占有突出的地位和相当的工作量。高效率，高质量地开发、分发、管理和维护文档，对于转让、变更、修正、扩充和使用文档，对于充分发挥软件产品的效益有着重要意义。文档在软件开发人员、项目管理人员、系统维护人员、系统评价人员以及用户之间的多种桥梁作用可以从图 10.2 中看出。

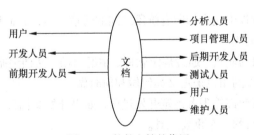

图 10.2　软件文档的作用

为了使软件文档起到桥梁作用，使它有助于程序员编制程序、有助于管理人员监督和管理软件开发、有助于用户了解软件的工作和应做的操作、有助于维护人员进行有效的修改和扩充，文档的编制必须保证一定的质量。质量差的软件文档不仅使读者难于理解，给使用者造成许多不便，而且会削弱对软件的管理（管理人员难以确认和评价开发工作的进展），增加软件的成本（一些工作可能被迫返工），甚至造成更加有害的后果（如误操作等）。高质量的文档应当体现在以下几方面。

- 针对性：编制文档以前应分清读者对象，按不同的类型、不同层次的读者，决定怎样适应他们的需要。例如，管理文档主要是面向管理人员的，用户文档主要是面向用户的，这两类文档不应像开发文档（面向软件开发人员）那样过多地使用软件的专业术语。
- 精确性：文档的行文应当十分确切，不能出现多义性的描述。同一项目的若干文档内容应该协调一致，应该没有矛盾。
- 清晰性：文档编写应力求简明，如有可能，配以适当的图表，以增强其清晰性。
- 完整性：任何一个文档都应当是完整的、独立的，它应自成体系。同一项目的几个文档之间可能有些部分相同，这些重复是必要的。例如，同一项目的用户手册和操作手册中关于本项目功能、性能、实现环境等方面的描述是没有差别的。特别要避免在文档中出现转引其他文档内容的情况。例如，一些段落并未具体描述，而用"见××文档××节"的方式，这将给读者阅读带来许多不便。
- 灵活性：各个不同的软件项目，其规模和复杂程度有着许多实际差别，不能一律看待。对于较小的或比较简单的项目，可做适当调整或合并。例如，可将用户手册和操作手册合并成用户操作手册；软件需求规格说明书可包括对数据的要求，从而去掉数据要求说明书；概要设计说明书与详细设计说明书合并成系统设计说明书等。
- 可追溯性：由于各开发阶段编制的文档与各阶段完成的工作有着紧密的关系，前后两个阶段生成的文档，随着开发工作的逐步扩展，具有一定的继承关系。在一个项目各开发阶段之间提供的文档必定存在着可追溯的关系。例如，某一项软件需求，必定在设计说明书、测试计划以至用户手册中有所体现。

10.2.2 软件文档的种类

软件文档分为 3 类：开发文档、产品文档和管理文档。

1. 开发文档

开发文档描述软件的开发过程，包括软件需求、软件设计、软件测试、保证软件质量的一类文档。开发文档也包括软件的详细技术描述（程序逻辑、程序间相互关系、数据格式和存储等）。开发文档起到如下作用。

- 它们是软件开发过程中包含的所有阶段之间的通信工具，它们记录生成软件需求、设计、编码、测试的详细规定和说明。
- 它们描述开发小组的职责。通过规定软件、主题事项、文档编制、质量保证人员以及包含在开发过程中任何其他事项的角色来定义如何做和何时做。
- 它们用作检验点而允许管理者评定开发进度，如果开发文档丢失、不完整或过时，管理者将失去跟踪和控制软件项目的一个重要工具。
- 它们形成了维护人员所要求的基本的软件支持文档，而这些支持文档可作为产品文档的一部分。
- 它们记录软件开发的历史。

基本的开发文档包括：可行性研究或项目任务书；需求规格说明书；系统设计说明书，包括程序和数据规格说明；开发计划；软件集成和测试计划；质量保证计划、标准、进度；安全和测试信息等。

2．产品文档

产品文档规定关于软件产品的使用、维护、增强、转换和传输的信息。

产品文档的作用如下。

- 为使用和运行软件产品的任何人规定培训和参考信息。
- 为那些未参加开发本软件的程序员提供维护软件的信息。
- 促进软件产品的市场流通或提高可接受性。

产品文档的读者包括：用户（他们利用软件输入数据、检索信息和解决问题）、运行者（他们在计算机系统上运行软件）、维护人员（他们维护、增强或变更软件）。

产品文档包括如下内容。

- 用于管理者的指南和资料，他们监督软件的使用。
- 宣传资料通告软件产品的可用性，并详细说明它的功能、运行环境等。
- 一般信息，对任何有兴趣的人描述软件产品。

基本的产品文档包括：培训手册、参考手册和用户指南、软件支持手册、产品手册和信息广告等。

3．管理文档

管理文档是建立在项目管理信息的基础之上的。例如，开发过程每个阶段的进度和进度变更的记录、软件变更情况的记录、相对于开发的判定记录、职责定义等。管理文档从管理的角度规定了涉及软件生存的信息。

10.2.3　软件文档的编写方法

为了得到高质量的文档，除了主观上予以重视，采用一定格式外，文档编写方法也非常重要。

1．编写原则

- 立足于读者。
- 立足于实际需要。
- 文字准确、简单明了。

2．编排原则

- 所有文档都应编排得便于迅速查到所需要的内容。
- 采用由一般到具体的层次结构法。
- 可能的情况下还可以采用词汇之间的相互链接。
- 应使图表放在它所理解的文字附近，以便阅读正文的同时也看到图表。
- 适当使用不同的字体和版式，以增加一段正文的明晰度。

3．词汇与索引

- 技术术语的使用应该适当控制，避免滥用。
- 使用技术术语前要准确定义每个术语。
- 每种文档均应该有一个词汇表和索引。

10.3　软件文档的主要内容及写作指南

软件工程中主要的软件文档有：可行性研究报告、项目开发计划、需求规格说明书、概要设计说明书、详细设计说明书、用户手册等。下面对它们逐一介绍。

10.3.1 可行性研究报告

可行性研究报告说明了该软件开发项目的实现在技术上、经济上和社会因素上的可行性。评述为了合理地达到开发目标可供选择的各种可能实施的方案，说明并论证所选定方案的理由。

可行性研究报告的编写内容要求如下。

1. 引言

① 编写目的：说明编写本可行性研究报告的目的，指出预期的读者。

② 背景：包括所建议开发的软件系统的名称；本项目的任务提出者、开发者、用户及实现该软件的计算中心或计算机网络；该软件系统同其他系统或其他机构的基本的相互来往关系。

③ 定义：列出本文件中用到的专门术语的定义和外文首字母组词的原词组。

④ 参考资料：列出这些文件资料的标题、文件编号、发表日期和出版单位，说明能够得到这些文件资料的来源。

2. 可行性研究的前提

说明对所建议的开发项目进行可行性研究的前提，如要求、目标、假定、限制等。

① 要求：说明对所建议开发的软件的基本要求，如功能；性能；输出，如报告、文件或数据，对每项输出要说明其特征，如用途、产生频度、接口以及分发对象；输入，说明系统的输入，包括数据的来源、类型、数量、数据的组织以及提供的频度；处理流程和数据流程，用图表的方式表示出最基本的数据流程和处理流程，并辅之以叙述；在安全与保密方面的要求；同本系统相连接的其他系统；完成期限。

② 目标：说明所建议系统的主要开发目标，如人力与设备费用的减少；处理速度的提高；控制精度或生产能力的提高；管理信息服务的改进；自动决策系统的改进；人员利用率的改进。

③ 条件、假定和限制：说明对这项开发中给出的条件、假定和所受到的限制，如，所建议系统的运行寿命的最小值；进行系统方案选择比较的时间；经费、投资方面的来源和限制；法律和政策方面的限制；硬件、软件、运行环境和开发环境方面的条件和限制；可利用的信息和资源；系统投入使用的最晚时间。

④ 进行可行性研究的方法：说明这项可行性研究将是如何进行的，所建议的系统将是如何评价的。摘要说明所使用的基本方法和策略，如调查、加权、确定模型、建立基准点或仿真等。

⑤ 评价尺度：说明对系统进行评价时所使用的主要尺度，如费用的多少、各项功能的优先次序、开发时间的长短及使用中的难易程度。

3. 对现行系统的分析

现行系统是指当前实际使用的系统，这个系统可能是计算机系统，也可能是一个机械系统甚至是一个人工系统。分析现行系统的目的是为了进一步阐明建议中的开发新系统或修改现有系统的必要性。

① 处理流程和数据流程：说明现行系统的基本的处理流程和数据流程。此流程可用流程图的形式表示，并加以叙述。

② 工作负荷：列出现有系统所承担的工作及工作量。

③ 费用开支：列出由于运行现行系统所引起的费用开支，如人力、设备、空间、支持性服务、材料等项开支以及开支总额。

④ 人员：列出为了现行系统的运行和维护所需要的人员的专业技术类别和数量。

⑤ 设备：列出现行系统所使用的各种设备。

⑥ 局限性：列出本系统的主要的局限性，例如，处理时间赶不上需要、响应不及时、数据存储能力不足、处理功能不够等。并且要说明，为什么对现有系统的改进性维护已经不能解决问题。

4. 所建议的系统

① 对所建议系统的说明：概括地说明所建议系统，并说明所使用的基本方法及理论根据。

② 处理流程和数据流程：给出所建议系统的处理流程和数据流程。

③ 改进之处：逐项说明所建议系统相对于现存系统具有的改进。

④ 影响：说明在建立所建议系统时，预期将带来的影响，包括对设备的影响、对软件的影响、对用户单位机构的影响、对系统运行过程的影响、对开发的影响、对地点和设施的影响、对经费开支的影响。

⑤ 局限性：说明所建议系统尚存在的局限性以及这些问题未能消除的原因。

⑥ 技术条件方面的可行性：在当前的限制条件下，该系统的功能目标能否达到；利用现有的技术，该系统的功能能否实现；对开发人员的数量和质量的要求，并说明这些要求能否满足；在规定的期限内，本系统的开发能否完成。

5. 可选择的其他系统方案

扼要说明曾考虑过的每一种可选择的系统方案，包括需开发的和可直接购买的，如果没有供选择的系统方案可考虑，则说明这一点。

6. 投资及效益分析

① 支出：对于所选择的方案，说明所需的费用。如果已有一个现存系统，则包括该系统继续运行期间所需的费用。

② 收益：对于所选择的方案，说明能够带来的收益，这里所说的收益，表现为开支费用的减少或避免、差错的减少、灵活性的增加、动作速度的提高和管理计划方面的改进等。

③ 收益/投资比：求出整个系统生命周期的收益/投资比值。

④ 投资回收周期：求出收益的累计数开始超过支出的累计数的时间。

⑤ 敏感性分析：指一些关键性因素，如系统生命周期长度、系统的工作负荷量、工作负荷的类型与这些不同类型之间的合理搭配、处理速度要求、设备和软件的配置等变化时，对开支和收益的影响最灵敏的范围的估计。在敏感性分析的基础上做出的选择当然会比单一选择的结果要好一些。

7. 社会因素方面的可行性

① 法律方面的可行性：法律方面的可行性问题很多，如合同责任、侵犯专利权、侵犯版权等方面的陷阱，软件人员通常是不熟悉的，有可能陷入，务必要注意研究。

② 使用方面的可行性：例如，从用户单位的行政管理、工作制度等方面来看，是否能够使用该软件系统；从用户单位的工作人员的素质来看，是否能满足使用该软件系统的要求等，都是要考虑的。

8. 结论

在进行可行性研究报告的编制时，必须有一个研究的结论。结论可以是：可以立即开始进行；需要推迟到某些条件（例如，资金、人力、设备等）落实之后才能开始进行；需要对开发目标进行某些修改之后才能开始进行；不能进行或不必进行（例如，因技术不成熟、经济上不合算等）。

10.3.2　项目开发计划

项目开发计划是为软件项目实施方案制定出具体计划，应该包括各部分工作的负责人员、开发的进度、开发经费的预算、所需的硬件及软件资源等。项目开发计划应提供给管理部门，并作为开发阶段评审的参考。

项目开发计划的编写内容要求如下。

1.　引言

编写目的：阐明编写软件计划的目的，指出读者对象。

项目背景：包括项目委托单位、开发单位和主管部门；该系统与其他系统的关系。

定义：列出本文档中用到的专门术语的定义和缩略词的原文。

参考资料：包括项目经核准的计划任务书、合同或上级机关的批文；文档所引用的资料、规范等；列出资料的作者、标题、编号、发表日期、出版单位或资料来源。

2.　项目概述

简要说明项目的各项主要工作，介绍所开发软件的功能性能等。若不编写可行性研究报告，则应在本节给出较详细的介绍。

条件与限制：阐明为完成项目应具备的条件、开发单位已具备的条件以及尚需创造的条件。必要时还应说明用户及分合同承包者承担的工作完成期限及其他条件与限制。

产品。分为以下几项。

① 程序：列出应交付的程序名称、使用的语言及存储形式。

② 文档：列出应交付的文档。

③ 运行环境：应包括硬件环境和软件环境。

④ 服务：阐明开发单位可向用户提供的服务，如人员培训、安装、维护和其他运行支持。

⑤ 验收标准。

3.　实施计划

任务分解：任务的划分及各项任务的负责人。

进度：按阶段完成的项目，用图表说明开始时间和完成时间。

预算：项列出本开发项目所需要的劳务（包括人员的数量和时间）以及经费的预算（包括办公费、差旅费、机时费、资料费、通信设备和专用设备的租金等）和来源。

关键问题：说明可能影响项目的关键问题，如设备条件、技术难点或其他风险因素，并说明对策。

人员组织及分工：确定项目团队的的每个成员属于组织结构中的什么角色，他们的技术水平、项目中的分工与配置，可以用列表方式说明。

4.交付期限

说明完成项目的最迟期限。

10.3.3　软件需求规格说明书

软件需求规格说明书是对所开发软件的功能、性能、用户界面及运行环境等做出详细的说明。它是用户与开发人员双方对软件需求取得共同理解的基础上达成的协议，也是实施开发工作的基础。软件需求规格说明书的编写内容如下。

1. 引言

① 编写目的：阐明编写需求说明书的目的，指明读者对象。

② 项目背景：包括项目的委托单位、开发单位和主管部门；该软件系统与其他系统的关系。

③ 定义：列出文档中用到的专门术语定义和缩写词的原文。

④ 参考资料：包括项目经核准的计划任务书、合同或上机机关的批文；项目开发计划；文档所引用的资料、标准和规范。列出这些资料的作者、标题、编号、发表日期、出版单位或资料来源。

2. 任务概述

① 目标。

② 运行环境。

③ 条件与限制。

④ 数据描述：包括静态数据；动态数据（包括输入数据和输出数据）；数据库描述（给出使用数据库的名称和类型）；数据字典；数据采集。

⑤ 功能需求：包括功能划分；功能描述。

⑥ 性能需求：包括数据精确度；时间特性（如响应时间、更新处理时间、数据转化与传输时间、运行时间等）；适应性（在操作方式、运行环境与其他软件的接口以及开发计划等发生变化时，应具有的适应能力）。

⑦ 运行需求：包括用户界面（如屏幕格式、报表格式、菜单格式、输入输出时间等）；硬件接口；软件接口；故障处理。

⑧ 其他需求：如可使用性、安全保密性、可维护性、可移植性等。

10.3.4　概要设计说明书

概要设计说明书是概要设计阶段的工作成果，它应说明功能分配、模块划分、程序的总体结构、输入输出以及接口设计、运行设计、数据结构设计和出错处理设计等，为详细设计奠定基础。概要设计说明书的编写内容如下。

1. 引言

① 编写目的：阐明编写概要设计说明书的目的，指明读者对象。

② 项目背景：包括项目的委托单位、开发单位和主管部门；该软件系统与其他系统的关系。

③ 定义：列出文档中用到的专门术语定义和缩写词的原意。

④ 参考资料：列出这些资料的作者、标题、编号、发表日期、出版单位或资料来源，包括项目经核准的计划任务书，合同或上机机关的批文；项目开发计划；需求规格说明书；测试计划（初稿）；用户操作手册（初稿）；文档所引用的资料、采用的标准或规范。

2. 任务概述

① 目标。

② 运行环境。

③ 需求概述。

④ 条件与限制。

3. 总体设计

① 处理流程。

② 总体结构和模块外部设计。

③ 功能分配：表明各项功能与程序结构的关系。

4. 接口设计

① 外部接口：包括用户界面、软件接口与硬件接口。

② 内部接口：模块之间的接口。

5. 数据结构设计

① 逻辑结构设计。

② 物理结构设计。

③ 数据结构与程序的关系。

6. 运行设计

① 运行模块的组合。

② 运行控制。

③ 运行时间。

7. 出错处理设计

① 出错输出信息。

② 出错处理对策：如设置后备、性能降级、恢复及再启动等。

8. 安全保密设计

9. 维护设计

说明方便维护工作用的设施，如维护模块等。

10.3.5　详细设计说明书

详细设计说明书着重描述每一个模块是怎样实现的，包括实现算法、逻辑流程等。详细设计说明书的编写内容如下。

1. 引言

① 编写目的：阐明编写详细设计说明书的目的，指明读者对象。

② 项目背景：应包括项目的来源和主管部门等。

③ 定义：列出文档中用到的专门术语定义和缩写词的原意。

④ 参考资料：列出这些资料的作者、标题、编号、发表日期、出版单位或资料来源，包括项目的计划任务书、合同或批文；项目开发计划；需求规格说明书；概要设计说明书；测试计划（初稿）；用户操作手册（初稿）；文档所引用的其他资料、软件开发标准或规范。

2. 总体设计

① 需求概述。

② 软件结构：如给出软件系统的结构图。

3. 程序描述

逐个模块给出说明，包括功能；性能；输入项目；输出项目；算法；程序逻辑可采用标准流程图、PDL语言、N-S图、PAD和判定表等描述算法的图表。

4. 接口

存储分配；限制条件；测试要点。

10.3.6　程序维护手册

程序维护手册是提供给具有一定编程专业知识的软件人员使用的。本手册详细描述软件的功能、性能和程序说明，使维护人员了解如何修改该软件。主要包括以下内容。

1. 引言

① 编写目的：阐明编写手册的目的，指明读者对象。

② 开发单位：说明项目的提出者、开发者、用户和使用场所。

③ 定义：列出报告中所用到的专门术语的定义和缩写词的原文。

④ 参考资料：列出有关资料的作者、标题、编号、发表日期、出版单位或资料来源，以及保密级别，可包括用户操作手册、与本项目有关的其他文档。

2. 系统说明

① 系统用途：说明系统具备的功能，输入和输出。

② 安全保密：说明系统在安全保密方面的考虑。

③ 总体说明：说明系统的总体功能，对系统、子系统和作业做出综合性的介绍，并用图表的方式给出系统主要部分的内部关系。

④ 程序说明：说明系统中每一程序、分程序的细节和特性。

a. 功能：说明程序的功能。

b. 方法：说明实现方法。

c. 输入：说明程序的输入、媒体、运行数据记录、运行开始时使用的输入数据的类型和存放单元、与程序初始化有关的入口要求。

d. 处理：处理特点和目的，如用图表说明程序中的运行逻辑流程；程序主要转移条件；对程序的约束条件；程序结束时的出口要求；与下一个程序的通信与联结（运行、控制）；由该程序产生并供处理程序段使用的输出数据类型和存放单元；程序运行所用存储量、类型及存储位置等。

e. 输出：程序的输出。

f. 接口：本程序与本系统其他部分的接口。

g. 表格：说明程序内部的各种表、项的细节和特性。对每张表的说明至少包括表的标识符；使用目的；使用此表的其他程序；逻辑划分，如块或部，不包括表项；表的基本结构；设计安排，包括表的控制信息；表格结构细节，使用中的特有性质，及各表项的标识、位置、用途、类型、编码表示。

h. 特有的运行性质：说明在用户操作手册中没有提到的运行性质。

3. 操作环境

① 设备：逐项说明系统的设备配置及其特性。

② 支持软件：列出系统使用的支持软件，包括它们的名称和版本号。

③ 数据库：说明每个数据库的性质和内容，包括安全考虑。

a. 总体特征：标识符；使用这些数据库的程序；静态数据；动态数据；数据库的存储媒体；程序使用数据库的限制。

b. 结构及详细说明：说明该数据库的结构，包括记录和数据项；说明记录的组成，包括首部或控制段、记录体；说明每个记录结构的字段，包括标记或标号、字段的字符长度和位数、该字段的取值范围；扩充，说明为记录追加字段的规定。

4. 维护过程

① 约定：列出该软件设计中所使用的全部规则和约定，包括程序、分程序、记录、字段和存储区的标识或标号助记符的使用规则；图表的处理标准、语句和记号中使用的缩写、出现在图表

中的符号名；使用的软件技术标准；标准化的数据元素及其特征。

② 验证过程：说明一个程序段修改后，对其进行验证的要求和过程（包括测试程序和数据）及程序周期性验证的过程。

③ 出错及纠正方法：列出出错状态及其纠正方法。

④ 专门维护过程：列出说明书其他地方没有提到的专门维护过程，如维护该软件系统的输入输出部分（如数据库）的要求、过程和验证方法；运行程序库维护系统所必需的要求、过程和验证方法；对闰年、世纪变更所需的临时性修改等。

⑤ 专用维护程序：列出维护软件系统使用的后备技术和专用程序（如文件恢复程序、淘汰过时文件的程序等）的目录，并加以说明，内容包括维护作业的输入输出要求；输入的详细过程及在硬件设备上建立、运行并完成维护作业的操作步骤。

⑥ 程序清单和流程图：引用资料或提供附录，给出程序清单和流程图。

10.3.7 用户手册

用户手册详细描述了软件的功能、性能和用户界面，使用户了解如何使用该软件。用户手册的编写内容要求如下。

（1）引言

① 编写目的：阐明编写手册的目的，指明读者对象。

② 项目背景：说明项目的来源、委托单位、开发单位及主管部门。

③ 定义：列出手册中用到的专门术语定义和缩写词的原意。

④ 参考资料：列出这些资料的作者、标题、编号、发表日期、出版单位或资料来源，包括项目的计划任务书、合同或批文；项目开发计划；需求规格说明书；概要设计说明书；详细设计说明书；测试计划；手册中引用的其他资料、采用的软件工程标准或软件工程规范。

（2）软件概述

① 目标。

② 功能。

③ 性能。包括数据精确度（包括输入、输出及处理数据的精度），时间特性（如响应时间、处理时间、数据传输时间等），灵活性（在操作方式、运行环境需做某些变更时软件的适应能力）。

（3）运行环境

① 硬件：列出软件系统运行时所需的硬件最小配置，如计算机型号、主存容量；外存储器、媒体、记录格式、设备型号及数量；输入、输出设备；数据传输设备及数据转换设备的型号及数量。

② 支持软件：操作系统名称及版本号；语言编译系统的名称及版本号；数据库管理系统的名称及版本号；其他必要的支持软件。

（4）使用说明

① 安装和初始化：给出程序的存储形式、操作命令、反馈信息及其含义、表明安装完成的测试实例以及安装所需的软件开发工具等。

② 输入：给出输入数据或参数的要求。

③ 输出：给出每项输出数据的说明。

④ 出错和恢复：出错信息及其含义，用户应采取的措施，如修改、恢复、再启动等。

⑤ 求助查询：说明如何操作。

（5）运行说明

① 运行表：列出每种可能的运行情况，说明其运行目的。

② 运行步骤：按顺序说明每种运行的步骤，应包括运行控制；操作信息（运行目的、操作要求、启动方法、预计运行时间、操作命令格式及说明、其他事项）；输入/输出文件（给出建立和更新文件的有关信息，如文件的名称及编号、记录媒体、存留的目录、文件的支配（说明确定保留文件或废弃文件的准则，分发文件的对象，占用硬件的优先级及保密控制等））；启动或恢复过程。

（6）常规过程：提供应急或非常规操作的必要信息及操作步骤，如出错处理操作、向后备系统切换操作以及维护人员须知的操作和注意事项。

（7）操作命令一览表：按字母顺序逐个列出全部操作命令的格式、功能及参数说明。

（8）程序文件（或命令文件）和数据文件一览表：按文件名字母顺序或按功能与模块分类顺序逐个列出文件名称、标识符及说明。

（9）用户操作举例。

本章练习题

1. 判断题

（1）IEEE 是"电气和电子工程师学会"的缩写。　　　　　　　　　　（　　）

（2）软件文档的编写要有助于维护人员进行有效的修改和扩充。　　（　　）

（3）软件文档分为 3 类：开发文档、产品文档和维护文档。　　　　（　　）

（4）产品文档规定了关于软件产品的使用、维护、增强、转换和传输的信息。　（　　）

（5）在可行性研究报告中没有必要对现有系统进行分析。　　　　　（　　）

2. 选择题

（1）软件工程标准可分为 5 个级别，即国际标准、（　　　）、行业标准、企业（机构）标准及项目（课题）标准。

    A. 国家标准　　　　　　　　　　　　B. 公司标准

    C. 单位标准　　　　　　　　　　　　D. 部门标准

（2）记录软件开发的历史的文档是（　　　）。

    A. 开发文档　　　　　　　　　　　　B. 产品文档

    C. 管理文档　　　　　　　　　　　　D. 维护文档

（3）（　　　）主要描述功能分配、模块划分、程序的总体结构、输入输出以及接口设计、运行设计、数据结构设计和出错处理设计等。

    A. 项目开发计划　　　　　　　　　　B. 概要设计说明书

    C. 可行性研究报告　　　　　　　　　D. 需求规格说明书

（4）（　　　）着重描述每一个模块是怎样实现的，包括实现算法、逻辑流程等。

    A. 项目开发计划　　　　　　　　　　B. 概要设计说明书

    C. 可行性研究报告　　　　　　　　　D. 详细设计说明书

（5）（　　）详细描述软件的功能、性能和用户界面，使用户了解如何使用该软件。

  A. 项目开发计划   B. 概要设计说明书

  C. 用户手册   D. 详细设计说明书

3. 简答题

（1）简述软件工程标准的类型。

（2）简述软件工程标准框架包括哪些内容？

（3）软件开发遵循了标准是否会束缚软件人员的思维，影响到他们的创造性发挥？为什么？

（4）软件文档的含义是什么？其主要内容是什么？

（5）简述开发文档的作用。

（6）简述高质量的文档体现在哪些方面。

4. 应用题

分析自己使用的软件产品，如图书管理系统、考试系统等，提出改进措施，并编写可行性研究报告、需求规格说明书。

第 **11** 章
软件项目管理

软件工程学科涉及方法、工具、管理等内容广泛的研究领域。从软件工程大量的应用实践中，人们逐渐认识到技术和管理是软件工程化生产不可缺少的两个方面。对于技术而言，管理意味着决策和支持。只有对生产过程进行科学的、全面的管理，才能保证达到提高生产率，改善产品质量的软件工程目标。软件项目管理的主要任务是制定软件开发计划，跟踪、监督和协调工作进度，保证工程如期按质完成。一个好的管理虽然还不一定能保证项目成功，但是，坏的管理或不适当的管理却一定会导致项目失败。本章主要介绍软件项目管理的概念，并重点介绍软件项目管理中的进度计划、软件开发成本估算、人员管理、风险管理等内容。

本章学习目标：
1. 掌握软件项目管理的基本概念
2. 了解软件项目计划的内容
3. 理解软件成本估算的方法与技术
4. 了解软件项目的团队管理与协调的概念
5. 了解软件项目风险管理的过程
6. 掌握软件项目进度安排的原则

11.1 软件项目管理概述

软件项目管理是软件工程的保护性和支持性活动。它于任何技术活动之前开始，并持续贯穿于整个软件的定义、开发和维护过程之中。软件项目管理的目的是按照预定的进度、费用等要求，成功地组织与实施软件的工程化生产，完成软件的开发和维护任务。

11.1.1 项目的概念与特征

项目是一个特殊的将被完成的有限任务。它是在一定时间内，满足一系列特定目标的多项相关工作的总称。项目无论其规模大小、复杂程度、性质如何不同，都会存在一些相同之处。所以认识项目的特性，有利于项目的成功和达到目标要求。一般来说，项目具有以下基本特征。

（1）明确的目标

项目可能是一种期望的产品，也可能是希望得到的服务。每一个项目最终都有可以交付的成果，这个成果就是项目的目标。而一系列的项目计划和实施活动都是围绕项目目标进行的。项目目标一般包括：项目可交付结果的列表；指定项目最终完成及中间里程碑的截止日期；指定可交付结果必须满足的质量准则；项目不能超过的成本限制等。

（2）独特性

项目是一项为了创造某一唯一的产品或服务的时限性工作。因此，项目所涉及的某些内容或全部内容多是以前没有做过的，也就是说这些内容在某些方面具有显著的不同。即使一项产品或服务属于某一大类别，它仍然可以被认为是唯一的。例如，开发一个新的办公自动化系统，由于使用的用户不同，必然会有很强的独特性，虽然以前可能开发过类似的系统，但是每一个系统都是唯一的，因为它们分属于不同的用户，具有特殊的要求，需要不同的设计，使用了不同的开发技术等。

（3）时限性

时限性是指每个项目都具有明确的开始和结束时间与标志，项目不能重复实施。当项目的目标都已经达到时，该项目就结束了；或者当已经确定项目的目标不可能达到时，该项目就会被中止。不论结果如何，项目结束了，结果也就确定了，是不可逆转的。项目所创造的产品或服务通常是不受项目的时限性影响的，大多数项目的实施是为了创造一个具有延续性的成果。

软件项目除了具有上述一般项目的特征外，还具有自己的特殊性。它不仅是一个新领域，而且涉及的因素比较多，管理也比较复杂。主要表现在以下几个方面。

（1）目标的渐进性

大多数软件项目的目标不很明确，经常出现任务边界模糊的情况。用户常常在项目开始时只有一些初步的需求要求，没有明确的、精确的想法，也提不出确切的需求。而需求的变更对于软件项目来讲发生的几率几乎是 100%。因为项目的产品和服务事先不可见，在项目前期只能粗略进行项目的定义，随着项目的进行才能逐渐完善和明确。在需求逐渐明晰的过程中，一般还会进行很多修改，产生很多变更，使得项目实施和管理的难度加大。另外，软件项目的质量主要是由项目团队来定义的，而用户只是担负起审查的任务，由于开发者并不能像用户那样对业务细节特别熟悉，也为软件项目需求的模糊性开了另一个"天窗"。

（2）高风险性

由于软件项目需求的模糊性、项目的时效性要求高，使得软件项目的风险较大。软件开发项目很多都是因为需求反复变更而最终导致"流产"。造成软件项目风险高的另一个原因是项目执行过程中可见性低。软件项目是智力密集、劳动密集型项目，受人力资源的影响最大。项目成员的结构、责任心、工作能力和团队的稳定性，对软件项目的质量、进度以及是否成功有决定性的影响。另外一个造成软件项目风险度高的重要因素就是对新技术的应用。用户往往被新技术的宣传所吸引，从而要求项目的开发者使用新技术，由于 IT 技术发展十分迅速，能否在短时间内掌握该项技术、新技术的成熟度等因素也使得项目的风险增加。

11.1.2　项目管理的概念

项目管理是保证项目顺利实施的有效手段，它是通过临时性、专门的柔性组织，运用相关的知识、技术、工具和手段，对项目进行高效率的计划、组织、指导与控制，以实现项目全过程的动态管理和项目目标的综合协调与优化。项目管理有严格的时效限制、明确的阶段任务，通过不完全确定的过程，在确定的期限内提供不完全确定的产品或服务。因此，在基本没有先例，不确定的环境、团队和业务过程中，完成给定的任务，日程计划、成本控制、质量标准等都对项目管理者造成了巨大的压力。项目管理的基本因素包括项目资源、项目目标、利益相关者的需求。

（1）资源

资源的概念内容十分丰富，可以理解为一切具有现实和潜在价值的东西，包括自然资源和人造资源、内部资源和外部资源、有形资源和无形资源等。在知识经济时代，知识作为无形资源的价值更加突出。由于项目固有的一次性，项目资源不同于其他组织机构的资源，它多是临时拥有和使用的。资金需要筹集，服务和咨询力量可以采购或招聘，有些资源还可以租赁。项目过程中资源需求变化甚大，有些资源用毕后，需要及时偿还或遣散。任何资源积压、滞留或短缺都会给项目带来损失。资源的合理、高效使用对项目管理尤为重要。

（2）目标

项目要求达到的目标一般可分为两类：必须满足的规定要求和附加获取的期望要求。规定要求包括项目的实施范围、质量要求、利润或成本目标、时间目标以及必须满足的法定要求等。期望要求常常对开辟市场、争取支持、减少阻力产生重要的影响。例如，一个软件产品除了基本功能与性能外，使用的简便性、界面的友好性等也应当列入项目的目标之内。项目目标应当是全方位的，系统—组织—人员可称为目标的大三角，为实现其中的每一个目标，又都必须满足质量—时间—费用的要求，可称为小三角。项目管理就是要面向系统、组织、人员三大目标，全面满足质量、时间和费用的要求。有些 IT 项目成果以组织机构的重组或流程改造为主，因此，要考虑人员配置、流程优化和硬件设备的配置要求；有些项目成果则以人员培训为主，因此，要考虑培训的组织和相应环境的配置等。

（3）利益相关者的需求

项目目标是根据需求和可能来确定的。一个项目的各种不同利益相关者有不同的需求，这些需求有的相差甚远，甚至互相抵触。这就更要求项目管理者对这些不同的需求加以协调，统筹兼顾，以取得某种平衡，最大限度地调动项目利益相关者的积极性，减少他们的阻力，采取一定的步骤和方法将需求确定下来，成为项目要求达到的目标。

11.1.3 项目管理的知识体系

美国项目管理学会最先提出了项目管理的知识体系（Project Management Body of Knowledge，PMBOK）这一说法。该体系包括项目管理的 9 大知识域：整体、范围、时间、成本、质量、风险、人力资源、沟通和采购。每个知识域又包括数量不等的项目管理过程，表 11.1 列出了各个管理过程。PMBOK 把项目管理过程分为 5 类。

① 启动过程。确认一个项目或定义一个项目应当开始并付诸行动。

② 计划过程。为实现启动过程提出的项目目标而编制计划。

③ 执行过程。调动资源，为计划的实施所需执行的各项工作。

④ 控制过程。监控、测量项目进程，并在必要时才去纠正措施，以确保项目的目标得以实现。

⑤ 结束过程。对项目或项目阶段成果正式接收，以使从启动过程开始的项目有条不紊地结束。

每个过程包括输入、所需工具和技术、输出，各过程通过各自的输入和输出相互联系，构成整个项目的管理活动。

项目管理是通过项目经理和项目组织的努力，运用系统理论和方法对项目及其资源进行计划、组织、协调、控制，旨在实现项目的特定目标的管理方法体系。在项目管理中，由于项目各方对于项目的期望值不同，因此，项目经理需要在不同的目标之间进行协调，寻求一种平衡。

表 11.1　　　　　　　　　　　　　　PMBOK 体系

项目综合管理	项目范围管理	项目时间管理
1. 项目开发计划 2. 项目执行计划 3. 全程变化控制	1. 范围界定规划书 2. 细分子项目 3. 范围核实 4. 范围定界控制	1. 活动定义 2. 活动排序 3. 活动时间估计 4. 进度编制 5. 进度控制
项目成本管理	项目质量管理	项目人力资源管理
1. 资源计划 2. 成本估算 3. 成本预算 4. 成本控制	1. 质量规划 2. 质量保证 3. 质量控制	1. 组织规划 2. 人员组织 3. 团队建设
项目沟通管理	项目风险管理	项目采购管理
1. 沟通计划 2. 信息传递 3. 实施情况 4. 行政总结	1. 风险识别 2. 风险变化 3. 风险对策研究 4. 风险对策实施控制	1. 采购计划 2. 征集申请书 3. 货源选择 4. 合同管理

11.2　软件项目的时间管理

项目时间管理又称为进度管理，是指为保证项目各项工作及项目总任务按时完成所需要的一系列的工作与过程。时间管理的主要目标是最短时间、最少成本、最小风险，即在给定的限制条件下，用最短时间、最小成本，以最少风险完成项目工作。时间是一种特殊的资源，以其单向性、不可重复性、不可替代性而有别于其他资源。项目时间管理包括活动定义、活动排序、活动历时估计、制定进度计划和进度计划控制 5 个过程。

11.2.1　项目的工作分解结构

为了进行项目管理，我们需要把项目活动细化分解，并根据分解后的项目活动进行进度计划、成本、质量等管理和控制。

1. 工作分解与责任矩阵

工作分解是对需求的进一步细化，是最后确定项目所有任务范围的过程。定义任务或活动的方法可以通过建立工作分解结构（Work Breakdown Structure，WBS）的技术来实现。定义活动是一过程，它涉及确认和描述一些特定的活动，完成了这些活动意味着确定了 WBS 结构中的项目细目和子细目。通过定义活动这一过程可使项目目标体现出来。图 11.1 所示为某软件需求分析的工作分解结构图。

WBS 的建立对项目来说意义非常重大，它使得原来看起来非常笼统、模糊的项目目标一下子清晰起来，使得项目管理有依据，项目团队的工作目标清楚明了。如果没有一个完善的 WBS 或者范围定义不明确时，变更就会不可避免地出现，很可能造成返工、延长工期、降低团队士气等一系列不利的后果。WBS 随着项目规模的差异所起的作用不尽相同。划分项目的 WBS 结构有许多方法，如按照专业划分，按照子系统、子工程划分，按照项目不同的阶段划分等，而每一种方法都有其优缺点。一般情况下，确定项目的 WBS 结构需要组合以上几种方法进行。分解 WBS 应遵循如下原则。

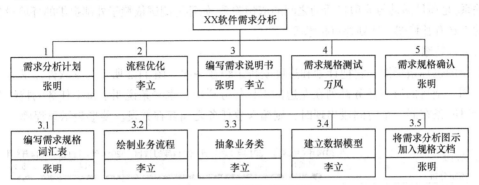

图 11.1 工作分解结构图

- 一个单位工作任务只能在 WBS 中出现在一个地方。
- 一个 WBS 项的工作内容是其下一级的工作之和。
- WBS 中的每一项工作都只由一个人负责，即使这项工作需要多人来做。
- WBS 必须与工作任务的实际执行过程一致，首先服务于项目组，可行再考虑其他目的。
- 项目组成员必须参与 WBS 的制定，以确保一致性和全员参与。
- 每一个 WBS 项必须归档，以确保准确理解该项包括和不包括的工作范围。
- 让 WBS 具有一定的灵活性以适应无法避免的变更需要。

在 WBS 的基础上制定责任矩阵，如表 11.2 所示。这张表反映了工作分解结构所示的所有活动，还表明了每项任务谁负主要责任、谁负次要责任。

表 11.2   软件需求分析项目责任矩阵

WBS	工 作 细 目	张　明	李　立	万　风
1	需求分析计划	P	S	
2	流程优化		P	S
3	编写需求说明书	S	P	S
3.1	编写需求规格词汇表	P		
3.2	绘制业务流程	S	P	
3.3	抽象业务类	S	P	S
3.4	建立数据模型	S	P	
3.5	将需求分析图示加入规格文档	P		S
4	需求规格测试	S		P
5	需求规格确认	P	S	

说明：P 为主要责任；S 为次要责任。

2. 活动排序

为了制定项目时间（工期或进度）计划，必须准确和合理地安排项目各项活动的顺序，只有明确了活动之间的各种关系，才能更好地对项目进行时间安排。活动排序是识别项目活动清单中各项活动的相互关联与依赖关系，并据此对项目各项活动的先后顺序进行合理安排与确定的项目时间管理工作。常见活动间的依赖关系包括：强制性依赖关系（工作任务中固有的依赖关系，是一种不可违背的逻辑关系）、软逻辑关系（是由项目管理人员确定的项目活动之间的关系）、外部依赖关系（是项目活动与非项目活动之间的依赖关系，如环境测试依赖于外部提供的环境设备等）。常用的工具有甘特图、计划评审技术等。

（1）甘特图

甘特图也称条形图，它把计划和进度安排组织在一起，图 11.2 所示为某软件需求分析项目的甘特图。项目的所有任务都列在左边的工作任务栏中，水平条说明了每个任务的持续时间。当多个时间条在同一个时间段出现时，则蕴含着任务之间存在并发。菱形表示里程碑。

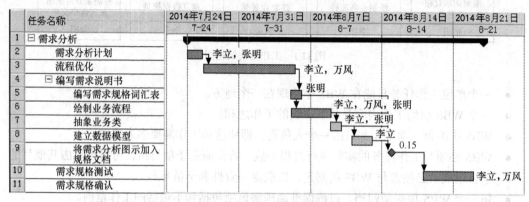

图 11.2 甘特图

绘制甘特图必须清楚活动之间的关系，不同的产品特征具有不同的活动排序。同时，对产品的描述要加以核对、审查，以确保活动排序的正确性。活动的相关性可以分为：内在相关性、指定性与外部相关性。内在相关性是指所做工作中各活动间固有的依赖性，内在相关性通常是由客观条件限制造成的（例如，软件项目只有在原型完成后才能对它进行测试）。指定性是指由项目管理团队所规定、确定的相关性，应小心使用这种相关性并充分加以陈述。外部相关性是指本项目活动与外部活动间的相关性。例如，一个软件项目的测试活动依赖于外部硬件的到位。

（2）计划评审技术（Program Evaluation and Review Technique，PERT）与关键路径法（Critical Path Method，CPM）

这两种方法都用网络图表明活动的顺序流程及活动之间的相互关系。绘制网络图必须了解和遵守一些基本原理。

① 表示活动的两种方法。绘制网络图可以有两种形式：一种是用节点表示活动，也称为前导图法（Precedence Diagramming Method，PDM）；另一种是用箭头表示活动，也称为箭线图法（Arrow Diagramming Method，ADM）。

● 用节点表示活动，如图 11.3 所示。活动用方框表示，对活动的描述写在方框内。给每个方框指定一个编号，连接方框的箭头表示活动之间的先后顺序。活动 2 只能在活动 1 之后。活动之间的关系分为 4 种，如图 11.4 所示。

结束→开始：某活动必须结束，然后另一活动才能开始。

结束→结束：某活动结束前，另一活动必须结束。

开始→开始：某活动必须在另一活动开始前开始。

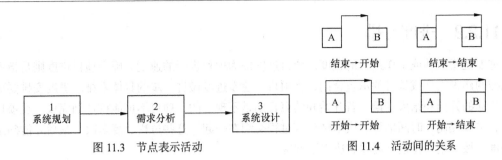

图 11.3　节点表示活动　　　　图 11.4　活动间的关系

开始→结束：某活动结束前另一活动必须开始。

● 用箭头表示活动，如图 11.5 所示。活动用箭头表示，对活动的描述写在箭线上。图中的圆圈表示"事件"，活动由事件连接起来。箭尾代表活动开始，称为紧前事件；箭头代表活动结束，称为紧随事件。事件 2 是活动"系统规划"的紧随事件，又是"需求分析"的紧前事件，表示"系统规划"结束和"需求分析"开始。

② 虚活动。在绘制用箭头表示活动的网络图中，每个活动必须由唯一的紧前事件号组成。图 11.6 中的活动 A、B 由相同的紧前事件号 1 和紧随事件号 2 组成，这是不允许的。为了表达这种情况，引入"虚活动"的概念。这种活动不消耗时间，在网络图中用一个虚箭头表示。引入虚活动之后，在图 11.6 中，可将图（a）改写为图（b），逻辑上都是正确的。用节点表示活动的优点是其逻辑性不用虚活动就能表达清楚。

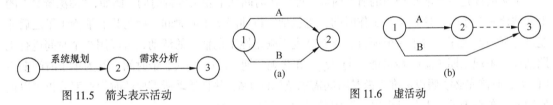

图 11.5　箭头表示活动　　　　图 11.6　虚活动

③ 绘制网络图。根据活动一览表和网络原理可以绘制网络图。某软件需求分析项目的活动和紧前活动序列表如表 11.3 所示。某软件需求分析项目的网络图如图 11.7 所示。

表 11.3　　　　　　　　　活动、紧前活动和工期估计

活　　动	紧前活动	工期估计：天	活　　动	紧前活动	工期估计：天
1 需求分析计划	—	3	6 建立数据模型	5	2
2 流程优化	1	7	7 将分析图示加入规格说明文档	3, 6	1
3 编写需求规格词汇表	2	2	8 需求规格测试	7	3
4 绘制业务流程	2	2	9 需求规格确认	8	3
5 抽象业务类	4	2			

图 11.7　网络图

11.2.2　进度安排

进度是指活动或工作进行的速度，项目进度即为项目进行的速度。确定项目进度则是指根据已批准的建设文件或签订的承包合同，将项目的建设进度做进一步的具体安排。进度安排要决定项目活动的开始和结束日期，若开始和结束日期是不现实的，项目不可能按计划完成。在项目管理中，进度编制、时间估计、成本估计等过程交织在一起，这些过程反复多次，最后才能确定项目进度。按计划安排进度需要解决以下问题。

- 估计每项活动的工期。
- 确定整个项目的预计开始时间和要求完工时间。
- 在项目预计开始时间的基础上，计算每项活动能够开始的时间和完成的最早时间。
- 利用项目的要求完工时间，计算每项活动必须开始的时间和完成的最迟时间。
- 确定每项活动能够开始时间与必须开始时间之间的正负时差。
- 确定关键（最长）活动路径。

安排进度一般有两种形式，一种是加强日期形式，以活动之间前后关系限制活动的进度，例如，一项活动不早于某项活动的开始或不晚于某项活动的结束；另一种是关键事件或主要里程碑形式，以定义为里程碑的事件作为要求的时间进度的决定性因素，制订相应时间计划。

1. 估计活动工期

工期估计是一项活动经历的所有时间，即工作时间加上相关等待时间。例如，"油漆家具"的工期估计是 7 小时，这包括了工作时间，也包括等待油漆变干的时间，因为只有油漆干了之后才能进行下一道工序。对于一个项目若含有高度不确定性工期估计的活动，可以用 3 个时间进行工期估计：乐观工期（t_0）、最可能工期（t_m）和悲观工期（t_p），将这 3 个时间合并为单个时间期望值（t），但首先必须假设标准方差是时间需求范围的 1/6，并且活动所需要的时间概率分析可以近似用 β 分布来表示，由此可得出，期望时间 t 的计算公式为

$$t=(t_0+4\times t_m+t_p)/6$$

在用节点表示活动的网络图中，活动的工期估计一般在节点图框的右下角表示出来。在用箭头表示的活动图中，活动的工期估计标在箭线的下方。

2. 编制进度计划

制定项目计划的目的是控制和节约项目时间，它是根据项目的工作分解结构、活动定义、活动排序和活动持续时间的估算值，结合所需要的资源情况进行项目的进度计划安排。项目进度计划是在工作分解结构的基础上对项目及其每个活动做出的一系列时间规划。进度计划不仅规定整个项目以及各阶段的工作，还具体规定了所有活动的开始日期和结束日期。根据进度计划所包含内容的不同，项目进度计划可分为项目总体进度计划、分项进度计划和详细进度计划等。根据已估计出网络图中每项活动的工期和项目必须完成的时间段，可以计算出一个项目进度，为每项活动提供一个时间表，明确在项目预计开始时间的基础上，每项活动能够开始和完成的最早时间；为了在要求完工时间内完成项目，每项活动必须开始和完成的最迟时间。项目进度计划编制的步骤如下。

① 选择模板。项目模板会给你一个比较全面的参考，如果模板是适合本项目的模板，则会给计划工作带来更多的方便。在选择了合适的模板后，只需要替换本项目特有的内容即可很容易地得到一个初始的项目进度计划。在该模板中，你需要重点关注的是项目的带有典型特征的、有标准的关键控制点的网络图。

② 确定任务。对项目进行认真的工作分解，检查项目的目标日期及其他约束条件，以此作为确定任务阶段的划分参考。如果需要设备，则需要检查设备清单，并了解清楚各类主要设备、资源的现行交货周期。在项目计划中做好标识。

③ 确定时间值。实际的工作时间应细化到：一周工作几天、每天工作几个小时。要充分考虑正常工作时间，去掉节假日等。在正常工作时间内，去掉打电话、抽烟、休息等时间后的有效工作时间。根据所建项目的规模，对网络图中各个工作分配其工作时间，注明任务的最早可能日期、注明阶段划分及里程碑点。在安排这些关键日期的过程中，对那些肯定会有的中间工序也要适当地考虑进去。

④ 进行资源分配计划评审。要保证资源与进度的相对平衡。在对项目设计和实施两个部分的网络图中，各个关键控制点工作的完工日期协调一致后，需要检查每一个主要设计人员和主要实施人员负荷值。根据该项目的需求和规模来确定项目合理的人力负荷值。按照计划的进度周期取其平均值，可以算出平均人力负荷值。计划的人力负荷峰值一般不宜超过平均人力负荷值的 1.5 倍。

⑤ 画出网络计划图。如果采用项目管理软件工具画图，则这部分工作实际上在前面几个步骤中就已经实现了。

● 最早开始时间（Earliest Start times，ES）是指某项活动能够开始的最早时间。它可以根据项目的预计开始时间和所有紧前活动的工期估算出来。

● 最早结束时间（Earliest Finish times，EF）是指某项活动能够完成的最早时间。

所以有

$$EF = ES + 工期估计$$

EF 与 ES 可以通过正向计算得到，即从项目开始沿网络图到项目结束进行计算。正向计算时必须遵守的规则是：某项活动的最早开始时间，等于或晚于直接指向这个活动的所有活动的最早结束时间中的最晚时间。

也可以通过最迟开始时间、最迟结束时间反向推算得出工期估计。

● 最迟开始时间（Latest Start times，LS）是指项目在要求完工时间内完成，某项活动必须开始的最迟时间。

● 最迟结束时间（Latest Finish times，LF）是指为了使项目在要求完工时间内完成，某项活动必须完成的最迟时间。它可以在项目的完工时间和所有紧随活动的工期估计的基础上计算出来。

所以有

$$LS = LF - 工期估计$$

某软件需求分析项目的工期估计如表 11.4 所示。附有最早开始时间、最早结束时间、最迟开始时间、最迟结束时间的网络图如图 11.8 所示。

表 11.4　　　　　　　　　　项目进度表

活　　动	紧前活动	工时估计	最 早 时 间		最 迟 时 间		总 时 差
			开始	结束	开始	结束	
1 需求分析计划	—	3	0	3	−3	0	−3
2 流程优化	1	7	3	10	0	7	−3
3 编写需求规格词汇表	2	2	10	12	11	13	1
4 绘制业务流程	2	2	10	12	7	9	−3

续表

活　动	紧前 活动	工时 估计	最早时间		最迟时间		总时差
			开始	结束	开始	结束	
5 抽象业务类	4	2	12	14	9	11	−3
6 建立数据模型	5	2	14	16	11	13	−3
7 将图加入规格说明文档	3, 6	1	16	17	13	14	−3
8 需求规格测试	7	3	17	20	14	17	−3
9 需求规格确认	8	3	20	23	17	20	−3

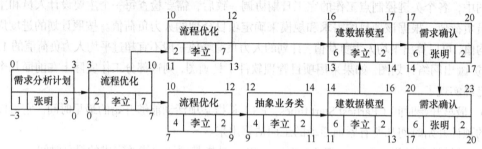

图 11.8　附有开始时间、结束时间的网络图

在图 11.8 中，最后一项活动"需求规格确认"的最早结束时间为 23 天，而项目单位要求完工时间是 20 天，二者相差 3 天。这个差距称为总时差（Total Slack，ST）。

总时差＝项目要求完工时间－（最后一项活动）最早结束时间＝LF−EF＝LS−ES

在这个例子中总时差是负值，这表明完成这个项目缺少时间余量，必须减少某些活动的工期才能按要求的时间完成任务（反之，若总时差为正值，表明这条路径上各项活动花费的时间总量可以延长，不必担心不能如期完工）。减少哪些活动的工期才能按时完成任务呢？在网络图中有多条路径，路径最长者叫关键路径。显然，只有减少关键路径中的工期，才能减少整个项目的工期。在本例中，关键路径为：1-2-4-5-6-7-8-9，所以减少活动 3 的工期不能使整个项目的工期减少。

3. 编制进度计划的依据

在开展项目进度计划，制定以前的各项项目时间管理工作时所生成的文件，以及项目其他计划管理所生成的文件，都是项目进度计划编制的依据。其中最主要的有以下几项。

① 项目网络图。这是在"活动排序"阶段所得到的项目各项活动以及它们之间逻辑关系的示意图。

② 项目活动工期的估算文件。这也是项目时间管理前期工作得到的文件，是对于已确定项目活动的可能工期的估算文件。

③ 项目的资源要求和共享说明。这包括有关项目资源质量和数量的具体要求，以及各个项目活动以何种形式与项目其他活动共享何种资源的说明。当几个活动同时需要某一种资源时，计划的合理安排显得十分重要。

④ 项目作业的各种约束条件。在制订项目进度计划时，有两类主要的约束条件必须考虑：强制的时间（客户或其他外部因素要求的特定日期）、关键时间或主要的里程碑（客户或其他投资人要求的项目关键时间或项目工期计划中的里程碑）。

⑤ 项目活动的提前和滞后要求。任何一项独立的项目活动都应该有关于其工期提前或滞后的详细说明，以便准确地制订项目的工期计划。例如，对项目订购和安装设备的活动可能会允许有一周的提前或两周的延期时间。

⑥ 对于 IT 项目还应考虑生产率问题。根据人员的技能考虑完成软件的生产率。例如，每天只能用半天进行工作的人，通常至少需要两倍的时间完成某活动。大多数活动所需的时间与人和资源的能力有关。不同的人，级别不同，生产率不同，成本也不同。对同一工作，有经验的人员需要的时间和资源都更少。

11.2.3　进度跟踪与控制

项目进度安排为项目管理提供了一张路径图。如果被正确地开发，该项目进度安排中必须定义在项目进行中被跟踪和控制的任务和里程碑。项目跟踪可以用不同的方式来完成。

- 定期进行项目状态会议，由各组成员报告项目的进展情况。
- 评价所有在软件过程中进行的评审结果。
- 确定正式的项目里程碑是否已经在进度安排的时间内完成。
- 比较项目表中被列出的各个项目任务的实际开始日期与计划开始日期。
- 与实践者举行非正式会议，以得到他们对项目进展时间和问题层的客观评价。
- 使用获得值的分析，定量地评价进展。

项目进度控制是一件难度很大的工作，大量无法预测的情况会使开发项目超出预定的日期。特别是在信息系统项目中经常会出现以下变更。

- 输入屏幕的变更，如增加字段、不同的选择标准。
- 报告的变更，如不同的小计、合计，不同的统计汇总标准。
- 在线查询的变更，如非预先安排的查询能力、不同的查询结构。
- 数据库结构的变更，如不同的数据字段名、数据间不同的关系。
- 软件处理逻辑的变更，如不同的算法、不同的内部逻辑。
- 业务处理的变更，如数据流的变更、新增客户的进入等。

进度控制的关键是监控实际进度，及时、定期地将它与计划安排进行比较，并立即采取必要的纠正措施。进度控制包括以下 4 个步骤。

- 分析进度，找出哪些地方需要采取纠正措施。
- 确定应采取的纠正措施。
- 修改计划，将纠正琐事列入计划。
- 重新计算进度，估计纠正措施的效果。

加快项目进度的重点应放在有负时差的路径上，负时差绝对值最大的路径优先级最高，同时应集中精力在正在进行或随后即将开始的活动。缩短活动工期的办法有多种。一种简单的办法是投入更多的资源以加快活动进程。但有时在软件项目中增加人员往往会延长工期，因为增加人员就加大了通信成本和时间。对于没有负时差的项目，注意不要使关键路径上的活动耽搁或延误。

11.3　软件项目的成本管理

软件产品的开发成本不同于其他物理产品的成本，主要是人的劳动消耗。另外，软件产品不存在重复制造的过程。所以，软件产品的开发成本主要是以一次性软件开发过程中所付出的工作量（劳动量）代价进行计算的。随着计算机应用的发展，信息化建设中的软件成本的比重越来越大，如果成本估算误差过大，会造成灾难性的后果。为了保证软件开发项目能在规定的时间内完成且不超过预算，成本的估算和管理控制非常关键。

11.3.1　软件成本估算过程

项目开发成本估算过程如图 11.9 所示。软件成本包括需求分析、设计成本，系统软件的购置和编程调试等费用。但对于一个项目来说还包括培训、硬件设备、运行维护等费用。在成本估算过程中，对软件成本的估算是最困难和最关键的。

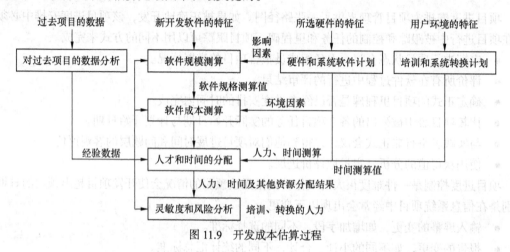

图 11.9　开发成本估算过程

从图 11.9 中可以看出过去的项目数据分析对成本估算的各个阶段都有参考价值，因此，对已经完成的项目的成本数据分析十分重要。

11.3.2　软件成本估算方法

软件成本估算方法可以采用自顶向下或自底向上的方法。自顶向下的方法是对整个项目的总的开发时间和总的工作量做出估算，然后把它们按阶段、步骤和工作单元进行分配。自底向上的方法则正好相反，分别估算各个工作单元所需的工作量和开发时间，然后相加，就得出总的工作量和总的开发时间。两种方法都要求采用某种方法做出估算，例如，专家估算法、类推估算法和算式估算法。

1. 类推估算法

在自顶向下的方法中，类推估算法是将估算项目的总体参数与类似项目进行直接比较得出的结果。在自底向上的方法中，类推是在两个具有相似条件的工作单元之间进行。类推法估计结果的精确度取决于历史项目数据的完整性和准确度，因此，用好类推法的前提条件之一是组织建立起较好的项目评价与分析机制，对历史项目的数据分析是可信赖的。其基本步骤如下。

① 整理出项目功能列表和实现每个功能的代码行。

② 标识出每个功能列表与历史项目的相同点和不同点，特别要注意历史项目做得不够的地方。

③ 通过步骤①和②得出各个功能的估计值。

④ 产生规模估计。

软件项目中用类推法，往往还要解决可复用代码的估算问题。估计可复用代码量的最好办法就是由程序员或分析员详细地考查已存在的代码,估算出新项目可复用的代码中需重新设计的代码百分比、需重新编码或修改的代码百分比以及需重新测试的代码百分比。根据这 3 个百分比,可用下面的计算公式计算等价新代码行。

等价代码行= [(重新设计% + 重新编码% +重新测试%)/3] ×已有代码行

例如,有 10 000 行代码,假定 30%需要重新设计,50%需要重新编码,70%需要重新测试,那么其等价的代码行可以计算为:[(30% + 50% + 70%)/3] × 10 000 = 5000 等价代码行。

2. COCOMO 模型

由 TRW 公司开发的结构性成本模型(Constructive Cost Model,COCOMO)是最精确、最易于使用的成本估算方法之一。该模型按其详细程度分为 3 级:基本 COCOMO 模型、中间 COCOMO 模型和详细 COCOMO 模型。基本 COCOMO 模型是一个静态单变量模型,它用一个已估算出来的源代码行数(LOC)为自变量的函数来计算软件开发工作量。中间 COCOMO 模型则在用 LOC 为自变量的函数计算软件开发工作量的基础上,再用涉及产品、硬件、人员、项目等方面属性的影响因素来调整工作量的估算。详细 COCOMO 模型包括中间 COCOMO 模型的所有特性,但用上述各种影响因素调整工作量估算时,还要考虑对软件工程过程中分析、设计等各步骤的影响。模型的核心是方程 $ED = rS^c$ 和 $TD = a(ED)^b$ 给定的幂定律关系定义。其中 ED 为总的开发工作量(到交付为止),单位为人-月;S 为源指令数(不包括注释,但包括数据说明、公式或类似的语句),单位为 10^3;常数 r 和 c 为校正因子;TD 为开发时间。经验常数 r、c、a 和 b 取决于项目的总体类型(结构型、半独立型或嵌入型),如表 11.5 和表 11.6 所示。

表 11.5 项目总体类型

特 性	结 构 型	半 独 立 型	嵌 入 型
对开发产品目标的了解	充分	很多	一般
与软件系统有关的工作经验	广泛	很多	中等
为软件一致性需要预先建立的需求	基本	很多	完全
为软件一致性需要的外部接口规格说明	基本	很多	完全
关联的新硬件和操作过程的并行开发	少量	中等	广泛
对改进数据处理体系结构算法的要求	极少	少量	很多
早期实施费用	极少	中等	较高
产品规模(交付的源指令数)	<5 万行	<30 万行	任意
实例	批数据处理 科学模块 事务模块 熟悉的操作系统编译程序 简单的编目生产控制	大型事务处理系统 新的操作系统数据库管理系统 大型编目生产控制 简单的指挥系统	大而复杂的事务处理系统 大型的操作系统 宇航控制系统 大型指挥系统

表 11.6　　　　　　　　　　工作量和进度的基本 COCOMO 方程

开 发 类 型	工 作 量	进 度
结构型	$ED = 2.4S^{1.05}$	$TD = 2.5(ED)^{0.38}$
半独立型	$ED = 3.0S^{1.12}$	$TD = 2.5(ED)^{0.35}$
嵌入型	$ED = 3.6S^{1.20}$	$TD = 2.5(ED)^{0.32}$

通过引入与 15 个成本因素有关的 r 作用系数将中间模型进一步细化，这 15 个成本因素见表 11.7。根据各种成本因素将得到不同的系数，虽然中间 COCOMO 方程与基本 COCOMO 方程相同，但系数不同，由此得出中间 COCOMO 估算方程，见表 11.8。对基本模型和中间模型，可根据经验数据和项目的类型及规模来安排项目各阶段的工作量和进度。这两种估算方程可应用到整个系统中，并以自顶向下的方式分配各种开发活动的工作量。

表 11.7　　　　　　　　　影响 r 值的 15 个成本因素

类 型	成 本 因 素
产品属性	1. 要求的软件可靠性　2. 数据库规模　3. 产品复杂性
计算机属性	4. 执行时间约束　5. 主存限制　6. 虚拟机变动性　7. 计算机周转时间
人员属性	8. 分析人员能力　9. 应用经验　10. 程序设计人员能力　11. 虚拟机经验 12. 程序设计语言经验
工程属性	13. 最新程序设计实践　14. 软件开发工具的作用　15. 开发进度限制

表 11.8　　　　　　　　　中间 COCOMO 工作量估算方法

开 发 类 型	工作量方法	开 发 类 型	工作量方法
结构型	$(ED)_{NOM} = 3.2S^{1.05}$	嵌入型	$(ED)_{NOM} = 2.8S^{1.20}$
半独立型	$(ED)_{NOM} = 3.0S^{1.12}$		

3. 功能点估计法

1979 年 IBM 公司首先开发了功能点（Function Point，FP）的方法，用于在尚未了解设计的时候评估项目的规模。功能点表示法是一种按照统一方式测定应用功能的方法，最后的结果是一个数。这个结果数可以用来估计代码行数、项目成本和项目周期。

功能点是用系统的功能数量来测量其软件规模，它以一个标准的单位来度量软件产品的功能，与实现产品所使用的语言和技术没有关系。该方法包括两个评估，即评估产品所需要的内部基本功能和外部功能。然后根据技术复杂度因子（权）对它们进行量化，产生产品规模的最终结果。功能点计算由下列步骤组成。

① 首先确定待开发的程序必须包含的功能（例如，回溯、显示）。国际功能点用户组（International Function Point Users Group，IFPUG）已经公布了相关标准，说明哪些部分组成应用的一个功能。不过他们是从用户的角度来说明，而不是从程序设计语言的角度。通常来说，一个功能等价于处理显示器上的一屏显示或者一个表单。

② 对每一项功能，通过计算 4 类系统外部行为或事务的数目，以及一类内部逻辑文件的数目来估算由一组需求所表达的功能点数目。在计算未调整功能点计数时，应该先计算功能计数项，这 5 类功能计数项分别介绍如下。

● 外部输入。是指用户可以根据需要通过增、删、改来维护内部文件。只有那些对功能的影响方式与其他外部输入输入不同时才计算在内。因此，如果应用的一个功能是两个数做减法，那么它的 EI（外部输入）=1 而不是 EI=2。另一方面，如果输入 A 表示要求计算加法，而输入 S 表示减法，那么这时 EI 就是 2。

● 外部输出。指那些向用户提供的用来生成面向应用的数据的项。只有是单独算法或者特殊功能的输出时才计算在内。例如，用不同字体输出字符的过程算做 1，不包括错误信息。若用数据的图表表示外部输出则是 2（其中 1 个是代表数据，另外 1 个是代表样式）。分别输送到特殊终端文件（例如，打印机和监视器）的数据也要分别计数。

● 外部查询。是指用户可以通过系统选择特定的数据并显示结果。为了获得这项结果，用户要输入选择信息，抓取符合条件的数据。此时没有对数据的处理，是直接从所在的文件抓取信息。每个外部独立的查询计为 1。

● 外部文件。这种文件是在另一系统中驻留由其他用户进行维护的。该数据只供系统用户参考使用。这一项计算记录在应用程序外部的文件中单一数据组的数量。

● 内部文件。内部文件指客户可以使用他们负责维护的数据。每个单一的用户数据逻辑组计为 1。这种逻辑组的联合不计算在内；处理单独一个逻辑组的每个功能域都使此项数值加 1。

③ 在估算中对 5 类功能计数项中的每一类功能计数项按其复杂性的不同分为简单（低）、一般（中）和复杂（高）3 个级别。功能复杂性是由某一功能的数据分组和数据元素共同决定的。计算数据元素和无重复的数据分组个数后，将数值和复杂性矩阵对照，就可以确定每项功能的复杂性属于高、中、低中的哪一等级。表 11.9 所示为 5 类功能计数的复杂度权重。产品中所有功能计数项加权的总和，就形成了该产品的未调整功能点计数（UFC）。

表 11.9　　　　　　　　　　　　5 类功能计数的复杂度权重

权重　　项	复杂度权重因素		
	简　单	一　般	复　杂
外部输入	3	4	6
外部输出	4	5	7
外部查询	3	4	6
外部文件	5	7	10
内部文件	7	10	15

④ 计算项目中 14 个技术复杂度因子（TCF）。表 11.10 所示为 14 个技术复杂度因子，每个因子的取值范围是 0～5。实际上我们给出的仅仅是一个范围，它反映出对当前项目的不确定程度。而且，这里同样要求用一致的经验来估计每个变量的值。同样复杂的外部输出产生的功能点计数要比外部查询、外部输入多出 20%～33%。由于一个外部输出意味着产生一个有意义的需要显示的结果，因此，相应的权应该比外部查询、外部输入高一些。同样，因为系统的外部文件通常承担协议、数据转换和协同处理，所以其权值就更高。内部文件的使用意味着存在一个相应的处理，该处理具有一定的复杂性，所以具有最高的权值。

表 11.10　　　　　　　　　　　　技术复杂度因子

技术复杂度因子			
F1	可靠的备份和恢复	F2	数据通信
F3	分布式函数	F4	性能

	技术复杂度因子		
F5	大量使用的配置	F6	联机数据输入
F7	操作简单性	F8	在线升级
F9	复杂界面	F10	复杂数据处理
F11	重复使用性	F12	安装简易性
F13	多重站点	F14	易于修改

⑤ 最后根据功能点计算公式 FP = UFC × TCF 计算出调整后的功能点总和。

其中，UFC 表示未调整功能点计数，TCF 表示技术复杂因子。功能点计算公式的含义是：如果对应用程序完全没有特殊的功能要求（即综合特征总值 = 0），那么功能点数应该比未调整的（原有的）点数降低 35%（这也就是"0.65"的含义）。否则，除了降低 35% 之外，功能点数还应该比未调整的点数增加 1% 的综合特征总值。

表 11.11 所示为每个因子取值范围的情况。技术复杂度因子的计算公式为

$$TCF = 0.65 + 0.01(sum(Fi))$$

其中，$i = 1,2,\cdots,14$，Fi 的取值范围是 0～5，所以 TCF 的结果范围是 0.65～1.35。

表 11.11　　　　　　　　　　技术复杂因子的取值情况

调 整 系 数	描　　　　述
0	不存在或没有影响
1	不显著的影响
2	相当的影响
3	平均的影响
4	显著的影响
5	强大的影响

尽管功能点计算方法是结构化的，但是权重的确定是主观的，另外，要求估算人员要仔细地将需求映射为外部和内部的行功能，必须避免双重计算。所以，这个方法也存在一定的主观性。

功能点可以按照一定的条件转换为软件代码行（LOC）。表 11.12 就是一个针对各种语言转换率的转换表，这个表是根据业界的经验研究得出的。

表 11.12　　　　　　　　　　功能点到代码行的转换表

语　　言	代码行/FP
汇编语言	320
C	128
C++	64
Pascal	90
VB	32
Java2	46
SQL	12

4. 综合成本估算方法

这是一种自底向上的成本估算方法，即从模块开始进行估算，步骤如下。

① 确定功能。首先将功能反复分解，直到可以对为实现该功能所要求的源代码行数做出可靠

的估算为止。对各个子功能，根据经验数据或实践经验，可以给出极好、正常和较差 3 种情况下的源代码估算行数期望值，分别用 a、m、b 表示。

② 求期望值 L_e 和偏差 L_d

$$L_e = (a + 4m + b)/6$$

式中，L_e 为源代码行数据的期望值，如果其概率遵从 β 分布，并假定实际的源代码行数处于 a、m、b 以外的概率极小，则估算的偏差 L_d 取标准形式，即

$$L_d = \sqrt{\sum_{i=1}^{n} \left(\frac{b-a}{6} \right)^2}$$

式中，n 表示软件功能数量。

③ 根据经验数据，确定各个子功能的代码行成本。

④ 计算各个子功能的成本和工作量，并计算任务的总成本和总工作量。

⑤ 计算开发时间。

⑥ 对结果进行分析比较。

【例 11-1】　下面是某个 CAD 软件包的开发成本估算。

这是一个与各种图形外部设备（如显示终端数字化仪和绘图仪等）接口的微机系统，其主要功能见表 11.13。

表 11.13　　　　　　　　　　　　代码行的成本估算

功　　能	a	m	b	L_e	L_d	元/行	行/人-月	成本（美元）	工作量（人-月）
用户接口控制	1 800	2 400	2 650	2 340	140	14	315	32 760	7.4
二维几何图形分析	4 100	5 200	7 400	5 380	550	20	220	107 600	24.4
三维几何图形分析	4 600	6 900	8 600	6 800	670	20	220	13 600	30.9
数据结构管理	2 950	3 400	3 600	3 350	110	18	240	60 300	13.9
计算机图形显示	4 050	4 900	6 200	4 950	360	22	200	108 900	24.7
外部设备控制	2 000	2 100	2 450	2 140	75	28	140	59 920	15.2
设计分析	6 600	8 500	9 800	8 400	540	18	300	151 200	28.0
总计				33 360	1 100			656 680	144.5

第 1 步：列出开发成本表。表中的源代码行数是开发前的估算数据。从观察表的前 3 列数据可以看出，外部设备控制功能所要求的极好与较差的估算值仅相差 450 行，而三维几何图形分析功能相差达 4 000 行，这说明前者的估算把握性比较大。

第 2 步：求期望值和偏差值，计算结果列于表的第 5 列和第 6 列。整个 CAD 系统的源代码行数的期望值为 33 360 行，偏差为 1 100。假设把极好与较差的两种估算结果作为各软件功能源代码行数的上、下限，其概率为 0.99，根据标准方差的含义，可以假设 CAD 软件需要 32 000～34 500 行源代码的概率为 0.63，需要 26 000～41 000 行源代码的概率为 0.99。可以应用这些数据得到成本和工作量的变化范围，或者表明估算的冒险程度。

第 3 步和第 4 步：对各个功能使用不同的生产率数据，即美元/行，行/人-月，也可以使用平均值或经调整的平均值，这样就可以求得各个功能的成本和工作量。表中的最后两项数据是根据源代码行数的期望值求出的结果。计算得到总的任务成本估算值为 657 000 美元，总工作量为 145人-月。

第 5 步：使用表中的有关数据求出开发时间。假设此软件处于"正常"开发环境，即 C_K=10 000，并将 $L \approx 33\ 000$，K=145 人-月 $\approx$ 12 人-年，代入方程

$$t_d = (L^3/C_k^3 K)^{1/4}$$

则开发时间为

$$t_d = (33\ 000^3/10\ 000^3 \times 12)^{1/4} \approx 1.3\ \text{年}$$

第 6 步：分析 CAD 软件的估算结果。这里要强调存在标准方差 1 100 行，根据表中的源代码行估算数据，可以得到成本和开发时间偏差，它表示由于期望值之间的偏差所带来的风险。由表 11.14 可知：源代码行数在 26 000～41 000 变化（准确性概率保持在 0.99 之内），成本在 512 200～807 700 美元之间变化。同时，如果工作量为常数，则开发时间为 1.1～1.5 年。这些数值的变化范围表明了与项目有关的风险等级。由此，软件管理人员能够在早期了解风险情况，并建立对付偶然事件的计划。最后还必须通过其他方法来交叉检验这种估算方法的正确性。

表 11.14   成本和开发时间偏差

	源代码（行）	成本（美元）	开发时间（年）
$-3 \times L_d$	26 000	512 200	1.1
期望值	33 000	657 000	1.3
$3 \times L_d$	41 000	807 700	1.5

11.3.3 成本预算

成本估算的输出结果是成本预算的基础与依据，成本预算则是将已批准的估算分摊到项目工作分解结构中的各个工作包，然后在整个工作包之间进行每个工作包的预算分配，这样才可能在任何时点及时地确定预算支出是多少。

1. 项目预算的特征

由于进行预算时不可能完全预计到实际工作中所遇到的问题和所处的环境，所以对预算计划的偏离总是有可能出现的。如果出现了偏离，就需要对相应的偏离进行考察，以确定是否会突破预算的约束和采取相应的对策，避免造成项目失败或者效益不佳的后果。项目预算的 3 大特征如下。

① 计划性。指在项目计划中，根据工作分解结构，项目被分解为多个工作包，形成一种系统结构，项目成本预算就是将成本估算总费用尽量精确地分配到 WBS 的每一个组成部分，从而形成与 WBS 相同的系统结构。因此，预算是另一种形式的项目计划。

② 约束性。项目管理者在制定预算的时候均希望能够尽可能"正确"地为相关活动确定预算，既不过分慷慨，以避免浪费和管理松散；也不过于吝啬，以免项目任务无法完成或者质量低下，故项目成本预算是一种分配资源的计划。预算分配的结果可能并不能满足所涉及的管理人员的利益要求，而表现为一种约束，所涉及人员只能在这种约束的范围内行动。

③ 控制性。是指项目预算的实质就是一种控制机制。管理者的任务不仅是完成预定的目标，而且也必须使得目标的完成具有效率，即尽可能地在完成目标的前提下节省资源，这才能获得最大的经济效益。所以，管理者必须小心谨慎地控制资源的使用，不断根据项目进度检查所使用的资源量，如果出现了对预算的偏离，就需要进行修改，因此，预算可以作为一种度量资源实际使用量和计划量之间差异的基线标准而使用。

此外，项目成本预算在整个计划和实施过程中起着重要的作用。成本预算和项目进展中资源

的使用相联系，根据成本预算，项目管理者可以实时掌握项目的进度。如果成本预算和项目进度没有联系，那么管理者就可能会忽视一些危险情况。例如，费用已经超过了项目进度所对应的成本预算，但没有突破总预算约束的情形。

2. 编制项目成本预算的原则

项目成本预算要与项目目标相联系（包括项目质量目标、进度目标）。成本与质量、进度之间关系密切，三者之间既统一又对立。所以，在进行成本预算确定成本控制目标时，必须同时考虑到项目质量目标和进度目标。项目质量目标要求越高，成本预算也越高；项目进度越快，项目成本越高。因此，编制成本预算，要与项目的质量计划、进度计划密切结合，保持平衡，防止顾此失彼，相互脱节。在编制成本预算时应掌握以下一些原则。

① 项目成本预算要以项目需求为基础。项目成本预算同项目需求直接相关，项目需求是项目成本预算的基石。如果以非常模糊的项目需求为基础进行预算，则成本预算不具有现实性，容易发生成本的超支。

② 项目成本预算要切实可行。编制成本预算过低，经过努力也难达到，实际费用很低；预算过高，便失去作为成本控制基准的意义。故编制项目成本预算，要根据有关的财经法律、方针政策，从项目的实际情况出发，充分挖掘项目组织的内部潜力，使成本指标既积极可靠，又切实可行。

③ 项目成本预算应当有一定的弹性。项目在执行的过程中，可能会有预料之外的事情发生，包括国际、国内政治经济形势变化和自然灾害等，这些变化可能对项目成本预算的实现产生一定影响。因此，编制成本预算，要留有充分的余地，使预算具有一定的适应条件变化的能力，即预算应具有一定的弹性。通常可以在整个项目预算中留出 10%～15% 的不可预见费用，以应付项目进行过程中可能出现的意外情况。

3. 成本预算的依据和方法

项目成本预算的依据主要有：成本估算、工作分解结构、项目进度计划等。其中项目成本估算提供成本预算所需的各项工作与活动的预算定额；工作分解结构提供需要分配成本的项目组成部分；项目进度计划提供需要分配成本的项目组成部分的计划开始和预期完成日期，以便将成本分配到发生成本的各时段上。

项目成本预算的方法与成本估算相同，在此不再赘述。

11.3.4　项目成本控制

项目成本是投标和报价的基础。一旦项目的合同总价确定之后，需要制定各活动的估算计划，各活动的负责人还要将分摊的预算再分摊到各个报告期。在项目的实际执行中，会有各种因素引起成本的变动。为了对成本计划进行监控，需要选取若干指标进行考察。通常是利用预算累计量、实际成本累计量和盈余累计量等指标监控成本变动的方法。

表 11.15 列出了某软件需求分析项目预算按活动分摊的结果。该项目总预算是 1.2 万元人民币，预计为 20 天。为了监控成本，需要把每项活动的费用按天分摊。

表 11.15　项目成本预算分摊　　　　　　　　　　　　　　　单位：万元

活　　动	紧前活动	工期估计	预算分摊	预算累计
1 需求分析计划	—	3	0.1	0.1
2 流程优化	1	7	0.46	0.56
3 编写需求规格词汇表	2	2	0.04	0.6

活 动	紧 前 活 动	工 期 估 计	预 算 分 摊	预 算 累 计
4 绘制业务流程	2	2	0.15	0.75
5 抽象业务类	4	2	0.15	0.9
6 建立数据模型	5	2	0.1	1.0
7 将分析图示加入规格说明文档	3, 6	1	0.02	1.02
8 需求规格测试	7	3	0.08	1.1
9 需求规格确认	8	3	0.1	1.2

1. 预算分摊

预算累计量就是从项目启动到报告期之间所有预算成本的加总。从表 11.16 中可以看出，本项目到 12 天的累计量是 7 500 元人民币。

表 11.16　　　　　　　　　　项目每天分摊预算与预算累计表　　　　　　　　　单位：千元

活 动	天										活动小计
	4	5	6	7	8	9	10	11	12	…	
1 需求分析计划	1.0										1.0
2 流程优化	0.6	0.6	0.6	0.7	0.7	0.7	0.7				4.6
3 需求规格词汇表								0.2	0.2		0.4
4 绘制业务流程								0.75	0.75		1.5
5 抽象业务类											
6 ……											
每天预算小计											
从项目开始预算累计	1.6	2.2	2.8	3.5	4.2	5.9	5.6	6.55	7.5		

2. 实际成本累计

实际成本累计就是从项目启动到报告期之间所有实际发生成本的累加。将项目各项活动每天发生的实际成本记录下来，假设现在项目进行到第 11 天，将前 11 天的成本填入表 11.17 中，可以看出到第 11 天为止，实际成本累计为 6 100 元人民币。

表 11.17　　　　　　　　　　　　项目每天实际成本累计表　　　　　　　　　　单位：千元

活 动	天										活动小计
	4	5	6	7	8	9	10	11	12	…	
1 需求分析计划	1.0										1.0
2 流程优化	0.6	0.6	0.5	0.7	0.5	0.6	0.7				4.2
3 需求规格词汇表								0.3			0.3
4 绘制业务流程								0.6			0.6
5 ……											
每天实际成本小计	1.6	0.6	0.5	0.7	0.5	0.6	0.7	0.9			
从项目开始累计成本	1.6	2.2	2.7	3.4	3.9	4.5	5.2	6.1			

将报告期的实际成本累计与预算累计相比，可以知道经费开支是否超出预算。若实际成本累计小于预算累计，则说明没有超支。但这仅仅是就时间进程而言的，没有与项目的工作进程直接

比较。虽然经费开支没有超出预算，但若没有完成相应的工作量，也不能说明成本计划执行得好。监控成本计划，还要引入盈余累计指标。

3. 盈余累计

我们把一项活动从开工到报告期实际完成的百分比称为完工率。一项活动总的分摊预算与该项活动的完工率的乘积称为盈余量。例如，活动"流程优化"分摊预算是 4600 元，是前 3 天完成任务的 45%，前 4 天完成任务的 60%，前 5 天完成任务的 75%，则活动在前 3、4、5 天的盈余量分别是 2070 元、2760 元、3450 元。

盈余累计就是从项目启动到报告期之间各项活动盈余量之和。表 11.18 所示为某软件需求分析项目的前 8 天的盈余累计。

表 11.18　　　　　　　　　　　项目累计盈余表　　　　　　　　　　　单位: 千元

活　　动	天										活动小计
	4	5	6	7	8	9	10	11	12	…	
1 需求分析计划	1.0	1.0	1.0	1.0	1.0						1.0
2 流程优化	0.46	1.15	2.07	2.76	3.45						2.76
3 需求规格词汇表											
4 ……											
累计盈余	1.46	2.15	3.07	3.76	4.45						

将分摊预算累计、实际成本累计和盈余累计 3 个指标一一计算后，可以绘制比较表，如表 11.19 所示。主要比较以下几种情况。

表 11.19　　　　　　　　　　　项目 3 个累计量比较表　　　　　　　　　　　单位: 千元

项　　目	天									
	1	2	3	4	5	6	7	8	…	20
分摊预算累计	0.3	0.6	1.0	1.6	2.2	2.8	3.5	4.2		
实际成本累计	0.3	0.6	1.0	1.6	2.2	2.7	3.4	3.9		
盈余累计	0.3	0.6	1.0	1.46	2.15	3.07	3.76	4.45		

- 若某报告其实际成本累计大于分摊预算累计，即实际发生成本超出预算，说明成本计划没有得到很好的执行。在这种情况下，若盈余累计也大于分摊预算累计，说明虽然开支超出了预算，但实际完成的工作量也超过了计划工作量，估计问题不大。
- 若实际成本累计小于分摊预算累计，而且盈余累计大于成本累计，说明成本计划和进度计划都得到较好的控制。而如果盈余累计小于实际成本累计，说明没完成进度计划。

【例 11-2】一个软件项目，要求总共需要 20 000 个工时。每个工时的预算价格是 50 元。计划每天完成 400 个工时，50 天内全部完成。假设开发部门经理在开工后第 4 天晚上去做成本测量时，取得了两个数据：已经完成 1500 个工时，实际成本为 90 000 元。

（1）分析
- 实际成本：AC=90 000 元
- 预算成本：PV= 50 元/工时 × 400 工时/天 × 4 天=1600 工时 × 50 元/工时=80 000 元
- 实际价值：EV=1500 工时 × 50 元/工时=75 000 元
- 成本偏差：CV=EV−AC=75 000−90 000= −15 000 元

- 进度偏差：SV=EV−PV=75 000−80 000=−5000 元
- 成本执行指标：CPI=EV/AC=75 000/90 000=83%
- 进度执行指标：SPI=EV/PV=75 000/80 000=94%

（2）结论

- 成本偏差为负值，表示项目已完成工作的实际成本超过预算成本，项目处于超支状态，超支 15 000 元。
- 进度偏差为负值，表示项目的实施进度落后于计划进度，落后额为 5000 元。
- 成本执行指标小于 1，表示同样的成本，实际完成的只占到计划完成的 83%。
- 进度执行指标小于 1，表示计划工期完成的进度只有 94%。

11.4　软件项目的团队管理

软件项目是智力密集型、劳动密集型的项目，受人力资源影响最大，项目成员的结构、责任心、能力和稳定性对软件项目的质量以及是否成功有决定性影响。人在软件项目中既是成本，又是资本。人力成本通常都是软件项目成本中最大的一部分，这就要求我们对人力资源从成本上去衡量，尽量使人力资源的投入最小；人力资源作为资本，我们就要尽量发挥资本的价值，使人力资源的产出最大。

11.4.1　项目人力资源概述

项目人力资源管理就是根据实施项目的要求，任命项目经理、组建项目团队，分配相应的角色并明确团队中各成员的汇报关系，建设高效项目团队，并对项目团队进行绩效考评的过程，目的是确保项目团队成员的能力达到最有效使用，进而能高效、高质量地实现项目目标。软件项目人力资源管理主要包括以下几项内容。

（1）项目组织规划

项目组织规划是项目整体人力资源的计划和安排，是按照项目目标通过分析和预测所给出的项目人力资源在数量上和质量上的明确要求、具体安排和打算。项目组织规划包括：项目组织设计、项目组织职务与岗位分析和项目组织工作的设计。其中，项目组织设计主要是根据一个项目的具体任务需要，设计出项目组织的具体组织结构；职务与岗位分析是通过分析和研究确定项目实施与管理特定职务或岗位的责权利和三者的关系；项目组织工作的设计是指为了有效地实现项目目标而对各职务和岗位的工作内容、职能和关系等方面的设计，包括对项目角色、职责以及报告关系，进行识别、分配和归档。这个过程的主要成果包括分配角色和职责，通常都以矩阵的形式来表示。

（2）项目人员的获得与配备

项目人力资源管理的第二项任务是项目人员的获得与配备。项目组织通过招聘或其他方式获得项目所需人力资源并根据所获人力资源的技能、素质、经验、知识等进行工作安排和配备，从而构建成一个项目组织或团队。由于项目的一次性和项目团队的临时性，项目组织人员的获得与配备和其他组织人员的获得与配备是不同的。在当今激烈竞争的环境下，这是一个非常重要的问题。企业必须采用有效的方法来获取和留住优秀的信息技术人员。

（3）项目组织成员的开发

项目人力资源管理的另一项主要任务是项目组织成员的开发，包括项目人员的培训、项目人员的绩效考评、项目人员的激励以及项目人员创造性和积极性的发挥等。这一工作的目的是使项目人员的能力得到充分的开发和发挥。

（4）项目团队建设

项目团队建设主要包括：项目团队精神建设，提高团队效率，处理和解决团队工作的纠纷、冲突，以及沟通和协调项目团队等。团队协作有助于人们更有效地进行工作来实现项目目标。项目经理可以通过员工培训的方式来提高团队协作技能，为整个项目组和主要项目干系人组织团队建设活动，建立激励团队协作的奖励和认可制度。

在项目实施过程中，比起对其他资源的管理，项目人力资源的潜能能否发挥和能在多大程度上发挥，主要依赖于管理人员的管理水平，即能否实现对员工的有效激励，能否达到使整体远大于各个部分之和的管理效果。

11.4.2　项目团队建设

团队是指一些才能互补、团结和谐，并为负有共同责任的统一目标和标准而奉献的一群人。团队工作就是团队成员为实现这一共同目标而共同努力。团队不仅强调个人的工作成果，更强调团队的整体业绩。团队所依赖的不仅是集体讨论和决策以及信息共享和标准强化，它还强调通过成员的共同贡献，能够得到实实在在的集体成果，这个集体成果超过成员个人业绩的总和，即团队大于各部分之和。

1. 项目团队的特点

项目团队主要具有如下几个方面的特性。

① 项目团队的目的性。项目团队这种组织的使命就是完成某项特定的任务，实现某个特定项目的既定目标，因此这种组织具有很高的目的性，它只有与既定项目目标有关的使命或任务，而没有，也不应该有与既定项目目标无关的使命和任务。

② 项目团队的临时性。这种组织在完成特定项目的任务以后，其使命即已终结，项目团队即可解散。在出现项目中止的情况时，项目团队的使命也会中止，此时项目团队或是解散，或是暂停工作，如果中止的项目获得解冻或重新开始时，项目团队也会重新开展工作。

③ 项目团队的团队性。项目团队是按照团队作业的模式开展项目工作的，团队性的作业是一种完全不同于一般运营组织中的部门、机构的特殊作业模式，这种作业模式强调团队精神与团队合作。这种团队精神与团队合作是项目成功的精神保障。

④ 项目团队具有渐进性和灵活性。项目团队的渐进性是指项目团队在初期一般是由较少成员构成的，随着项目的进展和任务的展开，项目团队会不断地扩大。项目团队的灵活性是指项目团队人员的多少和具体人选也会随着项目的发展与变化而不断调整。这些特性也是与一般运营管理组织完全不同的。

2. 团队核心与团队精神

因为项目需要团队的共同努力——该团队的力量远不止各部分之和，一支运转良好的项目团队通常可以产生远远超出单个成员的生产效率。团队的形成一般要经历形成、震荡、正规和表现 4 个阶段。如果项目经理在团队发展成长的过程中使用了不适合于各个阶段的领导方式，则很难收到好的效果。项目团队建设既包括促进项目利益相关者为项目多做贡献，也包括提高项目团队作为一个整体发挥作用的能力。团队建设是一个持续进行的过程，它是项目经理和项目团队的共同职责。团队建设能创造一种开放和自信的气氛，成员有统一感和归属感，强烈希望为实现项目目标做出贡献。团队建设的主要成果就是使项目业绩得到改进。

团队成员要利用各种方法加强团队建设，不能期望由项目经理独自承担团队建设的责任。项目团队建设实际上就是认真研究如何鼓励有效的工作实践，同时减少破坏团队能力及解决资源困难和障碍的过程。

团队的核心是共同承诺，共同承诺就是共同承担集体责任。没有这一承诺，团队就会如同一盘散沙。做出这一承诺，团队就会齐心协力，成为一个强有力的集体。这种共同承诺需要一个所有成员能够信服的目标。只有切实可行而又具有挑战意义的目标，才能激发团队的工作动力和奉献精神，为工作注入无穷无尽的能量。项目团队的团队精神应该包括下述几个方面的内容：

- 高度的相互信任。
- 强烈的相互依赖。
- 统一的共同目标。
- 全面的互助合作。
- 关系平等与积极参与。
- 自我激励和自我约束。

项目团队建设的基本原则是：尽可能早地开始；在项目运作的整个过程中持续对团队的组建；招聘可获得的最佳人选；确认那些将对项目做出重大贡献的人（无论全职或兼职，只要是属于团队的成员）；在所有重大的行动上取得团队的同意认可；意识到政策的存在但并不去使用它们；作为一个行为榜样；将使用授权作为确保委托事宜的最佳方式；不要尝试强迫或操纵团队成员；定期地评估团队的效率；计划并使用团队组建步骤。

3. 团队建设过程

拟订团队建设计划。

谨慎地界定项目的作用及任务。

确保项目的目标与团队成员的个人目标相一致。

尽量判断并争取拥有那些最具有前途的员工。

选择那些既具有技术专长又有可能成为现实团队成员的候选人。

组织团队，给予特定的人以特定的任务。

准备并实施职责矩阵。

召开"启动"会议。

制订技术及程序议程。

确保为成员提供足够的时间以使其相互认识。

建立工作关系和联系方式。

获取团队成员的承诺：时间承诺、角色承诺、项目优先承诺。

建立联系链接。

实施团队建设活动，将团队建设行为与所有的项目行为相结合，如召开会议、计划讨论会及技术/进度评审会、团体及个人咨询研讨会。

对杰出贡献进行表彰。

11.5　软件项目的风险管理

在软件项目的整个生命周期中，变化是唯一不变的事物。变化会带来不确定性，不确定性就意味着可能出现损失，而损失的不确定性就是风险。只要是项目就有风险，因此风险管理对于项目来说是必需的。

11.5.1　软件风险

对于一个项目来说，究竟存在什么样的风险，一方面取决于项目本身的特性（即项目的内因），另一方面取决于项目所处的外部环境与条件（即项目的外因）。软件风险有以下几种类型。

● 项目风险。项目风险是指潜在的预算、进度、人力、资源、用户需求、项目规模、复杂性和结构不确定性等方面的问题。它们都可以威胁到项目计划。

● 技术风险。技术风险是指潜在的设计、实现、接口、验证和维护、规格说明的二义性、技术的不确定性、"老"技术与"新技术"等方面的问题。它们可以危及软件的开发质量及交付时间。

● 商业风险。商业风险是指开发了一个没有人真正需要的产品或系统（市场风险）；或开发的产品不符合公司的整体商业策略（策略风险）；或开发了一个销售部不知道如何去出售的产品（销售风险）；或由于公司工作重点的转移或人员变动而失去了高层管理层的支持（管理风险）；或没有获得经费及人力上的保证（预算风险）等。

11.5.2　风险识别

风险识别的最好方法是建立风险项目检查表。这种检查表可以帮助管理人员和技术人员了解项目中存在哪些可能的风险。风险项目检查表可用提问或表格两种方式来组织。

Keil.M 等人于 1998 年对世界各地有经验的软件项目管理人员进行调查，从得到的风险数据中导出了如下提问单，这些提问按照它们对项目成功的重要性排序。

① 高层软件管理者和用户管理者已正式承诺支持该项目了吗？

② 最终用户对该项目和待构造的系统支持吗？

③ 需求已被软件工程组和他们的用户完全了解了吗？

④ 用户已充分参加到需求定义中了吗？

⑤ 最终用户期望现实吗？

⑥ 项目的工作范围稳定吗？

⑦ 软件工程组拥有合适的技能吗？

⑧ 项目需求稳定吗？

⑨ 项目组对将要实现的技术有经验吗？

⑩ 项目组的人员数量能够完成该项目吗？

⑪ 所有的用户对项目的重要性和待构造的系统需求有共识吗？

如果对这些提问中的任何一个回答是否定的，那么就应该确定启动对该问题的风险缓解、监控和管理的步骤，以减少可能的风险。每一个风险驱动器对风险成分构成的影响可分为 4 类：可忽略的、轻微的、严重的和灾难性的。

11.5.3　风险分析

风险分析一般从两个方面着手。

① 风险发生的可能性或概率。

② 与风险相关的问题发生可能产生的后果。

风险分析有 4 项活动。

① 为反映风险发生的可能性要建立一个尺度。

② 分析并描述风险的后果。

③ 估算风险对项目和产品的影响。

④ 为了避免误解，应给出风险设计整体的准确度。

一种简单的风险设计技术是建立风险项目检查表，如表 11.20 所示。

表 11.20   风险项目检查表

风 险	类 别	概 率	影 响
规模估算可能非常低	产品规模风险	60%	2
用户数量较大地超过计划	产品规模风险	30%	3
重用程度低于计划	产品规模风险	70%	2
最终用户抵制系统	商业风险	40%	3
交付期限将被紧缩	商业风险	50%	2
资金将会流失	用户特征风险	40%	1
用户将修改需求	用户特征风险	80%	2
技术达不到预期效果	构造技术风险	30%	1
缺少对工具的培训	开发环境风险	80%	3
人员缺少经验	人员数量和经验风险	30%	2
人员流动较频繁	人员数量和经验风险	60%	2

注：影响值 1 为灾难性的、2 为严重的、3 为轻微的、4 为可忽略的。

表中第 1 列为可能的风险，第 2 列对每个风险进行分类，第 3 列为每个风险发生的概率（每个风险发生概率值的确定，可以先由项目组成员估算，然后给出一个一致的共识值），第 4 列为每个风险所产生影响的评估值。按表 11.20 中 4 个成分（性能、支持、成本和进度）的影响类别求平均可得到一个整体的影响值（灾难性的、严重的、轻微的和可忽略的）。

风险项目检查表的第 1～4 项内容一旦确定，就可以按照概率的影响排序。可将高发生概率和高影响的风险放在表的上方，低发生概率和低影响的风险移到表的下方。这样，就完成了一阶风险排序。如一个具有高风险，但发生概率很低的风险成分不应花太多的管理时间，而高影响且发生概率为中到高的风险以及低影响但发生概率高的风险，应该首先被列入随后的风险分析步骤中去。

11.5.4 风险评价

在风险管理过程中，要进行风险评价。可采用下列一组三元组形式。

$$(r_i, l_i, x_i)$$

其中，r_i 为风险，l_i 为风险发生的概率，x_i 为风险的影响。

风险评价时，要进一步检查风险设计时所做的估算是否准确，为已发现的风险排序，并考虑如何控制或避免风险的发生。

要使评价有效，必须为大多数软件项目定义一个风险参考水平。前面讨论的风险成分（性能、支持、成本和进度）就表示了风险参考水平，即性能下降、支持困难、成本超支和进度延迟，或这 4 种成分的任何组合，都将导致项目终止。在软件风险分析中，风险参考水平都存在一个参考点或断点以决定项目的进行或终止（问题太大时）。在风险评价中，建议采用以下步骤。

① 定义项目的各种风险参考水平。

② 建立每一个(r_i, l_i, x_i)与每一个参考水平之间的关系。

③ 预测一组参考点来定义项目终止的区域，区域由一条曲线或不确定的区域界定。

④ 预测什么样的风险组合会影响参考水平。

在项目计划早期，风险描述可能比较粗糙。但随着时间的推移，对项目和风险会有更多的了解。为了更好地进行风险评价，可以对风险求精，将其精化为一组更为详细的风险。这样就易于对每个风险的缓解、监控和管理。

11.5.5　风险的缓解、监控和管理

风险缓解、监控和管理的唯一目的就是辅助项目建立处理风险的策略。一个有效的策略必须包括以下 3 个方面。

1. 风险避免

避免风险永远是最好的策略。项目组可以建立一个风险缓解计划来达到这个目的。例如，如果将频繁的人员流动确定为一个项目风险 r_i，根据历史和管理部门的经验，人员频繁流动的概率 l_i 估算为 0.7（70%），而影响 x_i 确定为 2 级（严重的）。

为了缓解这一风险，项目管理组必须千方百计地减少人员流动。因此，可采用如下策略。

- 与现有人员一起探讨人员流动的原因（工作条件差，报酬低，人才市场竞争等）。
- 在项目开始前，就把缓解这些原因的工作列入管理计划。
- 一旦项目开始，如果出现人员流动，就能采取一些技术措施，以保证人员离开后工作的连续性。
- 有良好的项目组和沟通渠道，使每一项开发活动的信息能被广泛地传播。
- 定义文档标准和建立相应机制，以保证能及时开发相关文档。
- 对所有工作都要进行详细评审，使得能有更多的人熟悉该项工作。
- 对每一项关键技术都要培养不少于一个的后备人员。

2. 风险监控

随着项目的进展，风险监控活动开始进行。项目管理者监控某些可能提供风险是否正在变高或变低的指标因素。例如，在人员高度流动的实例中，应该监控下列因素。

- 项目组成员对于项目压力的一般态度。
- 项目组的凝聚力。
- 与报酬和利益相关的潜在问题。
- 项目组成员间的关系。
- 在公司内和公司外工作的可能性。

上述的风险缓解步骤中要求定义文档和建立相应机制，以保证能及时开发相关文档，这是一项确保工作连续性的机制。该项目的管理者应当非常仔细地监控这些文档，以保证文档本身的正确性。如果有一个新成员在项目进行的某点加入到该软件组时，这些文档能提供所需要的每一个重要信息。

3. 风险管理与应急计划

如果风险缓解工作失败，风险已成为现实，就要启动应急计划。继续上面的例子，假如项目

正在进行中，一些人员宣布将要离开。若按照缓急策略行事，则有后备人员可用，信息已经文档化，有关知识也已在项目组内广泛交流，项目管理者还可临时调整资源和进度。

值得注意的是，风险缓解、监控和管理将导致项目的额外开支。例如，如果为每一项关键技术培养后备人员是需要花钱的。因此，风险管理的部分任务是评价实施风险缓解、监控和管理所产生的效益是否高于实现它们所花费的成本，这需要项目管理者进行典型的成本/效益分析。如果需要在频繁的人员流动风险缓解步骤中增加15%的项目成本，而主要因素是培养后备人员，则管理者很可能不执行这一缓解步骤；如果仅增加 3%的项目成本，则管理者很有可能将这一步骤付诸实施。

风险缓解是一项项目风险避免活动。风险监控则是一项项目跟踪活动，它的主要活动包括以下几项。

- 评价一个被预测的风险是否真的发生了。
- 保证为风险而定义的缓解步骤是否被正确的实施了。
- 能用于未来风险分析的信息是否被收集了。
- 在整个项目中确定什么样的风险会引起哪些问题。

本章练习题

1. 判断题

（1）软件项目的估算结果是比较准确的。　　　　　　　　　　　　　　　　　（　　）
（2）进度和成本是关系最为密切的两个目的，几乎成了对立关系，进度的缩短一定依靠增加成本实现，而成本的降低也一定是以牺牲工期进度为代价的。　　　　　　　（　　）
（3）当减少项目资源的时候，项目的完成时间不一定会发生变化。　　　　　（　　）
（4）PDM 网络图只适合表示完成-开始的逻辑关系。　　　　　　　　　　　（　　）
（5）项目早期和信息不足的时候，可以采用自下而上的估算方法进行成本估算。（　　）
（6）活动的最早开始时间和最早结束时间可以通过正向计算得到。　　　　（　　）
（7）若实际成本累计小于分摊预算累计，而且盈余累计大于成本累计，说明成本计划和进度计划没有得到较好的控制。　　　　　　　　　　　　　　　　　　　（　　）
（8）项目经理是一个综合的角色。　　　　　　　　　　　　　　　　　　　（　　）
（9）项目团队成员在初期就确定了，不会随着项目的进展和任务的展开而不断地增加。（　　）
（10）如果风险缓解工作失败，风险已成为现实，就要启动应急计划。　　（　　）

2. 选择题

（1）关于网络图，下面（　　）是不正确的。
　　A. 网络图可用于安排计划　　　　　　B. 网络图展示任务之间的逻辑关系
　　C. 网络图可用于跟踪项目　　　　　　D. 网络图可用于详细的时间管理
（2）如果你是某项目的项目经理，你已经估算出每个单元的成本是￥129，这个项目一共有1 200 个单元，你会采用（　　）。
　　A. 自下而上估算法　　　　　　　　　B. 类比估算法
　　C. 专家估算法　　　　　　　　　　　D. 参数估算法
（3）赶工一个任务时，你应该关注（　　）。

A. 尽可能多的任务　　　　　　　　B. 非关键任务

C. 加速执行关键路径上的任务　　　D. 通过成本最低化加速执行任务

（4）如果你已经决定对每个活动估计用一个时间估计值的方法来进行估计，那么你将采用（　　）方法。

A. PERT　　　　　　　　　　　B. PDM

C. CPM　　　　　　　　　　　D. WBS

（5）风险的 3 个属性是（　　）。

A. 风险发生的时间、地点、负责人　B. 风险事件、概率、影响

C. 风险事件、时间、影响　　　　　D. 风险数量、风险影响程度、概率

（6）为了有效地管理项目，应该将工作分解为更小的部分，以下各项中（　　）不能说明任务应该分解到什么程度。

A. 可以在 80 小时内完成　　　　　B. 不能再进一步进行逻辑细分了

C. 可由一个人完成　　　　　　　　D. 可以进行实际估算

（7）如果一个项目的估算成本是 1 500 元，并且计划今天应该完成这个项目，然而到今天为止实际只完成了其中的 2/3，实际花销 1 350 元，则成本偏差（CV）是（　　）。

A. 150 元　　　　　　　　　　　B. −150 元

C. −350 元　　　　　　　　　　D. −500 元

（8）如果在一个项目网络图中，任务 A 有 15 天的自由浮动和 25 天的总浮动，但是任务 A 的最早开始时间延误了 30 天，那么这对项目意味着（　　）。

A. 任务 A 的下一个任务的最早开始时间将延迟 15 天

B. 任务 A 的工期将缩短 15 天

C. 项目的完成时间延长 25 天

D. 对项目没有影响

（9）进度控制的一个重要组成部分是（　　）。

A. 确定进度偏差是否需要采取纠正措施

B. 定义为项目的可交付成果所需要的活动

C. 评估 WBS 定义是否足以支持进度计划

D. 确保项目队伍的士气高昂，发挥团队成员的潜力

（10）活动 A 历时为 3 天，开始于星期一（4 号），后置活动 B 与活动 A 具有完成—开始的依赖关系。完成—开始关系有 3 天的滞后，而且活动 B 历时为 4 天，星期天为非工作日，从这些数据可以得出（　　）。

A. 两项活动的总历时为 8 天

B. 活动 B 完成是星期三、14 号

C. 活动 A 开始到活动 B 完成之间的日历时间（calendar time）是 14 天

D. 活动 A 开始到活动 B 完成之间的日历时间是 11 天

3. 简答题

（1）软件项目管理计划包括哪些内容？为什么说它是整个项目管理工作的指导性文件？

（2）自顶向下成本估计和自底向上成本估计各有何优缺点？

（3）编制进度计划的依据是什么？请举例说明。

4．应用题

（1）路易十四把你抓为俘虏，要求你替他做一个计划，为他的城堡添加 3 个新地牢。小的地牢很难设计（最快要 12 周），但是最容易建成（1 周）。中等的地牢是典型的，设计（5 周），施工（6 周）。大的地牢很容易设计（1 周），但是很难建造（9 周），你有一个设计师和一个建筑师，你的设计师不会建造而建造师不会设计。请问如果给路易十四建 3 个城堡（大中小各一个）地牢，最短工期是多少？（画出网络图。）

（2）某银行 OA 系统的建设可分解为需求分析、设计编码、测试、安装部署等 4 个活动，各个活动顺次进行，没有时间上的重叠，如图 11.10 所示。请问整个项目的完成时间 t 的数学期望 T 和标准差分别多少？

图 11.10

第 12 章
软件开发工具与环境

软件开发工具是指支持软件生命周期中某一阶段（如需求分析、设计、编码、测试或运行维护等）任务实现而使用的计算机程序。软件开发环境是一组相关的软件开发工具的集合，它们组织在一起支持某种软件开发方法或与某种软件开发模式相适应。两者都是软件工程的重要支柱，对于提高软件生产率、改进软件质量、适应计算机技术的迅速发展有着越来越大的作用。本章重点介绍软件工程的开发环境和 Power Designer 等开发工具。

本章学习目标：
1. 掌握软件开发环境的基本概念
2. 了解计算机辅助软件工程的功能
3. 掌握一两种常用的软件开发工具

12.1 软件开发环境

软件开发环境的目标是提高软件开发的生产率和软件产品的质量。因而理想的软件开发环境应能支持整个软件生命周期各个阶段的开发活动，并能支持各种处理模型的软件方法学，同时能实现这些开发方法的自动化。软件开发环境分类方法很多，可以按解决的问题分类、按现有软件开发环境的演化趋向分类或者按集成化程度分类。

12.1.1 软件开发环境的概念

软件开发环境在欧洲又叫集成式项目支援环境（Integrated Project Support Environment，IPSE）。软件开发环境的主要组成成分是软件工具。人机界面是软件开发环境与用户之间的一个统一的交互式对话系统，它是软件开发环境的重要质量标志。存储各种软件工具加工所产生的软件产品或半成品（如软件开发环境参考书源代码、测试数据和各种文档资料等）的软件环境数据库是软件开发环境的核心。工具间的联系和相互理解都是通过存储在信息库中的共享数据得以实现的。

12.1.2 按解决的问题分类

软件开发中遇到的问题主要出现在 3 个级别上：程序设计级、系统合成级与项目管理级。软件开发环境也应该在这 3 个级别上给予支持。

1. 程序设计环境

程序设计环境主要解决一个相对他人独立工作的程序员如何把规格说明转化成可工作的程序的问题，即它属于局部编程的范畴。这个过程包括两个重要部分：方法和工具。其中方法可能是更重要的部分，因为对于设计和编码都很差的程序而言，再好的工具也不会是灵丹妙药。但作为软件开发环境而言，我们将把重点放在工具上。

2. 系统合成环境

系统合成环境主要考虑把很多子系统集成为一个大系统的问题，即它属于全局编程的范畴。所有的大型软件系统都有两个基本特点：第一，它们是由一些较小的、较易理解的子系统组成的；第二，它们是不断改变的。这两个特点使得软件在开发过程中产生大量的分支。因此，需要有一个系统合成环境来辅助人们控制子系统向大系统的集成。没有适当的支持就不能在软件中准确地进行修改（改正错误或者改进功能），因为人的智力将难于应付如此大的规模和随之产生的高度复杂性。系统合成中的两个基本问题是接口控制和版本控制。接口控制要考虑模块相连和资源共享问题的描述和限制。版本控制则要考虑系统的各个版本的生成和管理。

3. 项目管理环境

大型软件系统的开发和维护必然会有多个开发人员在一段时间内协同工作。对人与人之间的交流和合作缺乏管理就会造成比程序设计更多、更严重的问题。另外，项目生命周期越长，参与的人越多，产生的管理问题就越多。项目管理环境的责任就是解决由于软件产品的规模大、生命周期长、人们的交往过多而造成的问题，即它属于多方编程的范畴。项目管理环境必须解决的 3 个问题是：误解、缺乏信息和利益冲突。项目管理环境可由两部分组成：记录和维护系统开发的状态信息以及集成和分发文档。

12.1.3　按开发环境的演化趋向分类

按现有软件开发环境的演化趋向，可将软件开发环境分成 4 类，它们对软件开发环境的发展（在工具、用户接口和体系结构方面）有着重要的影响。

1. 以语言为中心的环境

这类环境是围绕一种语言而构成的，可以提供一套适合于这种语言的工具集。这种环境是高度交互的，通常对系统合成的支持是有限的，也不支持项目管理。换句话说，它基本上属于程序设计环境。在现有环境中，20 世纪 60 年代末期出现的 LISP 环境、20 世纪 70 年代中期的以 Mesa/Cedar 语言为中心的 Cedar 环境、以 Smalltalk 语言为中心的 Smalltalk 环境及 20 世纪 80 年代早期形成的以 Ada 语言为中心的 Rational 环境等都属于以语言为中心的环境。

2. 面向结构的环境

这种环境所采用的技术允许用户直接操作结构。开发这种技术的初始动机是给用户一个借助于语言结构来输入程序的交互式工具，即语法制导编辑器。这种能力后来扩展到提供一个单用户程序设计环境，它支持交互式语义分析，程序执行和调试。编辑器是这种环境的中心组成部分。最重要的是，这种形式化描述一种语言的语法和静态语义的能力，可以生成一个结构编辑器的实例。也就是说，这种与语言无关的技术引出了环境生成器的概念。在支持局部编程、全局编程、历史纪录和存取控制表方面所做的继续努力，使术语"语法制导"逐渐被"面向结构"所取代了。

在现有环境中，20 世纪 80 年代初期出现的 Aloe 编辑器就属于面向结构的环境，它是著名的 Gendalf 项目中的一个组成部分，它只允许用户在结构化元素上进行操作，也就是说，用户只看到抽象语法树，而看不到熟悉的源语言文本，不过它不会允许用户构造语法不正确的程序。稍后出现的 Cornell 程序合成器也属于面向结构的环境，它采用文本表示方式，以克服用户在输入和修改语言表示方面遇到的困难。另外一些系统采用混合方式，用户可自由选择在哪种表示方式上进行操作，系统内部保留两种形式，并始终使它们处于一致状态。

3. 工具箱环境

工具箱环境由一套工具组成，用于支持软件开发的编码阶段。它从操作系统开始，加入一些诸如编辑程序、编译程序、汇编程序、连接程序和调试程序等编码工具。此外，也有一些支持大型软件开发任务的工具，如版本控制和配置管理。它采用简单的数据模型来提高工具的可扩充性和可移植性。这样的环境允许高度的剪裁，但对工具集的使用几乎不提供任何环境定义、管理或控制技术。当前工具箱环境是使用相当成熟的技术，商业化的环境设计者正在把高级接口放在普通操作系统的用户命令接口之上，即扩充操作系统。商业化工具箱系统的例子是 UNIX 程序员工作台 UNIX/PWB 和 DEC VMS/VAX Set 等，它们都是在 20 世纪 80 年代中期推出的。提供全局编程的工具分别是源代码控制系统和代码管理系统，它们都起版本控制作用，并且独立于具体的程序设计语言。稍后开发的著名的工具箱环境的例子是可移植的公用工具环境和公用 APSE 接口集，其中 APSE 是 "Ada 程序设计支持环境" 的英文缩写。

4. 基于方法的环境

这种环境支持一种特定的软件开发方法。这些方法可以分为两大类。

① 支持软件开发周期的各阶段。

② 管理开发过程。

前者包括规格说明、设计、确认、验证和重用。方法不同，其形式化的程序也有很大不同。从非形式化到准形式化再到形式化，又可将其细分为两个部分：支持产品管理、支持开发和维护产品的过程管理。产品管理包括版本、配置和投放管理。开发过程管理包括项目计划和控制、任务管理、通信管理及加工过程建模。

这类环境的例子有 Anna（一种用于 Ada 的规格说明语言），VDM（一种用于软件开发的形式化规格说明语言），SREM（一种分布式计算设计系统），PSL/PSA（问题描述语言/问题描述分析程序），ISTAR（支持管理开发过程的环境的集成项目管理系统）及 PMA（一个知识型软件环境中的项目管理部分）。

12.2　计算机辅助软件工程

在软件工程活动中，软件工程师和管理员按照软件工程的方法和原则，借助于计算机及其软件开发工具的帮助，开发、维护、管理软件产品的过程，称为计算机辅助软件工程（Computer Aided Software Engineering，CASE）。

随着 CASE 应用和技术的发展，CASE 工具技术产品日益增多，但这类工具大多是针对 "点" 的，也就是说，一种工具只用于某种特定的软件工程活动（如分析、设计、编码、测试或运行维护），而不能与其他工具直接沟通，或者说没有包括在一个项目数据库中，未成为一个集成化的 CASE 环境的一部分。显然，这种 CASE 工具效率不高。于是在 20 世纪 80 年代后期，提出了 CASE 的集成化问题。其研究和开发重点，已从支持软件开发过程中某个阶段所需的工具，转移到支持整个开发过程所需工具的工作上来。其目的是使所有的 CASE 工具都具有一致的用户界面，以保证从一个工具到另一个工具或从软件开发过程的一个步骤到下一个步骤能够顺利地进行转换；同时每个工具应独立于其他工具，以使其可以任意插入环境或从环境中移出而不影响其他工具的正常工作。软件开发工具的集成化包括以下几个方面。

1. 数据集成

数据集成指不同软件工程能相互交换数据。因而，一个工具的输出结果可作为其他工具的输入。不同级别的数据集成如下。

- 共享文件：即所有工具识别一个单一文件格式。共享文件是一个用于信息交换的简单方法。最通用的可共享文件是字符流文件。
- 共享数据结构：工具使用的共享数据结构通常包括有编程和设计信息。事前，所有的工具要认可该数据结构的细节，并把该结构的细节嵌入工具中。
- 共享仓库：工具围绕一个对象管理系统来集成。该对象管理系统包括一个公有的共享数据模型来描述能被工具操纵的数据实体和关系。这一模型可为所有工具使用，但不是工具的内在组成部分。

2. 表示集成

表示集成或用户界面集成是指一个系统中的工具使用共同的风格，以及采用共同的用户交互标准集。工具有一个相似的外观。当引入一个新工具时，用户对其中一些界面已经很熟悉，这样就减轻了学习的负担。目前表示集成有如下 3 个级别。

- 窗口系统集成：其工具使用相同的基本窗口系统，窗口有共同的外观，操作窗口的命令也很相似，如每个窗口都有移动、改变大小及图标化等命令。
- 命令集成：其工具对相似的功能使用相同格式的命令。如果使用菜单和图标的图形界面，相似的命令就会有相同的名字。在每个应用程序中菜单项定位于相同位置。在所有的系统中，对按钮、菜单等使用相同的表示。
- 交互集成：该集成针对那些带有一个直接操纵界面的系统，通过该界面，用户可以直接与一个实体的图形或文本窗口进行交互。交互集成是指所有子系统中提供相同的直接操纵，如选择、删除等操作。支持交互集成的系统的例子有图形编辑系统等。

3. 控制集成

控制集成支持工作台或环境中一个工具对系统中其他工具的访问。除了能启动和停止其他工具外，一个工具能调用系统中另一工具所提供的服务，这些服务可通过一个程序接口来访问。例如，一个综合工具箱中，一个结构化编辑器可以调用一个语法分析器来检查所输入的程序片段的语法。

4. 过程集成

过程集成是指 CASE 系统嵌入了关于过程活动、阶段、约束和支持这些活动所需的工具的知识。CASE 系统辅助用户调用相应工具完成有关活动，并检查活动完成后的结果。CASE 技术对过程集成的支持依赖于过程模型的设计。

5. 平台集成

"平台"是指一个单一的计算机或操作系统或是一个网络系统。平台集成是指工具或工作台在相同的平台上运行。目前大多数 CASE 工具运行在 UNIX 系统或 PC 上的 Windows 之上。当一个组织机构使用异构网络，网络中不同的计算机运行不同的操作系统时，要实现平台集成很困难。即使机器全是从同一个供应商处购买的，平台集成仍是一个问题。

为了定义在整个软件过程中的"集成"概念，必须为集成化 CASE 建立一个需求集。Forte.G 在论文《集成化环境的研究》中提出集成化的 CASE 环境应当满足下列需求。

- 提供环境中所有工具间共享信息的机制。
- 信息项改动时，能够自动跟踪到与之相关的信息项。
- 为所有软件工程信息提供版本控制及全局性配置管理。
- 允许直接地，以非顺序方式访问环境中的任何工具。
- 支持软件工程活动的过程性描述的自动建立。
- 保证人机界面的一致性和友好性。
- 支持软件开发人员间的通信。
- 收集可用于改进产品和开发过程的管理和技术两方面的量度。

为了达到上述 CASE 环境的需求，组成 CASE 环境的构件可以归纳为 6 种成分、3 个层次，如图 12.1 所示。

由硬件平台和操作系统组成的体系结构，是 CASE 环境的基础层。集成化框架由一组专用程序组成，用于建立单个工具之间的通信，建立环境信息库，以及向软件开发者提供一致的外观与感觉界面。它们将 CASE 工具集成在一起，构成 CASE 环境的顶层，即集成化工具层。中间一层是服务于可移植性的机构，它介于集成化工具层与环境基础层之间，使集成后的工具无需做重大的修改即可与环境的软、硬件平台相适应。

图 12.1　CASE 环境的组成构件

12.3　软件开发工具

12.3.1　软件开发工具的概念

软件开发工具是相关的一组软件开发工具的集合，它支持一定的软件开发方法或按照一定的软件开发模型组织而成，是指为支持计算机软件的开发、维护、模拟、移植或管理而研制的程序系统。开发软件开发工具的目的是为了提高软件生产率和改进软件的质量，典型的软件开发工具如自动设计工具、编译程序、测试工具、维护工具等。

软件开发工具通常由工具、工具接口和工具用户接口三部分组成。工具通过接口与其他工具、操作系统或网络操作系统、通信接口、环境接口等进行交互。

软件开发工具就是帮助人们开发软件的工具。软件开发工具为提高软件开发的质量和效率，从软件问题定义、需求分析、总体设计、详细设计、测试、编码，到文档的生成及软件工具管理各方面，对软件开发者提供各种不同程度的帮助。软件开发工具的功能是在软件开发过程中提供支持或帮助，软件开发工具的性能则是指支持或帮助的程度。

12.3.2　软件开发工具的功能

软件开发工具的功能是为软件开发提供支持，有以下 5 个主要方面。

1. 描述客观系统

在软件开发的前期，在明确需求、形成软件功能说明书方面提供支持。在描述客观系统的基础上抽象出信息与信息流程。

2. 存储和管理开发工程中的信息

在软件开发的各个阶段都要产生及使用许多信息。例如，需求分析阶段要收集大量的客观系统信息，从而形成系统功能说明书，而这些信息在测试阶段要用来对已编制好的软件进行检测。在总体设计阶段形成的对各模块要求的信息，要在模块测试时使用。当软件规模较大时，这些信息的一致性是十分重要，也是十分难解决的问题。若是软件版本更新，则有关的信息管理问题更为突出。

3. 代码的编写或生成

编写程序的工作在整个软件开发过程中占了相当大比例的人力、物力和时间，提高编制代码的速度与效率显然是改进软件开发工作的一个重要方面。这样的改进主要从代码自动生成和软件模块复用两方面去考虑。许多软件开发工具都在一定程度上实现自动生成代码。而软件复用要从软件开发的方法、标准上进行改进，形成不同范围的软件复用库。

4. 文档的编制或生成

软件开发中文档编写工作费时费力，且很难保持一致。已有不少软件开发工具提供了这方面的支持。

5. 软件工程管理

软件工程项目管理包括进度管理、资源与费用管理、质量管理3个基本内容。软件质量管理包括测试工作管理和版本管理。该功能需要根据设计任务书提出测试方案，还要提供相应的测试环境与测试数据。当软件规模较大时，版本的更新对各模块之间及模块与使用说明之间的一致性控制等都是十分复杂的。软件开发工具若能在这些方面给予支持将有利于软件开发工具的工作。

12.3.3 软件开发工具分类

目前，软件开发工具种类繁多，按功能可分为8类。

① 业务系统规划工具：通过将企业的策略性信息需求模型化，提供一个可导出特定信息系统的"元模型"，这样可使业务信息运行于企业的各个部门。

② 项目管理工具：借助这类工具，项目管理者可以有效地估算软件项目所需的工作量、成本、开发周期和风险评估等，可以定义一个功能分解结构WBS，并制定可行的项目开发计划；基于需求跟踪项目的开发情况；采集量度数据，以评价软件开发效率和产品质量。由此可见，这类工具又可详细分为项目计划工具、风险管理工具、需求跟踪工具和量度工具等。

③ 支持工具：这类工具用于支持软件过程，具体包括文档编制工具、质量保证工具、数据库管理工具和软件配置管理工具等。

④ 分析和设计工具：这类工具用于建立待开发系统模型和模型质量评价，通过对模型进行一致性和有效性检查，保证分析与设计的完整性。

⑤ 编程工具：这类工具包括支持大多数编程语言的编辑器、编译器和代码生成器、解释器及调试器等，从工具输出来看，4GL也属于这一类。

⑥ 测试和分析工具：常用的测试与分析工具包括静态分析工具与动态测试工具。前者是在不执行任何测试用例的前提下分析源程序的内部结构，后者则通过执行测试用例对被测程序进行逻辑覆盖测试，支持语句、分析和条件等覆盖，以发现程序中的结构逻辑错误。在多数情况下，这两种工具结合使用，既用静态分析工具提供足够的信息，又用动态测试工具执行测试用例并监视其运行。测试管理工具可将这两种工具有效地结合起来使用，用于控制和协调每一个主要测试步

骤，辅助进行回归测试和测试结果评价。

⑦ 原型工具：原型的构造离不开经验信息，所以支持原型开发模式的原型工具的发展也日趋专门化，如用于用户界面设计的原型工具可利用图形包快速构造出应用系统界面，供用户评价，以确定最终产品的界面模式。

⑧ 维护工具：软件维护通常作为软件的补充开发过程。因此，在维护过程中不仅可能要用到软件开发阶段用到的所有工具，还要有理解工具、再生工程工具和逆向工程工具等。

12.3.4 常见软件开发工具简介

1. 分析设计工具

（1）Microsoft Visio

Microsoft Visio 通过创建与数据相关的 Visio 图表来显示数据，这些图表易于刷新并能够显著提高生产率。使用各种图表可了解、操作和共享企业组织系统，资源和流程的有关信息。Microsoft Visio 提供了各种模板：业务流程的流程图、网络图、工作流程图、数据库模型图等。这些模板可用于可视化和简化业务流程、跟踪项目和资源、绘制组织结构图、映射网络以及优化系统。

（2）Rational Rose

Rational Rose 是 Rational 公司出品的基于 UML 的可视化建模工具。Rose 与 Rational 其他一系列的软件工程方面的产品的紧密集成使得 Rose 的可用性和扩展性更好。Rose 与 Rational 其他一系列的软件工程方面的产品关系如表 12.1 所示。

表 12.1　　　　　　Rose 与 Rational 其他一系列的软件工程方面的产品关系

需　　求	构架（分析/设计）	建造（编码）	测　　试
需求管理：收集、管理及传达变更的软件需求和系统需求。Rational RequisitePro	可视化建模：生成一个反映软件应用程序、构件、接口之间关系的图形化的设计图，便于理解和交流。Rational Rose,Rational Rose RealTime	编程环境：Rational Apex，Rational Summit/TM，Rational TestMate,Rational Ada Analyzer	软件质量和测试自动化：提供集成化编程和测试工具来简化构件的创建，并代替昂贵、冗长且容易出错的手工测试，从而在较短的时间内、在风险已降低的情况下生成更高质量的应用程序。Rational Suite TestStudio，Rational Suite PerformanceStudio
配置管理			
软件配置与变更管理：在创建、修改、构建和交付软件的过程中，控制团队的日常开发。Rational ClearCase、Rational ClearCase MultiSite、Rational ClearQuest、Rational ClearDDTS			
软件流程			
软件流程自动化：为软件经理和开发人员就如何开发有商业竞争力的软件资产提供指导。Rational Unified Process、Rational SoDA			

上表从左至右是软件生命周期的 4 个典型环节，下面的配置管理和软件流程是贯穿整个软件生命周期的活动。

Rational Rose 产品为大型软件工程提供了可塑性和柔韧性极强的解决方案。

● 拥有强有力的浏览器，可用于查看模型和查找可复用的构件；

● 具有可定制的目标库或编码指南的代码生成机制。

● 既支持目标语言中的标准类型，又支持用户自定义的数据类型。

● 保证模型与代码之间转化的一致性。

- 通过 OLE 连接，Rational Rose 图表可动态连接到 Microsoft Word 中。
- 能够与 Rational Visual Test、SQA Suite 和 SoDA 文档工具无缝集成，完成软件生命周期中的全部辅助软件工程工作。
- 强有力的正/反向建模工作。
- 缩短开发周期。
- 降低维护成本。

Rational Rose 可视化开发工具可与多种开发环境无缝集成，目前所支持的开发语言包括：Visual Basic、Java，PowerBuilder、C++、Ada、Smalltalk、Fort 等。Rational Rose 的所有产品支持关系型数据库逻辑模型的生成，包括 Oracle、Sybase、SQL Server、Watcom SQL 和 ANSI SQL，其结果可用于数据库建模工具生成逻辑模型和概念模型。

（3）Together

Together 是由 Borland 公司发布的，集成了 Java IDE 的产品线，源于 JBuilder 中的 UML 建模工具。这条产品线提供了不同应用层次的功能，如 Togerther Deriginer、Together Architect、Together Developer。从 2007 年开始，他们将这些功能合并为一个产品进行发布。从技术上讲，Together 是一组 Eclipse 插件。Together Developer 使用 UML 1.4，支持多种语言、物理数据建模、设计模式、源代码设计模式识别、目标代码设计和重用及文件生成等。

（4）PowerDesigner

Sybase 公司的 PowerDesigner 提供了一个复杂的交互环境，支持开发生命周期的所有阶段，从处理流程建模到对象和构件的生成。PowerDesigner 产生的模型和应用可以不断地增长，适应并随着组织的变化而变化。PowerDesigner 将对象设计、数据库设计和关系数据库无缝地集成在一起。它在一个集成的工作环境中能完成面向对象的分析设计和数据库建模工作。使用 PowerDesigner 可以快捷、方便地开发复杂的分布式应用。

PowerDesigner 包含 6 个紧密集成的模块，允许个人和开发组的成员以合算的方式最好地满足他们的需要。这 6 个模块如下。

- PowerDesigner ProcessAnalyst，用于数据发现。
- PowerDesigner DataArchitect，用于双层、交互式的数据库设计和构造。
- PowerDesigner AppModeler，用于物理建模和应用对象及数据敏感构件的生成。
- PowerDesigner MetaWorks，用于高级的团队开发、信息的共享和模型的管理。
- PowerDesigner WarehouseArchitect，用于数据仓库的设计和实现。
- PowerDesigner Viewer，用于以只读的、图形化方式访问整个企业的模型信息。

（5）CASE Studio

CASE Studio 是一个专业的数据库设计工具，可以通过 E-R 图表、资料流向图来设计各种数据库系统，如 MS SQL、Oracle、Sybase 等。另外，CASE Studio 还提供了各种管理功能帮助程序员进行设计。

2．程序开发工具

（1）Microsoft Visual Studio

Microsoft Visual Studio 是微软公司推出的 Windows 平台上的集成开发环境。它提供了高级开发工具、调试环境、数据库功能和创新功能，帮助在各种平台上快速创建应用程序。Microsoft Visual Studio 包括各种增强功能，如可视化设计器、对 Web 开发工具的大量改进，以及能够加速开发和处理所有类型数据的语言增强功能，为开发人员提供了所有相关的工具和框架支持。

（2）Eclipse

Eclipse 是一个开放源代码，基于 Java 的可扩展开发平台。它是最初由 IBM 公司开发的替代商业软件 Visual Age for Java 的下一代 IDE 开发环境 OIBM 于 2001 年 11 月将其贡献给开源社区，现在它由非赢利软件供应商 Eclipse 基金会管理。Eclipse 本身只是一个框架平台，但是众多插件的支持使得 Eclipse 拥有其他功能相对固定的 IDE 软件很难具有的灵活性。

（3）NetBeans

NetBeans 是由 SUN 公司在 2000 年创立的，当前可以在 Solaris、Windows、Linux 和 Macintosh OS X 平台上进行开发，并在 SUN 公用许可范围内使用。NetBeans 是一个全功能的开放源代码 Java IDE，可以帮助开发人员编写、编译、调试和部署 Java 应用，并将版本控制和 XML 编辑融入其众多功能之中。NetBeans 可以支持 Java 2 平台标准版（J2EE）应用的创建，采用 JSP 和 Servlet 的 2 层 Web 应用的创建，以及用于 2 层 Web 应用的 API 及软件的核心组的创建。此外，NetBeans 还预装了两个 Web 服务器，即 Tomcat 和 GlassFish，从而免除了繁琐的配置和安装过程。

（4）Dev C++

Dev C++是一种 C&C++开发工具，它是一款自由软件，遵守 GPL 协议。它集合了 GCC、MinGW32 等众多自由软件，采用 MinGW32/GCC 编译器，遵循 C/C++标准，并且可以取得最新版本的各种工具支持。开发环境包括多页面窗口、工程编辑器以及调试器等。在工程编辑器中集合了编辑器、编译器、连接程序和执行程序，具有提高亮度语法显示功能，以减少编辑错误，还有完善的调试功能。

3. 测试工具

（1）Load Runner

Load Runner 是一种预测系统行为和性能的工业标准级负载测试工具。以模拟上千万用户实施开发负载及实时性能监测的方式确认和查找问题。它能预测系统行为并优化系统性能。Load Runner 的测试对象是整个企业的系统，它通过模拟实际用户的操作行为进行实时性能的监测。

（2）WinRunner

MercuryInteractive 公司的 WinRunner 是一种企业级的功能测试工具，用于检测应用程序是否能够达到预期的功能及正常运行。通过自动录制、检测和回放用户的应用操作，WinRunner 能够有效地帮助测试人员对复杂的企业级应用的不同发布版进行测试，提高测试人员的工作效率和质量，确保跨平台的、复杂的企业级应用无故障发布及长期稳定运行。

（3）Segue

Segue Silk 产品系列是高度集成的自动化黑盒功能、性能测试平台。它基于分布式测试环境，集中控制门户（浏览器方式）能够控制测试代理，提供自动测试流程的流程化定义功能，具备"端到端"的组件测试能力，以及测试用例的管理、自动测试，连同测试脚本的跨平台能力，基于 AOL 7 标准，拥有全面支持 Web 应用的测试能力，能够通过提供大量的数据，提供工作流类应用的模拟运行功能，全面支持 UNICODE 编码标准，支持各种 Web 技术构件。

4. 配置管理工具

（1）Visual SourceSafe

Visual SourceSafe（VSS）是微软公司的版本控制系统。软件支持 Windows 系统所支持的所有文件格式，通常与微软公司的 Visual Studio 产品同时发布，并且高度集成，包括服务器和通过网络可以连接服务器的客户端。VSS 提供了基本的认证安全和版本控制机制，提供历史版本对比，适用于个人程序开发的版本管理。

（2）ClearCase

ClearCase 是 IBM 公司开发的配置管理工具，可以与 Windows 资源管理器集成使用，并且还可以与很多开发工具集成在一起使用。ClearCase 主要应用于复杂的产品发放、分布式团队合作、并行的开发和维护任务，包括支持当今流行软件开发环境 Client/Server 网络结构。它包含了一套完整的软件配置管理工具，而且结构透明、界面友好。

5. 项目管理工具

（1）Microsoft Project

Microsoft Project 是一款由微软公司开发的项目管理软件。该软件设计的目的在于协助项目经理制定项目计划、为任务分配资源、跟踪项目进度、管理预算和分析工作量。Microsoft Project 可产生关键路径日程表，并且关键链以甘特图形象化表示。另外，Microsoft Project 可以辨认不同类别的用户，这些不同类型的用户，对项目、概观和其他资料有不同的访问级别。

（2）CA-SuperProject

CA-SuperProject 是一款由 Computer Associates International 公司开发的项目管理软件。它在 UNIX 或 Windowes 环境下均可使用。这个软件能够支持多达 160 000 个任务的大型项目，它能创建及合并多个项目文件，为网络化工作提供多层密码入口，并可进行计划评审法的概率分析，而且这个软件还包含一个资源平衡算法，在必要时，可以保证重要工作的优先性。

（3）Time Line

Symantec 公司的 Time Line 软件是有经验的项目经理的首选。它的报表功能以及与 SQL 数据库的链接功能都很突出。日程表、电子邮件功能、排序和筛选能力以及多项目处理功能都是精心设计的。另外，它还有一个叫做 CO-Pilot 的功能，这是一个很有用的推出式帮助设施，用户界面很好，极易操作。但是，Time Line 比较适用于大型项目以及多任务项目，不太适合初学者使用。

12.3.5 常见工具的使用

1. NetBeans 集成开发环境

NetBeans 是一款优秀的开源集成开发环境，可以用于 Java，C/C++，PHP 等语言的开发。同时它也是一个可扩展的开发平台，可以通过插件来扩展官方版本没有的功能。

（1）NetBeans 的窗口

NetBeans 集成开发环境的主要组成部分是实现不同功能的窗口。

① "项目"窗口

"项目"窗口列出了当前打开的所有项目，是项目源的主入口点。展开某个项目会看到项目中使用项目内容的逻辑视图，如图 12.2 所示。

* 源包：包括源代码文件，双击某个源文件节点可以打开该文件进行编辑。

* 测试包：编写的单元测试代码将会包含在这个包中。

* 库：项目使用的库文件。

* 测试库：编写的测试程序使用的测试库。

图 12.2 "项目"窗口

在 NetBeans 中可以同时打开多个项目，但是同一时间只能有一个主项目，在"项目"窗口中可以进行主项目的设置。

"项目"窗口中的每个节点都有一个弹出式菜单，其中包含可以对该节点运行的命令。通过右键单击某个节点，可以打开该节点的弹出式菜单。

一般情况下，"项目"窗口在集成开发环境的左上角。也可以通过选择"窗口"→"项目"命令或者按快捷键【Ctrl+1】打开"项目"窗口。

② "文件"窗口

"文件"窗口和"项目"窗口类似，它用于显示基于目录的项目视图，其中包括"项目"窗口中未显示的文件和文件夹，如图 12.3 所示。

③ "服务"窗口

"服务" 窗口是运行时资源的主入口点。它显示了资源的逻辑视图，如在 IDE 中注册的服务器、数据库和 Web 服务，如图 12.4 所示。

图 12.3　"文件"窗口　　　　　　　　　图 12.4　"服务"窗口

④ "输出"窗口

"输出"窗口用来显示来自集成开发环境的消息，如图 12.5 所示。

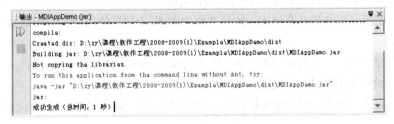

图 12.5　"输出"窗口

⑤ "导航"窗口

"导航"窗口提供了当前选定文件的简洁视图，并且简化了文件不同部分之间的导航，如果在源代码编辑器中打开某个文件，那么会在"导航"窗口中显示构造函数、方法和字段，如图12.6所示。

（2）创建一个 IDE 项目

① 启动 NetBeans IDE。

② 在 IDE 中，选择"文件"→"新建项目"，如图12.7所示。

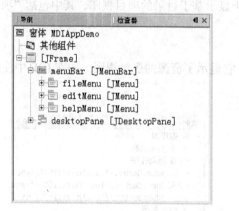

图12.6 "导航"窗口

图12.7 新建项目

③ 在新建项目向导中，展开"Java"类别并选择"Java 应用程序"，如图12.8所示。然后，单击"下一步"按钮。

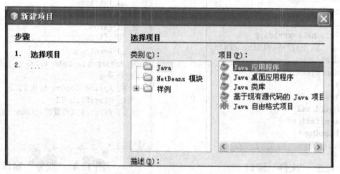

图12.8 新建项目向导

④ 在向导的名称与位置页面中，执行以下操作（如图12.9所示）。

● 在"项目名称"字段中，输入 HelloWorldApp。

● 保留"使用专用文件夹存储库"的复选框为未选。（如果使用的是 NetBeans IDE 6.0 版本，此选项无效。）

● 在"创建主类"（Main）字段中，输入 helloworldapp.HelloWorldApp。

● 保留"设置为主项目"的复选框被选中。

● 单击"完成"按钮。所创建的项目将在 IDE 中打开，如图12.10所示，应该可以看到以下组件。

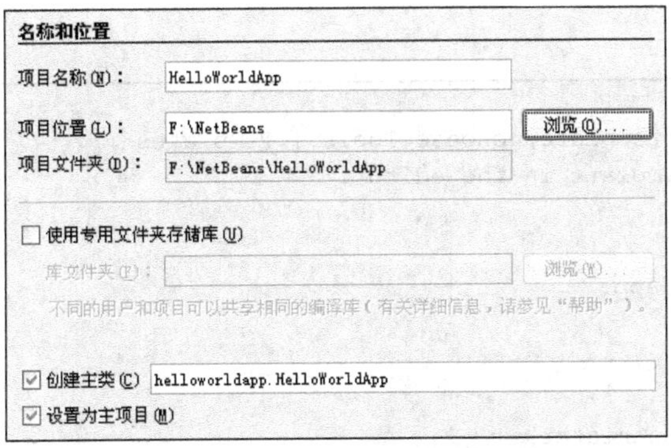

图 12.9　设置项目名称和其他内容

"项目窗口"：提供项目组件的树形视图，包括源文件、代码所依赖的库等。

"源码编辑器窗口"：其中打开了一个 HelloWorldApp 文件。

"导航器窗口"：可用于在所选类的各元素之间快速导航。

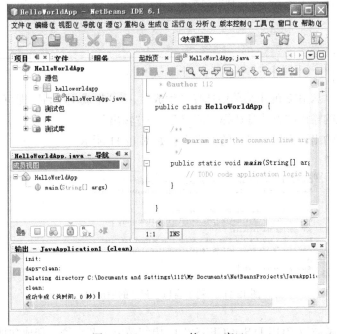

图 12.10　NetBeans 的 IDE 窗口

⑤ 在生成的代码文件中添加代码

由于在新建项目向导中没有选中"创建主类"复选框，因此 IDE 创建的是一个主干类（skeleton class）。要将"Hello World!"消息添加到主干代码中，可以将以下代码：

```
// TODO code application logic here
```

替换为：

```
System.out.println("Hello World!");
```

选择"文件"→"保存"，保存修改。

文件应如下所示。

```
/*
 * To change this template, choose Tools | Templates
 * and open the template in the editor.
 */
]
package helloworldapp;
]
/**
 *
 * @author Sonya Bannister
 */
public class HelloWorldApp {
]
    /**
     * @param args the command line arguments
     */
    public static void main(String[] args) {
            System.out.println("Hello World!");
    }

}
```

⑥ 编译源文件

要编译源文件，从 IDE 的主菜单中选择"生成"→"生成主项目"即可。

查看编译流程的输出的方法是选择"窗口"→"输出"。

此时将打开"输出"窗口，显示的输出内容如图 12.11 所示。

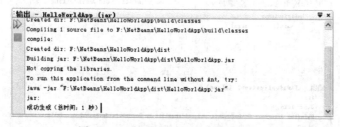

图 12.11 "输出窗口"显示的输出内容

如果编译输出最后以 BUILD SUCCESSFUL 语句结束，恭喜您，您成功地编译了您的程序。

如果编译输出最后显示的语句为 BUILD FAILED，那么您的代码中可能含有语法错误。"输出"窗口将以超链接的形式报告错误。单击"超链接"可以导航到源代码出错的位置。修复错误之后，可以选择"生成"→"生成主项目"再次编译程序。

在编译项目时，将生成一个 HelloWorldApp.class 字节码文件。要查看生成的新文件，请打开"Files"窗口并展开"HelloWorldApp/build/classes/helloworldapp"节点，如图 12.12 所示。

至此，项目已经编译完成，接下来可以运行程序了。

⑦ 运行程序

在 IDE 的菜单栏中，选择"运行"→"运行主程序"。图 12.13 显示了"输出"窗口的内容。

图 12.12　Files 窗口

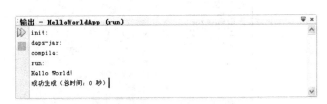

图 12.13　程序运行结果

2. Rational Rose 建模工具

Rational Rose 是 Rational 公司出品的基于 UML 的可视化建模工具。它的界面分为 3 部分：Browser 窗口、Diagarm 窗口和 Document 窗口。Browser 窗口用来浏览、创建、删除和修改模型中的模型元素；Diagarm 窗口用来显示和创作模型的各种图；Document 窗口则用来显示和书写各个模型元素的文档注释。下面介绍 Rose 的屏幕组件、Rose 模型的 4 个视图，以及使用 Rose 生成模型、保存模型、输出与输入模型、向 Web 发表模型及使用控制单元、使用菜单、设置全局选项的方法。

（1）进入 Rational Rose 的主界面

① 启动 Rational Rose 2003 后，出现如图 12.14 所示的启动界面。

② 启动界面消失后，进入 Rational Rose 2003 的主界面，首先弹出如图 12.15 所示的对话框，用来设置启动的初始动作，分为"New"（新建模型）、"Existing"（打开现有模型）和"Recent"（最近打开模型）3 个选项卡。

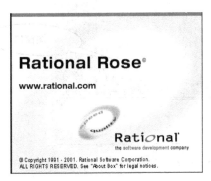

图 12.14　启动界面

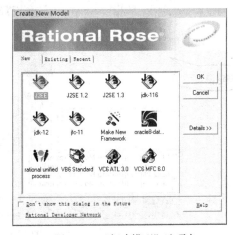

图 12.15　"新建模型"选项卡

③ 单击"OK"，即可进入 Rational Rose 的主界面。如图 12.16 所示。

（2）认识 Rose 的屏幕组件

Rose 界面的 5 大部分是浏览器、文档窗口、工具栏、框图窗口和日志。图 12.17 显示了 Rose 界面的各个部分。它们的作用如下。

● 浏览器：用于在模型中迅速漫游。

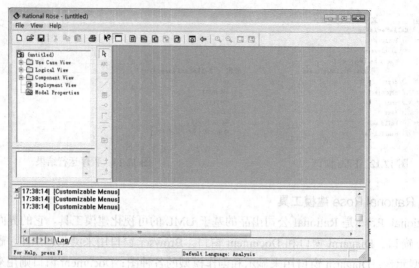

图 12.16　Rational Rose 的主界面

- 文档窗口：用于访问模型元素的文档。
- 工具栏：用于迅速访问常用命令。
- 框图窗口：用于显示和编辑一个或几个 UML 框图。
- 日志：用于浏览和报告各个命令的结果。

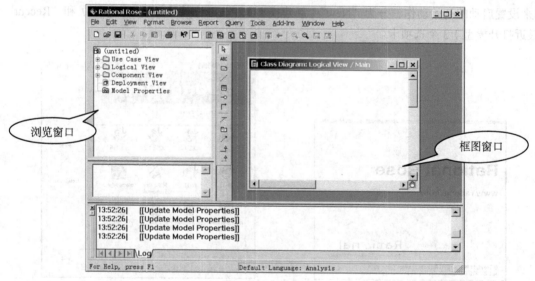

图 12.17　Rose 界面

① 浏览器

浏览器是层次结构，用于在模型中迅速漫游。浏览器显示了模型中增加的一切，包括角色、用例、类和组件等。浏览器如图 12.18 所示。

利用浏览器可以增加模型元素（角色、用例、类、组件和框图等）、浏览现有模型元素、浏览现有模型元素间的关系、移动模型元素、更名模型元素、将模型元素加进框图、将文件或 URL

链接到元素、将元素组成包、访问元素的详细规范、打开框图。

浏览器中有 4 个视图：Use Case 视图、Logical 视图、Component 视图和 Deployment 视图。利用浏览器可以浏览每个视图中的模型元素、移动和编程模型元素、增加新的元素。通过在浏览器中右击元素，可以将文件或 URL 链接到元素、访问元素的详细规范、删除元素和更名元素。

浏览器呈现树状视图样式。每个模型元素可能又包含其他元素。模型元素旁边的负号表示该分支已经完全展开，而模型元素旁边的正号则表示该分支是收缩的。默认情况下，浏览器出现在屏幕左上角。您也可以将浏览器移动到另一位置或让它作为浮动窗口，还可以隐藏浏览器。要移动浏览器，可单击选择浏览器窗口边框，将浏览器从当前位置拖动到屏幕另一区域；要显示或隐藏浏览器，可以选择"View"→"Browser"菜单。

② 文档窗口

文档窗口用于建档 Rose 模型元素。例如，可对每个角色写一个简要定义，并可以在文档窗口中输入这个定义，如图 12.19 所示。

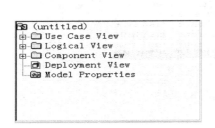

图 12.18　Rose 的浏览器

图 12.19　Rose 的文档窗口

将文档加进类中时，文档窗口中输入的一切都出现为所产生代码的说明语句，从而不必在今后输入系统代码的说明语句。文档还会在 Rose 产生的报表中出现。从浏览器或框图中选择不同元素时，文档窗口自动更新显示所选元素的文档。和浏览器一样，文档窗口也可能移动或隐藏。

③ 工具栏

利用 Rose 工具栏可以快速访问常用命令。Rose 中有两个工具栏：标准工具栏和框图工具栏。标准工具栏总是显示、包含任何框图中都可以使用的选项。框图工具栏则随每种 UML 框图而改变。Rose 的工具栏如图 12.20 所示。

Rose 的工具栏可以定制，要定制工具栏，可选择"Tools"→"Options"，然后选择"Toolbars"标签。或者，用鼠标右击所选工具栏，然后选择"Customize"选项，也可定制所选工具栏，如图 12.21 所示。

④ 框图窗口

在图 12.20 所示的框图窗口中，可以浏览模型中的一个或几个 UML 框图。改变框图中的元素时，Rose 自动更新浏览器。同样，用浏览器改变元素时，Rose 自动更新相应框图，这样 Rose 就可以保证模型的一致性。

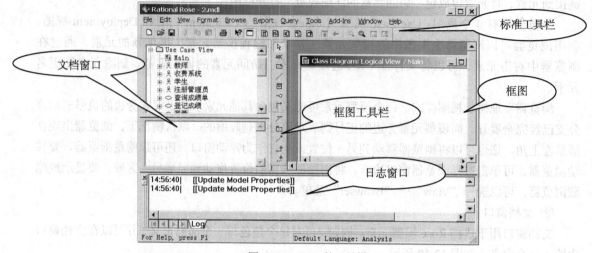

图 12.20　Rose 的工具栏

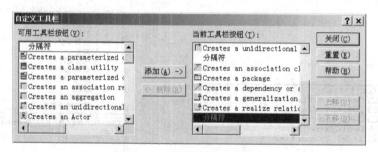

图 12.21　定制框图工具栏

⑤ 日志

使用 Rose 模型时，有些信息会在日志窗口中发表。例如，生成代码时，生成的任何错误均会在日志中发表。单击其左上角的"关闭"按钮 关闭(C) 可以关闭日志窗口，选择"View"→"Log"可显示日志窗口。

（3）Rose 模型的 4 个视图

Rose 模型的 4 个视图是 Use Case 视图、Logical 视图、Component 视图和 Deployment 视图。每个视图针对不同对象，具有不同用途。

① Use Case 视图

Use Case 视图包括系统中的所有角色、用例和 Use Case 框图，还可能包括一些 Sequence 或 Collaboration 框图。Use Case 视图是系统中与实现无关的视图，关注系统功能的高层形状，而不关注系统的具体实现方法。

Use Case 视图包括以下几类标识。

⽤ 角色，是与所建系统交互的外部实体。

⌒ 用例，是系统的高层功能块。

▤ 用例文档，详细介绍用例的流程，包括任何错误处理。这个图标表示连接 Rose 模型的外部文件，图标样式取决于建档事件流程所用的应用程序。

▩ Use Case 框图，显示角色、用例之间的交互。每个系统通常有几个 Use Case 框图，分别显示角色和用例的子集。

　　▣ ▩ Interaction 框图，显示一个用例流程涉及的对象或类。每个用例可能有许多 Interaction 框图。Interaction 框图可以在 Use Case 视图或 Logical 视图中生成。独立于语言和实现方法的 Interaction 框图通常在 Use Case 视图中生成，这些框图通常显示对象而不是显示类；针对语言的 Interaction 框图在 Logical 视图中完成，这些框图通常显示类而不是显示对象。

　　▭ 包，是角色、用例组。包是 UML 机制，用于将类似项目组合在一起。大多数情况下，角色/用例很少，不需要包。但这个工具可以帮你组织 Use Case 视图。

　　② Logical 视图

　　Logical 视图关注系统如何实现用例中提出的功能。它提供系统的详细图形，描述组件间如何关联。除了其他内容外，Logical 视图还包括需要的特定类、Class 框图和 State Transition 框图。利用这些细节元素，开发人员可以构造系统的详细设计。

　　Logical 视图包括以下几类标识。

　　▣ 类，是系统的建筑块。

　　▣ Class 框图，用于浏览系统中的类、类的属性与操作及其相互关系。通常，系统有几个 Class 框图，分别显示所有类的子类。

　　▣ ▩ Interaction 框图，显示一个用例流程涉及的对象或类。Interaction 框图可以在 Use Case 视图或 Logical 视图中生成。Use Case 视图中的 Interaction 框图通常显示对象；Logical 视图中的 Interaction 框图通常显示类。

　　▣ State Transition 框图，显示对象的动态行为。State Transition 框图包括对象存在的各种状态，并演示对象如何从一种状态过渡到另一种状态，对象首次生成时的状态和对象删除前的状态。

　　▭ 包，是一组相关类。包装类不是必须的，但有助于组织。有些系统的类较多，包装类可以减小模型的复杂性。要得到系统的一般图形，可以看看包。要看到更详细的视图，可以到包中浏览其中的类。

　　通常，逻辑视图采用两步法。第一步，标识分析类。分析类是独立于语言的类，通过先关注分析类，小组可以不进入语言特定细节而了解系统结构。在 UML 中，分析类可以用图 12.22 中的图标表示。

　　③ Component 视图

　　Component 视图包含模型代码库、执行文件、运行库和其他组件信息。组件是代码的实际模块。在 Rose

图 12.22　分析类的图标表示

中，组件和 Component 框图在 Component 视图中显示，系统 Component 视图可以显示代码模块间的关系。

　　Component 视图包括以下几类标识。

　　▣组件，代码的实际模块。

　　▣Component 框图，显示组件及其相互关系。组件间的关系可以帮助你了解编译相关性。利用这个信息，就可以确定组件的编译顺序。

　　▭包，相关组件的组和包装类一样，包装组件的目的之一是重复使用。相关组件可以更方便地选择并在其他应用程序中重复使用，但注意要认真考虑组与组之间的关系。

　　Component 视图的主要用户是负责控制代码和编译部署应用程序的人。有些组件是代码库，有些是运行组件，如执行文件或动态链接库（DLL）文件。开发人员也用 Component 视图显示已经生成的代码库和每个代码库中包含的类。

④ Deployment 视图

Deployment 视图关注系统的实际部署，实际的部署可能与系统的逻辑结构有所不同。例如系统可能用逻辑三层结构，即界面与业务逻辑可能分开，业务逻辑又与数据库分开。但部署可能是两层的，界面放在一台机器上，而业务和数据逻辑放在另一台机器上。

Deployment 视图还处理其他问题，如容错、网络带宽、故障恢复和响应时间等。

Deployment 视图包括如下。

- 进程，是在自己内存空间执行的线程。
- 处理器，任何有处理功能的机器。每个进程在一个或几个处理器中运行。
- 设备，包括任何处理功能的机器，例如打印机。

Deployment 框图，显示网络上的进程和设备及其相互间的实际连接。Deployment 框图还显示进程在哪台机器上运行。

（4）使用 Rose

① 生成模型

Rose 中的一切均与模型有关，模型可以从头生成，也可以利用现有框架生成。Rose 模型（包括所有框图、对象和其他模型元素）都保存在一个扩展名为.MDL 的文件中。

- 生成模型：选择 "File" → "New" 菜单。
- 如果安装了框架向导，则会出现一些可用框架，如图 12.23 所示。可以选择要用的框架单击 "OK"，或单击 "Cancel" 不用框架。

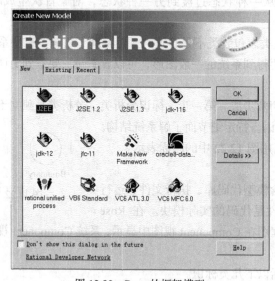

图 12.23　Rose 的框架模型

② 保存模型

在 Rose 中，整个模型都保存在一个文件中。此外，可以将日志保存在另一个文件中。

- 保存模型：选择 "File" → "Save" 菜单，或单击标准工具栏上的 "Save" 按钮。
- 保存日志：选择日志窗口，选择 "File" → "Save Log As"，并输入日志文件名即可；或选择日志窗口，单击标准工具栏上的 "Save" 按钮，并输入日志文件名。

③ 输出与输入模型

面向对象机制的一大好处是重复使用，重复使用不仅适用于代码，也适用于模型，因此要充分利用重复使用功能。Rose 支持输出与输入模型和模型元素，用户可以输出模型或部分模型，将其输入到另一模型。

● 要输出模型，可以选择菜单中的"File"→"Export Model"，并确定输出文件名。

● 要输出类包，从 Class 框图中选择要输出的包，然后选择菜单中的"File"→"Export <Package>"，并确定输出文件名即可。

● 要输出类，从 Class 框图中选择要输出的包，选择菜单中的"File"→"Export <Class>"，并确定输出文件名。

● 要输入模型、包或类，可以选择菜单中的"File"→"Import Model"，选择要输入的文件名、可选模型（.MDL）和子系统（.SUB）。

④ 发表模型至 Web

利用 Rose 可以方便地将 Rose 模型发表到 Web（Intranet\Internet 或文件系统站点）。这样许多需要浏览模型的人都可以浏览到，而不必是 Rose 用户，也不必打印一堆模型文档。

要将模型发表到 Web，可以选择菜单中的"Tools"→"Web Publisher"，并从图 12.24 所示的"Web Publisher"窗口选择要发表的模型视图和包。

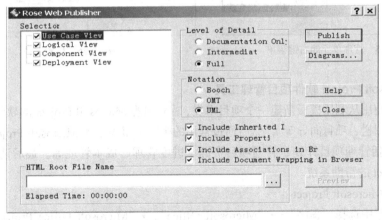

图 12.24 "Web Publisher"窗口

⑤ 使用控制单元

Rose 通过控制单元支持多用户并行开发。Rose 中的控制单元可以是 Use Case 视图、Logical 视图或 Component 视图中的任何包。此外，Deployment 视图和 Model Properties 单元也可以进行控制。控制一个单元时，它存放在独立于模型其他部分的文件中。这样，独立文件可以利用支持 SCC 的版本控制工具进行控制，如 Rational ClearCase、Microsoft SourceSafe 和 Rose 自带的基本工具。控制单元可以从浏览的模型中装入或卸载，使用控制工具还可以检查进口和出口（Checked In 和 Checked Out）。在 Rose 中，可以通过右击浏览器中的包时弹出的菜单管理单元，该菜单如图 12.25 所示。

⑥ 设置全局选项

字体和颜色等选项用于所有模型对象——类、用例、接口和包等，即为全局选项。

设置对象字体时，选择对象，选择菜单中的"Tools"→"Options"→"General"，从中选择字体、样式和字号即可。如图 12.26 所示。

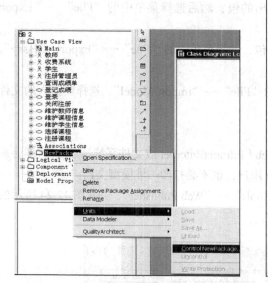

图 12.25　管理单元的右键菜单

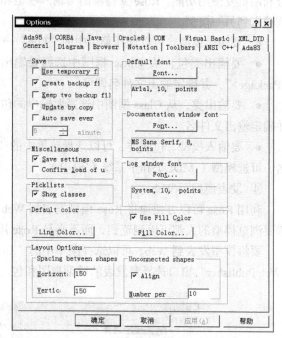

图 12.26　设置字体

3. Microsoft Project 软件项目管理工具

本软件的使用从利用模板新建一个项目出发，首先熟悉 Microsoft Project 的软件操作环境（例如工具栏、视图栏、项目向导等），然后通过常用的视图和报表了解 Microsoft Project 管理项目的主要功能，包括管理项目计划、管理项目资源、进度管理、成本管理等。最后请读者学习使用 Microsoft Project 的帮助系统。

（1）启动 Microsoft Project

从开始菜单中选择"程序"→"Microsoft Office"→"Microsoft Office Project 2003"，启动 Microsoft Project。用户也可以在桌面上创建 Microsoft Project 应用程序的快捷方式。

（2）利用项目模板新建一个项目

选择菜单"文件"→"新建"，在窗口的左侧窗口出现"新建项目"子窗口（如图 12.27 所示），单击"本机上的模板"超链接，弹出"模板"对话框（如图 12.28 所示），选择"Project 模板"页，从中选择"新产品"模板，然后单击"确定"按钮。

说明：使用这些系统模板的前提是安装 Microsoft Project 时必须选择安装模板，否则无法打开这些模板。如果在安装时没有安装模板，系统会出现相应提示，插入安装盘，安装向导将会提示用户如何操作。

（3）熟悉软件的工作环境

打开"新产品"项目模板后，项目内容和系统界面如图 12.29 所示，图中列出了 Microsoft Project 中的各种对象的名称。

图 12.27 "新建项目"子窗口

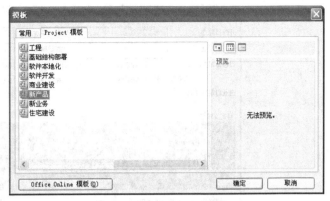

图 12.28 "模板"对话框

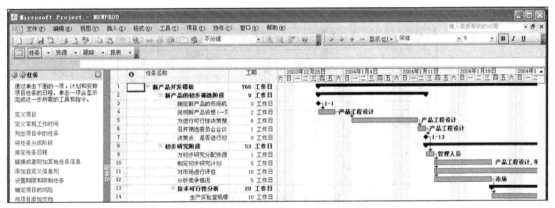

图 12.29 系统界面

（4）熟悉 Microsoft Project 制定项目计划的功能

这是 Microsoft Project 的第一个重要功能。通过甘特图，用户可以清晰地看到整个项目由哪些任务组成，每个大任务分成几个子任务，包括任务之间的链接关系、每个任务的工期、开始和完成时间等信息。

（5）熟悉 Microsoft Project 进度管理的功能

在甘特图下，每个任务的工期、开始和完成时间一目了然。想要查看整个项目的工期信息也很方便，选择"项目"→"项目信息"，弹出如图 12.30 所示的"项目信息"对话框，Microsoft Project 会自动计算出项目的完成日期。单击对话框左下角的"统计信息"按钮，可以更详细地了解项目的统计数据，如图 12.31 所示。

（6）熟悉 Microsoft Project 成本管理的功能

在展示项目的成本信息之前，请先设置一下项目资源的成本费率，方法是单击视图栏中的"资源工作表"按钮，进入"资源工作表"视图，模板中的每项资源的"标准费率"域均为 0，可在所有资源的该域内输入"10"并回车，将标准费率改为"10 元/工时"，如图 12.32 所示。再转到甘特图视图下，选择菜单"视图"→"表"→"成本"，在数据编辑区调出"成本"表，从而查看每项任务的成本信息。

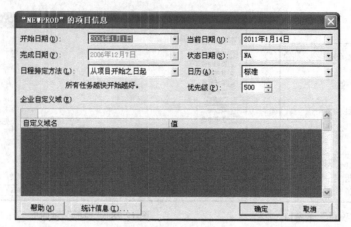

图 12.30 "项目信息"对话框

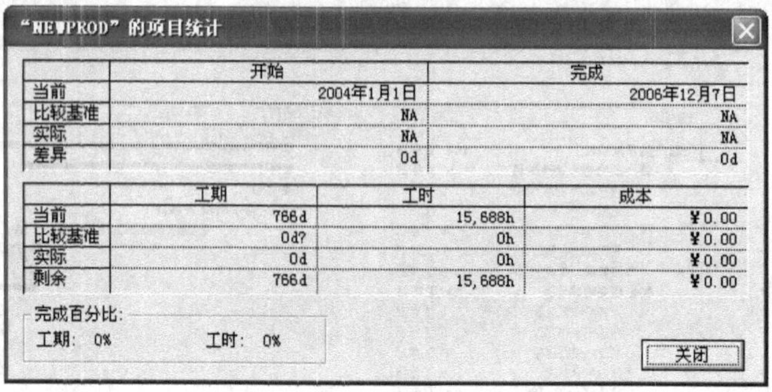

图 12.31 项目的统计信息

	❶	资源名称	类型	材料标签	缩写	组	最大单位	标准费率	加班费率	每次使用成本	成本累算	基准日历	代码
1	◈	管理人员	工时		管		100%	¥10.00/工时	¥0.00/工时	¥0.00	按比例	标准	
2	◈	产品工程i	工时		产		100%	¥10.00/工时	¥0.00/工时	¥0.00	按比例	标准	
3	◈	法律	工时		法		100%	¥10.00/工时	¥0.00/工时	¥0.00	按比例	标准	
4	◈	市场	工时		市		100%	¥10.00/工时	¥0.00/工时	¥0.00	按比例	标准	
5	◈	项目经理	工时		项		100%	¥10.00/工时	¥0.00/工时	¥0.00	按比例	标准	
6		加工工程师	工时		加		100%	¥10.00/工时	¥0.00/工时	¥0.00	按比例	标准	
7		生产工程师	工时		生		100%	¥10.00/工时	¥0.00/工时	¥0.00	按比例	标准	
8		安全	工时		安		100%	¥10.00/工时	¥0.00/工时	¥0.00	按比例	标准	
9		会计	工时		会		100%	¥10.00/工时	¥0.00/工时	¥0.00	按比例	标准	
10		用户	工时		用		100%	¥10.00/工时	¥0.00/工时	¥0.00	按比例	标准	
11		采购	工时		采		100%	¥10.00/工时	¥0.00/工时	¥0.00	按比例	标准	

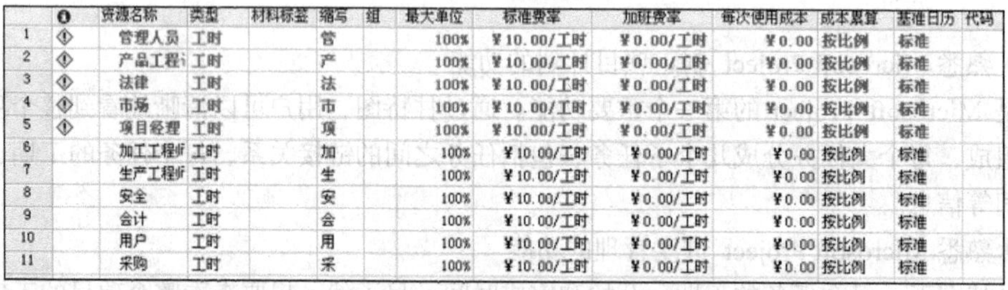

图 12.32 设置资源的标准费率

（7）使用报表

为了更好地报告项目的进度、成本及其他项目信息，Microsoft Project 还能生成项目报表，例如选择菜单"视图"→"报表"，在"报表"对话框中选择"工作分配"类型，接着在弹出的"工作分配报表"对话框中选择"谁在干什么"报表，如图 12.33 所示，其中显示了"管理人员"参与的所有任务及任务的详细信息。

（8）保存项目

单击"常用"工具栏上的"保存"按钮进行保存。

谁在做什么 打印于 2011年1月14日
新产品

标识号	❶	资源名称	工时
1	●	管理人员	1,640 工时

标识号	任务名称	单位	工时	延迟	开始时间	完成时间
3	确定新产品的市场机会	100%	0 工时	0 工作日	2004年1月1日	2004年1月1日
7	决策点：是否进行初步研究	100%	0 工时	0 工作日	2004年1月13日	2004年1月13日
9	为初步研究分配资源	100%	8 工时	0 工作日	2004年1月14日	2004年1月14日
24	做出初步研究阶段的决策	100%	16 工时	0 工作日	2004年3月25日	2004年3月26日
25	决策点：是否进入开发阶段	100%	0 工时	0 工作日	2004年3月26日	2004年3月26日
27	为开发阶段计划分配资源	100%	8 工时	0 工作日	2004年3月29日	2004年3月29日
37	进行内部产品审查	100%	40 工时	0 工作日	2004年5月20日	2004年5月26日
47	进行市场/技术审查	100%	16 工时	0 工作日	2005年1月10日	2005年1月11日
50	审查法律和专利方面的问题	100%	80 工时	0 工作日	2005年1月12日	2005年1月25日

图 12.33 “谁在干什么”报表

本章练习题

1. 判断题

（1）软件开发环境具有配置管理及版本控制、项目控制与应用的功能。（　　）

（2）软件开发工具通常由工具、工具接口和工具用户接口 3 部分组成。（　　）

（3）使用软件开发工具的主要目的是为了提高软件生产率和生产数量。（　　）

（4）CASE 可以在软件开发生命周期的各个阶段辅助软件开发。（　　）

2. 选择题

（1）数据集成指不同软件工程能相互（　　）。

A. 合作　　B. 交换数据　　C. 交流　　D. 通信

（2）在软件的开发与维护过程中，用来存储、更新、恢复和管理一个软件的多版本的是（　　）工具。

A. 文档分析　　B. 项目管理　　C. 成本估算　　D. 版本控制

（3）软件开发环境是由软件开发工具集和环境集成机制构成的。前者用于支持软件开发的相关过程、活动和任务；后者为（　　）软件开发、维护和管理提供统一的支持。

A. 软件开发　　B. 软件系统　　C. 系统工具　　D. 工具集成

3. 简答题

（1）什么是软件开发环境？它的基本分类是什么？

（2）什么是计算机辅助软件工程？

（3）列出常见的软件开发工具，并根据本章的分类方法组织它们。

4. 应用题

假设要开发一个基于计算机的电子游戏软件，请为该软件设计一个原型系统。

第13章
软件工程课程设计

软件工程作为一门指导软件开发、维护的工程学科，已经形成了一系列各具特色，富有成效的方法、工具和组织管理措施，成为计算机学科的重要组成部分。通过参加课程设计和学习典型案例，可以加深理解、验证巩固课本所学知识与内容；增强对软件系统的感性认识；掌握需求分析、软件设计和开发的基本方法；提高理论与实践相结合的能力。根据课程特点，本章提供了软件工程课程设计的内容及要求，给出了结构化方法、面向对象的方法开发的软件实例，为读者更好地掌握所学知识提供帮助。

本章学习目标：
1. 掌握课程设计的目的与要求
2. 明确课程选题原则，注意理论联系实际
3. 分析、自学 3 个案例，注意基本技能的训练

13.1　课程设计目的与要求

课程设计作为课程实践性环节之一，是学习过程中必不可少的重要内容。本课程在教学内容方面着重介绍基本理论、基本知识和基本方法。在实践能力方面注重培养学生分析方法、软件设计方法与基本技能的训练。要真正掌握并能够熟练运用软件工程的方法、技术进行软件开发并非易事，必须有针对性地进行专门的训练。

13.1.1　课程设计目的

软件工程课程设计是一个综合性、设计型实验，旨在培养学生的实践能力、创新能力。使学生通过实践训练，进一步掌握软件工程的方法和技术，提高实际开发的水平。同时通过课程设计，即项目开发实践带动软件工程课程的学习，促进有针对性的、主动的学习。通过课程设计实现以下目标。

① 深化所学知识，完成从理论到实践的转化。通过课程实践进一步加深对软件工程的理解，将理论运用到实践开发中去，并在实践中掌握软件开发工具的使用方法。

② 提高学生分析问题、解决问题的能力。软件工程实践不仅是模拟训练，而且通过软件开发实践，可以积累经验，提高分析问题、解决问题的能力。

③ 培养创新开拓精神。软件开发的过程本身就是一个创造、创新的过程，积极参加实践开发，有利于培养学生的创新精神，激发学习的积极性，开拓思想，进行创新。

13.1.2　课程设计内容及要求

课程设计不同于理论课程，应充分体现"教师指导下的以学生为中心"的教学模式，以学生为认知主体，充分调动学生的积极性和能动性，重视学生自学能力的培养。课程设计要求学生组成小组，以小组为单位完成一个规模适度、难易相当的软件项目。在教师的指导下，以软件设计为中心独立完成需求分析、软件设计、编码实现、软件测试全过程。

课程设计的对象为软件工程课程的学习者，课程设计为必修内容。

在选择题目时，应尽量选择结合教学、科研实际的课题，最好是能够反映当前的新技术，以及社会上比较急需解决的问题。但由于时间、环境、资源的限制，选题也应从实际出发，规模适当、难易适度。

具体要求如下。

① 根据课程的进度安排，按照软件工程开发的流程及方法，认真地开展课程设计活动。

② 课程设计过程中，根据选题的具体需求，在开发各环节中撰写相关的技术文档，最后提交详细的课程设计报告。

③ 开发出可以运行的软件系统，通过上机检查。

13.1.3　课程设计题目举例

项目名称：网络环境下高校的图书管理系统

某高校的图书馆藏有图书、期刊杂志、电子资源等信息资源和书籍。随着读者人数的增加，原有借阅图书的处理效率太低，而且容易出现差错，不能满足读者的基本需求。为了改善现状，图书馆的领导提出建立一套网络环境下的图书馆管理系统，既要解决目前存在的问题，又要增加预定、续借自动化处理等功能，以达到提高图书借阅的工作效率和提高服务质量的目的。开发本软件系统的目标如下。

● 使图书馆的工作人员对读者借阅图书的管理更方便、高效。

● 减少读者借阅图书的时间，方便图书交流。

● 向管理者提供统计汇总信息，提高决策的有效性。

● 适应网络发展的需要，使校园网充分发挥作用。

目前的业务描述如下。

1. 借书过程

读者从架上选到所需图书后，将借书单和借书卡交给管理员，管理员用条码阅读器将图书和借书卡上的图书信息、读者条码信息读入处理系统。系统根据读者条码从读者文件和借阅文件中找到相应的记录；根据图书上的条码从图书文件中找到相应记录。如果有下列情况之一将不予办理借书手续。

● 读者所借图书已超过该读者容许的最多借书数目。

● 该读者记录中有止借标志。

● 该读者有已超过归还日期而仍未归还的图书。

● 该图书暂停外借。

2. 还书过程

还书时读者只要将图书交给管理员，管理员将书上的图书条码读入系统，系统从借阅文件上找到相应的记录，填上还书日期后写入借阅历史文件，并从借阅文件上删去相应记录。还书时系统对借还书日期进行计算并判断是否超期，若不超期则正常处理还书过程，若超期则计算出超期天数、罚款金额，并打印超期罚款单给读者去财务处交罚款，记入罚款文件，同时在读者记录上作止借标记。当读者交来罚款收据后，系统根据读者条码查询罚款记录，将相应记录写入罚款历史文件，进行还书处理，同时去掉读者文件中的止借标记。

3. 图书状态

图书可能处于特殊的状态，如被预留或者仅做参考书。在这种情况下图书不能被借走。当资源逾期两周时，催还信息会以短信方式发给读者。图书每逾期一天，读者被罚款 0.2 元，每本书最多罚款是该书的两倍。图书馆其他资源，如 CD、录像带、软件等只能借出一周。

4. 读者类型

读者根据其身份不同，有不同的借书时间和借书数量。教师可借阅 40 本图书，借阅时间为 3个月。学生可借阅 20 本图书，借阅时间为 1 个月。研究人员可借阅 50 本图书，借阅时间为 5 个月。只要没有其他读者要求借阅，任何可借资源都可以续借一次。杂志只能借阅上年的，本年度的只能在图书馆阅览。

5. 图书编目与维护

图书管理员要定期将新购图书分类、编目、录入网络系统，供读者查询和借阅，并定期对过时图书进行下架，另行处理。

6. 系统新增需求

① 读者注册管理。对于新读者，在借书前先要办理借书手续，登记本人的基本信息，由管理员确认后，发给读者借阅卡与登录系统的密码。一旦建立了读者记录，读者就可以利用借书卡借书，并可以登录到系统进行借阅图书查询与续借，还可以进行修改密码等自身的基本信息维护。对于调离单位的读者，管理员负责注销该读者的有效身份。

② 若读者符合所有借书条件时，予以借出。系统在借阅文件中增加一条记录，记入读者条码、图书条码、借阅日期等内容。

③ 预约服务。读者可以预约目前借不到的书或杂志。一旦预约的书被返还或图书馆新购买的书到达，立即通知预约者。

④ 自动续借处理。读者在规定的时间内若没有看完，还可以续借一周。续借手续可以通过网络由用户自己完成，不需要管理员的参与。

⑤ 图书信息查询。所有具有合法身份的人员都可以浏览发布到系统上的信息。

13.2 课程设计步骤安排

课程设计是学习软件工程的重要环节，软件工程课堂上所讲的内容与课程设计应紧密结合为一体，在学习完每一章后，就应进行同步的课程设计。由于采用的方法可能不同，各个阶段的模型、文档有所区别，以下以结构化开发方法为例说明各个阶段的安排及其任务要求。

1. 确定题目

教师根据课程的内容，对选题提出具体要求。各个小组根据要求和所熟悉的领域进行选题，经教师审阅或确定题目。学生也可以从教师给出的实习题目中选择适合的题目。

2. 需求分析

这是软件开发的重要阶段，主要完成以下工作。

- 在调查之前，小组先召开准备会议，明确要调查的范围、内容和准备采用的调查方法等，撰写调查大纲，包括提问的问题、需要弄清的问题、对待开发软件的初步设想等。
- 进行需求调查，确定功能、性能等需求，进行可行性分析，制定开发计划。
- 按照系统功能需求，作用范围绘制数据流程图、数据字典及处理逻辑等图表，或采用面向对象的分析方法，用框图、类图、状态图、活动图、交互图等，建立静态模型和动态模型。
- 进行数据分析，编写需求分析报告。
- 进行课堂讨论和评审，由小组成员介绍需求，教师和其他组的学生对分析报告进行评审。

3. **软件设计**

软件设计主要解决系统如何做的问题。

- 首先进行软件的总体设计。
- 绘制模块结构图或构件图、部署图等。
- 完成数据库设计。
- 进行人机界面设计。
- 组织课堂评审。

4. **软件实现**

- 根据软件的特点，选择相应的程序设计语言和开发环境。
- 独立完成每个人的编码任务，程序模块要按统一的风格与注释，对程序进行注释说明，按一定的命名规则定义程序名、变量名、表名等。
- 小组联调，将软件组合为一个整体。
- 完成单元测试、集成测试、系统测试。在测试时要制定测试计划，设计测试用例，进行静态、动态测试，编写测试报告。
- 软件实现由小组自行完成。

5. **软件验收**

这个过程由教师组织进行。验收内容如下。

- 软件能够正常运行，没有语法错误。
- 与设计方案一致，能够完成需求的功能、性能等方面的要求。
- 有有特色的新算法，结构合理、新颖，具有创新。
- 用户界面友好、美观、操作方便等。

13.3　课程设计指导

结合所学软件工程的原理、技术、方法、工具和步骤，以及在软件开发的各个阶段应该完成的工作内容等知识，亲身体会开发一个软件系统的全过程及其工作内容，训练独立从事开发软件的能力。为了指导课程设计的开展，下面提出了 4 个模拟实验以供参考。

13.3.1　实验 1——建立课程设计环境与数据库设计

1. 实验题目

建立课程设计的实验环境，包括安装、调试相应的工作环境，并以一个模拟系统为例创建数据库，测试工作环境、进行数据库系统设计。为了便于理解设计要求，下面以"文化用品公司库存销售管理系统"为例来说明问题。

文化用品公司库存销售管理系统应具备进货、销售、库存等基本管理功能，具体要求如下。

① 能记录每一笔进货，查询商品的进货记录，并能按月进行统计。

② 能记录每一笔售货，查询商品的销售情况，并能进行日盘存、月盘存。

③ 能按月统计某个员工的销售业绩。

④ 在记录进货及售货的同时，必须动态刷新库存。

⑤ 能打印库存清单，查询某种商品的库存情况。

⑥ 能查询某个厂商或供应商的信息。

⑦ 能查询某个员工的基本信息。

⑧ 根据输入的商品编号、数量，显示某顾客所购商品的清单，并显示收付款情况。

2. 实验课时

课外 3 课时。

3. 实验目的

① 能够正确运用前修课程所学知识，建立模拟工作环境。例如，安装软件开发工具（如 PowerBuilder、Delphi 等）、应用服务器（如 IIS、Tomcat 等）、数据库系统（如 SQL Server、Access）等，为下一步的软件开发做好准备。

② 熟悉关系数据库规范化设计理论，结合一个管理信息系统中的模拟课题，根据实验要求设计并建立科学合理的数据库，正确建立数据库中表与表之间的关系。

③ 进一步理解数据库设计思路，培养分析问题、解决问题的能力，提高查询资料和撰写书面文件的能力。

4. 实验内容和要求

① 根据上述系统功能需求，使用 PowerDesigner、Visio 等模型工具描述该软件系统的概念模型。

② 完成该系统的数据库总体设计方案，明确数据库中表的结构，各表中关键字的设置，表与表之间的关系。

③ 说明提交的数据库设计方案满足第几范式，说明设计理由。

④ 根据系统功能需求，以 SQL 语句的形式分类列出系统应涉及的数据操作。

⑤ 选用熟悉的数据库工具，根据设计方案正确建立数据库表，并成功实现上述数据操作。

⑥ 独立完成上述内容，并提交书面实验报告。

13.3.2 实验2——需求分析

1. 实验课时

课外 6 课时。

2. 实验目的

① 能够正确运用需求分析的过程与方法，结合一个模拟课题，复习、巩固软件系统的需求分析知识，提高需求分析实践能力。

② 熟悉数据流程图、数据字典的绘制。

③ 树立正确的需求分析思想，培养分析问题、解决问题的能力，提高查询资料和撰写书面文件的能力。

3. **实验内容和要求**

① 根据所述系统功能需求，开展实地调查或通过 Internet 查阅相关资料或结合个人经验，进行需求分析。

② 明确管理业务调查过程和方法，包括模拟系统或文化用品公司的典型组织机构、管理功能及业务流程。

③ 明确数据流程的调查与分析过程，绘制数据流程图，编制数据字典。

④ 在上述工作基础上，完成文化用品公司库存销售管理系统的需求分析，提出新系统的需求分析方案。

⑤ 针对在实验 1 中提出的数据库方案，提出修正或完善建议。

⑥ 独立完成上述内容，并提交书面实验报告。

13.3.3　实验 3——软件设计

1. **实验课时**

课外 6 课时。

2. **实验目的**

① 能够正确运用软件设计的过程与方法，结合一个模拟课题，复习、巩固软件工程中软件设计知识，提高软件设计实践能力。

② 熟悉总体设计、接口设计、数据结构设计、运行设计、出错处理设计等环节，并编制相应的文档。

③ 进一步树立正确的软件设计、实施思想，培养分析问题、解决问题的能力，提高查询资料和撰写书面文件的能力。

3. **实验内容和要求**

① 根据需求分析的内容，进行概要设计与详细设计。包括总体设计、接口设计、数据结构设计、运行设计、出错处理设计、人机界面设计等。

② 在上述工作的基础上，完成文化用品公司库存销售管理系统的概要设计与详细设计，提出新系统的软件设计方案。

③ 绘制模块结构图、数据库设计图表以及详细设计图表。

④ 独立完成上述内容，并提交书面实验报告。

13.3.4　实验 4——软件实现

1. **实验课时**

课外 10 课时。

2. **实验目的**

① 能够正确运用软件开发与程序设计的知识与方法，结合一个模拟课题，编写出实现分析设计模型的源程序，提高实践能力。

② 对程序模块进行单元测试，排除各类错误。

③ 进行测试设计，完成集成测试，通过测试发现问题，及时纠正，提高对测试的认识，积累测试的技巧与经验。

3. **实验内容和要求**

① 根据前述实验需求分析与软件设计方案，制定编程规范。

② 在计算机上编码实现上述设计内容，完成一个实用、可运行的软件系统。

③ 独立完成上述内容，并提交书面实验报告。

4. 实验报告的内容与要求

根据前面的实验和最后的实现情况，修改相应的文档。整理一份完整的技术文档。课程设计报告撰写的基本要求是：报告原则上不少于 4000 字，需在封面注明设计选题、班级、姓名、学号及课程设计日期，地点，其正文至少要包括如下几个方面的内容。

（1）需求规格说明书部分

- 系统背景、目标。
- 数据流程图。
- 功能分析。
- 数据分析、数据字典。
- 数据加工处理的描述。
- 新系统模型。

（2）软件设计报告部分

- 功能结构图设计。
- 存储文件格式设计（数据库结构设计）。
- 输入/输出设计（人机界面设计）。
- 程序设计说明书。

（3）系统实施部分

- 程序框图。
- 源程序。
- 模拟运行数据。
- 系统使用说明书。

（4）附录或参考资料

13.4　案　例　分　析

下面介绍三个实际应用案例。嵌入式软件系统应用实例是利用面向对象技术开发的一个嵌入式游戏软件，网上书店系统开发案例是利用面向数据流技术开发的一个电子商务购物网站，另一个是基于百度开放云平台构建的手机购物网站 APP。

13.4.1　嵌入式软件系统应用实例

嵌入式游戏是安装在手机电话中的应用软件。嵌入式设备之所以为亿万用户所喜爱，重要因素之一是它们与使用者之间具有亲和力，有着自然的人机交互界面。手机电话就是通过键盘和以 GUI 屏幕为中心的多媒体界面实现信息交互的要求。嵌入式系统一般都会受到时间和内存空间约束。"俄罗斯方块"（tetris）游戏是一个可运行在多种手机电话上的游戏软件。

1. 系统概述

这款游戏的规则简单，容易上手，且游戏过程变化无穷，有"容易"和"复杂"两种模式，用户可任选一种进行游戏。本系统还设置了积分制，使用户既能感受到游戏中的乐趣，也给用户

提供了一个展现自己高超技艺的场所。由于手机容量有限，本系统只记录、存储每个用户最高的
5 条记录。该游戏的外部形状如图 13.1 所示，屏幕布局如图 13.2 所示。

图 13.1　"俄罗斯方块"游戏画面

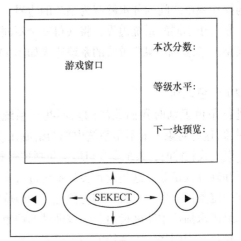

图 13.2　游戏屏幕布局

游戏基本操作说明如下。

● 按游戏界面的"开始"按钮或者确认键来开始游戏，使用左边的窗口玩游戏。

● 键盘操作：系统默认设置使用方向键操作，"←"左移一格（或 4）；"→"右移一格（或 6）；
"↓"方块下落（或 8）；"↑"加速下落（或 2）；"确认"键（或 5）旋转方块；"1"键暂停/恢复
游戏。

● "计分牌"显示本次玩的分数。计分标准为一次消 1 行得 100 分、消 2 行得 200 分、消 3
行得 400 分、消 4 行得 800 分。

● "等级"反映用户游戏水平的设置等级，当分数达到一定的值，等级就会提升、速度加快，
同时插入一行。

打开游戏界面后，首先显示系统菜单。本系统包括 4 个子菜单项："开始"、"操作说明"、"版
本信息"、"返回"。用户选择"开始"后，即可进入下一级子菜单，显示"容易"、"复杂"两种游
戏模式，"容易"模式只有 7 种形状的方块，而"复杂"则有 17 种方块。用户选择模式后，即可开
始玩游戏。游戏机随机产生一个积木块开始下落，同时在右窗口显示下一步要下落的积木块。随
着操作等级的提高（达到 5 级以上），系统会缩短下落时间间隔，并定时插入一行，以增加难度。

2. 建立用例模型

上面对"俄罗斯方块"游戏进行了简要的描述，使用的是一种自然语言，其中必然存在着大
量的不准确的描述成分。为了准确地描述并分析一个系统，可以使用用例模型在一般性描述的基
础上对系统进行分析。按照第 5 章对用例模型的论述，首先应确定系统边界，识别系统的角色，
然后再识别系统的用例。用例建模是通过分析用户的功能需求得到用例模型的工作过程。

（1）确定系统边界

用例分析和用例建模工作通常要求在对软件进行分析之中，确定系统边界。系统"边界"就
是将系统的功能特性与系统的外部环境分离开来的逻辑边界线。一个完整的软件系统往往包含复
杂的内部结构，可以由外向内细分为若干个层次。当考察系统边界时，一般要先明确是系统的哪

一个层次。如果考察的是整个手机与用户交互时的用例模型，那么系统边界通常是应用软件为用户提供的人机交互界面；如果考察的是操作系统与应用程序间的交互关系，那么，系统边界就变成了操作系统为应用程序提供的应用接口；如果考察的是硬件设备的用例模型，那么，就必须将硬件设备与操作系统之间的分水岭视为系统的边界了。因此，相对于不同的系统边界，将获得完全不同的用例模型。"俄罗斯方块"游戏的系统边界如图 13.3 所示。

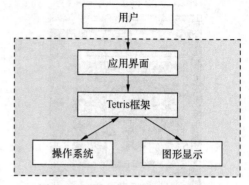

图 13.3　"俄罗斯方块"的系统边界

（2）角色识别

进行角色识别时我们关注的是那些与系统交互的对象，这些对象一般不是系统内部的组成元素。但分析嵌入式软件时，系统本身可能会包括传感器、控制器和硬件设备等。这些设备要与系统进行交互，为了明确这些设备与系统消息传递的交互过程，在一定条件下也可以被识别为角色。如何确定一个设备是否为系统的组成元素？常用的原则是：如果需求描述中明确指出关于该硬件的约束，则该硬件应该是需求中一个约束，因而就应当识别为角色，否则将作为系统的一个组成元素。当系统边界被定义为整个手机时，毫无疑问，用户是一个最关键的角色。用户是系统的使用者，也是用例的主要执行者。他使用本系统所提供的功能。从用户角度看，启动游戏的是用户本人，但此后是谁在更新控制时间以及插入一行的操作呢？是不是还有另一个角色存在呢？有人可能会提出定时器是否应该被识别为系统角色。我们知道定时器在系统达到一定条件时（当游戏水平达到 5 级以上），会改变时间间隔，以增加游戏难度。对于这个问题有两种处理方法，第一种方法是把系统中负责更新时间的定时器作为用例的触发条件，用例启动后，由定时器负责触发用例完成增加游戏难度的控制；第二种方法是同时将用户与定时器视为用例的角色，二者都向系统发送消息。这两种方法没有对错之分，关键是哪一种方法更适合具体的项目。在本例中，我们采用了第一种方法。

（3）识别用例

确定了系统边界和角色后，要找出本系统的角色可能会执行哪些任务就非常容易了。显然，系统的最终用户会启动系统、按某个按钮、选中某个选项，在游戏窗口中输入操纵命令等，这些操作都是由用户发起的用例。经过分析，我们得到如下用例。

- 启动/退出游戏。
- 浏览积分。
- 查看操作帮助。
- 查看版本说明。

用例描述如下。

用例 1：系统启动。

前置条件：无。

主事件流：

① 用户启动系统，进入主菜单。

② 按上、下键，选择子菜单项。

③ 系统根据所选子项，显示一级子菜单。

④ 执行所选功能，结束后返回主菜单。

后置条件：系统启动成功。

用例 2：玩游戏。

前置条件：启动游戏，系统进入主菜单。

主事件流：

① 用户选择"开始"选项，准备启动游戏，系统进入级别模式。

② 用户选择"容易"或"复杂"两种模式中的一种。

③ 用户开始玩游戏：

a. 翻转积木块分支流。

b. 快速下落分支流。

c. 查看操作帮助分支流。

d. 暂停/继续分支流。

④ 积木块落到底部，循环执行第③步，直到游戏结束。

⑤ 如果是第一次玩，则需要建立用户积分记录数据库：

e. 输入姓名。

f. 系统记录分数。

g. 显示积分。

⑥ 若不是第一次玩，系统则根据本次得分与历史记录进行比较：

h. 如果本次得分高于历史记录则用本次得分替换以往较低的分数（系统只记录最高的 5 次得分）。

i. 如果本次得分低于历史记录，则不作任何处理。

⑦ 系统返回主菜单，等待用户选择。

分支流：翻转积木块分支流。

a1. 判断积木块是否可以进行翻转（左、右、下）。

a2. 如果允许翻转，系统则按用户输入的方向进行翻转，然后执行 a4。

a3. 否则积木块保持原状。

a4. 积木块下落一个格。

分支流：快速下落分支流。

b1. 判断积木块是否落到底部，如果没有，则快速下落到底部。

分支流：查看操作帮助分支流。

c1. 系统接收到查看操作帮助命令，则中断执行游戏，显示操作说明。

c2. 按恢复键后，继续执行游戏。

分支流：暂停/继续分支流。

d1. 系统接收到中断执行游戏命令后，暂停游戏。

d2. 按恢复键后，继续执行游戏。

后置条件：系统正常结束游戏进程，返回主菜单。

（4）画用例图

通过上述用例描述，我们更进一步地了解了系统的功能。由于其他用例比较简单，在此就不一一描述了。该系统的用例图如图 13.4 所示。

（5）系统顺序图

通常，在绘制用例图的基础上，为每个主要用例画一张顺序图也是很有必要的。顺序图可以准确反映某一用例或某一场景的具体操作流程。在这里我们绘制顺序图的目的不是为了进行系统设计，而是要把整个系统看作一个黑盒，观察发往系统的所有消息的顺序和流程。图 13.5 所示为启动游戏用例的顺序图。

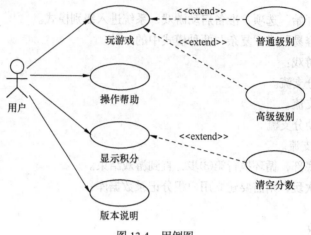

图 13.4　用例图

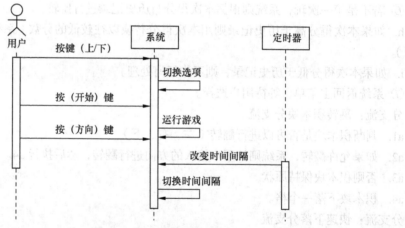

图 13.5　启动系统的顺序图

从顺序图中我们发现，虽然系统有几个用例，但外部环境发给系统的消息只有启动消息、按键消息和定时器消息。这说明外部环境发给系统的消息类型是很清楚和简单的。了解这一点对于后面的架构设计和详细设计中合理处置每一类消息，并保证所有用例都能被实现是十分重要的。

3. 建立对象模型

用例模型主要用于描述系统的功能，可以辅助明确需求。对象模型则是系统诸模型中最为重要的一个模型。面向对象分析的主要任务是根据用户需求，建立一个准确、完整、一致的对象模型。

（1）识别对象、类

综合运用第 5 章介绍的方法，我们可以从名词、用例、问题域空间和对象分类等不同角度识别对象和类。基于这一思路，在本系统的分析中，我们利用用例描述文本中出现的名词和名词短语来提取对象、类。例如，系统启动的用例描述如下。

用例 1：系统启动。

前置条件：无。

主事件流：

① 用户启动系统，进入主菜单。

② 按上、下键，选择子菜单项。

③ 系统根据所选子项，显示一级子菜单。

④ 执行所选功能，结束后返回主菜单。

后置条件：系统行动成功。

从这个用例中我们提取如下一些名词："用户"、"系统"、"主菜单"、"子菜单"。在这些名词中，"用户"是系统外的一个对象，但用户的积分信息需要记录，因此，可以考虑建立一个"用户信息"类。"系统"代表整个软件系统，有时可能会需要这么一个实体对象，但在多数情况下，这个实体对象不必存在。"主菜单"、"子菜单"应该属于一类对象，也可以理解为是系统与用户的界面对象类。

操作系统可以按照一定的时间间隔发送消息给游戏系统，但随着用户游戏水平的提高，需要改变原有的时间间隔，因此，需要设置一个游戏系统自身的定时器。显然，这里的"定时器"并不是从用例描述中提取的名词，而是根据需要创造出来的类。这主要依据对系统需求的理解，是从对概念的分析中得出来的。

在综合运用对象识别技术的基础上得到的主要类有：用户界面类（Screen）、游戏类（Game）、游戏控制类（Navigator）、定时器（Timer）、积分信息类（ScoreData），如图 13.6 所示。

图 13.6　识别出的类

（2）识别属性

属性是一个类的所有实例对象都具备的、可以相互区别的具体特征。实体类的属性对应于对象实例里保存的数据内容，也就是从属于实体类的所有信息。在面向对象的分析过程中，寻找分析类的属性时，要把注意力集中在那些数据类型较为简单的属性上。如果发现了一些复杂的数据结构，有可能意味着两种情况：一个是把这个属性作为单独的类来认识；另一个是这个属性有可能利用分析类之间的关系来表述。由于本游戏系统是一个小型系统，因此，识别的主要属性比较简单。

● 用户界面类（Screen）：窗口位置（box_x，box_y）、背景色（backColorData）、积木块（blockSize，block）。

● 游戏类（Game）：模式类型（easy/hard）、级别（level）、游戏状态（gameStatus）。

● 定时器（Timer）：时间间隔（rataTime）。

● 积分信息类（ScoreData）：用户姓名（name）、分数（score）。

（3）提取关系

分析类之间的关系表明了一个或多个类之间的相互关系。在一个面向对象的系统模型中，孤立的分析类没有任何用处，只有当所有的分析类相互协作时，整个系统才能正确完成工作。在分析阶段重点提取对象和类之间的关联关系、聚合关系、泛化关系。

在分析用户界面类（Screen）与游戏类（Game）是否存在关系时，我们发现只有玩游戏的用户界面与游戏类（Game）有关联关系，而浏览积分、显示操作说明等与游戏类（Game）没有直接关系，这说明有必要将用户界面类（Screen）细化。根据前面的用例描述和需求陈述，用户界面应分为主界面（MainScreen）、游戏界面（GameScreen）、等级界面（LevelScreen）、积分显示界面（ScoreScreen）、说明信息界面（InfoScreen）、输入用户信息界面类（TextInputScreen）等，它们之间的关系如图 13.7 所示。

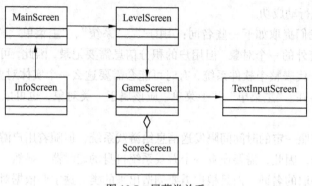

图 13.7　屏幕类关系

其中主界面（MainScreen）包括一个特殊类：说明信息界面（InfoScreen）。说明信息界面可以显示版本、操作等说明性信息。而等级界面（LevelScreen）与游戏界面（GameScreen）存在关联关系，积分显示界面（ScoreScreen）是游戏界面（GameScreen）的聚合。另外，考虑到游戏界面与游戏事件等逻辑关系紧密，从时间、效率方面考虑，即将游戏类与界面合二为一，并命名为游戏界面（GameScreen）类。

游戏积分的信息需要记录在数据库中，因此，增加了数据库操作工具类（RMSUtil）。为了便于处理，另外增加一个积木块的类（Block）。系统中主要类之间的关系如图 13.8 所示。

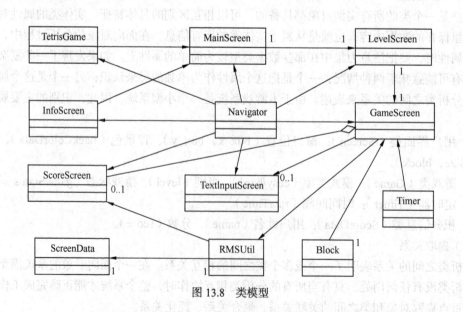

图 13.8　类模型

4. 系统外部事件

嵌入式系统所处的外部环境表现为对大量的外部环境事件做出响应。通过分析，我们识别了 5 个外部事件，如表 13.1 所示。

表 13.1　　　　　　　　　　　　　　系统外部事件表

事　件	系　统　响　应	模　式
1. 经过一个采样周期	更新内部时钟 积木块翻转 更新任务进展显示	周期性
2. 用户按下快速下降键	减少时间间隔 更新任务进展 恢复系统内部时钟	周期性
3. 用户按下暂停/恢复键	任务暂停或恢复 更新显示	非周期性
4. 用户按下操作说明键	任务暂停或恢复 调用信息说明 更新显示	非周期性
5. 定时器触发	插入一行 缩短时间间隔（根据用户级别）	非周期性

由于本系统的基本特征是嵌入式，因此，因"嵌入"而带来的事件是本系统的特征之一。由于事件的发生具有周期和非周期特性，而且一个事件往往引起多个对象做出响应。如果将事件解释为对象之间的消息传递，通过消息传递把各个对象组织起来，就要求任何一个事件发生时都必须知道该事件的响应者。如果按这种模式设计，势必要降低系统的性能，并使系统变得庞杂。因此，我们采用"隐式调用"式的事件处理，即一个事件不必知道哪个对象会对该事件做出响应，它只要通知系统该事件的发生，系统将根据事先的约定按照一定的策略来安排相关的对象来响应该事件。

5. 类包组织

本系统的非功能性要求是能够在不同品牌的手机上正常运行。因此，通过对类分析，可以将整个系统进行科学的解析，划分成不同的层次、不同的构件，并准确定义出各部分之间的接口。架构分析也是多个项目组进行协作开发的基础。只要保证构件的接口不变，构件内部的变化不会对整个系统的集成产生影响。

为了使系统具有灵活和适用性，在考虑系统架构的同时，我们认为采用模型—视图—控制器（MVC）模式比较适合。依据 MVC 模式，将游戏系统分解为 3 个层次：显示层包含各种显示类组成显示包；应用层包含游戏程序、控制程序，主要完成逻辑处理和流程控制等；数据存储层则负责处理数据库访问、数据存储等处理。为了保证软件质量，将表现层、逻辑层和数据存储层的功能独立分开，各个层次之间的消息传递一律通过接口进行。这样做既有利于系统的变化，也为软件的复用性奠定了基础。系统架构如图 13.9 所示。

6. 建立动态模型

对象模型描述了系统的静态结构，但对系统架构和消息、操作认识不够，因此，需要进一步分析系统的动态行为。在类概念的前提下，以对象为中心描述对象间的交互行为和对象的状态变化。

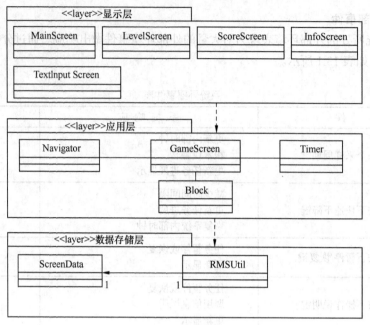

图 13.9　系统架构图

（1）对象交互模型

对象交互模型包括顺序模型和协作模型。顺序模型侧重于描述对象交互的时间特性，而协作模型则关注交互对象的空间特性。通过建立交互模型我们能更好地识别系统操作和行为。对于需求而言，我们关心的是系统的本质内涵，至于如何实现，是详细设计时应该关注的问题。由于篇幅的原因，在这里只给出典型的场景对象交互分析。

用例：玩游戏

参与该用例的对象分别有：TetrisGame、MainScreen、Navigator、LevelScreen、GameScreen、TextInputScreen、RMSUtil、ScoreScreen 对象。为了图形的清晰，这里给出的顺序图是经过简化处理的图形（如省略了 Navigator、TerisGame 等）。顺序图如图 13.10 所示，通信图如图 13.11 所示。

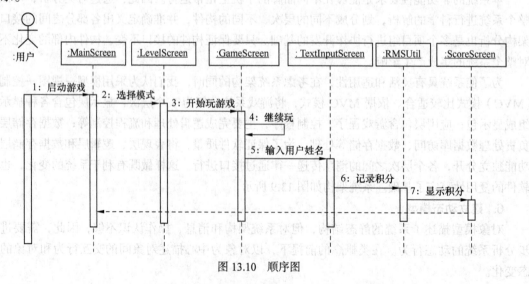

图 13.10　顺序图

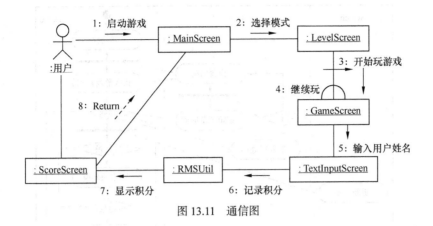

图 13.11　通信图

用例：浏览积分信息

参与该用例的对象分别有：TetrisGame、MainScreen、Navigator、RMSUtil、ScoreScreen、ScoreData 对象。通信图如图 13.12 所示。

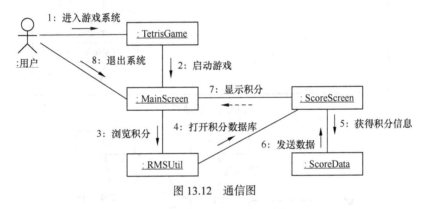

图 13.12　通信图

（2）活动模型

一般用状态模型来描述那些具有复杂动态行为的对象。本例中，对象的动态特性都不复杂，因此，很容易确定它们的状态模型。游戏活动图如图 13.13 所示。

（3）状态图

积木块状态对象的状态空间由 5 个状态组成，它们分别是下落状态（fall）、左移状态（left）、右移状态（right）、快速下落状态（speedy）、翻转状态（overturn）和停止状态（stop）。各个状态之间的转换如图 13.14 所示。

Game 对象提供游戏播放服务。游戏启动后，产生游戏对象，并进行初始化，然后进入 Playing 状态。当用户需要暂停时，游戏对象转换为 Pause 状态。各个状态之间的转换如图 13.15 所示。

Timer 对象是对定时器的封装，它根据当前游戏用户所达到的级别和分数，产生不同的时间间隔，控制游戏难易程度。其对象状态图如图 13.16 所示。

（4）设计类图

本系统是在 Java 环境下运行的，采用了 SUN 公司推出的 J2ME（Java2 Platform Micro Edition）的 Java 版本，真正实现了跨平台运行，即能够在带有 JVM 的任何硬软件系统上执行。对 J2ME 感兴趣的读者可以查阅相关的资料，在这里就不再赘述。

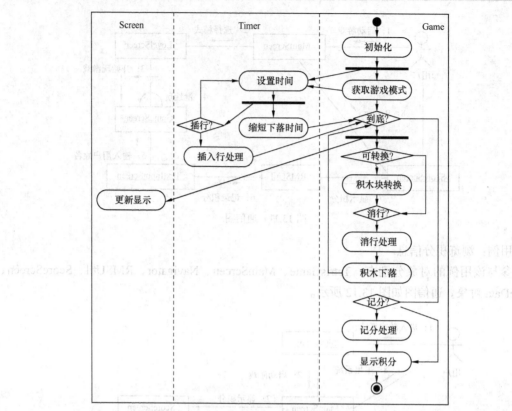

图 13.13　活动图

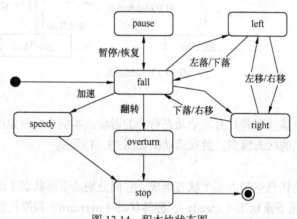

图 13.14　积木块状态图

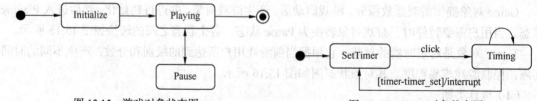

图 13.15　游戏对象状态图　　　　　　　　图 13.16　Timer 对象状态图

　　通过分析交互图，我们识别出参与软件解决方案的类，结合软件运行环境和可复用的类、包、构件，可以补充，添加分析静态类图时漏掉的属性、操作或方法，明确属性、操作的可见性，并添加细化后的关联。鉴于篇幅原因，这里我们只给出典型的设计类图。MainScreen 类与 J2ME 详细类图，如图 13.17 所示。MainScreen 类有两个主要属性：instance、mainMenus，表示屏幕主要特征。Commandedition 方法负责执行接收的键盘命令的处理；mainScreen 显示菜单内容。GameScreen 类与 J2ME 详细类图如图 13.18 所示。

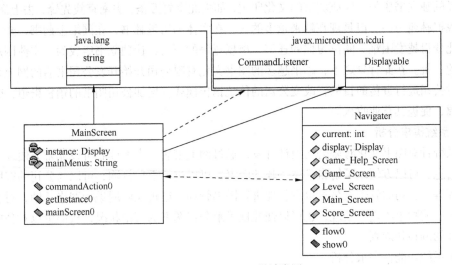

图 13.17　MainScreen 设计类图

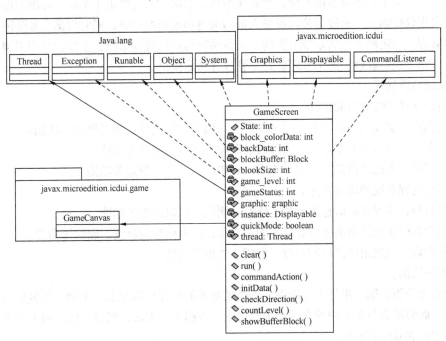

图 13.18　GameScreen 设计类图

13.4.2　网上书店系统开发案例

1. 背景分析

21 世纪已经进入了信息化的时代，随着电子商务的快速发展，越来越多的企业开始重视网络营销，如今的社会商业模式和人们的生活、消费观念也已经发生了很大的变化，越来越多的人开始通过互联网进行购物。

国外最早的电子商务体验其实是从网上售书开始的。1994年7月，美国人考夫·贝佐斯在西雅图开设了全球第一家网上书店——亚马逊书店。从创办至今，亚马逊公司的全球客户已达4000万，是最受欢迎的购物网站。

曾经的独立书店是一座座城市的文化印记，如去北京看万圣，去南京找先锋，去上海看季风，去杭州找枫林苑……。但是现在越来越多的人，在实体书店里翻书，在网络上购书，开一家实体书店因此变得越发困难。阅读习惯的迁移、市场竞争的压力，让独立书店成为"实体困局"中最先倒下的一批。在此背景之下，越来越多的图书文化有限公司开始开发公司书店的网上系统，以此达到对公司进行宣传的目的，改变公司的传统销售模式，增加公司图书的销售渠道，带来新的业务来源，促进其营业收入。

2. 系统需求分析

本系统针对图书文化有限公司设计开发，通过网上书店，广大读者可以非常方便地了解公司的图书信息，可以方便地了解自己感兴趣的图书，可以进行下单订购，可以与公司的客服人员进行交流等等；公司的管理人员可以方便地进行图书管理，通过互联网进行网络营销，对客户的信息、留言、购物单等进行处理，也可以便捷地了解公司图书的营销状况，从而可以对公司的业务进行更好的调整和规划。

（1）系统功能性需求分析

现实生活中的书店涉及范围有限，经营成本高，而网上书店提供了全面、详细的图书购物入口，轻松实现快捷购买。通过与公司业务人员的沟通和前期的调研，同时根据大部分网上购物系统的基本流程，确定网上书店系统分为前台交易系统与后台管理系统，主要包括图书浏览、购物车、用户订单、用户管理、图书管理、订单管理等功能模块。

① 系统功能描述。

● 前台交易系统的功能描述。

图书浏览：实现图书的浏览、图书的分类、图书数量统计、图书搜索等功能。

购物车：实现图书的添加、数量修改、购物车清空、结算等功能。

用户订单：实现订单提交、订单查看、订单修改、订单删除等功能。

● 后台管理系统的功能描述。

用户管理：实现会员信息的审核、修改、删除、权限设置等功能。

图书管理：实现图书类别的管理，图书发布，图书信息的修改、删除等功能。

订单管理：实现用户订单的查看、发货、处理等功能。

② 系统用例。

系统需求分析的第一步是定义用例，以描述系统的外部功能需求。用例分析包括阅读和分析需求说明，此时需要与系统的潜在用户进行讨论。根据上述需求，通过分析，网上书店角色分为两大类：用户和系统管理员。

a．用户使用系统用例。

用户通过注册后，可以登录网站来浏览图书，查看图书的详细信息，如感兴趣可以下订单，购买图书，确认购买后通过各种方式进行付款，以及进行个人信息维护等，用户使用系统的用例图如图13.19所示。

b．系统管理员使用系统用例。

系统管理员可以通过网站的后台对图书信息、订单信息等进行维护，系统管理员使用系统的用例图如图13.20所示。

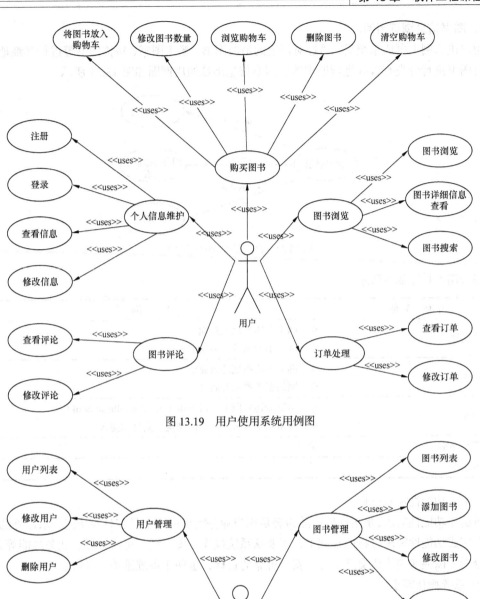

图 13.19 用户使用系统用例图

图 13.20 管理员使用系统用例图

c. 图书信息浏览用例。

用户进入网上书店系统后，通过对网上的最新图书、畅销图书、特价图书等进行详细地浏览，可以对图书进行分类查看或进行搜索等，图书信息浏览的用例图如图 13.21 所示。

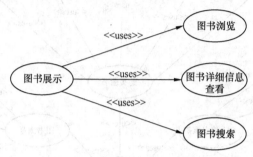

图 13.21　图书信息浏览用例图

部分用例描述如下所示。

用 例 名 称	图 书 浏 览
功能简述	◇ 网上书店系统主页面 ◇ 网上书店系统交易功能入口
前置条件	◇ 网上书店系统部署完成 ◇ 网站服务器正常启动
基本流	◇ 浏览器访问网上书店系统（http://localhost:/book/） ◇ 显示系统首页面（商品浏览、交易功能入口）
分支与异常	无
后置条件	无

（2）非功能性需求分析

所谓非功能性需求，是指软件产品为满足用户业务需求而必须具有且除功能需求以外的特性。系统在完成功能性需求分析的基础上，主要从系统操作、安全性、可维护性、业务性能等方面进行了分析，以便实现人机交互良好、安全可靠的目标，也便于系统维护、升级。

① 系统操作需求

系统投入运行后，能否达到预期的需求，能否被用户所接受，其中人机交互界面非常重要，用户界面应该做到清晰简单一目了然，易于操作。

② 安全性需求

对于不同类型的用户，系统应该设置不同权限，以此来保证系统数据的安全性；同时，应该保障系统中的数据正确无误，保障系统具有良好的可靠性、可移植性和恢复性。

③ 维护性需求

系统经过测试进入实际运行阶段之后，随着用户的不断体验，以及业务的开展，必然会有很多信息反馈回系统，这样自然也会对系统提出新要求，需要扩展系统功能。这就要求系统具有良好的维护性，便于系统后期进行维护和升级。

3. 系统分析与设计

在完成了需求分析之后，紧接着就是进行系统的分析与设计。系统设计是系统的物理设计阶段。根据系统分析所确定的系统的逻辑模型、功能要求，在提供的环境条件下，设计出一个能在计算机网络环境上实施的方案，即建立系统的物理模型。本章主要从系统的目标、开发环境、系统功能、数据库等方面进行分析和设计。

（1）系统目标

根据需求分析的描述以及企业对网上书店系统的要求，系统需要实现以下目标。

① 操作简单方便、具有良好的人机交互界面。

② 界面简洁、框架清晰、美观大方。

③ 图书信息查询灵活、方便，实现各种查询，如准确查询、模糊查询、按类型查询等。

④ 最大限度地实现系统易维护性和易操作性。

⑤ 最大限度地确保系统数据存储安全可靠。

（2）构建开发环境

网上书店系统的开发环境具体要求如下。

- 开发环境：Microsoft Visual Studio 2010。
- 开发平台：Windows 7。
- 开发语言：ASP.NET + C#+HTML + JavaScript + CSS。
- 数据库：SQL Server 2005。
- 系统框架：Microsoft.NET Framework 4.0。
- IIS 服务器：ISS 7.1 版本。
- 浏览器：IE 8.0 以上版本、Google Chrome、Firefox、360 浏览器等。
- 分辨率：最佳效果为 1024 像素 × 768 像素。

（3）系统功能结构

现实生活中的书店涉及范围有限，经营成本高，而网上书店提供了全面、详细的图书购物入口，轻松实现快捷购买。通过与公司业务人员的沟通和前期的调研，同时参考大部分电子商务购物系统的基本功能，确定本系统基本实现如下功能。

① 浏览者通过网站进行注册与登录，进而进行网上浏览、购书等商业活动。

② 浏览者通过网站的搜索功能可以方便、快速地查找所需的图书。

③ 浏览者通过网站可以快速、方便地了解图书的详细信息。

④ 浏览者可以便捷地添加、删除图书，同时进行修改、预订等操作。

⑤ 网站的管理员在后台可以便捷地对网站的图书信息进行管理。

⑥ 网站的管理员可以通过网站的后台便捷地对用户的订单进行处理。

⑦ 网站的管理员可以便捷地了解用户反馈回来的信息，并采取相应的措施进行处理。

⑧ 网站的管理员可以便捷地对网站的会员进行管理。

按照前面的系统需求分析，根据大部分网上购物系统的基本流程，确定本网站的设计分为前台系统与后台系统两个模块，前台系统主要实现用户注册、用户登录、图书浏览、图书搜索、网上购书、提交订单等功能；后台系统主要实现管理员维护、会员管理、图书类别管理、图书管理、订单管理、送货/汇款方式管理、评论管理等等。

网上书店系统的前台功能结构如图 13.22 所示；后台功能结构如图 13.23 所示。

（4）建立类图

类不是单独模块，各个类之间存在着联系。网上书店系统各个类之间的部分联系如图 13.24 所示。

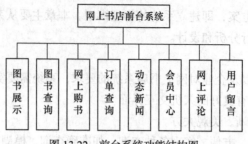

图 13.22　前台系统功能结构图

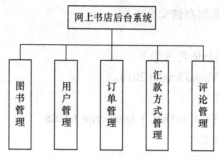

图 13.23　后台系统功能结构图

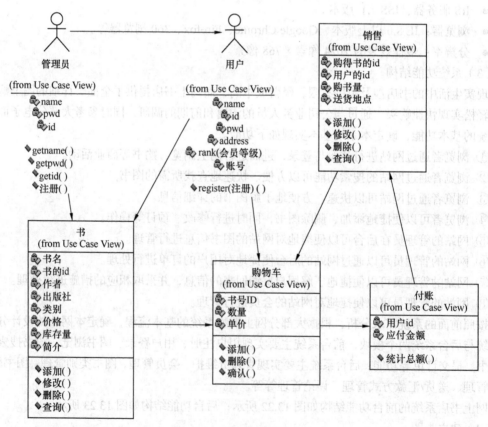

图 13.24　网上书店系统类图

（5）创建系统顺序图

① 系统管理员登录顺序图如图 13.25 所示。

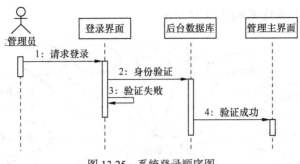

图 13.25　系统登录顺序图

② 用户结账的顺序图

用户结账的顺序图如图 13.26 所示。

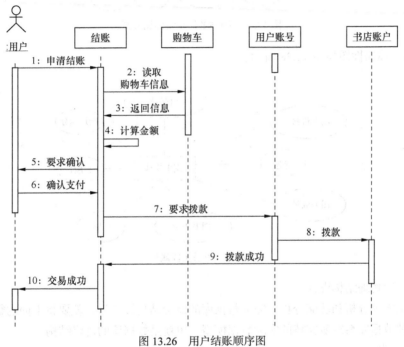

图 13.26　用户结账顺序图

4. 数据库设计

由于网上书店系统的相关交易数据都存储在 SQL Server 数据库表结构中，而 SQL Server 数据库是关系型的数据库。如需应用关联规则对网上书店中的数据进行处理，首先需要在进行数据挖掘之前对数据进行预处理，而这对于关联规则来说，需要准备处理的数据相对要简单些。在数据挖掘的过程中，主要是对交易号和购买商品号进行处理，因为在挖掘的过程中需要读取有关商品信息以及其交易号。

（1）数据库概念模型设计

通过功能需求分析，本设计中的用户分为购物者、销售人员和管理员。其中购物者登录后可以维护自己的个人信息，并且在向网站发出订单时会自动填写自己的联系信息。一个用户可以购买多本图书，每个用户对应一张订单列表，而一张订单列表对应多张订单详细信息，给用户提供购物指南功能。用户可以在留言本中发表意见。

① 购物者信息实体属性图如图 13.27 所示。

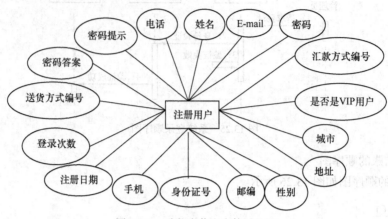

图 13.27　购物者信息实体属性图

② 图书实体属性图如图 13.28 所示。

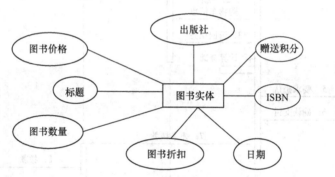

图 13.28　图书实体属性图

（2）数据库物理结构设计

经过系统需求分析和功能分析，完成数据库的概念结构设计后，就要将上面的数据库概念结构转化为某种数据库系统所支持的实际数据模型，也就是数据库的逻辑结构。

① 会员信息表

会员信息表记录了系统中注册用户的详细信息，如表 13.2 所示。

表 13.2　　　　　　　　　　　　　　　　会员信息表

列　名	数据类型	字段大小	必填字段	默认值	说明
Userid	自动编号	长整型	是	无	编号
UserName	文本	50	是	无	用户名
Password	文本	50	是	无	密码（MD5 加密）
UserEmail	文本	50	是	无	E-mail
Pho	文本	50	是	无	手机
Question	文本	50	是	无	密码提示
Answer	文本	50	是	无	密码答案

续表

列　名	数据类型	字段大小	必填字段	默认值	说明
Address	文本	100	是	无	地址
PostCode	文本	50	是	无	邮编
DeliveryMethord	数字	长整型	是	无	送货编号
PayMethord	数字	长整型	是	无	汇款编号
VIP	是/否	是/否	是	无	是否是 VIP

② 图书信息表

图书信息表记录了系统中已有图书的信息，如表 13.3 所示。

表 13.3　　　　　　　　　　图书信息表

列名	数据类型	字段大小	必填字段	默认值	说明
CpID	自动编号	长整型	是	无	编号
BookName	文本	255	是	无	书名
Name	文本	50	是	无	作者
CpDate	日期/时间	短日期	是	无	出版日期
Xxjs	备注	255	是	无	详细介绍
Spjg1	数字	双精度型	是	0	市场价
Spjg2	数字	双精度型	是	0	会员价
Solds	数字	长整型	是	0	订购次数
ID1	数字	长整型	是	无	小类 ID
ID2	数字	长整型	是	无	大类 ID
Cbs	文本	255	是	无	出版社
SyNum	数字	长整型	是	0	页数
PriNum	数字	长整型	是	无	版次
VIPPri	数字	双精度型	是	0	VIP 价格

5. 系统的实现

（1）系统框架

本系统采用微软官方提供的开源 ASP.NET MVC 框架，采用基于三层架构的 MVC 模式，如图 13.29 所示，系统主要涉及如下 3 项要点应用：①表示层采用 MVC 模式；②数据的增、删、改、查操作；③基于 MVC 的列表数据显示及分页处理等。

（2）系统框架的实现

① 添加类库，建立 Model

新建一个 Web MVC 项目，依次添加类库项目，进而根据数据库表来建立 Model，并将其映射到表，有助于 NHibernate 帮助系统实现面向对象的操作数据库。

② 建立 Model 模型

数据库建立之后，在 MyWeb.WebTemp.Model 中添加 User.cs 类文件来建立 Model 模型。

③ 实现数据库接口层和业务逻辑层

第一步：设计 IDao 层。在 MyWeb.WebTemp.IDao 项目中添加 IUserDao 接口。

第二步：实现 IDao 设计。在 MyWeb.WebTemp.HibernateDao 项目中添加类文件：UserDaoHibernate.cs，实现了数据库接口层的基本的增删改操作。

第三步：设计接口 IBLL 层（业务逻辑接口层）。在 MyWeb.WebTemp.IBLL 中添加类文件：IUserService。

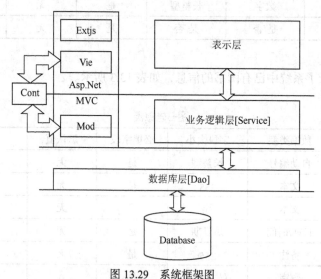

图 13.29　系统框架图

第四步：实现 IBLL 层。（业务逻辑接口的实现）。在 MyWeb.WebTemp.BLL 中添加类文件：UserServiceImpl.cs。

（3）功能模块

① 图书浏览模块

图书信息浏览模块的功能主要有新品图书显示、畅销品排行、特价品排行、商品搜索、商品分类等，通过图书浏览页面，可以看到所有在线销售的图书及其简单介绍信息，还可以快速查看图书的详细信息。

对于涉及从后台数据库中读取信息进行显示的页面，主要是通过数据列表 Datalist 控件来实现的，需要实现下面两点。

● 实现控件与数据表字段的关联。

● 实现动态链接数据库。

在图书浏览页面，加载事件代码，实现动态链接数据库，将数据库中的信息展示在页面上，核心代码如下所示。

```
string Sqlstr="select * from book;  //Select 查询语句
SqlDataAdapter ada=new SqlDataAdapter(Sqlstr,con);
con.Open();    //打开数据库
DataSet ds=new DataSet ();
ada.Fill(ds);
DataList1.DataSource=ds;
DataList1.DataBind;
con.Close();
```

② 购物车模块

用户在网上购书的时候要先将图书放入购物车，购物车内可以存放多种图书，每种图书也可以购买多个，用户可以更改所购买图书的数量或删除所购买的图书，看到价格信息等等。

对于购物车页面来说主要涉及 3 个标签控件 Label1、Label2、Label3，1 个图片框控件 Image1和 1 个 TextBox 控件，涉及控件与数据表字段的关联和上面图书浏览页面实现的方法相同，此处不再阐述。购物车管理模块如图 13.30 所示。

图 13.30　购物车管理模块界面

该模块的实现主要涉及以下技术要点。

● 定义公用变量，统计购物车图书的总计金额，具体代码如下。

```
public static string M_str_count;
```

● 定义 Bind 方法，实现把数据表中的数据信息绑定到数据列表控件中，具体代码如下。

```
public viod Bind()
{
  DataSet ds=reDs("select *,BookPrice,*Num As Count from tb_cart where CartID=" +
Session["UserID"]);
  float P_fl_count=0;
  foreach(DataRow dr in ds.Tables[0].Rows)
  { P_fl_count+=convert.ToSingle(dr[6]);}
  M_str_count= P_fl_count.ToString();
  DataList1.DataSource=ds;     //设置数据列表控件的数据源
  DataList1.DataBind();        //绑定控件
}
```

6. 系统测试

系统开发完成之后，对系统进行整体测试是必不可缺的环节。软件测试是为了发现错误而执行程序的过程。测试的目的是在软件投入运行之前，尽可能多地发现软件中的错误。

① 本系统测试选择黑盒测试，主要是为了发现以下几类错误。

● 系统是否有不正确或遗漏的功能。

● 系统是否有数据结构错误或外部信息访问错误。

● 性能上是否能够满足要求。

● 系统是否有初始化或者终止性错误等。

② 系统测试范围。

对系统的测试不但需要检查和验证是否按照设计的要求运行，而且还要评价网页在不同用户的浏览器端的显示是否合适。重要的是，还要从最终用户的角度进行可用性测试等等。本系统测试的重点是功能测试，包括模块功能测试、接口正确性测试、数据存取测试等。

③ 系统测试。

在编码阶段，完成一个功能模块后，采用白盒测试方法对功能模块进行单元测试，保证这些单元模块的正确性、有效性，从而从根本上保证系统的正确实现。

对系统的功能测试侧重于所有可直接追踪到业务功能和业务规则的测试需求。将图形用户界面与应用程序进行交互，并对交互的输出或结果进行分析，以此来核实应用程序的运行。鉴于篇幅的原因，以下仅列出了一些系统测试信息，如表 13.4 所示。

表 13.4　　　　　　　　　　　　　图书浏览、搜索模块测试表

单元	测试项	测试步骤	期望结果	测试结果
	图书列表	Case2：浏览器地址栏输入：http://localhost:2899/>>查看"图书分类"	图书分类显示正常	图书分类不全，需要后台完善；"图书分类"栏目名称错误，测试结果为"商品分类"，如图 13.31 所示
	图书详细信息	Case3：单击"小说"分类>>显示"小说"分类下的图书列表	分类图书显示正常	分类图书显示正常
		Case4：单击"小说"分类下的"百万英镑"图书	显示"百万英镑"图书的详细信息	"百万英镑"图书信息显示正常
	图书搜索	Case5：在"图书搜索"模块下的，"选择关键字"下文本框中输入需要搜索的图书名称>>单击"搜索"按钮	搜索出需要查找的图书	正常显示所需搜索的图书信息，如图 13.32～图 13.33 所示。

图 13.31　图书分类

图 13.32　图书搜索

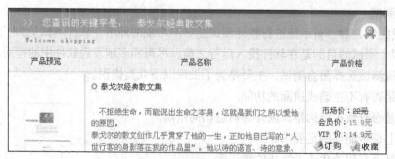

图 13.33　图书搜索结果

13.4.3 手机购物网站 APP 开发案例

1. 背景分析

随着智能手机的应用和普及，手机购物已经由单一的 WAP 模式转换为单个的客户端模式，也实现了便捷、有效的"移动营销"。如今，手机网购和电脑网购相辅相成，无疑可以更广阔地覆盖用户潜在的购物时间，让人们可以随时随地更便捷地利用电子商务。同时随着手机用户数量的快速增长和手机支付安全性的不断提高，手机购物的流行速度也随之飙升。时至今日，手机购物已成为最热门的手机应用之一。

2. 系统需求分析

现实生活中店铺涉及范围有限，经营成本高，而网上店铺提供了全面、详细的商品购物入口，可轻松实现快捷购买。通过与公司业务人员的沟通和前期的调研，同时参考大部分电子商务系统的基本功能，确定本应用程序主要有 5 个 UI 界面，分别为登录界面、推荐界面、品牌页面、详情页面、购买页面。

3. 系统开发平台

本应用程序采用百度开放云平台进行设计、开发。百度开放云平台是百度面向开发者的开放平台，作为国内对 Android 有较好兼容性的平台，其对目前的常见服务都有所支持，为开发者集中提供开发、托管、提交、推广、统计分析、换量、变现等全流程服务。

本应用程序采用的开发工具主要有轻应用构建工具 App Builde、轻应用转站工具 Site App、轻应用开发工具 Clouda+。

4. 软件模块设计

（1）软件框架

手机购物网站采用 5 层架构进行设计、开发，包括 UI 层、UI 适配层、核心层、设备适配层、网络服务层，如图 13.34 所示。

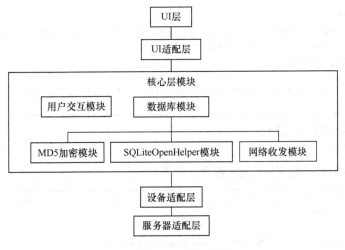

图 13.34 软件框架

① UI 层：Android 软件开发主要以 Eclipse 或 MyEclipse 为主，其 UI 层已由平台提供控件，用以界面显示及用户交互。

② UI 适配层：为 UI 层与和核心业务提供接口，实现 UI 的简单化移植。其中的接口主要有：SQLiteOpenHelper 接口、登录接口、物品选择接口、物品详情接口。

③ 核心层：应用程序的主要实现模块，包括以下几类。

● MD5 加密模块：为用户注册登录提供加密服务，防止用户信息外泄。

● SQLiteOpenHelper 模块：实现 Android 平台与 SQLite 移动型数据库的交互，并使用 SQL 语句对 SQLite 数据库进行操作，包括：添加数据、删除数据、改变属性或值、查询数据等相应内容。

● 网络收发模块：实现本地数据与服务端数据的交换。

④ 设备适配层：为核心层提供对应的硬件接口，本层主要包括网络服务接口。

⑤ 网络服务层：主要是用做网络通信系统的库，Android 平台下，底层库已经由系统提供。

（2）业务流程

本应用程序主要有 5 个 UI 界面，分别为登录界面、推荐界面、品牌页面、详情页面、购买页面。

本软件使用的是百度云开发平台提供的 SQL_API 进行数据库文件的保存、修改和读取，从而实现了软件客户端与云数据库间的的相互交流。

（3）代码示例

本应用程序共用到 3 个数据库文件：users.db、test.db 和 book.db。

① 创建数据库。

Android 提供 android.database.sqlite.SQLiteDatabase 包、android.database.sqlite.SQLiteOpenHelper 包、android.database.sqlite.SQLiteDatabase.CursorFactory 包来实现 SQLite 的操作。

首先创建 DBHelper 继承父类 SQLiteOpenHelper 来对数据库进行创建操作，代码如下。

```
public class DBHelper extends SQLiteOpenHelper {
// 得到可写的 SqliteDatabase
public SQLiteDatabase SqliteDatabase = this.getWritableDatabase();
public DBHelper(Context context) {
    super(context, "test.db", null, 1);
}
public void onCreate(SQLiteDatabase db) {
    // 创建表
    String sql = "create table users(_id integer primary key autoincrement,
    userName text,userMobile text)";
    db.execSQL(sql);
}
public void onUpgrade(SQLiteDatabase db, int oldVersion, int newVersion) {
}
```

同理可创建其他两个数据库。

② 用户注册模块。

用户注册时主要对数据库进行插入操作，代码如下。

```
public static boolean insert(String userName, String userMobile) {
    boolean flag = true;
    try {
        ContentValues values = new ContentValues();
        values.put("userName", userName);
        values.put("userMobile", userMobile);
        DBHelper dbHelper = new DBHelper(
                SQLiteDatabaseMethodActivity.instance);
        dbHelper.SqliteDatabase.insert("users", null, values);
        dbHelper.SqliteDatabase.close();
```

```
    } catch (SQLException e) {
        flag = false;
        e.printStackTrace();
    }
    return flag;
}
```

③ 用户登录模块。

用户登录时主要进行数据库查询、比较操作。

● 查询数据库文件相关内容，代码如下。

```
public static Cursor queryAll() {
    Cursor cursor = null;
    try {
        // 组合 select 语句
        String sql = "select _id,userName,userMobile from users order by _id desc";
        DBHelper dbHelper = new DBHelper(First.instance);
        // 执行 select 语句，得到 cursor 对象
        cursor = dbHelper.SqliteDatabase.rawQuery(sql, null);
    } catch (Exception e) {
        e.printStackTrace();
    }
    return cursor;
}
```

● 比较数据库文件相关内容，代码如下。

```
SqlActivity activity = SqlActivity.this;
            String id = EditTextIdUpdateSql.getText().toString();
            int _id = Integer.parseInt(id);
            String userName = EditTextNameUpdateSql.getText().toString();
            String userMobile = EditTextMobileUpdateSql.getText().toString();
            boolean flag = UsersDAO.update(_id, userName, userMobile);
            if (flag == false) {
                Toast.makeText(activity, "失败", Toast.LENGTH_SHORT).show();
            } else {
                Toast.makeText(activity, "成功", Toast.LENGTH_SHORT).show();
            }
            SqlActivity.this.viewData();
```

④ 物品详情模块。

显示物品时主要进行数据库查询等操作，代码如下。

```
App app = (App) getApplication();          //获取应用程序全局的实例引用
    app.activities.add(this);          //把当前 Activity 放入集合中
    try {
        setContentView(R.layout.copydb);
        String path = "/sdcard/data1";    // 在 sdcard 上放数据库的文件夹
        String dbFileName = "book.db3";
        String dbPathFileName = path + "/" + dbFileName;
        File file = new File(path);
        if (file.exists() == false) {
            // 目录不存在，创建目录
            file.mkdir();
```

```
                     File file2 = new File(dbPathFileName);
                     if (file2.exists() == false) {
                         // 数据库文件不存在，将 res/raw/下的 book.db3 复制到/sdcard 上
                         InputStream is = this.getResources().openRawResource(R.raw.book);
                         FileOutputStream fos = new FileOutputStream(file2);
                         byte[] buffer = new byte[8192];    // 1024×8=8K
                         while (is.read(buffer) > 0) {
                             fos.write(buffer);
                         }
                         fos.close();
                         is.close();
                         Toast.makeText(this, "复制到" + dbPathFileName + "成功",
                                 Toast.LENGTH_LONG).show();
                     }
                 }
                 List list = BookDAO.read(dbPathFileName);
                 ListView listView = (ListView) this.findViewById(R.id.ListViewBook);
                 String[] from = { "_id", "bookName" };
                 int[] to = { R.id.TextViewBookId, R.id.TextViewBookName};
                 SimpleAdapter adapter = new SimpleAdapter(this, list,
                         R.layout.copydb_item, from, to);
                 listView.setAdapter(adapter);
             } catch (Exception e) {// TODO Auto-generated catch block
                 e.printStackTrace();
             }
```

⑤ 百度 SQL_API 调用。

与百度云进行交流时需要使用 SQL_API 类，在程序开发之前需向项目添加一下 jar 包，相关包已经由百度开发云平台提供，如下。

- Baidu-OAuth-SDK-Android-G-2.0.0.jar;
- Baidu-PCS-SDK-Android-L2-2.1.0.jar;
- httpmime-4.2.jar。

如下所示是交流用的代码段，其他类可以据此进行定义。

```
import java.util.ArrayList;
import java.util.List;//// the HTTP request in this class is handled synchronously//
if user uses this class in UI thread, the UI thread will definitely be blocked, in order
to avoid blocking UI, we suggest use this class in a work thread//
import com.baidu.pcs.BaiduPCSStatusListener;
public class BaiduPCSapi {
public PCSActionInfo.PCSFileInfoResponse uploadFile(String source,
String target, BaiduPCSStatusListener listener){
BaiduPCSUploader uploader = new BaiduPCSUploader();
uploader.setAccessToken(PCSdata.access_token);
System.out.println("source"+source+"target"+target);
return uploader.uploadFile(source, target, listener);
}   // // delete file   //
public PCSActionInfo.PCSSimplefiedResponse deleteFile(String file){
ArrayList<String> files = new ArrayList<String>();
files.add(file);
BaiduPCSDeleter deleter = new BaiduPCSDeleter();
return deleter.deleteFiles(files);    }
public PCSActionInfo.PCSSimplefiedResponse deleteFiles(List<String> files){
```

```
BaiduPCSDeleter deleter = new BaiduPCSDeleter();
deleter.setAccessToken(PCSdata.access_token);
return deleter.deleteFiles(files);     }
public PCSActionInfo.PCSSimplefiedResponse downloadFile(String source,
String target, BaiduPCSStatusListener listener){
BaiduPCSdownloader downloader = new BaiduPCSdownloader();
downloader.setAccessToken(PCSdata.access_token);
System.out.println("source"+source+"target"+target);
return downloader.downloadFile(source, target, listener);
}
public void setAccessToken(String token){
mbAccessToken = token;     }    //    // get the access token    //
public String accessToken(){
return mbAccessToken;     }     // record the access token
private String mbAccessToken = null;
}
```

试卷（一）

一、填空题（每空 1 分，共 20 分）

1. 软件工程是一门_____学科，像其他工程学科一样需要结合工程学科的理论和思想。

2. 软件的结构化开发方法是由_____、_____和_____构成的。它是一种面向_____的开发方法，其指导思想是_____。

3. 软件生命周期包括可行性分析和项目计划、需求分析、_____、_____、编码、_____、维护等活动。

4. 在结构化分析方法中，用以表达系统内数据运动情况的工具有_____。

5. _____是对象的抽象，_____是类的实例化。

6. 面向对象的问题分析模型主要从 3 个侧面进行描述，分别对应 3 种模型，即_____、_____、_____。

7. 衡量模块独立程度标准的有_____和_____。

8. 面向对象方法用_____分解取代了传统方法的功能分解。

9. 面向对象的开发方法中，_____是面向对象技术领域内占主导地位的标准建模语言。

10. 使用白盒测试方法时，确定测试数据应根据_____和指定的覆盖标准。

二、名词解释（每小题 5 分，共 20 分）

1. 软件危机
2. 软件质量
3. 软件可维护性
4. 对象

三、简答题（每小题 10 分，共 40 分）

1. 什么是软件工程？软件工程的基本原理是什么？
2. 如何进行结构化需求分析？其建模方法有哪些？
3. 简述面向对象分析的目的及基本任务。
4. 什么是黑盒测试？其设计测试方案的技术主要有哪些？

四、综合题（每小题 10 分，共 20 分）

1. 将下面的伪代码用 PAD 图表示。

```
GET(a[1],a[2],...a[10])
 max=a[1];
 max2=a[2];
 FOR i=2 TO 10
  IF a[i]>max
   max2=max;
   max=a[i];
  ELSE
   IF a[i]>max2
   max2=a[i];
   ENDIF
  ENDIF
 ENDFOR
```

2. 某高校的统计分数及录取子系统具备计算标准分和录取线分的功能，其中，计算标准分时，根据考生原始分来计算得出标准分，然后将其存入考生分数文件；计算录取线分时，先根据来自考生分数文件的标准分和来自招生办的招生人数来计算其录取分数，并存入录取线文件中。根据上述描述，画出系统的数据流图。

试卷（二）

一、填空题（每空 1 分，共 10 分）

1. 软件的结构化开发方法的基本原则是_____。
2. 软件由_____、_____和_____组成。
3. 在面向数据流的软件设计方法中，一般将信息流分为_____和_____。
4. 软件定义过程可通过软件系统的_____和_____两个阶段来完成。
5. 对面向过程的系统采用的集成策略有_____和_____两种。

二、判断题（每小题 1 分，共 10 分）

1. SA 法是面向数据流，建立在数据封闭原则上的需求分析方法。　　（　　）
2. 软件危机的主要表现是软件的需求量迅速增加，软件价格上升。　　（　　）
3. 软件过程改进也是软件工程的范畴。　　（　　）
4. 在软件开发中采用原型系统策略的主要困难是成本问题。　　（　　）
5. 分层的 DFD 图可以用于可行性分析阶段，描述系统的物理结构。　　（　　）
6. 由于软件是逻辑产品，软件质量较容易直接度量。　　（　　）
7. 类是对具有共同特征的对象的进一步抽象。　　（　　）
8. 采用对象设计系统时，首先建立系统的物理模型。　　（　　）
9. 面向对象的分析和设计活动是一个多次反复迭代的过程。　　（　　）
10. 如果通过软件测试没有发现错误，则说明软件是正确的。　　（　　）

三、名词解释（每小题 5 分，共 20 分）

1. 软件工程
2. 软件的可靠性
3. 面向对象设计
4. 软件能力成熟度模型

四、简答题（每小题 10 分，共 40 分）

1. 简述软件危机产生的原因及消除软件危机的途径。
2. 什么是白盒测试？常用的白盒测试方法有哪些？
3. 什么是软件可维护性？传统软件维护分哪几大类？
4. 说明面向对象分析阶段建立的三个模型之间的关系。

五、综合题（每小题 10 分，共 20 分）

1. 假设一个包中的对象分为简单对象和复合对象。简单对象分别是弧、椭圆、折线、多边线。简单对象可以被移动、旋转、复制、擦除。复合对象由简单对象组成，复合对象可以移动、旋转、复制、擦除。组成复合对象的简单对象不能个别地被修改。请画出类图。
2. 如果要求两个正整数的最小公倍数，请用程序流程图、N-S 图分别表示出求解该问题的算法。

[1] 吴际，金茂忠. UML 面向对象分析. 北京：北京航空航天大学出版社，2001.

[2] 史济民等. 软件工程——原理、方法与应用. 北京：高等教育出版社，2002.

[3] Rob Pooley and Perdifa Stevens. 使用 UML. 包晓霞等译. 北京：人民邮电出版社，2003.

[4] 张海藩. 软件工程导论. 北京：清华大学出版社，2004.

[5] 丁鹏，刘方，邵占峰. Struts 技术揭密及 WEB 开发实例. 北京：清华大学出版社，2004.

[6] Mark Priestley. 面向对象设计 UML 实践（第 2 版）. 北京：清华大学出版社，2005.

[7] 张家浩. 软件项目管理. 北京：机械工业出版社，2006.

[8] 郭宁. UML 及建模. 北京：北京交通大学出版社，2007.

[9] 郭宁. 软件项目管理. 北京：北京交通大学出版社，2007.

[10]（美）Roger S.Pressman. 软件工程实践者的研究方法（第 6 版）. 北京：机械工业出版社，2008.

[11] 张家浩. 现代软件工程. 北京：机械工业出版社，2008.

[12] 毋国庆，梁正平. 软件需求工程. 北京：机械工业出版社，2008.

[13] 袁玉宇. 软件测试与质量保证.北京：邮电大学出版社有限公司，2008.

[14]（美）Roger S.Pressman. 软件工程实践者的研究方法（第 6 版）. 北京：机械工业出版社，2008.

[15] 何智勇等. 软件工程——基于项目的面向对象研究方法. 北京：机械工业出版社，2009.

[16] 史济民，顾春华，郑红等. 软件工程——原理、方法与应用（第 3 版）. 北京：高等教育出版社，2009.

[17] 于艳华. 软件测试项目实战. 北京：电子工业出版社，2009.

[18] 孙涌. 软件工程教程. 北京：机械工业出版社，2010.

[19] 吕云翔，王群，王昕鹏. 软件工程实用教程. 北京：机械工业出版社，2010.

[20] 郑人杰，马素霞，殷人昆. 软件工程概论. 北京：机械工业出版社，2010.

[21] 马海云，张少刚. 软件质量保证与软件测试技术. 北京：国防工业出版社，2011.

[22] 刘伟. 软件质量保证与测试技术. 哈尔滨工业大学出版社，2011.

[23] 陈明. 软件工程实用教程. 北京：清华大学出版社，2012.

[24] 刘忠宝. 软件工程——理论、方法及实践. 北京：国防工业出版社，2012.

[25] 相洁，吕进来. 软件开发环境与工具. 北京：电子工业出版社，2012.

[26] 武剑洁. 软件测试实用教程——方法与实践（第 2 版）. 北京：电子工业出版社，2012.

[27] 任永昌. 软件项目管理. 北京：清华大学出版社，2012.

[28] 王爱宝. 移动互联网技术基础与开发案例. 北京：人民邮电出版社，2012.

[29] 张海藩，吕云翔. 软件工程（第 4 版）. 北京：人民邮电出版社，2013.

[30] 钱乐秋，赵文耘，牛军钰. 软件工程（第 2 版）. 北京：清华大学出版社，2013.

[31] 罗雷，韩建文，汪杰. Android 系统应用开发实战详解. 北京：人民邮电出版社，2014.

[32] 刘帅旗. Android 移动应用开发从入门到精通. 北京：中国铁道出版社，2014.